高等职业教育教材

无机化学

阚丽虹　主　编
郑同鑫　梁斌斌　副主编

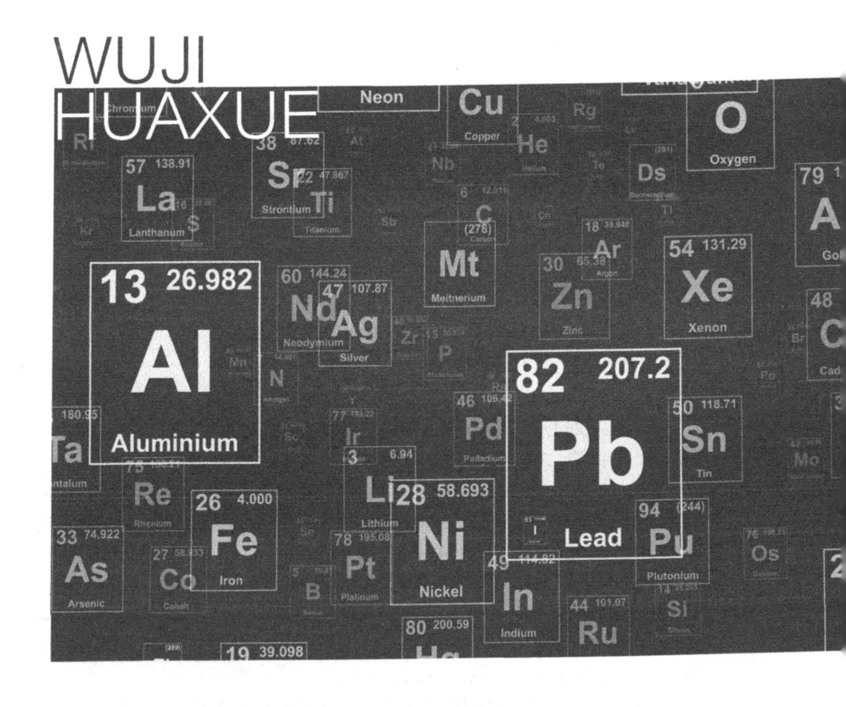

化学工业出版社
·北京·

内容简介

本书主要分为八个模块，主要介绍物质结构、元素周期律、有关物质的量的概念和计算、常见金属元素及其化合物和常见的非金属元素及其化合物的性质和用途等；介绍化学反应的速率和化学平衡等知识，为学习化学反应工程等专业课打下一定的基础；介绍氧化还原反应及电化学的知识，为电化学工业的学习打下良好基础；介绍电解质在溶液中的平衡和配位平衡，为学习化学分析打下一定的基础。

本书可供高职本科院校、高职专科院校化工类专业教学使用，也可供从事化工行业的管理人员、相关技术人员参考。

图书在版编目（CIP）数据

无机化学/阚丽虹主编；郑同鑫，梁斌斌副主编．—北京：化学工业出版社，2022.10

ISBN 978-7-122-42561-4

Ⅰ.①无… Ⅱ.①阚…②郑…③梁… Ⅲ.①无机化学-教材 Ⅳ.①O61

中国版本图书馆CIP数据核字（2022）第212777号

责任编辑：刘心怡　　文字编辑：崔婷婷
责任校对：边　涛　　装帧设计：李子姮

出版发行：化学工业出版社（北京市东城区青年湖南街13号　邮政编码100011）
印　　装：北京七彩京通数码快印有限公司
787mm×1092mm　1/16　印张17　彩插1　字数452千字　2023年9月北京第1版第1次印刷

购书咨询：010-64518888　　售后服务：010-64518899
网　　址：http://www.cip.com.cn
凡购买本书，如有缺损质量问题，本社销售中心负责调换。

定　　价：49.80元

前言

21世纪以来，以服务为宗旨、以就业为导向的高等职业教育越来越显著地表现出自身独有的特点和优势。本书突出高等职业教育的特点，在“必需、够用”的原则下，以培养职业核心能力为目标，吸收其他教材的先进思想和方法，并融入了多所职业学院一线教师的多年教学经验。

为全面培养学生的科学素质和创新能力，参编教师们在汲取许多无机化学教材优点与多年普通化学教学经验的基础上，结合学生实际情况，以培养技能型人才为目标，理论与实践相结合，突出专业特色，对普通化学课程教学内容进行整体优化设计。通过整合、重组、更新教学内容，形成新型模块化教学内容模式，逐步形成一种由浅入深、循序渐进的自然教学内容梯度，加强了无机化学教学内容的基础性、系统性和连贯性。为培养适应基础教育改革需要的高素质专业化人才或为培养地方经济社会发展服务的复合型、应用型人才提供可靠的化学基础。

本书适用于高等职业教育化工类、材料类课程的教学，可作为石油化工生产技术、环境监测与治理、工业分析与检验、精细化工等化工类及相关专业教材。本书主要具有以下特点。

（1）基本理论满足材料类专业的基本需要，努力降低难度，对复杂的化学理论进行简化处理，力求简明而适用。注重专业岗位特点，充分体现高职教育特点。

（2）按认知规律合理设置章节的顺序和结构。注重与中学化学知识的衔接，内容由浅入深。每个项目设有“学习目标”，每个模块后设有“模块小结”。

（3）有关术语、量和单位均采用最新国家标准，力求先进性强。语言叙述简明扼要，通俗易懂。

本书共分为八个模块，包括原子结构与元素周期律、分子结构与晶体类型、化学反应速率与化学平衡、酸碱盐、沉淀与溶解、氧化与还原、配位化合物、非金属元素及其化合物、金属元素及其化合物等内容。

本书由兰州石化职业技术大学阚丽虹主编，由郑同鑫、梁斌斌任副主编。阚丽虹主要编写模块二~ 模块七，郑同鑫编写绪论、模块一和模块七，梁斌斌编写模块八和附录等内容。

由于编者水平有限，书中难免有错误和不妥之处，恳请读者批评指正。

编者

2022 年 4 月

绪论

模块一　物质结构和元素周期律

模块二　化学的基本概念和基本计算

模块三　常见金属元素及其化合物

模块四　常见非金属元素及其重要的化合物

模块五　化学反应速率和化学平衡

模块六　电解质溶液中的平衡

模块七　氧化还原反应和电化学

模块八　配位平衡

附录

习题答案

参考文献

绪　论

学习目标

1. 了解物质及物质的变化。
2. 了解化学在衣、食、住、行和在工农业生产中的重要作用。
3. 掌握化学学习的方法。

本模块介绍化学的定义、分类和基本特征，普通化学课程的内容和作用；化学的发展历程和对化学有促进作用的杰出的化学家；化学对社会的影响及学习普通化学的方法。

知识一　物质及物质的变化

物质是客观存在的。在我们周围的世界里，存在着形形色色的物质、多种多样的现象，如空气、水、食物、矿物岩石只要仔细观察，我们会发现许多物质都在不断地运动和变化，例如岩石的风化，食物的腐烂，金属的生锈、塑料和橡胶制品的老化等现象。按照物质变化的特点，物质的变化分为两种类型：一种是物理变化，这种变化不产生新物质，只是改变了物质的状态，例如水的结冰，碘的升华等；另一种是化学变化，它是一种物质经过化学反应转化为性质不同的另外一种物质，例如煤的燃烧，金属生锈和食物腐烂等。在化学变化的过程中，物质的组成和结合方式都发生了改变，生成了新的物质，表现出与原物质完全不同的物理性质和化学性质。物理变化和化学变化的区别和联系见表 0-1。

表 0-1　物理变化和化学变化的区别和联系

	物理变化	化学变化
特征	没有新物质生成的变化	有新物质生成的变化
联系	两者常常同时发生，化学变化中一定有物理变化，但物理变化中不一定有化学变化	
实例	水的三态变化（水蒸气、水、冰）、碘的升华等	镁条燃烧、加热氯化铵等

知识二　化学的研究对象、任务、作用和学习方法

一、化学的研究对象

化学是一门在原子、分子层次上研究物质组成、结构、性质及其变化规律的科学。化学主要是以研究物质的化学变化为主的科学。

化学是一门自然科学，它是以物质为研究对象，在原子、分子或离子层次上，研究物质的组成、结构、性质、应用及其变化规律的基础学科。化学是化工、轻工、材料、环境、药学、冶金及相关专业不可缺少的基础知识准备课程。学习无机化学可以培养学生的创新意识和科学素养，为后续课程的学习打下良好基础。

二、无机化学的任务和作用

无机化学主要介绍学习后续专业课程及从事化工生产所需要的各类物质及其性质、用途和生产；化学实验的安全、环保等基础知识和基本操作技能；酸碱、氧化还原、配位等化学反应的特点和应用；化学反应速率、化学平衡等化学基本原理。无机化学肩负着为化工单元操作、化工工艺以及化学品检验等课程打好基础，形成从事各种化工生产所需的化学素养的任务。

无机化学是一门重要的基础课，学习的目的是：在中学化学知识的基础上，进一步地学习和掌握化学基础知识和基本技能，培养学生分析问题和解决一些较简单化学实际问题的能力，为学好专业课和以后进一步学习现代科学技术打好基础。

无机化学是一门现代化学导论课程。通过化学反应基本规律和物质结构理论的学习，能运用化学的理论、观点、方法审视公众关注的环境污染、能源危机、新兴材料、生命科学、健康与营养等社会热点话题，了解化学对人类社会的作用和贡献。把化学的理论、方法与工程技术的观点结合起来，用化学的观点分析、认识工程技术中的化学问题。

三、化学在社会发展中的地位和作用

化学是实践科学，来源于实践，服务于社会。随着人类社会的发展，人们对物质的需求也在增多，而物质生产促使人们不断认识物质，利用物质，开发和创造物质。**我们的衣、食、住、行无不与化学有关**。例如，色泽鲜艳的衣料、丰富多彩的合成纤维、装满粮食的袋子、丰富的菜篮子及居住的高楼大厦都与化学息息相关。食品添加剂、甜味剂、香料、调味剂和色素等物质，大多数都是用化学合成的方法或用化学分离的方法从天然产物中提取出来的；药品、洗涤剂、美容品和化妆品等日常生活用品也是化学制剂。农业要大幅度增产，农、林、牧、渔等产业要全面发展，在很大程度上都依赖化学科学的成就；化肥、农药、植物生长素和除草剂等化学产品不仅可以提高农产品的产量，而且还改进了农业的耕作方式，减少了人工劳动力。水泥、石灰、油漆、玻璃和塑料都是重要的化工产品；汽油、柴油、汽油添加剂、防冻剂、润滑油等石油化工产品，金属材料、非金属材料、高分子材料等材料，煤、石油、天然气的开发、炼制和综合利用等，也都需要应用化学知识。

无机化学与其他学科的相互联系、相互渗透、相互交叉，促进其他基础学科和应用学科的发展以及交叉学科的形成。环境的保护、能源的开发利用、功能材料的研制、生命过程奥秘的探索都与化学密切相关；化学逐渐发展成为若干分支学科，如生物化学、环境化学、农业化学、医药化学、材料化学、地球化学、放射化学、激光化学等。

四、无机化学学习指南

无机化学的知识较多，涉及后续的许多专业和生产，因此对无机化学的学习绝对不能像高中学习化学一样为了“应试”而学习，而是要以能够灵活应用化学知识为最终目的。要学好化学基础，需要多思考、勤操作、善总结。

1. 多思考

在学习化学基础的过程中，要前后联系，多思考为什么，多给自己找问题，在解决问题的过程中学习知识。因为化学基础涉及传统的无机化学和物理化学等知识，有许多物质性质的应用和定律的应用是解决生产实际问题的关键，因此，只有通过解决问题式的学习方式才能很好地掌握相关知识的应用。

另外，在应用化学知识解决问题的同时还要多思考为什么。例如，物质的物理性质或化学性质是由其结构决定的，只有了解了物质的结构特性，才能更好地掌握物质性质的应用，从而才能够做到举一反三、触类旁通，学到更多的知识和应用。思考是学习的根本，切忌死记硬背。

2. 勤操作

化学是以实验为基础的学科，因此学习化学必须熟练掌握两种技能：一是规范熟练的化学实验操作技能和科学探究技能；二是查阅相关文献、调查了解生产实际、解决化学问题的学习能力。能力是在反复操作中锻炼出来的，要掌握好这两种能力首先是要反复练习化学实验基本操作，在操作过程中做到准备充分、操作熟练、结果明显。例如在做某项实验操作前要认真准备所需化学药品（用量、规格等）、使用的仪器（功能、规格等），查阅所用化学试剂的物理化学性质及毒害作用等，对操作方案精心设计，对记录表格进行设计，对实验结果做出估计等。唯有这样才能做到“胸有成竹”。其次在学习过程中要紧密联系生产或生活实际，对教材中设置的问题要动手查阅相关资料，必要的时候要到企业一线调查了解，然后对查阅和调查的资料进行整理和分析理解，对教师进行“报告”。只有这样才能不断提高学习能力。这样的学习好像从教师那里得到了“渔”而不是“鱼”，学到的知识和技能将终生受用。

3. 善总结

“温故而知新”永远是学习知识的最好的方法。总结要做到三点：一是对学习过的知识再次回顾，达到深入理解、灵活应用的程度；二是对相关知识间的联系有更深刻的理解，随着学习的不断深入，知识会越来越丰富；三是对自己学习过程中的“经验”进行总结，达到不断提高的目的。

总之，学无定法，但无论采取什么样的方法学习，勤奋是必须做到的。只有做到不断思考、勤于操作、善于总结，才能达到事半功倍的效果。

学习要善于总结，对学过的知识及时梳理回顾。

模块一　物质结构和元素周期律

通过本模块的学习，了解原子结构理论的发展过程；理解电子等微观粒子具有波粒二象性运动特性以及微观粒子运动的测不准原理；掌握四个量子数及其物理意义；理解和掌握电子云的角度分布图；掌握鲍林原子轨道近似能级图和核外电子的排布原则；掌握原子结构和元素周期系的关系以及如何从原子结构来判断元素所在周期、族、区；熟练掌握原子半径、电离能和电负性等性质的递变规律。

本模块要求掌握元素周期律、元素周期表及其应用。理解构成物质的微粒、原子核外电子的排布（电子层）、同位素及其应用；理解离子键、共价键、金属键；了解键离子晶、原子晶体和分子晶体。

项目一　原子结构

学习目标

1. 认识原子核的结构，懂得质量数和$^{A}_{Z}X$的含义，掌握构成原子的微粒间的关系；掌握核电荷数、质子数、中子数、质量数之间的相互关系；知道元素、核素、同位素的含义。

2. 了解原子核外电子的排布规律，能画出1～18号元素的原子结构示意图；了解原子的最外层电子排布与元素的原子核得失电子能力和化合价的关系。

3. 了解核外电子运动的特征，掌握电子云、原子轨道、四个量子数的意义及取值规律。

4. 掌握原子轨道能级、能级组以及核外电子排布的三原则；知道电子的运动状态（空间分布及能量）可通过原子轨道和电子云模型来描述。

5. 掌握元素周期表的结构，了解周期、族、区的概念；理解元素周期律的概念，了解元素金属性、非金属性的周期性变化规律。

知识一　原子结构认知

一、构成物质微粒

在宏观上，物质由元素组成，已发现组成物质的元素有118种；在微观上，物质由微粒构成，构成物质的微粒有原子、离子、分子等。分子、原子、离子均是组成物质的基本粒子，是参加化学反应的基本单元，是化学研究的微观对象。

分子是能够独立存在并保持物质化学性质的一种粒子。 分子是一种粒子，它同原子、离子一样是构成物质的基本粒子。如：水、氧气、干冰、蔗糖等就是由分子组成的物质。

分子有质量，其数量级约为 10^{-26}kg。分子间有间隔，并不断运动着。**同种分子的性质相同，不同种分子的性质不同。**每个分子一般是由一种或几种元素的若干原子按一定方式通过化学键结合而成的；按组成分子的原子个数，可把分子分成单原子分子如 He、Ne、Ar 等，双原子分子如 O_2、Cl_2、N_2 等；多原子分子 H_2O、NH_3、CH_4 等和高分子，如 $\mathrm{-\!\!\!\![CH_2CH_2]\!\!\!\!-_n}$ 等。分子间存在相互作用，此作用称作分子间作用力（又称范德华力），它是一种较弱的作用力。

离子是指带电荷的原子或原子团。离子分为阳离子（如 Na^+）和阴离子（如 Cl^-）。离子产生的途径是原子或分子失去或得到电子以及电解质的解离。存在离子的物质：离子化合物 NaCl、CaC_2、$C_{17}H_{35}COONa$ 等；电解质溶液盐酸、稀硫酸等；金属晶体钠、铁、铜等。值得注意的是：在金属晶体中只有阳离子，而没有阴离子。

原子的概念是古希腊哲学家德谟克利特从哲学的角度首先提出来的。1803 年英国化学家道尔顿提出了原子说。目前人类对原子结构的认识正在不断地深入。**原子是化学变化中的最小粒子。**确切地说，在化学反应中，原子核不变，只有核外电子发生变化；原子是组成某些物质（如金刚石、晶体硅等）和分子的基本粒子；原子是由更小的粒子构成的。

分子与原子的区别：分子是保持物质化学性质的最小粒子，在化学反应中可分。原子是化学变化中的最小粒子，在化学变化中不可分。

二、 原子构成

从根本上讲，物质的结构决定物质的性质。物质的结构包括原子结构（原子的构成、核外电子分布规律等）和分子结构（化学键、分子的空间构型等）两方面。原子是参加化学反应的基本微粒。在化学反应中，原子核的组成并不发生变化，只是某些核外电子（外层电子）的运动状态发生变化。因此，元素的化学性质取决于原子的电子层结构，特别是最外层电子结构。

原子内部结构

原子由居于原子中心的带正电的原子核和核外带负电的电子所构成。原子核所带的电量与核外电子的电量相等，但电性相反，因此，原子作为一个整体不显电性。

原子很小，一般直径约为 10^{-10}m。电子则更小，直径约为 10^{-15}m，原子核的直径也仅在 1^{-16}～10^{-14}m 之间。电子和原子核所占的原子空间是微不足道的，原子中绝大部分是“空的”。电子就在原子核外空间的一定范围内作高速运动。

素质拓展 1

原子核由质子和中子构成。一个质子带一个单位正电荷，中子不带电，原子核所带电荷数等于质子数；一个电子带一个单位负电荷；在原子里，原子核带的正电荷数和核外电子带的负电荷数相等，原子整体呈电中性。构成原子的粒子及其性质如表 1-1 所示。

表 1-1 构成原子的粒子及其性质

构成原子的粒子	电子	原子核	
		质子	中子
电性和电量	1 个电子带一个单位的负电荷	1 个质子带 1 个单位的正电荷	不显电性
电荷	−1	+1	0
质量/kg	9.110×10^{-31}	1.673×10^{-27}	1.675×10^{-27}

续表

构成原子的粒子	电子	原子核	
		质子	中子
相对质量	质子质量的 1/1836	1.007	1.008
近似相对质量	0	1.0	1.0

① 科学上，把一个电子所带的电量［1.602×10^{-19}C（库仑）］定为一个单位负电荷，目前是电量的最小单位。

② 相对质量是^{12}C 原子（原子核内 6 个质子和 6 个中子的碳原子）质量的 1/12（1.661×10^{-27}）相比较所得到的数值。

每个质子带一个单位的正电荷，中子不带电，原子核所带的电荷数（即核电荷数）取决于核内质子数。对任何原子都有如下数量关系：

$$核电荷数=核内质子数(Z)=核外电子数=原子核序数$$

每个质子的质量为 1.6736×10^{-27}kg，中子的质量为 1.6748×10^{-27}kg，电子质量仅为质子质量的 1/1836，所以原子的质量主要集中在原子核上。由于质子、中子的质量很小，计算很不方便，通常用它们的相对质量。实验测得，作为原子量标准的^{12}C 的质量为 1.9927×10^{-26}kg，它的 1/12 为 1.6606×10^{-27}kg。质子和中子与它的相对质量之比分别为 1.007 和 1.008，取近似整数值为 1。如果忽略电子的质量，将原子核内所有质子和中子的相对质量取近似整数值相加而得到的数值，称原子的质量数，用 A 表示，中子数用 N 表示。则原子的质量关系在数值上为：

$$质量数(A)=质子数(Z)+中子数(N)$$

因此，只要知道上述三个数值中的任意两个，就可以推算出另一个数值。

通常，用^A_ZX 代表一个质量数为 A，质子数为 Z 的原子，则组成原子的粒子间的关系可表示如下：

质量数—A
核电荷数—Z　X—元素符号
（核内质子数）

例如，作为^{12}C 原子的核电荷数为 6，质量数为 12，则其中子数为：

$$N=A-Z=12-6=6$$

【例 1-1】 已知氯原子的核电荷数为 17，质量数为 35，求中子数和电子数。

解：

$$氯原子的中子数=A-Z=35-17=18$$

$$氯原子的电子数=核电荷数=质子数=17$$

知识二　同位素

一、同位素

我们把**具有一定数目的质子和一定数目的中子的原子叫核素；具有相同核电荷数（即质子数）的同一类原子叫作元素**，目前已发现 118 种元素（包括人造元素）。同一元素可以有质子数相同而中子数不同的多种原子存在。**元素按核电荷数由小到大排列的顺序号叫作原子序数**。

【想一想】 目前已发现 118 种元素，能否表述为已发现 118 种原子？为什么？

在研究原子核的组成时，人们还发现，许多元素都具有质量数不同的几种原子。也就是说，同种元素的原子的质子数相同，那么，它们的中子数是否相同呢？科学研究证明，不一定相同。

例如，氢元素的原子都含有 1 个质子，但有的氢原子不含中子，有的氢原子含 1 个中子，还有的氢原子含 2 个中子，不含中子的氢原子叫作氕，称为普通氢；含 1 个中子的氢原子叫作氘，称为重氢；含 2 个中子的氢原子叫作氚，称为超重氢。为了便于区别，将氕记为 $^{1}_{1}H$，氘记为 $^{2}_{1}H$（或 D），氚记为 $^{3}_{1}H$（或 T），如表 1-2 所示。

表 1-2 氢的三种原子组成

名称	符号	俗称	质子数	中子数	电子数	质量数
氕(音撇)	$^{1}_{1}H$ 或 H	氢(普通氢)	1	0	1	1
氘(音刀)	$^{2}_{1}H$ 或 D	重氢	1	1	1	2
氚(音川)	$^{3}_{1}H$ 或 T	超重氢	1	2	1	3

它们质子数相同，但中子数不同，所以质量数不同。**这种具有相同质子数，而中子数不同的同一种元素的原子统称为同位素。**许多元素都有同位素。同位素有的是天然存在的，有的是人工制造的，有的具有放射性，而有的没有放射性。上述 $^{1}_{1}H$、$^{2}_{1}H$、$^{3}_{1}H$ 是氢的三种同位素，其中 $^{2}_{1}H$、$^{3}_{1}H$ 是制造氢弹的材料；原子能工业中用重水 D_2O 作核反应堆的减速剂。重氢可通过电解重水或者通过重水与 Zn、Fe、Ca、U 等重金属的反应而制得。铀元素有 $^{234}_{92}U$、$^{235}_{92}U$、$^{238}_{92}U$ 等多种同位素，$^{235}_{92}U$ 是制造原子弹的材料和核反应堆的燃料。碳元素有 $^{12}_{6}C$、$^{13}_{6}C$、$^{14}_{6}C$ 等几种同位素，而 $^{12}_{6}C$ 就是我们将它的质量作原子量标准的那种碳原子（通常也叫 C-12）；考古学上利用测定物体中 $^{14}_{6}C$ 的含量来确定文物的年龄，这种方法称为碳素断代法。$^{18}_{8}O$、$^{2}_{1}H$ 等同位素在研究反应机理时，常用作“标记原子”（示踪原子），为确定反应过程提供依据。Co-60（$^{60}_{27}Co$），常用于放射性治疗（杀死癌细胞），海关商检用 Co-60 探测仪，在不开箱的情况下 3 分钟检查出集装箱中夹带的香烟；医学上用 $^{131}_{53}I$ 确定人体甲状腺的机能状态，目前已发现的 112 种元素中，不少元素有多种同位素原子，总数已达 1900 种以上，其中稳定同位素有 300 多种，放射性同位素 1600 多种。几种核心同位素的用途见表 1-3。

表 1-3 几种常见同位素的用途

核素	$^{235}_{92}U$	$^{14}_{6}C$	$^{2}_{1}H$	$^{3}_{1}H$	$^{18}_{8}O$
用途	核燃料	用于考古断代	制氢弹		示踪原子

同位素按性质分为稳定性同位素和放射性同位素两类，它们的化学性质相同，但放射性同位素能放射出特殊的射线。已经发现的一百多种元素中，稳定同位素有三百多种，而放射性同位素达到一千五百多种。同位素技术已广泛应用在农业、工业、医学、地质及考古等领域。由于少量放射性物质很容易被检测出，所以，放射性同位素的应用更加广泛。

同一元素的各种同位素虽然质量数不同，但它们的化学性质几乎完全相同，在天然存在的某种元素里，不论是游离态还是化合态，各种同位素的原子所占百分比一般是不变的。我们平常所说的某种元素的原子量，是按各种天然同位素原子所占的质量分数算出来的平均值。例如表 1-4 中元素氯有 $^{35}_{17}Cl$ 和 $^{37}_{17}Cl$ 两种同位素，通过下列数据即可计算出氯元素的原子量。

即氯的原子量为 35.453。

同理。根据同位素的质量数，也可以算出该元素的近似原子量。如上例中氯的近似原子量为：$35\times0.7577+37\times0.2423=35.485$。

表 1-4　氯元素的同位素的原子量及丰度

符号	同位素的原子量	在自然界各同位素原子的质量分数(丰度)
$^{35}_{17}Cl$	34.969	75.77%
$^{37}_{17}Cl$	36.966	24.23%
$34.969\times0.7577+36.966\times0.2423=35.453$		

二、同位素技术

同位素技术是将同位素（示踪原子）或它的标记化合物用物理的、化学的或生物的方法掺入所研究的生物对象中，再利用各种手段检测它们在生物体内变化中所经历的踪迹、滞留的位置或含量的技术。这种技术因为一般不需经过提取、分离、纯制样品等步骤，具有快速、灵敏、简便、巧妙、准确、可定位等优点，已经成为研究生物物质代谢、遗传工程、蛋白质合成和生物工程等不可缺少的技术之一。

^{14}C 呼气检测仪是检测幽门螺杆菌（HP）的仪器。该呼气采样检测方法灵敏度高，检出率和符合率也很高，患者无痛苦，是受患者欢迎的一种检测方法。它的原理是哺乳动物（包括人）细胞中不存在尿素酶，胃内存在尿素酶是 HP 存在的证据。为了检测 HP，予受检者口服^{14}C-尿素，如果胃内存在 HP，其产生的尿素酶迅速催化^{14}C-尿素水解生成 NH_4^+ 和 HCO_3^-，后者吸收入血液经肺以 CO_2 形式呼出，收集呼气标本并测量 CO_2，便可判断 HP 感染的存在。这种方法成为国际上公认的 HP 诊断金标准之一。

知识三　原子核外运动规律和原子核外电子的排布

一、原子核外电子运动的特征

我们在生活中见到汽车在公路上奔驰，用仪器观察到人造卫星按一定轨道围绕地球旋转，都可以测定或根据一定的数据计算出它们在某一时刻所在的位置，并描画出它们的运动轨迹。但是，核外电子的运动规律跟上述普通物体不同，核外电子的运动没有上述宏观物体那样确定的轨道，不能测定或计算出它在某一时刻所在的位置，也不能描画它的运动轨迹。电子是微观粒子，质量极小，它在原子核外极小的空间（直径约为 10^{-10}m）内作高速运动（高达 $10^6\sim10^8$m/s)，其运动规律和宏观物体不同，有自己的特殊性。

核外电子运动轨迹

电子运动轨迹

化学变化的特点是核外电子运动状态发生变化。电子具有很小的质量和体积，在原子核外高速运动，其速率接近光速（3×10^8m/s）。光电效应实验证实电子具有粒子性。1927 年，戴维逊（C. J. Davisson）和革末（L. H. Germer）通过电子衍射实验又证实电子具有波动性。

图 1-1 为电子衍射实验示意图。当将一束高速电子流通过镍晶体光栅射到荧光屏上时，得到了与光衍射现象相似的一系列明暗相间的衍射环纹，此现象称为电子衍射。衍射是所有波动的共同特征，所以电子具有波动性。因此**电子具有波粒二象性**。因此，其运动状态和宏观物体的运动状态不同，我们在描述核外电子运动时，只能指出它在原子核外空间某处出现机会的多少，通常用小黑点的疏密来表示电子在核外空间单位体积内出现机会的多少。实验证明，除光子、电子外，其他微观粒子如分子、原子、质子、中子等也具有波粒二象性。

具有波粒二象性的微观离子的运动状态与宏观物体的运动状态不同。宏观物体如人造卫星、地球的运动，可根据经典力学理论，准确地同时确定任何瞬间物体的位置和速度，并能精确预测物体的运动轨道。但微观粒子的运动没有确定的轨道，在任何瞬间的位置和速度不

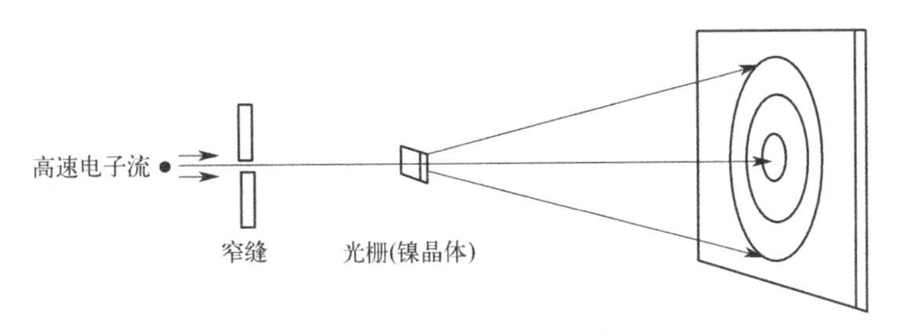

图 1-1 电子衍射实验示意图

能准确地同时测定，这即是测不准原理。因此经典力学理论无法描述电子的运动状态。现代研究表明，量子力学理论能较好地描述原子核外电子的运动状态。

微观粒子的运动除具有波粒二象性外，还具有能量变化量子化的特点。所谓能量变化量子化，是指辐射能的吸收和放出是不连续的，而是按照一个基本量或基本量的整数倍来进行，**这个最小的基本量称为量子或光子**。

由于无法准确测得电子的速度和位置，也没有确定的运动轨迹，只能用统计的方法描述它在核外空间某区域出现机会的多少，数学上称为概率。为了便于理解，我们用假想的给氢原子照相的比喻来加以说明。我们知道，氢原子核外有 1 个电子，为了在一瞬间找到电子在氢原子核外的确定位置，我们假想有一架特殊的照相机，可以用它来给氢原子照相（这当然是不可能的），先给某个氢原子拍五张照片，得到如图 1-2 所示的不同的图像，图上⊕表示原子核，小黑点表示电子，然后继续给氢原子拍照，拍上近万张，并将这些照片对比研究，我们就获得一个印象：电子好像是在氢原子核外作毫无规律的运动，一会儿在这里出现，一会儿在那里出现，如果我们将这些照片叠印，就会看到如图 1-3 所示的图像。图像说明，对氢原子的照片叠印张数越多，就越能使人形成一团电子云雾笼罩原子核的印象。氢原子核外电子的电子云呈球形对称，在离核越近处密度大，在离核越远处密度小。也就是说，在离核越近处单位体积的空间中电子出现的机会越多，离核越远处单位体积的空间中电子出现的机会越少。单位体积的空间中电子出现的概率称为概率密度。而电子云是电子在核外空间出现的概率密度分布的形象描述。

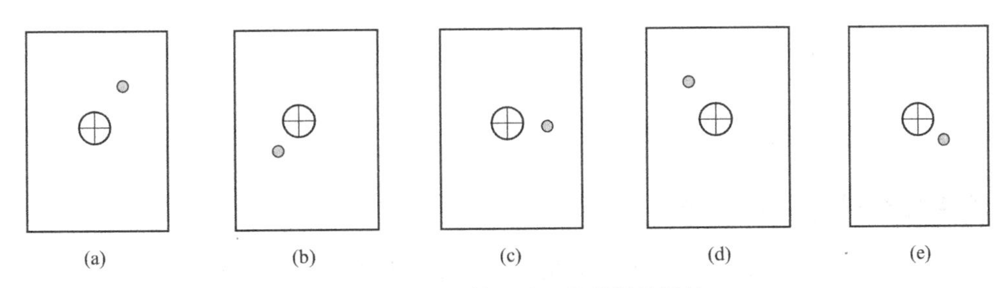

图 1-2 氢原子的 5 张不同瞬间的照片

由图 1-4(a) 可以看出，电子在核外空间一定范围内出现，好像带负电荷的云雾笼罩在原子核的周围，人们形象地称它为电子云。基态（体系能量最低的状态）H 原子的电子云是球形对称的，球心是原子核。离核越近，小黑点越密，单位体积空间内电子出现的概率越大；离核越远，小黑点越稀，单位体积空间内电子出现的概率越小。黑点图又称电子云图，它是用小黑点的疏密对应表示核外电子运动的概率密度大小的方法。

电子云常用黑点图和界面图来表示。电子在空间的分布并没有明确的界面，离核很远的

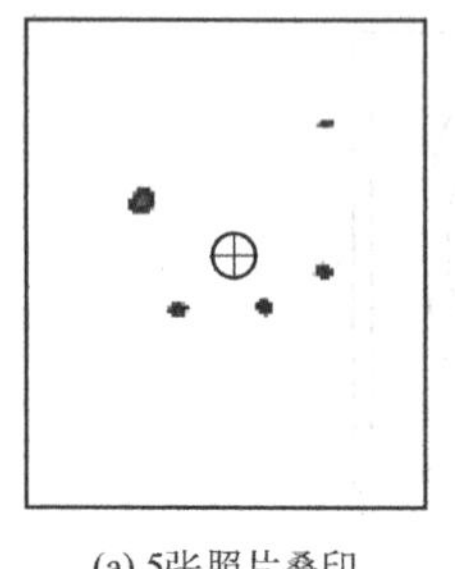

(a) 5张照片叠印

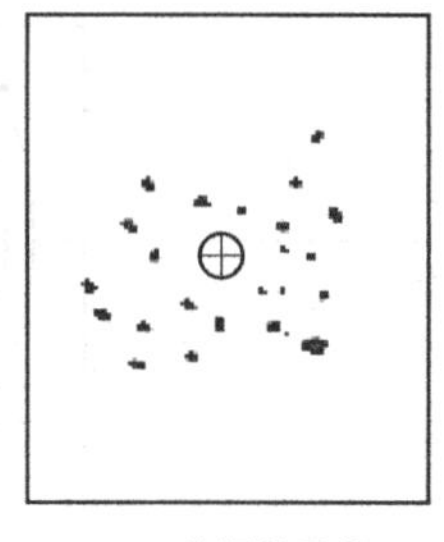

(b) 20张照片叠印

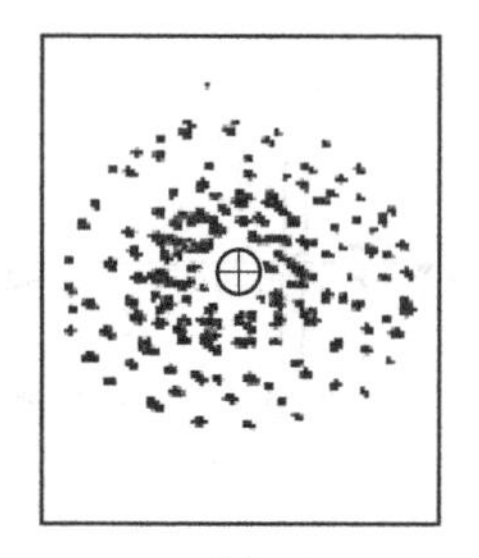

(c) 100张照片叠印

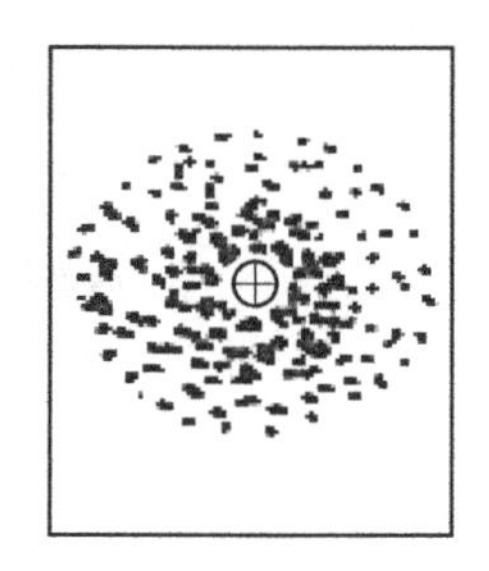

(d) 10000张照片叠印

图 1-3　多张氢原子不同瞬间照片的重叠复印

地方电子出现的概率并不为零。当然，实际上在离核几百 pm（$1pm=10^{-12}m$）以外，电子出现的概率就已经很小了。为了表示电子出现的主要区域分布，可将概率密度相同的各点（即表示电子云图中小黑点疏密程度相同的区域）连成一个曲面，就是等密度面。界面图是把电子在核外出现概率密度相等的点连接成等密度面，用能包含 95%电子云的等密度面来表示电子云形状的方法。基态 H 原子的电子云界面图是一个球面，其平面表示见图 1-4(b)。

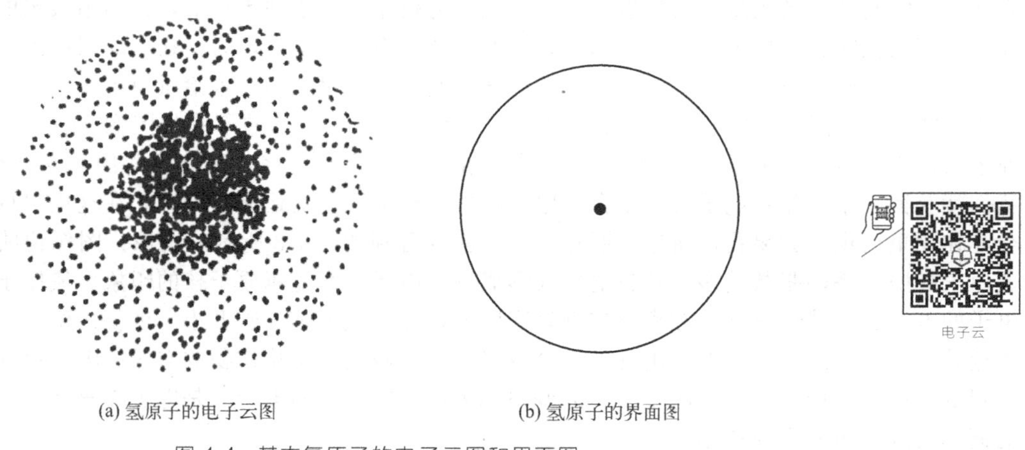

(a) 氢原子的电子云图　　(b) 氢原子的界面图

图 1-4　基态氢原子的电子云图和界面图

在多电子原子中，电子有多种运动状态，各电子在核外空间某区域出现的概率往往是不同的，即电子云的形状不尽相同。一般情况下，由于小黑点表示的电子云图画起来比较麻烦，所以用界面图代替电子云图。

二、原子核核外电子的排布

原子核外电子的排布，是核外电子分层运动规则的粗略描述。在原子中，原子核外的电子绕核作高速运动，它与宏观物体的运动完全不同，在含有多个电子的原子里，电子的能量并不相同。**能量低的电子，在离核近的区域运动，电子与核的平均距离小；能量高的电子，在离核远的区域运动，电子与核的平均距离大。**为了便于说明问题，通常用电子层来表示运动着的电子离核的远近。把能量最低，离核最近的称为第一层；能量稍高，离核稍远的称为第二层；由近及远依次类推，分别称为三、四、五、六、七层，或依次命名为 K、L、M、N、O、P、Q 层。科学研究表明，电子是在能量不同的电子层上运动，核外电子是依能量不同分层排布的。根据电子的能量差别和通常运动的区域离核远近不同，人们将核外电子的运动空间分成若干电子层。电子层数（n）可用 1、2、3、4、5、6、7 等表示，也可依次用 K、L、M、N、O、P、Q 等光谱符号表示。如 $n=1$，表示第一电子层（K 层）；$n=2$，表示第二电子层（L层）；$n=3$，表示第三电子层（M层）……以此类推。

核外电子的分层运动，又称为核外电子的分层排布。经科学研究证明的核电荷数从1～18的元素和6种稀有气体元素原子的电子层排布情况见表1-5和表1-6。

表1-5 1～18号元素原子的电子层排布

核电荷数	元素名称	元素符号	各电子层的电子数				核电荷数	元素名称	元素符号	各电子层的电子数			
			K	L	M	N				K	L	M	N
1	氢	H	1				10	氖	Ne	2	8		
2	氦	He	2				11	钠	Na	2	8	1	
3	锂	Li	2	1			12	镁	Mg	2	8	2	
4	铍	Be	2	2			13	铝	Al	2	8	3	
5	硼	B	2	3			14	硅	Si	2	8	4	
6	碳	C	2	4			15	磷	P	2	8	5	
7	氮	N	2	5			16	硫	S	2	8	6	
8	氧	O	2	6			17	氯	Cl	2	8	7	
9	氟	F	2	7			18	氩	Ar	2	8	8	

表1-6 稀有气体元素原子的电子层排布

核电荷数	元素名称	元素符号	各电子层的电子数					
			K	L	M	N	O	P
2	氦	He	2					
10	氖	Ne	2	8				
18	氩	Ar	2	8	8			
36	氪	Kr	2	8	18	8		
54	氙	Xe	2	8	18	18	8	
86	氡	Rn	2	8	18	32	18	8
每层最多可容纳电子数$=2n^2$			2	8	18	32	50	72

从表1-5和表1-6可以归纳出原子核外电子的排布的三条规律：

① **核外电子一般总是从能量低的电子层逐步向能量高的电子层排布。**如氯原子有17个核外电子，首先，K层排2个，L层排8个，剩余7个当然排在M层。

② **每个电子层可以容纳的最多电子数是$2n^2$个，n表示电子层序数。**如$n=3$，即M层最多可容纳$2\times3^2=18$个电子；$n=4$，即N层最多可容纳$2\times4^2=32$个电子。

③ **最外层电子数不得超过8个（K层只能容纳2个），次外层电子数不得超过18个，倒数第三层电子数不超过32个。**

以上三条规律是从科学实验的结果中归纳出来的，它是能量最低原理在核外电子排布中的体现。在理解时，应相互联系起来。例如，当第三层即M层不是最外层而是次外层时，它最多可容纳18个电子；当其为最外层时，则最多可容纳8个电子。再看稀有气体氡（Rn）的电子排布，它的最外层排了8个，而次外层即O层不能超过18个，但O层最多可容纳50个电子，而这样的元素还有待发现。

由于电子的质量和体积很小，而运动速度接近光速，所以，电子在原子核外运动的情况是很复杂的。除第一层较为“简单”外，其他层上的电子在同一层中所具有的能量和运动情况也不完全相同，人们对核外电子运动状态的研究还在进行，在此我们必须明确，元素的性质与原子结构和核外电子的排布关系十分密切，为了方便，元素的原子结构常用示意图表示。

从表1-5和表1-6还可以知道，由于稀有气体的原子其最外层具有8电子的相对稳定结构（氦除外），因此它们的性质稳定。其他元素的原子之所以相对不稳定，与其最外层电子数小于8密切相关。

三、描述原子运动状态的四个参数

1926 年奥地利物理学家薛定谔（Schrodinger）提出了描述核外电子运动状态的数学方程，即薛定谔方程。薛定谔方程把作为粒子特征的电子质量、位能和系统的总能量与其运动状态的波函数 ψ 列在同一个数学方程式中，体现了波动性和粒子性的结合。

$$\frac{\partial^2\psi}{\partial x^2}+\frac{\partial\psi^2}{\partial y^2}+\frac{\partial^2\psi}{\partial z^2}+\frac{8\pi^2 m}{h^2}(E-V)\psi=0$$

解薛定谔方程时，为了得到具有特定物理意义的解，须引入三个量子数作为边界条件，分别称为主量子数 n、角量子数 l、磁量子数 m。这些量子数可以表示原子轨道或电子云离核的远近、形状及其在空间伸展方向。此外，还有用来描述电子自旋运动的自旋量子数 m_s。

根据近代原子结构理论，核外电子的运动状态可以用如下四个方面来描述。

1. 电子层（主量子数）

我们已经知道，在含有多个电子的原子中，电子的能量并不相同。能量低的通常在离核近的区域运动，能量高的通常在离核远的区域运动。根据电子能量的差别及通常运动的区域离核远近不同，可以认为原子核外的电子是分层排布的，这样的层叫作电子层，又称为描述电子运动状态的主量子数，它是决定电子能量的主要因素。

意义：表示原子的大小，核外电子离核的远近和电子能量的高低。电子层是决定电子能量的主要因素，也是描述电子离核远近的参数。一般来说，n 值越大，电子与核的平均距离越远，电子的能量越高；n 越小，电子运动区域离核越近，电子的能量也越低。同时 n 大，决定 r 比较大，即原子比较大。电子层能量：K＜L＜M＜N＜O＜P＜Q，如表 1-7 所示。

表 1-7　主量子数与光谱符号

主量子数(n)	1	2	3	4	5	6	7
电子层符号	K	L	M	N	O	P	Q
能量变化	n 越大，电子能量越高						

2. 角量子数（l）——电子亚层或能级

根据光谱实验及理论推导得出：即使在同一电子层中，电子能量也有所差异，原子轨道（或电子云）的形状也不相同，即一个电子层又可分为不同的能量稍有差异、原子轨道（或电子云）形状不同的亚层。角量子数（又称为副量子数、电子亚层或亚层）就是描述不同亚层的量子数，是决定电子能量的次要因素。

意义：决定了原子轨道的形状。取值：受主量子数 n 的限制，对于确定的 n、l 可为 0，1，2，3，4，…，$n-1$，为 n 个从零开始的正整数。

在同一电子层中，电子的能量还稍有差别，电子云的形状也不相同。因此，电子层又可划分为若干电子亚层（简称亚层）。

光谱符号：s，p，d，f，…

如 $n=3$，表示角量子数可取 $l=0$，1，2。

某电子层所含的亚层数与该电子层的序数（$n\leqslant4$）一致。为了说明电子所处的电子层和亚层，通常将电子层序数标在亚层符号的前面。例如：

K 层（$n=1$）　有 1 个亚层：1s

L 层（$n=2$）　有 2 个亚层：2s、2p

M 层（$n=3$）　有 3 个亚层：3s、3p、3d

N 层（$n=4$）　有 4 个亚层：4s、4p、4d、4f

量子力学是用波函数（描述波的数学函数式，用 ψ 表示）来描述原子核外电子运动状态，并借用经典力学描述宏观物体运动的轨道概念，把波函数 ψ 称为原子轨道函数，简称原子轨道。每一电子层所具有的轨道数应为 n^2 个。原子轨道常用“□”或“○”表示。因此波函数 ψ 和原子轨道是同义词，但此处原子轨道绝无固定的运动轨道的含义，它只是反映了核外电子运动状态所表现出的波动性和统计性规律。

原子轨道的形状取决于 l，如 $n=4$ 时，$l=0$，1，2，3。如图 1-5 所示。

$l=0$ 表示轨道为第四层的 4s 轨道，形状为球形；

$l=1$ 表示轨道为第四层的 4p 轨道，形状为哑铃形；

$l=2$ 表示轨道为第四层的 4d 轨道，形状为花瓣形；

$l=3$ 表示轨道为第四层的 4f 轨道，形状复杂。

由此可知：在第四层上，共有 4 种形状的轨道。而同层中（n 相同），不同的轨道称为亚层，也叫电子轨道分层。所以 l 的取值决定了亚层的多少。在多电子原子中，电子的能量不仅取决于 n，而且取决于 l。亦即多电子原子中电子的能量由 n 和 l 共同决定。

处在 K 层、s 亚层的电子称为 1s 电子，处在 L 层、p 亚层的电子称为 2p 电子。依此类推。

s 电子云为球形（如基态 H 原子的电子云）；p 电子云为无柄哑铃形（如图 1-6 所示）；d 电子云和 f 电子云的形状更为复杂。

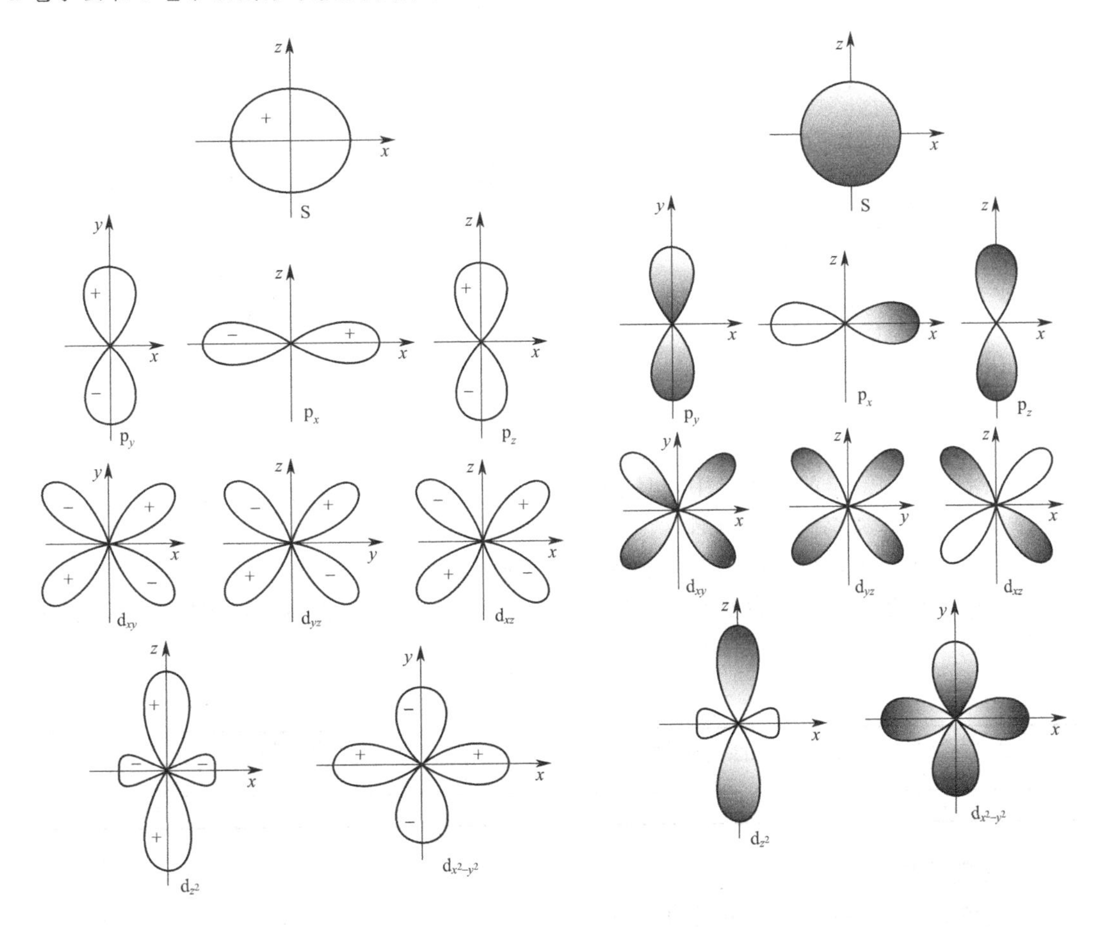

图 1-5　s、p、d 亚层的原子轨道剖面图　　图 1-6　s、p、d 亚层的电子云轮廓图

s 电子云呈球形对称，处于 s 状态的电子在核外半径相同的球面各方向上出现的概率密度相同。

p 电子云呈哑铃形，处于 p 状态的电子在哑铃形轴向上出现的概率密度最大，而在与哑铃形轴相垂直的另两个轴的方向上及原子核附近出现的概率密度几乎为零。故 p 电子云在空间有三种不同的取向，分别为 p_x、p_y、p_z。

d 电子云呈花瓣形，在核外空间有五种不同的分布。

f 电子云更为复杂。

比较原子轨道和电子云的角度分布图，两者图形基本相似，但有两点区别：第一，原子轨道的角度分布图带有正、负号，而电子云的角度分布图均为正值，通常不标出；第二，电子云的角度分布图比较瘦。

同一电子层的不同亚层中，电子的能量按 s、p、d、f 的次序递增。如 $E_{2s}<E_{2p}$；$E_{3s}<E_{3p}<E_{3d}<E_{3f}$。

3. 电子云的伸展方向

电子云不仅有确定的形状，而且在空间还有一定的伸展方向。

s 电子云是球形对称的，在空间各个方向伸展的程度相同；

p 电子云在空间有三种互相垂直的伸展方向（如图 1-7 所示），分别表示为 p_x、p_y、p_z；

d 电子云有五种伸展方向；

f 电子云有七种伸展方向。

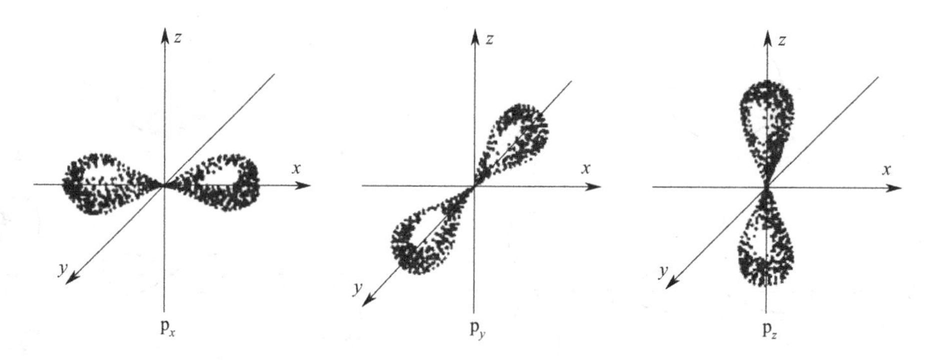

图 1-7　p 电子云的三种伸展方向

习惯上，把在一定的电子层中，具有一定形状和伸展方向的电子云所占据的原子空间称为原子轨道，简称“轨道”。这样，s、p、d、f 亚层就各有 1、3、5、7 个轨道。如 L 电子层 p 亚层的三个轨道，分别称为 $2p_x$ 轨道、$2p_y$ 轨道和 $2p_z$ 轨道。

根据电子层包含的亚层数及相应的轨道数可知，各电子层可能有的最多轨道数等于电子层序数（$n\leqslant4$）的平方，如表 1-8 所示。

表 1-8　各电子层的轨道数

电子层(n)	电子亚层	轨道数(n^2)	电子层(n)	电子亚层	轨道数(n^2)
1	1s	1	3	3s,3p,3d	1+3+5=9
2	2s,2p	1+3=4	4	4s,4p,4d,4f	1+3+5+7=16

4. 磁量子数 m

m 取值受 l 的影响，对于给定的 l、m 可取：0，±1，±2，±3，…，$\pm l$，共 $2l+1$ 个取值。一种取值相当于一个轨道。

磁量子数 m 与角量子数 l 的关系和它们确定的亚层中的轨道数如下：

l	轨道形状	m							亚层中的轨道数
0	s				0				1
1	p			+1	0	−1			3
2	d		+2	+1	0	−1	−2		5
3	f	+3	+2	+1	0	−1	−2	−3	7

由此可见，电子处于不同的运动状态，s、p、d 和 f 都有相应的原子轨道，要用不同的波函数来表示。而波函数 ψ 就是由 n、l、m 决定的数学函数式，是薛定谔方程的解，指电子的一种空间运动状态，或者说是电子在核外运动的某个空间范围。如 ψ（1，0，0）表示 1s 原子轨道（或 1s 轨道），通俗地说，电子在 1s 轨道上运动，其科学含义则是指电子处在 1s 的空间运动状态。

所以，m 只决定原子轨道的空间取向，不影响轨道的能量。因 n 和 l 一定，轨道的能量则一定，空间取向（伸展方向）不影响能量。

磁量子数 m 的取值为轨道角动量在 z 轴上的分量，m 的取值有限，所以角动量在 z 轴上的分量也是量子化的。

ψ（n，l，m）表明了如下几点。

① 轨道的大小（电子层的数目，电子距离核的远近），轨道能量高低；

② 轨道的形状；

③ 轨道在空间分布的方向。

因而，利用三个量子数即可将一个原子轨道描述出来。

【例 1-2】 推算 $n=3$ 的原子轨道数目，并分别用三个量子数 n、l、m 加以描述。

解： $n=3$，则 $l=0$，1，2

$l=0$	$L=1$	$L=2$
$m=0$	$m=0$，±1	$m=0$，±1，±2

轨道数目：1　　3　　5　　1+3+5=9（条），分别为：

n	3	3	3	3	3	3	3	3	3
l	0	1	1	1	2	2	2	2	2
m	0	−1	0	+1	−2	−1	0	+1	+2

5. 自旋量子数 m_s

地球有自转和公转，电子围绕核运动，相当于公转，电子本身的自转，可视为自旋。

原子核外电子不仅绕核运动，本身还做自旋运动。自旋方向有两种，即顺时针或逆时针。自旋量子数 m_s 是描述电子自旋方式的量子数。m_s 有两个取值，+1/2 或 −1/2，分别用“↑”或“↓”表示。因此，每个原子轨道最多能容纳 2 个电子。

综上所述，**只有同时用主量子数、角量子数、磁量子数和自旋量子数这四个量子数，才能准确描述核外电子的运动状态**。即原子轨道的分布区域、轨道形状、轨道空间伸展方向及电子的自旋方式共同决定电子的运动状态。而三个量子数 n、l、m 可以确定一个空间运动状态，一个原子轨道。每种类型原子轨道的数目等于磁量子数的数目，也就是（$2l+1$）个。通常情况下，n 和 l 相同，m 不同的轨道，能量相同，称为简并轨道或等价轨道。在每一个原子轨道上电子可以取相反的状态：↑或↓。

四、核外电子运动的三个原理

前面学了核外电子的运动状态，这里就来讨论多个电子的基态原子核外电子的排布规律。根据实验的结果和理论推算，基态原子的核外电子分布遵循如下三个规则。

1. 泡利不相容原理

科学实验证明，在同一个原子中，没有运动状态完全相同的两个电子同时存在，这就是泡利不相容原理。奥地利物理学家泡利（W. Pauli）根据实验事实总结出：**每个原子轨道中，最多只能容纳两个自旋方向相反的电子。**

按照这个原理，如果有两个电子在电子层、电子云形状和伸展方向都相同的轨道中，他们的自旋方向必定相反，这样才能占据同一轨道。因此，每一个轨道中最多能容纳两个自旋方向相反的电子，按照这个原理，可以确定各电子层中最多容纳的电子数。可以确定各电子层中，电子的最大容量为 $2n^2$（见表 1-9）。

表 1-9　K、L、M、N 层电子的最大容量

电子层 n	K(n=1)	L(n=2)		M(n=3)			N(n=4)			
电子亚层	1s	2s	2p	3s	3p	3d	4s	4p	4d	4f
电子亚层中的轨道数	1	1	3	1	3	5	1	3	5	7
电子亚层中的电子数	2	2	6	2	6	10	2	6	10	14
表示符号	$1s^2$	$2s^2$	$2p^6$	$3s^2$	$3p^6$	$3d^{10}$	$4s^2$	$4p^6$	$4d^{10}$	$4f^{14}$
各电子层中电子的最大容纳数($2n^2$)	2	8		18			32			
	1×1^2	2×2^2		2×3^2			2×4^2			

2. 能量最低原理

通常电子在原子核外分布时，在不违背泡利不相容原理的前提下，**原子核外的电子总是尽先排布在能量最低的轨道上，然后再依次排到能量较高的轨道，这个规律叫作能量最低原理。**哪些轨道能量最低？哪些轨道能量最高呢？由近代科学实验方法可以测定出来。这与水往低处流等自然规律是一样的，都是要保持体系处于能量最低的稳定状态。

核外电子的能量（E）是由它所处的电子层和亚层所决定的。人们把这些能量不同的轨道按能量高低的顺序排列起来，像台阶一样，称为能级。见图 1-8 中的 1s、2s、2p 等亚层又分别称为 1s、2s、2p 能级。

第一能级组中只有一个能级 1s，1s 能级只有一个原子轨道，在图中用一个○表示。

第二能级组中有两个能级 2s 和 2p。2s 能级只有一个原子轨道，在图中用一个○表示，而 2p 能级有三个能量简并的 p 轨道，在图中用三个并列的○表示。该图中凡并列的○，均表示能量简并的原子轨道。

第三能级组中有两个能级 3s 和 3p。3s 能级只有一个原子轨道，而 3p 能级有三个能量简并的 p 轨道。

第四能级组中有三个能级 4s、3d 和 4p。4s 能级只有一个原子轨道，3d 能级有五个能量简并的 d 轨道，而 4p 能级有三个能量简并的 p 轨道。

第五能级组中有三个能级 5s、4d 和 5p。5s 能级只有一个原子轨道，4d 能级有五个能量简并的 d 轨道，而 5p 能级有三个能量简并的 p 轨道。

第六能级组中有四个能级 6s、4f、5d 和 6p。6s 能级只有一个原子轨道，4f 能级有七个能量简并的 f 轨道，5d 能级有五个能量简并的 d 轨道，而 6p 能级有三个能量简并的 p 轨道。

第七能级组中有四个能级 7s、5f、6d 和 7p。7s 能级只有一个原子轨道，5f 能级有七个能量简并的 f 轨道，6d 能级有五个能量简并的 d 轨道，而 7p 能级有三个能量简并的 p 轨道。

值得注意的是，除第一能级组只有一个能级外，其余各能级组均从 ns 能级开始到 np 能级结束。

图 1-8 中每一个小圆圈代表一个轨道。位置越低，表示能级越低。按由低到高的顺序，将邻近能级分成七个能级组，用虚线框出。如第四能级组包括 4s、3d、4p，第五能级组包

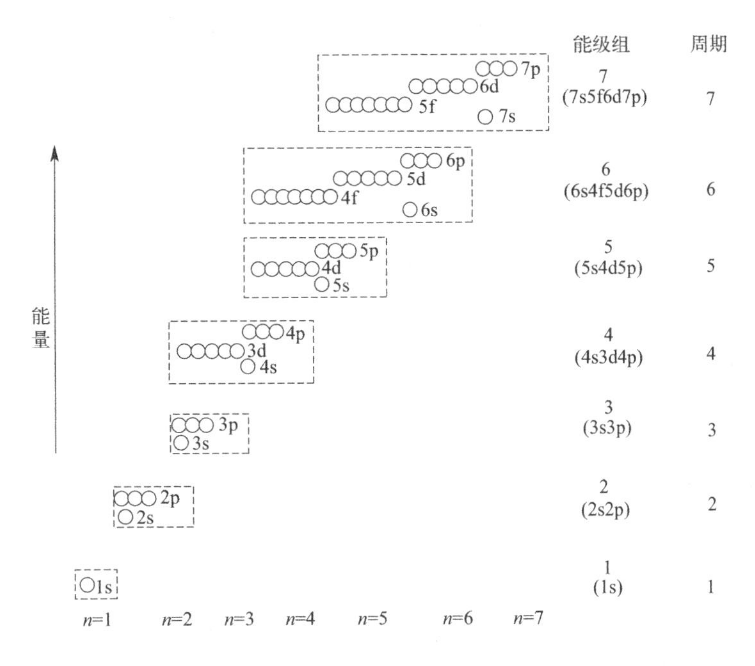

图 1-8　多电子原子的近似能级图

括 5s、4d、5p 等。同一能级组内能量差很小，相邻能级组间能量差较大。

如图 1-8 所示，它反映出多电子原子中轨道能级的高低顺序。但不能用近似能级图比较不同原子的轨道能级的相对高低。

同一能级的不同轨道称为等价轨道。如 2p 能级有 3 个等价轨道，其能量关系为：

$$E_{2p_x}=E_{2p_y}=E_{2p_z}$$

不同电子层的同类型亚层，能级按电子层序数递增。

例如：$E_{1s}<E_{2s}<E_{3s}<E_{4s}$

同一电子层的不同亚层，能级按 s、p、d、f 顺序递增。

例如：$E_{4s}<E_{4p}<E_{4d}<E_{4f}$

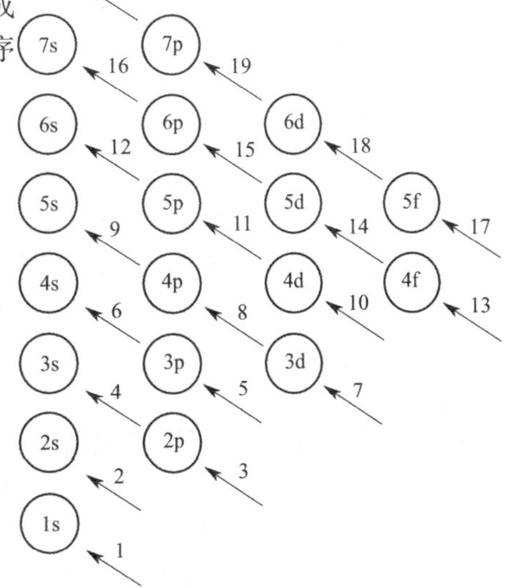

图 1-9　电子进入各轨道的顺序

在多电子原子中，由于电子间的相互作用，造成某些电子层序数较大的能级，反而低于某些电子层序数较小的能级，这种现象叫作“能级交错”。

例如：　$E_{4s}<E_{3d}$；

$E_{5s}<E_{4d}$；　　$E_{6s}<E_{4f}<E_{5d}$

根据能量最低原理，按照近似能级图，就可以确定电子进入各轨道的顺序。如图 1-9 所示。

将元素原子的核外电子分布按电子层序数依次排列的式子，称为电子分布式（或电子结构式）。例如：

$_{25}Mn$　　$1s^2 2s^2 2p^6 3s^2 3p^6 3d^5 4s^2$

各亚层符号右上角的数字，表示分布在该亚层轨道中的电子数。

为书写方便，也可以用原子实表示式简写：

$_{25}Mn$　　$[Ar]3d^5 4s^2$

[Ar]为 Mn 的原子实。所谓原子实是指某原子

内层电子分布，与相应稀有气体原子电子分布相同的那部分实体，一般用加方括号的稀有气体元素符号表示。又如：

$_{17}$Cl　[Ne]$3s^2 3p^5$

$_{35}$Br　[Ar]$3d^{10} 4s^2 4p^5$

有时也用轨道表示式表示核外电子的分布。例如：

	1s	2s	2p	3s	3p
$_{17}$Cl	(↑↓)	(↑↓)	(↑↓)(↑↓)(↑↓)	(↑↓)	(↑↓)(↑↓)(↑)

每个小圆圈代表一个轨道，等价轨道并在一起，箭号代表具有一定自旋方向的电子。

3. 洪德规则

现在我们运用能量最低原理和泡利不相容原理来讨论碳、氮两种元素原子的核外电子的排布情况。

碳元素的核电荷数为 6，即核外有 6 个电子，首先在 1s 轨道上排布 2 个自旋方向相反的电子，然后另 2 个自旋方向相反的电子排布在 2s 轨道，还有 2 个电子应排布在 2p 轨道上，而 2p 有 3 个等价轨道。它们是以自旋方向相反的方式充满一个 2p 轨道，还是以自旋方向相同的方式占据两个 2p 轨道呢？洪德从大量的事实中总结出一条规则：电子排布到能量相同的等价轨道时（3 个 p 轨道，5 个 d 轨道、7 个 f 轨道），将尽可能分占能量相同的等价轨道，而且自旋方向相同，这个原则称为洪德规则，因此，碳、氮两元素原子的电子层排布应该如图 1-10 所示。

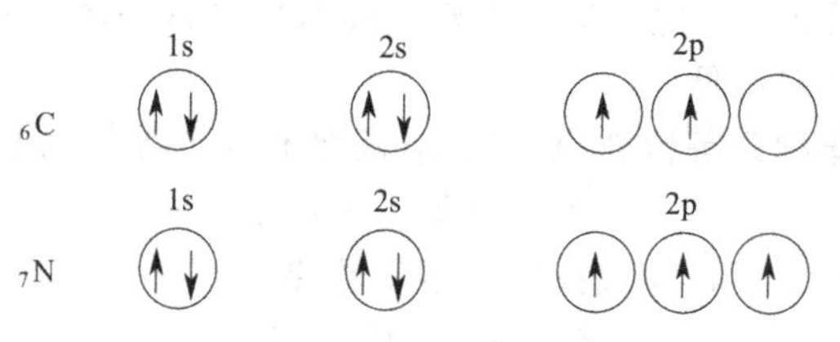

图 1-10　碳、氮原子的电子层排布

1s (↑↓) 叫作轨道表示式，一个圆圈表示一个轨道。

根据光谱实验结果，又可归纳出一个规律：等价轨道在全充满、半充满或全空的状态是比较稳定的，即

p^6 或 d^{10} 或 f^{14}　全充满

p^3 或 d^5 或 f^7　半充满

p^0 或 d^0 或 f^0　全空

例如，铬和铜原子核外电子的排布式：

$_{24}$Cr 不是 $1s^2 2s^2 2p^6 3s^2 3p^6 3d^4 4s^2$，而是 $1s^2 2s^2 2p^6 3s^2 3p^6 3d^5 4s^1$。$3d^5 4s^1$ 为半充满。

$_{29}$Cu 不是 $1s^2 2s^2 2p^6 3s^2 3p^6 3d^9 4s^2$，而是 $1s^2 2s^2 2p^6 3s^2 3p^6 3d^{10} 4s^1$。$3d^{10}$ 为全充满，$4s^1$ 为半充满。

C 原子核外有 6 个电子，其电子分布式是：

$$_6C \quad 1s^2 2s^2 2p^2$$

那么，两个 2p 电子在三个等价轨道（$2p_x$、$2p_y$、$2p_z$）中是如何分布的呢？

理论计算也证明，电子按洪德规则分布时，原子能量最低，结构最稳定。因此，C 原子的两个 2p 电子将分占两个 2p 轨道，且自旋方向相同。

$_{6}C$ 1s ↑↓ 2s ↑↓ 2p ↑ ↑

同理，N、O原子的核外电子分布分别为：

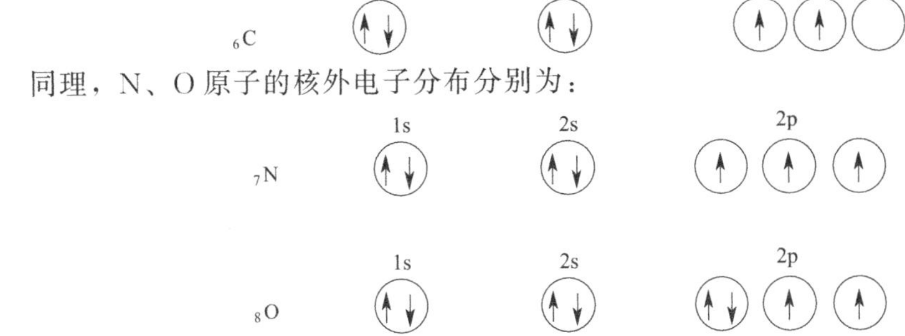

据光谱实验及量子力学计算归纳出：作为洪德规则的特例，等价轨道处于全充满（p^6、d^{10}、f^{14}）、半充满（p^3、d^5、f^7）或全空（p^0、d^0、f^0）状态时具有较低的能量，原子结构比较稳定。

除Cr、Cu外，属于这种特例的还有原子序数为42、46、47、64、79、96的元素原子。

这里需要指出，核外电子的排布情况是通过实验测定的。上述三条原理是从大量客观事实中总结出来的，它可以帮助我们了解元素原子核外电子排布的一般规律，但不能用它们来解释有关电子排布的所有问题。因此，这些原理只具有相对近似的意义。

知识拓展

原子核外电子分布的三个规则是从大量实验中总结出来的一般性结论，它能帮助我们正确认识绝大多数原子的电子分布。但仍有局限性，对某些“不规则”元素（如原子序数为41、44、45、57、58、78、89、90、91、92、93的元素）原子的电子分布还不能作出满意的解释，说明这些理论还有待于完善。但有一点可以肯定，它们的电子分布仍会服从能量最低原理。

原子失去电子就成为阳离子。阳离子的电子结构式可在原子的电子结构式基础上写出。但应注意，原子失去电子的顺序是依次由外层到内层进行的，它并不是电子分布的逆过程。例如：

$$Fe \quad 1s^2 2s^2 2p^6 3s^2 3p^6 3d^6 4s^2 \quad [Ar]3d^6 4s^2$$

$$Fe^{2+} \quad 1s^2 2s^2 2p^6 3s^2 3p^6 3d^6 \quad [Ar]3d^6$$

五、氢原子光谱

用如图1-11所示的实验装置，可以得到氢的线状光谱，这是最简单的一种原子光谱。

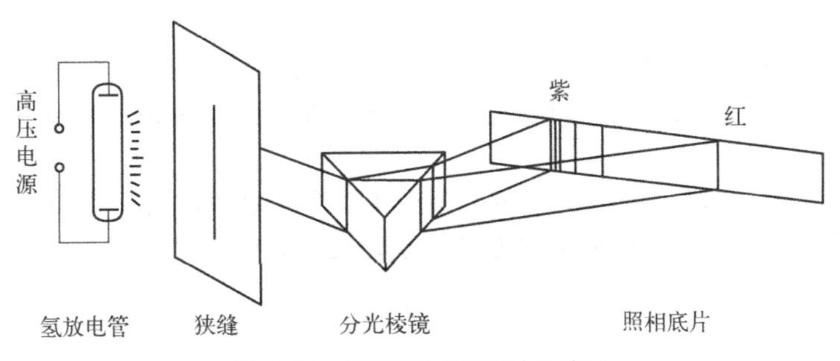

图1-11　氢原子光谱实验示意图

氢原子光谱的特点是在可见区有四条比较明显的谱线，通常用H_α、H_β、H_γ、H_δ来表示，见图 1-12。

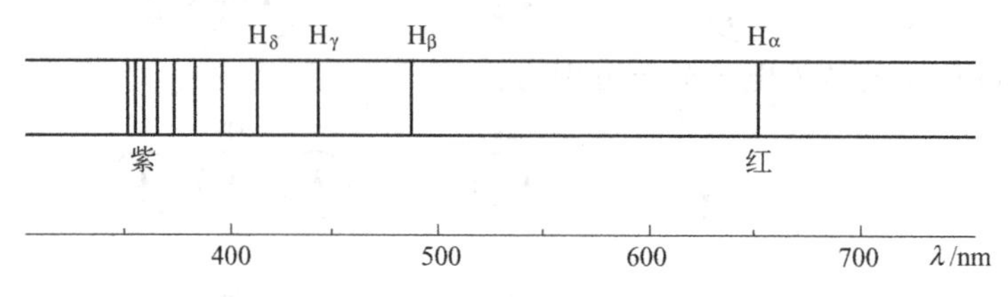

图 1-12　氢原子的线状光谱

1883 年瑞士物理学家巴耳末（Balmer）提出了下式：

$$\lambda = B\frac{n^2}{n^2-4} \tag{1-1}$$

作为 H_α、H_β、H_γ、H_δ 四条谱线的波长通式。式中，λ 为波长，B 为常数，当 n 分别等于 3～6 时，式（1-1）将分别给出这几条谱线的波长。可见区的这几条谱线被命名为巴耳末线系。

1913 年瑞典物理学家里德堡（Rydberg）找出了能概括谱线的波数之间普遍联系的经验公式：

$$\sigma = R_H\left(\frac{1}{n_1^2}-\frac{1}{n_2^2}\right) \tag{1-2}$$

式(1-2) 称为里德堡公式，式中 σ 为波数（指 1cm 的长度相当于多少个波长），R_H 称为里德堡常数，其值为 $1.097\times10^5\text{cm}^{-1}$，$n_1$ 和 n_2 为正整数，且 $n_2>n_1$。后来在紫外区、近红外区及远红外区发现的谱线的波数也都很好地符合里德堡公式。

任何原子被激发时，都可以给出原子光谱，而且每种原子都有自己的特征光谱。这使人们意识到原子光谱与原子结构之间势必存在着一定的关系。当人们试图利用有核原子模型从理论上解释氢原子光谱时，这一原子模型受到了强烈的挑战。

知识拓展

原子光谱是研究原子结构的基础，它是气体热蒸气的原子受到适当激发而发射出来的一条条谱线，称为线状光谱。每种原子都有其特征谱线，能发出特殊的光。如钠原子能发出黄色的光（589nm），现代照明用的节能灯就是根据钠原子的特性制造的。原子特有的线状光谱可以作为化学分析的工具，根据原子的发射光谱可以做元素的定性分析，利用谱线的强度可以作元素的定量测定。

六、玻尔理论

1900 年，德国科学家普朗克（Planck）提出了著名的量子论。普朗克认为在微观领域能量是不连续的，物质吸收或放出的能量总是一个最小的能量单位的整倍数。这个最小的能量单位称为能量子。

1905 年，瑞士科学家爱因斯坦（Einstein）在解释光电效应时，提出了光子论。他认为能量以光的形式传播时，其最小单位称为光量子，也叫光子。光子能量的大小与光的频率成正比。

$$E = h\nu \tag{1-3}$$

式中，E 为光子的能量；ν 为光子的频率；h 为普朗克常量，其值为 $6.626\times10^{-34}\text{J}\cdot\text{s}$。物质以光的形式吸收或放出的能量只能是光量子能量的整数倍。电量的最小单位是一个电子的电量。

将以上的说法概括为一句话，即**在微观领域中能量、电量是量子化的。量子化是微观领域的重要特征**，后面还将了解到更多的量子化的物理量。

1913年，丹麦科学家玻尔（Bohr）在普朗克量子论、爱因斯坦光子论和卢瑟福德（Rutherford）有核原子模型的基础上，提出了新的原子结构理论，即著名的玻尔理论。

玻尔理论认为，**核外电子在特定的原子轨道上运动，轨道具有固定的能量 E**。他计算了氢原子的原子轨道的能量，结果如下：

$$E=-\frac{13.6}{n^2}\mathrm{eV} \tag{1-4}$$

式(1-4) 中，eV是微观领域常用的能量单位，等于1个电子的电量 1.602×10^{-19}C 与1V电势差的乘积，其数值为 1.602×10^{-19}J。

将 n 值1、2、3分别代入式(1-4) 得到：

$n=1$ 时，$E_1=-13.6\mathrm{eV}$，即 $E=-\dfrac{13.6}{n^2}\mathrm{eV}=-\dfrac{13.6}{1^2}\mathrm{eV}$；

$n=2$ 时，$E_2=-13.6/4\mathrm{eV}$，即 $E=-\dfrac{13.6}{n^2}\mathrm{eV}=-\dfrac{13.6}{2^2}\mathrm{eV}$；

$n=3$ 时，$E_3=-13.6/9\mathrm{eV}$，即 $E=-\dfrac{13.6}{n^2}\mathrm{eV}=-\dfrac{13.6}{3^2}\mathrm{eV}$。

随着 n 的增加，电子离核越远，电子的能量以量子化的方式不断增加。当 $n\rightarrow\infty$ 时，玻尔理论认为，电子在轨道上绕核运动时，并不放出能量。因此，在通常的条件下氢原子是不会发光的。同时氢原子也不会因为电子坠入原子核而自行毁灭。电子所在的原子轨道离核越远，其能量越大。

离核无限远，成为自由电子，脱离原子核的作用，能量 $E=0$。

原子中的各电子尽可能在离核最近的轨道上运动，即原子处于基态。受到外界能量激发时电子可以跃迁到离核较远的能量较高的轨道上，这时原子和电子处于激发态。处于激发态的电子不稳定，可以跃迁回低能量的轨道上，并以光子形式放出能量，光的频率取决于轨道的能量之差。

$$h\nu=E_2-E_1 \quad 或 \quad \nu=\frac{E_2-E_1}{h} \tag{1-5}$$

式中，E_2 为高能量轨道的能量；E_1 为低能量轨道的能量；ν 为频率；h 为普朗克常量。

将式(1-4) 代入式(1-5) 中，得：

$$\nu=\frac{-13.6}{h}\left(\frac{1}{n_1^2}-\frac{1}{n_2^2}\right)\mathrm{eV} \tag{1-6}$$

将式(1-6) 中的频率换算成波数，即得里德堡公式：

$$\sigma=R_{\mathrm{H}}\left(\frac{1}{n_1^2}-\frac{1}{n_2^2}\right)$$

玻尔理论对于代表氢原子线状光谱规律性的里德堡经验公式的解释，是令人满意的。

玻尔理论极其成功地解释了氢原子光谱，但它的原子模型仍然有着局限性。玻尔理论虽然引用了普朗克的量子论，但在计算氢原子的轨道半径时，仍是以经典力学为基础的，因此它不能正确反映微粒运动的规律，所以它被后来发展起来的量子力学和量子化学所取代势所必然。

项目二　元素周期律及元素周期表

学习目标

1. 使学生了解元素原子核外电子排布、原子半径、主要化合价的周期性变化，认识元素周期律。

2. 让学生认识元素周期表的结构以及周期和族的概念，理解原子结构与元素在周期表中的位置间的关系。

3. 以第3周期为例，掌握同一周期内元素性质（如：原子半径、化合价、单质及化合物性质）的递变规律与原子结构的关系；以ⅠA和ⅡA族为例，掌握同一主族内元素性质递变规律与原子结构的关系。

知识一　元素周期性变化的规律

我们知道，一切客观事物本来是互相联系的和具有内部规律的，因此，各元素之间也应该存在着互相联系和内部规律。随着人们对元素的性质和原子结构认识的逐步深入，发现元素的性质与元素的核电荷数（核内质子数）密切相关。为了认识元素之间的相互联系和内在规律，把电荷数在1～18的元素原子的核外电子排布、原子半径和一些化合价列成表（表1-10）来加以讨论。为了方便，人们**按照电荷数由小到大的顺序给元素编号，这种序号，叫该元素的原子序数**。显然，原子序数在数值上与这种原子的核电荷数相等。下面就按原子序数的顺序来研究元素性质的变化规律。

表1-10　1～18的元素原子的核外电子排布、原子半径和化合价

原子系数	1							2
元素名称	氢							氦
元素符号	H							He
核外电子排布	(+1) 1							(+2) 2
原子半径/nm	0.037							—
主要化合价	+1							0
原子系数	3	4	5	6	7	8	9	10
元素名称	锂	铍	硼	碳	氮	氧	氟	氖
元素符号	Li	Be	B	C	N	O	F	Ne
核外电子排布	(+3) 2 1	(+4) 2 2	(+5) 2 3	(+6) 2 4	(+7) 2 5	(+8) 2 6	(+9) 2 7	(+10) 2 8
原子半径/nm	0.152	0.089	0.082	0.077	0.075	0.074	0.071	—
主要化合价	+1	+2	+3	+4，−4	+5，−3	−2	−1	0

续表

原子系数	11	12	13	14	15	16	17	18
元素名称	钠	镁	铝	硅	磷	硫	氯	氩
元素符号	Na	Mg	Al	Si	P	S	Cl	Ar
核外电子排布	(+11) 2 8 1	(+12) 2 8 2	(+13) 2 8 3	(+14) 2 8 4	(+15) 2 8 5	(+16) 2 8 6	(+17) 2 8 7	(+18) 2 8 8
原子半径/nm	0.186	0.160	0.143	0.117	0.110	0.102	0.099	—
主要化合价	+1	+2	+3	+4，−4	+5，−3	+6，−2	+7，−1	0

一、原子核外电子排布的周期性变化

我们来看表1-10中原子序数从1～18号元素的原子核外电子层排布的情况，原子序数从1～2的元素，即从氢到氦，有一个电子层，电子从1增加到2个，达到稳定结构；原子序数从3～10的元素，即从锂到氖，有两个电子层，最外层电子从1个递增到8个，达到稳定结构；原子序数从11～18的元素，即从钠到氩，有三个电子层，最外层电子数也从1个递增到8个，达到稳定结构。如果我们对18号以后的元素继续研究下去，同样可以发现，每隔一定数目的元素，会重复出现原子最外层电子数从1个递增到8个的情况。也就是说，**随着原子序数的递增，元素的原子最外层电子排布呈周期性的变化。**正是原子结构的这种变化引起了元素性质的周期性变化，例如，随着原子序数递增，最外层电子数周期性地出现7个电子，导致周期性地出现性质相似的卤素族元素，即氟、氯、溴、碘。

二、原子半径的周期性变化

从表1-10可以看出，从碱金属锂到卤素氟，随着原子序数的递增，原子半径由0.152nm递减到0.071nm。同样从碱金属钠到了卤素氯，随着原子序数的递增，原子半径从0.186nm递减到0.099nm，原子半径也是由大逐渐减小，再看图1-13更直观，如果以稀有元素氦（He）、氖（Ne）、氩（Ar）为界，图中前一部分（3～9号元素）构成的图形可以看出，随着原子序数的递增，元素的原子半径逐渐减小。后一部分（11～17号元素）构成的图形和3～9号元素的变化趋势相似，整个图形随着原子序数的递增重复出现相似的形状，如果把已知的元素按原子序数递增的顺序排列起来，将会发现：**元素的原子半径随着原子序数的递增而呈周期性的变化。**

三、元素主要化合价的周期性变化

图1-14清楚地告诉我们，从第11号元素到第18号元素在极大程度上重复着从第3号元素到第10号素所表现的化合价的变化——正价从+1（Na）逐渐变到+7（Cl），从中部的元素开始有负价，负价是从−4（Si）递变到−1(Cl)，如果研究第18号元素以后的元素的化合价，同样可以看到与前面18种元素相似的变化，也就是说，**元素的化合价随着原子序数的递增而呈周期性的变化。**

通过以上事实，我们可以归纳出这样一条规律：**元素的性质随着元素原子序数的递增而呈周期性的变化，这个规律叫作元素周期律。**元素的性质泛指其单质和化合物的性质。

核外电子分布的周期性变化是导致元素性质周期性变化的根本原因；元素性质周期性变化是核外电子分布周期性变化的必然结果。

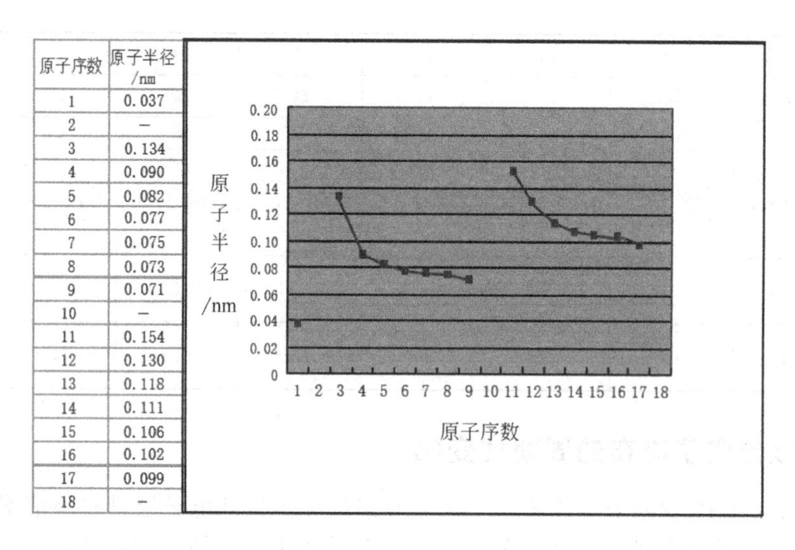

原子序数	原子半径/nm
1	0.037
2	—
3	0.134
4	0.090
5	0.082
6	0.077
7	0.075
8	0.073
9	0.071
10	—
11	0.154
12	0.130
13	0.118
14	0.111
15	0.106
16	0.102
17	0.099
18	—

图 1-13　原子序数与原子半径线状图

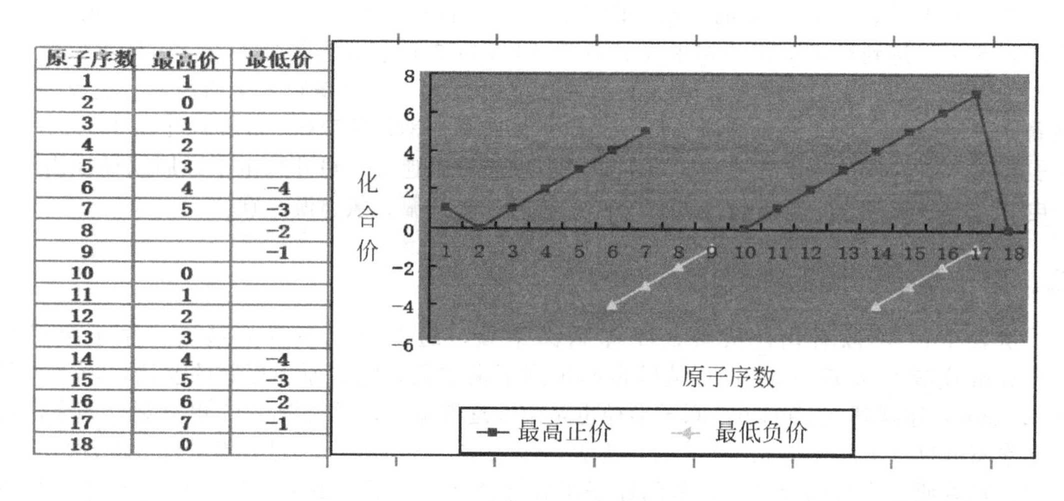

原子序数	最高价	最低价
1	1	
2	0	
3	1	
4	2	
5	3	
6	4	−4
7	5	−3
8		−2
9		−1
10	0	
11	1	
12	2	
13	3	
14	4	−4
15	5	−3
16	6	−2
17	7	−1
18	0	

图 1-14　1～18 号元素的主要化合价

元素周期律反映了各种化学元素之间的内在联系和性质的变化规律，有力地证明了“量变到质变”的宇宙间的基本规律，为辩证唯物论提供了光辉的论据，由于元素周期律的发现，人们认识到自然界的化学元素之间，不是彼此孤立和无联系的，而是形成了一个完整的体系并有规律地变化着。

知识二　元素周期表

根据元素周期律，把现在已知的一百多种元素中电子层数目相同的各种元素，按原子序数递增的顺序从左到右排成横行，再把不同横行中最外电子层上电子数相同的元素按电子层数递增的顺序由上而下排成纵行，这样得到的一个表，叫做元素周期表，**元素周期表是元素周期律的具体表现形式，它反映了元素之间相互联系的规律**，为化学的学习和研究提供了一个元素分类的方法和工具。下面我们就来学习元素周期表的有关知识。

元素周期表

一、元素周期表的结构

1. 周期

元素周期表有 7 个横行，也就是 7 个周期。具有相同的电子层数而又按照原子序数递增的顺序排列的一系列元素，称为一个周期。元素划分为周期的本质在于能级组的划分。周期的序数就是该周期元素原子具有的电子层数。

周期的序数＝该周期原子具有的电子层数

元素周期表中，第一、二、三周期叫作短周期，分别含 2、8、8 种元素；第四、五、六周期叫长周期，其中，第四、五周期各含 18 种元素，第六周期含 32 种元素；第七周期以前没有填满而称为不完全周期，但到 2017 年，也已经全部填满至 32 种元素。

除第一周期外，同一周期中，从左到右，各元素原子最外电子层的电子数都是从 1 个逐步增加到 8 个，除第一周期从气态元素氢开始外，每一周期的元素都是从活泼的金属元素——碱金属开始，逐渐过渡到活泼的非金属元素——卤素，最后以稀有气体结束。

第六周期中 57 号元素镧（La）至 71 号元素镥（Lu），共 15 种元素，它们的电子层结构和性质非常相似，总称为镧系元素，为了使表的结构紧凑，将镧系元素放在周期表的同一格里，并按原子序数递增的顺序，把它们另列在表的下方，实际上还是各占一格。

第七周期中 89 号元素锕（Ac）至 103 号元素铹（Lr），共 15 种元素，它们彼此的电子结构和性质也十分相似，总称锕系元素，同样把它们放在周期表的同一格里，并按原子序数递增的顺序另列在表下方镧系元素的下面。锕系元素中铀后面的元素多数是人工进行核反应制得的元素，叫作超铀元素。

2. 族

周期表中共有 18 个纵行，除 8、9、10 三个纵行合称为第ⅧB 族外，其余 15 个纵行，**每一纵行就是一族。原子的价层电子构型相同是元素分族的实质。**族又分主族（A 族）和副族（B 族）。由短周期元素和长周期元素共同组成的族，叫作主族；主族元素在族的序数（习惯用罗马数字表示）后面标 A 字，表示为ⅠA、ⅡA、ⅢA、ⅣA、ⅤA、ⅥA、ⅦA、ⅧA，按从左到右分别列到周期表的两侧。完全由长周期元素组成的族，叫作副族，副族元素在族的序数后面标 B 字，表示为ⅠB、ⅡB、ⅢB、ⅣB、ⅤB、ⅥB、ⅦB、ⅧB。副族位于周期表的中部，统称为过渡元素。

所以，在整个周期表中，有 8 个主族，8 个副族，共 16 个族。

显然，同一主族的元素最外层电子数相同，且最外层电子数（价电子数）等于族序数，也等于该元素的最高正价。例如，卤族元素，即 Ⅶ A 族，最外层有 7 个电子，最高正价为 7，如 $HClO_4$、HIO_4 中的氯、碘均为＋7 价。

8 个主族，每一个主族又有一个名称：第 1 主族（ⅠA)，叫作“碱金属族”；第 2 主族（ⅡA)，叫作“碱土金属族”；第 3 主族（ⅢA)，叫作“硼族”；第 4 主族（ⅣA)，叫作“碳族”；第 5 主族（ⅤA)，叫作“氮族”；第 6 主族（ⅥA)，叫作“氧族”；第 7 主族（ⅦA)，叫作“卤素族”。稀有（惰性）气体元素化学性质非常不活泼，在通常状况下难以发生化学反应，把它们的化合价看作 0，因而也叫作零族。

8 个副族元素位于周期表中部，介于ⅡA 和 ⅢA 之间。它们从ⅢB 族到ⅡB 族 10 个纵行（其中第ⅧB 族也称为第Ⅷ族），共 65 种元素，它们分属于第四周期到第七周期。过渡元素都是金属元素，因为它们原子的最外层电子数不超过 2 个，容易失去电子，显示金属元素的性质，所以又把它们叫作过渡金属。

二、主族元素的性质的周期性变化

原子结构决定元素的性质，我们在学习了原子电子层结构和元素周期律的基础上，进一步讨论元素的某些性质和原子结构的关系，以便更好地认识元素的性质。

在元素周期表中，同一主族元素的性质或同一周期元素的性质存在着一定的递变规律，下面我们从元素的原子半径、元素的金属性和非金属性以及化合价等方面加以讨论，了解这些递变规律和原子结构的关系。

1. 原子半径

图 1-15 列出的是周期表中主族元素原子半径变化的示意图，从图中可以看出同一主族和同一周期中的主族元素其原子半径大小的递变规律，同一主族元素的原子半径大小主要取决于电子层数；自上而下，原子的电子层数逐渐增多，原子半径逐渐增大，副族元素的原子结构较主族元素复杂，在此不讨论。

在同一周期中的主族元素的原子半径，一般说来是随着原子序数的递增，原子半径依次减小，这是因为同一周期中主族元素的原子其电子层数相同，但核电荷数随着原子序数增大而增多，因此，原子核对外层电子的吸引力增大，导致原子半径缩小。

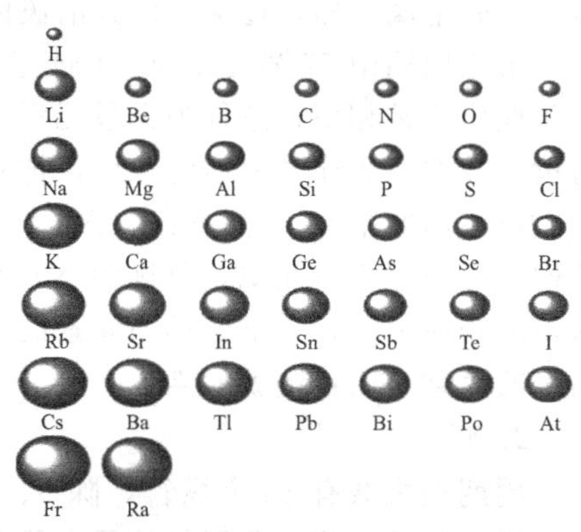

图 1-15　主族元素原子半径变化的示意图（共价半径）

2. 元素的金属性和非金属性

（1）元素电负性　为了定量地比较原子在分子中吸引电子的能力，1932 年鲍林（L. Pauling）提出了电负性（X）概念。原子在分子中吸引成键电子的能力，称为元素电负性。元素电负性越大，表示该元素原子在分子中吸引成键电子的能力越强，反之则越弱。它较全面地反映了元素金属性和非金属性的强弱。

鲍林在把 F 的电负性指定为 4.0 的基础上，从相关分子的键能数据出发进行计算，并与 F 的电负性 4.0 对比，得到其他元素的电负性数值（表 1-11），因此鲍林的电负性是一个相对的数值。

表 1-11　鲍林的元素电负性树脂

H																
2.2																
Li	Be											B	C	N	O	F
1.0	1.6											2.0	2.6	3.0	3.4	4.0
Na	Mg											Al	Si	P	S	Cl
0.9	1.3											1.6	1.9	2.2	2.6	3.2
K	Ca	Se	Ti	V	Cr	Mn	Fe	Co	Ni	Cu	Zn	Ga	Ge	As	Se	Br
0.8	1.0	1.4	1.5	1.6	1.7	1.6	1.8	1.9	1.9	1.9	1.7	1.8	2.0	2.2	2.6	3.0
Rb	Sr	Y	Zr	Nb	Mo	Te	Ru	Rh	Pb	Ag	Cd	In	Sn	Sb	Te	I
0.8	1.0	1.2	1.3	1.6	2.2	1.9	2.2	2.3	2.2	1.9	1.7	1.8	2.0	2.1	2.1	2.7
Cs	Ba	Lu	Hf	Ta	W	Re	Os	Ir	Pt	Au	Hg	Tl	Pb	Bi	Po	At
0.8	0.9	1.3	1.3	1.5	2.4	1.9	2.2	2.2	2.3	2.5	2.0	2.0	2.3	2.0	2.0	2.2
Fr	Ra															
0.7	0.9															

可根据元素电负性的大小判断元素的金属性和非金属性。电负性越大，原子越易得电子；电负性越小，原子越易失电子。

由表 1-11 可见，元素电负性呈周期性变化。同一周期从左到右，主族元素的有效核电荷逐渐增大，原子半径逐渐减小，原子核对外层电子的引力逐渐增强，电负性依次递增；同一主族元素从上到下，有效核电荷虽有所增加，但电子层数的增多起主要作用，半径增大使原子核对外层电子的引力逐渐减弱，电负性逐渐减小。过渡元素电负性的变化没有明显的规律。在周期表中，氟是电负性最大的元素，而铯是电负性最小的元素。根据电负性的大小，可以衡量元素的金属性和非金属性。一般认为电负性在 2.0 以上的元素属于非金属元素，而电负性在 2.0 以下的属于金属元素。

电负性综合反映原子得失电子倾向。电负性大，原子易得电子，通常，非金属元素的电负性大于 2.0（除 Si 外），如同一周期中，卤素的电负性最大，在化合物中多以阴离子形式存在；电负性小，原子易失电子，一般金属元素的电负性小于 2.0（除 Pt、Au、Pb、W 等少数金属元素外），如同一周期中，碱金属元素的电负性最小，在化合物中多以阳离子形式存在。根据电负性还可以判断元素在化合物中的化合价（如 $\overset{+1}{H}\overset{-1}{Cl}$）和化学键的类型。

(2) 元素金属性与非金属性　元素的金属性是指元素原子失电子的能力，元素的非金属性是指元素原子得电子的能力。

元素得失电子的能力，取决于核电荷数、原子半径和外层电子结构。一般，核电荷越少、原子半径越大或外层电子数越少，原子就越容易失去电子，元素的金属性越强；反之，越容易得到电子，元素的非金属性越强。

元素的金属性和非金属性强弱，常用电负性来衡量。元素电负性越小，原子越易失电子，元素的金属性越强；元素电负性越大，原子越易得电子，元素的非金属性越强。

一般说来，我们可以从元素的单质与水或酸反应置换出氢的难易，元素最高价氧化物的水化物（氧化物间接或直接与水生成化合物）——氢氧化物的碱性强弱，来判断元素金属性的强弱；可以从元素氧化物的水化合物的酸性强弱，或从与氢气生成气态氢化物的难易，来判断元素非金属性的强弱。

从第三周期中 11～18 号元素，从金属性最强的碱金属钠开始，逐渐过渡到非金属性最强的卤族元素氯，元素的金属性逐渐减弱，非金属性逐渐增强，最后以稀有元素结束；元素最高价氧化物对应的水化物，由碱性递变到两性，再到酸性，或者说碱性逐渐减弱，酸性逐渐增强。除第一周期外，如果对其他周期元素的金属性和非金属性逐一进行探讨，也会得到同样的结论，即：**在同一周期的主族元素，从左到右，核电荷数依次增多，原子半径逐渐减小，失电子能力逐渐减弱，得电子能力逐渐增强，因此金属性逐渐减弱，非金属性逐渐增强。**

一般地说，在周期表中，同一主族元素从下到上，同一周期元素从左到右，都存在这样的递变规律：元素的金属性逐渐减弱，非金属性逐渐增强。(见表 1-12)。

根据主族元素性质的递变规律，在周期表中，非金属元素应集中在右上部分，金属元素应集中在左下部分，周期表中右上角的氟是非金属性最强的元素，左下角的铯是金属性最强的元素（钫是放射性元素，不能稳定地存在）。在周期表中，硼、硅、砷、碲、砹跟铝、锗、锑、钋之间有一条折线，这就是金属元素和非金属元素的分界线，折线的左面是金属元素，右面是非金属元素（见表 1-12）。位于分界线附近的元素，既表现某些金属的性质，又表现某些非金属的性质。例如 B、Si、Ge、As 等元素都是重要的半导体材料。

3. 化合价

元素的化合价与原子的电子层结构有密切关系，特别是与最外层电子的数目有关。因此，**主族元素原子的最外层电子叫作价电子。**过渡元素的化合价与它们原子的次外层或倒数第三层的部分电子有关。这部分电子也叫价电子。

表 1-12　主族元素金属性和非金属性递变

主族			ⅠA	ⅡA	ⅢA	ⅣA	ⅤA	ⅥA	ⅦA	
			原子半径减小　电负性增大　非金属性逐渐增强 →							
周期	二	原子半径增大、电负性减小、金属性逐渐增强 ↓	Li	Be	B	C	N	O	F	非金属性逐渐增强 ↑
	三		Na	Mg	Al	Si	P	S	Cl	
	四		K	Ca	Ga	Ge	As	Se	Br	
	五		Rb	Sr	In	Sn	Sb	Te	I	
	六		Cs	Ba	Tl	Pb	Bi	Po	At	
	七		Fr	Ra						
			← 金属性逐渐增强							
最高化合价			+1	−2	+3	+4	+5	+6	+7	
负化合价						−4	−3	−2	−1	

在周期表中，**主族元素的最高正化合价等于它所在族的序数**，因此它们最外层电子数，即价电子数，与族的序数相等。非金属元素的最高正化合价和它的负化合价绝对值之和等于8。因为非金属元素的最高正化合价等于原子所失去或偏移的最外层上的电子数；而它的负化合价则等于原子最外层达到 8 个电子稳定结构所需得到的电子数。在一般情况下，化合物中氢元素是+1 价，氧元素是−2 价。表 1-13 列出了主族元素化合价的变化以及气态氢化物、最高价氧化物的通式。

副族和第八族元素的化合价比较复杂，这些原子次外层或倒数第三层上的电子不稳定，在适当的条件下，和最外层电子一样，也可以失去，这里就不作详细讨论了。

表 1-13　主族元素化合价的变化

族	ⅠA	ⅡA	ⅢA	ⅣA	ⅤA	ⅥA	ⅦA
主要化合价	+1	+2	+3	+4 −4	+5 −3	+6 −2	+7 −1
气态氢化物的通式				RH_4	RH_3	RH_2	RH_1
最高价氧化物的通式	R_2O	RO	R_2O_3	RO_2	R_2O_5	RO_3	R_2O_7

4. 元素的化合物其性质递变规律

在同一周期或同一主族中，不仅元素的基本性质呈规律性的变化。而且，由这些元素所形成的化合物的性质也具有一定的变化规律。下面以第三周期为例。我们来分析元素的最高价氧化物对应水化物的酸碱性和元素的气态氢化物的热稳定性的变化规律。表 1-14 列出了第三周期元素的化合物性质。

表 1-14　第三周期元素的化合物性质

族	ⅠA	ⅡA	ⅢA	ⅣA	ⅤA	ⅥA	ⅦA
元素	Na	Mg	Al	Si	P	S	Cl
氧化物	Na_2O	MgO	Al_2O_3	SiO_2	P_2O_5	SO_3	Cl_2O_7
水化物	NaOH	$Mg(OH)_2$	$Al((OH)_3$	H_4SiO_4	H_3PO_4	H_2SO_4	$HClO_4$
酸碱性	强碱	中强碱	两性	弱酸	中强酸	强酸	最强酸
气态氢化物的热稳定性比较				SiH_4	PH_3	H_2S	HCl
				很不稳定	不稳定	较稳定	稳定

从表 1-14 中我们可以知道，在同一周期中，从左至右，主族元素最高价氧化物对应水化物的碱性逐渐减弱，酸性逐渐增强；它们的气态氢化物的热稳定性逐渐增强。

三 、元素周期律和元素周期表的应用

元素周期律和周期表，对化学的学习、研究来说是一个重要的规律和工具。元素周期律和周期表也将指导我们更好地学习和应用化学知识。周期律和周期表对工农业生产也具有一定的指导作用。在农药中通常含氟、氯、硫、磷、砷等元素，这些元素都位于周期表的右上角，对于这个区域元素化合物的研究，有助于找到对人畜安全的高效农药。由于在周期表中位置靠近的元素性质相近，这样就启发了人们在周期表中一定的区域内寻找特定性质的物质。例如：在金属与非金属的分界线附近寻找半导体材料。在过渡元素中去寻找催化剂以及耐高温、耐腐蚀的合金材料等。这种方法还广泛地应用在寻找新的超导材料以及氟利昂的替代物等方面。

周期律和周期表也为人们寻找胶凝材料提供了线索。按周期律推断，并经实验证实，在ⅡA族中 BeO、MgO 所形成的盐无胶凝性，而离子半径较大的钙、锶、钡的氧化物所形成的盐类具有胶凝性，如它们的硅酸盐、铝酸盐、铁酸盐、磷酸盐等都具有很好的胶凝性。由于硅酸钙具有很好的胶凝性，而且其主要原料石灰石和黏土价廉易得，因此，以硅酸钙为主要成分的水泥使用最为广泛。由于离子半径的不同，锶和钡的硅酸盐水泥可以配制很好的防辐射的屏蔽混凝土。

元素周期表中，第七周期的空缺位置为人工合成新的元素、预测原子结构及性质提供了线索。所以，根据该元素在周期表中的位置，可以推测它的原子结构和一定的性质；反过来，根据元素的原子结构，也可以推测它在周期表中的位置。此外，元素周期律的重要意义还在于它有力地论证了事物的量变引起质变的规律性。

综上所述，元素周期表是概括元素化学知识的宝库。对某个元素，可以从周期表中直接获得元素的名称、符号、原子序数、原子量、电子排布、族和周期数，也可判断元素是非金属还是金属；还可比较其密度、原子半径、原子体积、化合价等，周期表所包含的大量信息将随着人类科技的进步，尤其是化学知识的不断增加而更加丰富。

项目三　化学键与分子结构

学习目标

1. 记住共价键的类型，理解化学键的概念及离子键、共价键、配位键、金属键的本质和特征。

2. 能熟练地用电子式表示简单离子化合物、共价化合物的形成过程。

3. 理解分子的极性，分子间力类型及变化规律，氢键的形成条件、本质及特征，掌握分子间力和氢键对物质性质的影响规律。

4. 认识原子间通过原子轨道重叠形成共价键，了解共价键具有饱和性和方向性。

5. 从分子间力、氢键的角度认识认知理论的形成。

6. 了解晶体、非晶体的概念和特征；借助分子晶体、共价晶体、离子晶体、金属晶体等模型认识晶体的结构特点。

知识一　化学键

原子既然可以结合成分子，原子之间必然存在着相互作用，这种相互作用不仅存在于直

接相邻的原子之间，而且也存在于分子内的非直接相邻的原子之间。从化学反应中能量变化的事实可知，相邻原子或离子间存在着强烈的相互作用，这也是原子或离子间发生相互联结的主要原因，破坏它需要消耗较大的能量。这种相邻的两个或多个原子（离子）之间强烈的相互作用，通常叫作化学键。

化学键的主要类型有离子键、共价键、金属键等。

离子键的形成

一、离子键

1. 什么是离子键

我们已经知道，金属钠与氯气能发生反应，生成氯化钠：

$$2Na+Cl_2 \xlongequal{} 2NaCl$$

我们也知道，钠原子的最外层有 1 个电子，容易失去，氯原子的最外层有 7 个电子，容易结合 1 个电子，从而使最外层达到 8 个电子的稳定结构。当钠与氯气发生反应，钠原子的最外电子层的 1 个电子转移到氯原子的最外电子层上，形成了带正电荷的钠离子（Na^+）和带负电荷的氯离子（Cl^-），钠离子和氯离子之间除了有静电引力而相互靠近外，还有电子与电子、原子核与原子核之间的相互排斥作用。当两种离子接近到一定距离时，吸引和排斥作用达到了平衡，于是就形成了氯化钠，并放出大量的能量。像氯化钠那样，**阴、阳离子间通过静电相互作用形成的化学键叫作离子键。**（静电吸引＝静电排斥）

在化学反应中，一般是原子的最外层电子发生变化，为了简便起见，我们可以在元素符号周围用小黑点（或 x）来表示它的最外层电子，这种式子叫作电子式。例如：

原子的电子式：

H·　　Na·　　·Mg·　　·Ö·（O 周围 6 个电子）　　:Cl·（Cl 周围 7 个电子）

离子的电子式：

H^+　　Na^+　　Mg^{2+}　　$[:\ddot{O}:]^{2-}$　　$[:\ddot{Cl}:]^-$

化合物的电子式：　　$Na^+[:\ddot{Cl}:]^-$

如 NaI 的电子式：

也可以用电子式来表示化合物的形成：

$$Na^{\times} + \cdot\ddot{Cl}: \longrightarrow Na^+[\,{}_{\times}\ddot{Cl}:]^-$$

【电子式书写时需注意】

① 金属阳离子的电子式就是其离子符号。

② 非金属阴离子的电子式要标 [　] 及电荷数。

③ 离子化合物的电子式就是由阴、阳离子的电子式合并而成。

【书写化合物形成过程时需注意】

① 原子 A 的电子式 ＋ 原子 B 的电子式→化合物的电子式。

② 不能把“→”写成“＝”。

③ 在箭号右边，相同的原子可以合并写，不能把相同离子合并在一起，应逐个写；离子需注明电荷数；阴离子要用方括号括起。

④ 用箭头表明电子转移方向（也可不标）。

活泼金属（如钾、钠、钙）与活泼非金属（如氯、溴等）化合时，都能形成离子键。**以离子键结合的化合物叫离子化合物。**在室温下，这类化合物以离子晶体的形式存在。例如：溴化镁就是由离子键所形成的。

$$:\ddot{Br}\cdot + \times Mg \times + \cdot\ddot{Br}: \longrightarrow [:\ddot{Br}\overset{\times}{\cdot}]^- Mg^{2+} [\overset{\times}{\cdot}\ddot{Br}:]^-$$

2. 离子键的特征

（1）没有方向性　离子的电荷分布是球形对称的，由于静电作用无方向性，所以，阴、阳离子可以在任何方向互相结合。

（2）没有饱和性　只要空间条件允许，每种离子都尽可能多地与带异种电荷的离子结合。例如，一个阳离子在空间允许范围内，可以和尽可能多的阴离子结合，同样，阴离子也要和尽可能多的阳离子结合，所以离子键的另一个特征是没有饱和性。例如，NaCl 晶体中，钠离子（或氯离子）吸引任何方向来的氯离子（钠离子）形成相同的离子键，如果在三维空间继续延伸下去，最后就形成了巨大的 NaCl 离子晶体。研究表明，NaCl 晶体中，1 个 Na^+ 周围有 6 个 Cl^-，1 个 Cl^- 周围有 6 个 Na^+，并不存在有单个的 NaCl 分子（只有气态时才有单个的 NaCl 分子存在）。化学式 NaCl 只代表氯化钠中钠离子和氯离子的最简个数比。

二、共价键

同种元素或电负性相差不大的非金属元素，吸引电子能力相同或相近，显然，原子间不能通过电子得失形成离子键。它们之间所形成的化学键是共价键。

共价键的形成

1. 共价键的形成

首先，我们来学习氢原子是怎样结合成氢分子的，由于氢原子仅有 1 个电子，而要满足稀有气体原子的电子层结构，只能是两个氢原子各自拿出 1 个电子，组成一个共用电子对，在形成氢分子过程中，电子不是从一个氢原子转移到另一个氢原子，而是在两个氢原子间共用，这两个共用的电子在两个原子核周围运动。因此，每个氢原子具有氦原子的稳定结构。这个电子对使双方都达到稳定结构，又受两个原子核的共同吸引，使氢分子处于相对稳定的状态。

氢分子的生成可用电子式表示为：

$$H\cdot + \times H \longrightarrow H\cdot\times H$$

轨道表示式：

1s ↑　　1s ↓　　[1s ↑　1s ↓]

HCl 的形成：

$$H\times + \cdot\ddot{\underset{..}{Cl}}: \longrightarrow H\underset{\times}{\cdot}\ddot{\underset{..}{Cl}}:$$

在化学上常用一根短线表示一对共用电子，因此，氢分子又可表示为：H—H。

又如：

H—Cl　　H—O—H（V形）　　O═C═O

从氢分子的电子云分布来看，当两个电子自旋方向相同的氢原子互相接近时，两个核间的电子云是稀疏的，不能形成稳定的氢分子。当两个电子自旋方向相反的氢原子互相接近时，两个核间的电子云密集，对两核产生引力，能形成稳定的氢分子。氢分子的形成过程也可以用电子云的重叠来说明，两个氢原子的电子云部分重叠以后，两核间的电子云密集，形成稳定分子，电子云重叠愈多，分子愈稳定，如图 1-16 所示。

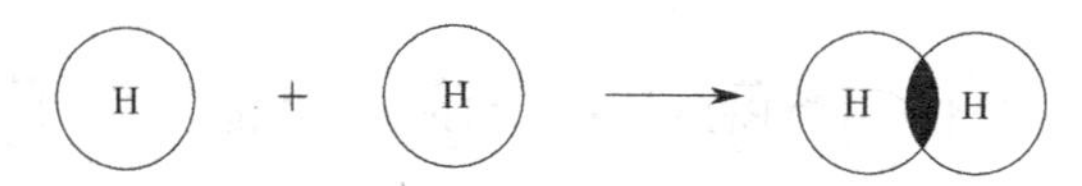

图 1-16　氢分子的形成

像氢分子那样，**原子间通过共用电子对（电子云重叠）所形成的化学键，叫作共价键。以共价键结合的化合物叫共价化合物。**

用电子式表示下列共价分子的形成过程。

碘　$\underset{\times\times}{\overset{\times\times}{{}_\times I_\times}} + \cdot\underset{\cdot\cdot}{\overset{\cdot\cdot}{I}}: \longrightarrow {}_\times\underset{\times\times}{\overset{\times\times}{I}}\underset{\cdot\cdot}{\overset{\cdot\cdot}{{}_\times I}}:$

水　$2H\times + \cdot\underset{\cdot\cdot}{\overset{\cdot\cdot}{O}}\cdot \longrightarrow H\overset{\times}{\cdot}\underset{\cdot\cdot}{\overset{\cdot\cdot}{O}}\overset{\times}{\cdot}H$

硫化氢　$2H\times + \cdot\underset{\cdot\cdot}{\overset{\cdot\cdot}{S}}\cdot \longrightarrow H\overset{\times}{\cdot}\underset{\cdot\cdot}{\overset{\cdot\cdot}{S}}\overset{\times}{\cdot}H$

氨　$3H\times + \cdot\underset{\cdot}{\overset{\cdot}{N}}: \longrightarrow H{}_\times\underset{\overset{\times}{\cdot}}{\overset{\overset{H}{\cdot\times}}{N}}: $ （下方为 H）

二氧化碳　$\underset{\times}{\overset{\times}{{}_\times C_\times}} + 2\cdot\underset{\cdot\cdot}{\overset{\cdot\cdot}{O}}\cdot \longrightarrow \underset{\cdot\cdot}{\overset{\cdot\cdot}{O}}\ \vdots{}^\times_\times C{}^\times_\times\vdots\ \underset{\cdot\cdot}{\overset{\cdot\cdot}{O}}$

双原子的 Cl_2 分子的形成和氢分子相似。两个氯原子共用一对电子，这样，每个氯原子都具有氩原子的电子层结构，使 Cl_2 处于相对稳定的状态，氯分子可以用 Cl—Cl 表示。

原子间共用 1 对电子的键叫作单键，共用电子对的数目为 2 对或 3 对时，分别称为双键或三键。

氮分子形成和氯分子相似，只是有 3 对共用电子，形成了三键，氮分子可用 N≡N 表示。

2. 共价键的特征

(1) 共价键具有饱和性　共价键的饱和性是指一个原子含有几个单电子，就能与几个自旋相反的单电子配对形成共价键。也就是说，一个原子所形成共价键的数目不是任意的，它受单电子数目的制约。即原子形成共价键的数目受未成对电子数限制。这就是共价键的饱和性。一个原子的单电子与另一个原子的单电子配对成键后，就不能再与第三个电子配对成键。如果 A 原子和 B 原子各有 1 个、2 个或 3 个成单电子，且自旋方向相反，则可以互相配对，形成共价单键、双键或三键（如 H—H、O═O、N≡N）。如果 A 原子有 2 个单电子，B 原子有 1 个单电子，若自旋相反，则 1 个 A 原子能与 2 个 B 原子结合生成 AB_2 型分子，如 2 个 H 原子和 1 个 O 原子结合生成 H_2O 分子。N 原子有三个未成对电子，能以共价三键形成 N_2；而稀有气体没有未成对电子，原子间不能成键，故为单原子分子。具体地说，H、O、N、F、Cl 的单质分子都是双原子分子，而不是 3 原子或别的原子数目。氯化氢只能是 HCl，氨分子只能是 NH_3。

(2) 共价键具有方向性　根据原子轨道的最大重叠原理，即形成共价键时，原子间总是尽可能地沿着原子轨道最大重叠的方向成键。成键电子的原子轨道重叠程度越高，电子在两核间出现的概率密度也越大，形成的共价键也越稳固。这就是共价键的方向性。除 s 轨道呈球形对称无方向性外，p、d、f 轨道在空间都有一定的伸展方向。在形成共价键时，除 s 轨道与 s 轨道在任何方向上都能达到最大程度的重叠外，p、d、f 轨道只有沿着一定的方向才能发生最大程度的重叠。例如，当 H 原子的 1s 轨道与 Cl 原子的 $3p_x$ 轨道发生重叠形成 HCl 分子时，H 原子的 1s 轨道必须沿着 x 轴才能与 Cl 原子的含有单电子的 $3p_x$ 轨道发生最大程度的重叠，形成稳定的共价键［图 1-17(c)］；而沿其他方向的重叠，则原子轨道不能重叠［图 1-17(b)］或重叠很少［图 1-17(a)］，因而不能成键或不能生成稳定的共价键。

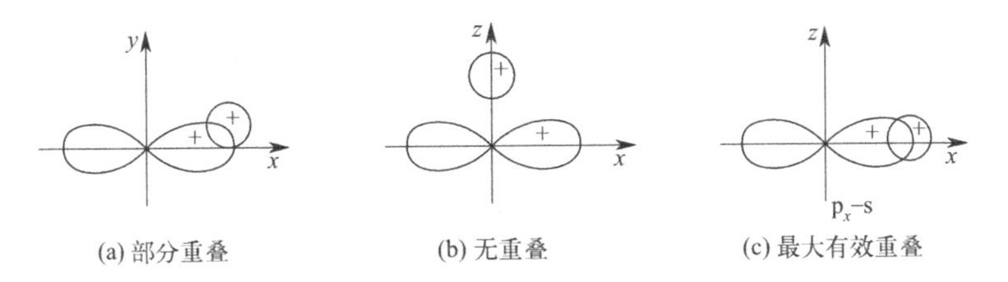

图 1-17　HCl 分子的成键示意图

3. 共价键的类型

（1）非极性共价键和极性共价键　根据共价键的极性，将共价键分为极性共价键和非极性共价键。

由同种原子形成的共价键，如单质分子 Cl_2、H_2、N_2 等分子中的共价键，**成键原子的电负性相同，电子云在两核间分布是对称的，这种共价键称为非极性共价键，简称非极性键。**

由不同种元素原子形成的共价键，如 HCl、CO_2、NH_3、H_2O 等分子中的共价键，成键两原子的电负性不同，共用电子对偏向于电负性较大元素的原子，其电子云密度较大，而带部分负电荷显负电性，另一电负性较小的原子则显正电性。**这样在共价键的两端出现了电的正极和负极，这种共价键称为极性共价键，简称极性键。**

共价键极性的大小可以用键矩 $\boldsymbol{\mu}$ 来衡量，键矩 $\boldsymbol{\mu}$ 的定义式为：

$$\boldsymbol{\mu} = qd \tag{1-7}$$

式中，q 是正、负两极所带的电量；d 为正、负两极之间的距离。键矩是矢量，其方向是从正极到负极。因为一个电子所带的电荷为 1.602×10^{-19}C（库仑），而正、负两极的距离 d 相当于原子之间距离，其数量级为 10^{-10}m，因此键矩 $\boldsymbol{\mu}$ 的数量级为 10^{-30}C·m。通常把 3.33×10^{-30}C·m 作为键矩 $\boldsymbol{\mu}$ 的单位，称为“德拜”，以 D（Debye）表示，即 1D＝3.33×10^{-30}cm。不难理解，成键原子之间的电负性相差越大，键矩就越大，键的极性越大。

化学键的极性大小，也可用成键的两元素电负性差值（Δx）来衡量。Δx 越大，键的极性越强，离子键是极性共价键的一个极端；Δx 越小，键的极性越弱，非极性共价键是极性共价键的另一个极端，见表 1-15。

表 1-15　键型与成键原子电负性差值（Δx）的关系

化合物	KCl(g)	HF(g)	HCl(g)	HBr(g)	HI(g)	Cl_2(g)
电负性差值	2.2	1.9	0.9	0.7	0.3	0.0
键矩 $\boldsymbol{\mu}$/D	34.16	6.37	3.50	2.67	1.40	0.0
键型	离子键		极性共价键			非极性共价键

极性键和非极性键之间并没有一条截然的界限。极性键是介于离子键和非极性键之间的过渡状态，离子键和非极性键是极性键的两个极端而已。当电负性差值大到一定程度，成键电子对几乎完全偏向电负性大的一方，使其成为负离子，另一方成为正离子，此时共价键变成离子键。因此，随着成键元素电负性差值减小，化学键可以由离子键通过极性共价键向非极性共价键过渡。

σ 键、π 键的形成

（2）σ 键和 π 键　按原子轨道的重叠方式的不同，可以将共价键分为 σ 键和 π 键两种类型。例如两个原子都含有成单的 s 和 p_x、p_y、p_z 电子，当它们沿 x 轴接近时，能形成共价键的原子轨道有：s-s、p_x-s、p_x-p_x、p_y-p_y、p_z-p_z。这些原子轨道之间可以有两种成键方式，如图 1-18 所示。

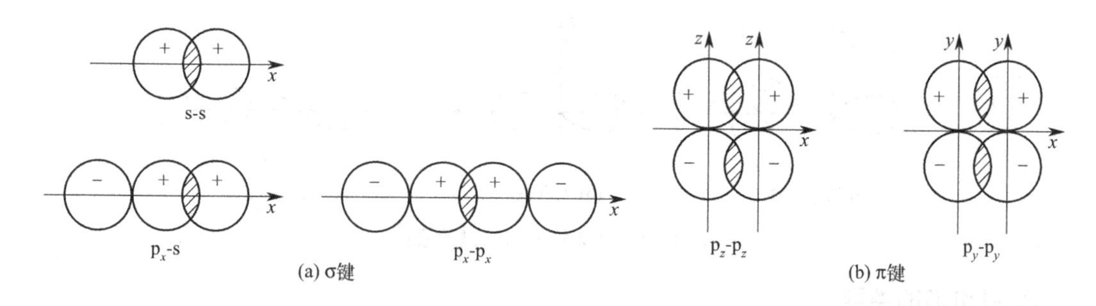

图 1-18　σ 键和 π 键的成键示意图

原子轨道沿键轴（两原子核连线）方向，以“头碰头”方式重叠而形成的共价键，称为 σ 键。其特点是轨道重叠部分集中于两核之间，并以键轴为对称轴。形成 σ 键的电子为 σ 电子。单键都是 σ 键。可形成 σ 键的轨道有 s-s，p_x-s、p_x-p_x 等。例如，H—H 键、H—Cl 键、Cl—Cl 键等均为 σ 键，如图 1-19(a) 所示。

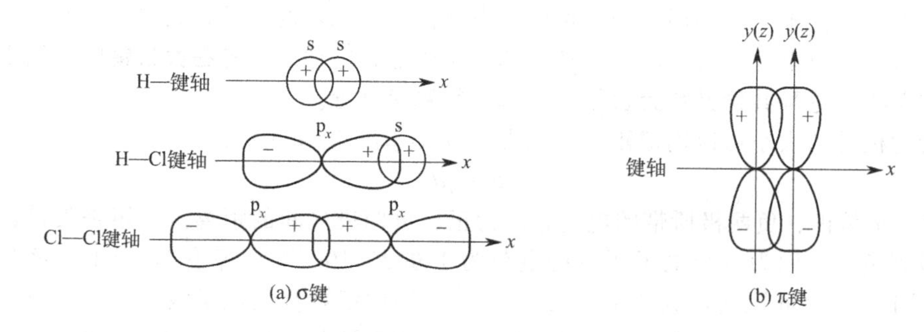

图 1-19　σ 键和 π 键示意图

原子轨道垂直于键轴，并沿键轴方向以“肩并肩”方式重叠而形成的共价键，称为 π 键，见图 1-19(b)。其特点是重叠部分在键轴两侧并对称于与键轴垂直的平面。轨道重叠部分以键轴为平面，具有镜面反对称性。形成 π 键的电子为 π 电子。

一般说来，π 键具有反对称面，其重叠程度小于 σ 键，因此 π 键的键能小于 σ 键，π 键的稳定性也小于 σ 键，π 键电子的能量高于 σ 键，活泼性高，是化学反应的积极参与者。两个原子间形成共价单键时，通常生成的是 σ 键；形成共键双键或三键时，其中一个为 σ 键，其余的为 π 键。例如 N 原子有 3 个单电子（$2p_x^1 2p_y^1 2p_z^1$），两个 N 原子形成 N_2 分子时，两个氮原子的 p_x 轨道和 p_x 轨道头碰头地重叠形成一个 σ 键，而两个氮原子的 p_y 和 p_y、p_z 和 p_z 轨道分别以肩并肩的形式重叠形成两个互相垂直的 π 键，如图 1-20 所示。

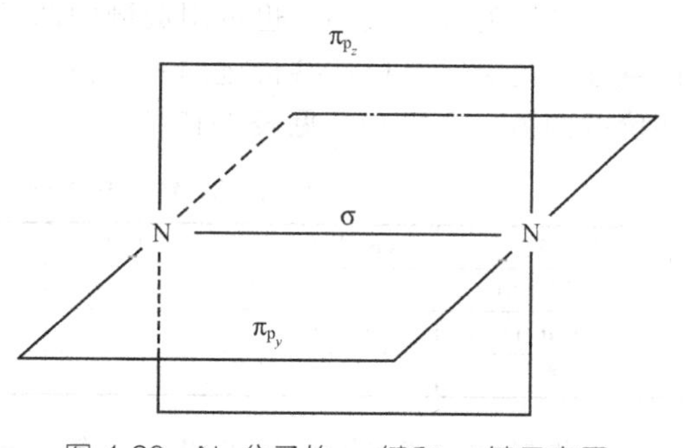

图 1-20　N_2 分子的 σ 键和 π 键示意图

π 键重叠程度比 σ 键小，π 键没有 σ 键稳定，π 键容易断裂而发生化学反应，如有机物的加成反应，都是 π 键断裂引起的。σ 键和 π 键的特征比较见表 1-16。

表 1-16　σ 键和 π 键的特征比较

键类型	σ 键	π 键
原子轨道重叠方式	沿键轴方向相对重叠“头碰头”	沿键轴方向平行重叠“肩碰肩”
原子轨道重叠部位	两原子核之间，在键轴处	键轴两侧，键轴处为零
原子轨道重叠程度	大	小
键的强度	较大	较小
化学活泼性	不活泼	活泼

（3）配位键　前面介绍的共价键中，共用电子对都是由成键的两个原子提供的，即每个原子提供一个电子。但是还有一类特殊的共价键，**共用电子对是由一个原子单方面提供而与另一个原子**（不需要提供电子）**共用，这种共价键叫作配位共价键，简称配位键。**

下面以 NH_4^+ 为例，说明配位键的形成。NH_4^+ 由 NH_3 分子与 H^+ 结合而成，NH_3 分子中的 N 有一对没有与其他原子共用的孤对电子，而 H^+ 具有一个 1s 空轨道。NH_3 分子与 H^+ 相遇时，NH_3 提供孤对电子，H^+ 提供容纳电子的空轨道，通过配位键形成 NH_4^+，配位键通常用箭头符号“⟶”表示，箭头由提供孤对电子的原子指向接受电子的离子或原子，NH_4^+ 形成过程可用电子式表示如下：

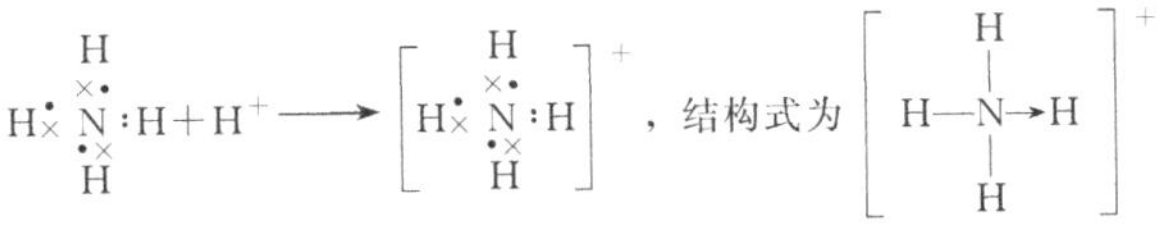

$$\mathrm{H\overset{\cdot}{\times}\underset{\overset{\cdot}{\times}\,H}{\overset{H\,\overset{\times}{\cdot}}{N}}:H} + \mathrm{H^+} \longrightarrow \left[\mathrm{H\overset{\cdot}{\times}\underset{\overset{\cdot}{\times}\,H}{\overset{H\,\overset{\times}{\cdot}}{N}}:H}\right]^+ \text{，结构式为} \left[\mathrm{H{-}\underset{|\,H}{\overset{H\,|}{N}}{\rightarrow}H}\right]^+$$

可见形成配位键必须具备两个条件：

① 电子对给予体必须具有孤对电子。

② 电子对接受体必须具有空的价电子轨道。

配位键是一种常见的化学键，可以存在于简单分子中，也可以在离子与离子、离子与分子甚至原子与分子之间形成。凡电子对接受体有空轨道，电子对给予体有孤对电子时，两者就可能形成配位键。如：HNO_3、H_2SO_4 及其盐中均存在着配位键。

4. 共价键的参数

共价键的性质可用键参数来表征。常见的键参数有键能、键长、键角等。

（1）键能　键能是表征化学键强弱的物理量，可以用键断裂时所需能量的大小来衡量。

在一定的温度（298K）和压力（101.3kPa）下，将 1mol 气态分子 AB 断裂成理想气态原子所吸收的能量叫作 AB 的离解能（kJ/mol），常用符号 D（A—B）表示。

在多原子分子中断裂气态分子中的某一个键所需的能量叫作分子中这个键的离解能。例如：

$$NH_3(g) \longrightarrow NH_2(g) + H(g) \quad D_1 = 435\mathrm{kJ/mol}$$
$$NH_2(g) \longrightarrow NH(g) + H(g) \quad D_2 = 397\mathrm{kJ/mol}$$
$$NH(g) \longrightarrow N(g) + H(g) \quad D_3 = 339\mathrm{kJ/mol}$$

NH_3 分子中虽然有三个等价的 N—H 键，但先后拆开它们所需的能量是不同的。所谓键能（bond energy）通常是指在 101.3kPa 和 298K 下将 1mol 气态分子拆开成气态原子时，每个键所需能量的平均值，键能用 E 表示。显然对双原子分子来说，键能等于离解能。例如，298.15K 时，H_2 的键能 $E(\mathrm{H—H}) = D(\mathrm{H—H}) = 436\mathrm{kJ/mol}$；而对于多原子分子来说，键能和离解能是不同的。例如 NH_3 分子中 N—H 键的键能应是三个 N—H 键离解能的平均值。键能通常通过热化学方法或光谱化学实验测定离解能得到，我们常用键能表示某种键的强弱。键能越大，共价键越牢固，断裂时所需能量越大。表 1-17 列出一些键的键能和键长。

表 1-17　一些共价键的键长和键能

键	键长/pm	键能/(kJ/mol)	键	键长/pm	键能/(kJ/mol)
H—H	74	436	C—C	154	346
H—F	92	570	C═C	134	602
H—Cl	127	432	C≡C	120	835
H—Br	141	166	N—N	145	159
H—I	161	198	N≡N	110	946
H—O	96	464	F—F	141	159
H—S	134	368	Cl—Cl	199	243
H—C	109	414	Br—Br	228	193
H—N	101	389	I—I	276	151

(2) 键长　键长是表征分子空间构型和化学键强弱的重要物理量。**分子中两个成键的原子核之间的平衡距离（核间距）叫作键长，常用单位为 pm**。在理论上用量子力学近似方法可以算出键长，但是由于分子结构的复杂性，键长往往是通过光谱或衍射等实验方法测定的。在假定共价键的键长等于原子共价半径之和的前提下，通过测定键长可以确定原子的共价半径。例如，C—C 键的键长为 154pm，则 C 的共价半径 r_C＝77pm。同一种键在不同的分子中的键长差别很小，通常情况下，成键原子的半径越小，成键数目越多，键长越短，键能越大，共价键越牢固。

① 核间距离增大，键长增大，键的强度减弱；

② 单键的键长＞双键的键长＞三键的键长。

(3) 键角　键角是表征分子空间构型的重要物理量。分子中相邻两个键之间的夹角叫键角。键角是表征分子空间结构的一个重要参数，例如实验测得 H_2O 的键角为 104.5°，可以确定水分子的空间构型为 V 字形；CO_2 分子中 C—O 键的键角为 180°，则 CO_2 分子为直线形。键角通常通过光谱实验或衍射方法测得。一般来说，如果知道一个分子中所有共价键的键长和键角，这个分子的几何构型就能确定。

三、金属键

1. 金属键理论

非金属元素的原子都有足够多的价电子，彼此互相结合时可以共用电子。例如两个 Cl 原子共用 1 对电子形成 Cl_2 分子；两个 N 原子共用 3 对电子形成 N_2 分子。然后靠分子间作用力在一定温度下凝聚成液体或固体；金刚石晶体中每个碳原子同 4 个相邻原子分别共用 1 对电子；大多数金属元素的价电子都少于 4 个（多数只有 1 个或 2 个价电子），而在金属晶格中每个原子要被 8 个或 12 个相邻原子所包围。以钠为例，它在晶格中的配位数是 8（体心立方），它只有 1 个价电子，很难想象它怎样同相邻 8 个原子结合起来。为了说明金属键的本质，目前已发展起来两种主要的理论。

(1) 金属键的改性共价理论　金属键的改性共价理论认为，在固态或液态金属中，价电子可以自由地从一个原子跑向另一个原子，这样一来就好像价电子为许多原子或离子（指每个原子释放出自己的电子便成为离子）所共有。这些共用电子起到把许多原子（或离子）黏合在一起的作用，形成了所谓的金属键，这种键可以认为是改性的共价键，这种键是由多个原子共用一些能够流动的自由电子所组成的。对于金属键有两种形象化的说法：一种说法是在金属原子（或离子）之间有电子气在自由流动，另一种说法是“金属离子浸沉在电子的海洋中”。在金属晶体中，由于自由电子的存在和晶体的紧密堆积结构，使金属获得了共同的性质，例如具有较大的密度，有金属光泽，有良好的导电性、导热性和机械加工性等。金属中自由电子可以吸收可见光，然后又把各种波长的光大部分再发射出来，因而金属一般有银白色光泽，并且对辐射有良好的反射性能。金属的导电性也同自由流动的电子有关，在外加电场的作用下，自由电子就沿着外加电场定向流动而形成电流。不过在晶格内的原子和离子不是静止的，而是在晶格结点上做一定幅度的振动，这种振动对电子的流动起着阻碍作用，加上阳离子对电子的吸引作用，构成了金属特有的电阻。加热时原子和离子的振动加强，电子的运动便受到更多的阻力，因而一般随着温度升高金属的电阻加大。金属的导热性也取决于自由电子的运动，电子在金属中运动，会不断地和原子或离子碰撞而交换能量。因此，当金属的某一部分受热而加强了原子或离子的振动时，就能通过自由电子的运动而把热能传递到邻近的原子和离子，使热运动扩展开来，很快使金属整体的温度均一化。金属紧密堆积结构允许在外力下使一层原子在相邻的一层原子上滑动而不破坏金属键，这是金属有良好机械加工性能的原因。

（2）金属键的能带理论　金属键的量子力学模型叫作能带理论。能带理论的基本理论要点如下。

① 为使金属原子的少数价电子（1 个、2 个或 3 个）能够适应高配位数结构的需要，成键时价电子必须是“离域”的（即不再属于任何一个特定的原子），所有的价电子应该属于整个金属晶格的原子所共有。

② 金属晶格中原子很密集，能组成许多分子轨道，而且相邻的分子轨道间的能量差很小。以金属锂为例，Li 原子起作用的价电子是 $2s^1$，锂原子在气态下形成双原子分子，用分子轨道法处理时，认为分子中可以有两个分子轨道，一个是低能量的成键分子轨道，另一个是高能量的反键分子轨道，Li_2 的两个价电子都进入成键轨道。如果设想有一个假想分子 Li_n，那么将会有 n 个分子轨道，而且相邻两个分子轨道间的能量差将变得很小（因为当原子互相靠近时，由于原子间相互作用，能级发生分裂）。在这些分子轨道里，有一半分子轨道将被成对电子所充满，另一半的轨道是空的。此外，相邻分子轨道能级之间的差值将很小，一个电子从低能级向邻近高能级跃迁时并不需要很多的能量。

③ 上述分子轨道所形成的能带，也可以看成是紧密堆积的金属原子的电子能级发生的重叠，这种能带是属于整个金属晶体的。

④ 依原子轨道能级的不同，金属晶体中可以有不同的能带。由充满电子的原子轨道能级所形成的低能量能带，叫作满带；由未充满电子的能级所形成的高能量能带，叫作导带。从满带顶到导带底之间的能量差通常很大，以致低能带电子向高能带跃迁几乎是不可能的，所以把满带顶和导带底之间的能量间隔叫作禁带。

⑤ 金属中相邻近的能带有时可以互相重叠。能级发生分裂，而且原子越靠近，能级分裂程度增大。分子轨道演变成能带的示意图如图 1-21 所示。

能带理论能很好地说明金属的一些物理性质。向金属施以外加电场时，导带中的电子便会在能带内向较高能级跃迁，并沿着外加电场方向通过晶格产生运动，这就说明了金属的导电性；能带中的电子可以吸收光能，并能将吸收的能量又发射出来，这就说明金属是辐射能的优良反射体；电子也可以传输热能，表现为金属有导热性；给金属晶体施加机械应力时，由于在金属中电子是“离域”的，一个地方的金属键被破坏，在另一个地方又可以生成新的金属键，因此机械加工根本不会破坏金属结构，而仅能改变金属的外形。这就是为什么加工后的金属有延性、展性、可塑性等共同的机械加工性能。

2. 金属键的本质

金属原子是怎样构成晶体的呢？因为金属原子的价电子比较少，价电子跟原子核的联系又比较松弛，所以金属原子容易失去电子。因此，金属的结构实际上是金属原子释放出电子后所形成的金属离子按一定规律堆积着，释放出的价电子在整个晶体里自由地运动着。这些

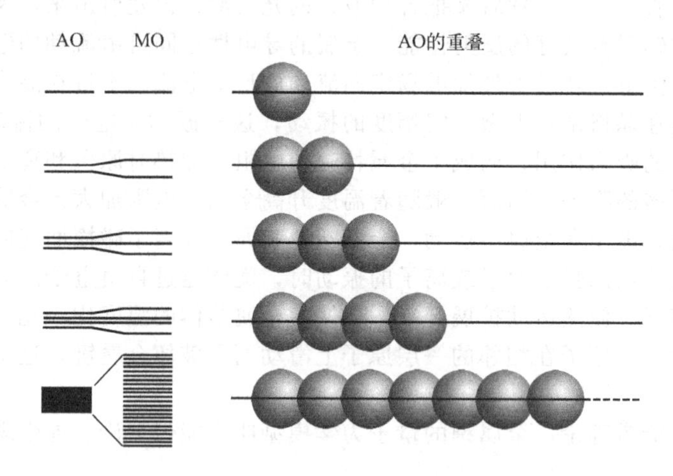

图 1-21　分子轨道演变成能带的示意图

电子叫作自由电子，金属离子跟自由电子之间存在着较强的作用，因而使许多金属离子相互结合在一起。

金属原子的价电子电离能小，容易脱离原子核的束缚成为自由电子。金属晶体中的自由电子并不是固定在某一原子或阳离子附近，而是在整个晶体中做自由运动，称为离域电子。这些自由电子时而与金属离子结合，时而脱落下来，将金属离子和金属原子紧密地结合在一起。**这种金属晶体中的金属原子、金属离子跟维系它们的自由电子间产生的结合力，称为金属键。金属键的本质是静电作用。通过金属键形成的单质晶体，叫作金属晶体。**

3. 金属键的特点

由于金属键中的自由电子为众多金属原子和金属离子所共用，故金属键无方向性和饱和性。自由电子可在整个晶体中运动，故金属是电和热的良导体。金属晶格各部分如发生一定的相对位移，不会破坏金属键，故金属有较好的延展性。金属键有一定强度，故大多数金属有较高的熔点、沸点和硬度。

【思考与交流】 *用化学键的观点来分析化学反应的本质是什么？*

四 、离子键与共价键的区别和联系

离子键和共价键虽然是两种不同类型的化学键，但其本质都是原子核与核外电子的相互作用，典型的离子键当然具有很强的极性，而由同种元素原子形成的共价键，如 H_2、Cl_2 是没有极性的，在典型的离子键与非极性的共价键之间，存在着一系列处于过渡状态的极性键。

共价化合物中不含离子键，而离子化合物中可能仅含有离子键，也可能还含有共价键。例如，水、氨、二氧化碳等共价化合物中都没有电子得失，仅有共用电子对的形式。NaOH 是离子化合物，由 Na^+ 和 OH^- 构成，氢氧根 $[OH^-]$ 中的氢氧之间是一个极性共价键。很多含氧酸盐，如 $KMnO_4$、$KClO_3$、Na_2SO_4，它们的结构中，既有共价键，也有离子键，但都是离子化合物。

可见，从化学键的观点看，化学变化是物质中化学键的变化，即核外电子运动状态的变化。首先，是反应物的化学键被破坏，形成原子或“自由”的离子，然后，原子或“自由”离子再形成新的共价键或离子键，进而构成新物质。从能量观点看，化学键的断裂要消耗能量，化学键的生成要释放能量，二者的差值就是反应热效应。必须说明，我们把物质发生化学反应的规律归结为“使元素的原子或离子的最外层电子达到 2 或 8 的稳定结构，即与相应稀有气体的电子层结构一致”。这种解释是粗浅、不完善的，切忌处处照搬套用，实际上，电子层结构相同的微粒（如 S^{2-}、Cl^-、K^+、Ar）它们的核电荷数各不相同，导致它们的性质（包括稳定性）也不同。

知识二　分子的轨道理论

一、杂化轨道理论

价键理论成功地阐明了共价键的本质和特性，但是在解释多原子分子的空间构型方面却遇到了困难。已知基态碳原子的电子层构型是 $1s^2 2s^2 p_x^1 p_y^1$，其中 $1s^2$ 电子在原子的内层不参与成键作用，不必考虑。外层 $2s^2$ 已成对，只有两个未成对的 2p 电子，似乎应该只能形成两个共价键。但实验事实证明绝大部分碳原子形成的化合物中，碳原子都生成了四个化学键。如在 CH_4 分子中，中心 C 原子分别与四个 H 原子形成了四个 C—H 共价键，键角为 109°28′，分子空间构型为正四面体，而且四个化学键的性质完全等同，这是价键理论不能解释的。为了解释多原子分子的空间结构，1931 年鲍林和斯莱托在价键理论的基础上，进一步补充和发展了价键理论，提出了杂化轨道理论（hybrid orbital theory）。

1. 杂化轨道理论的基本要点

杂化轨道理论认为：原子在形成分子时，由于原子间相互影响，若干不同类型、能量相近的原子轨道混合起来，重新组合成一组新轨道，这种重新组合的过程称为杂化（hybridization），所形成的新的原子轨道称为杂化轨道（hybrid orbit）。杂化后轨道的分布角度和形状都发生了变化。杂化轨道形状一头大，一头小，成键时用大头一端与另一原子的轨道重叠，重叠程度大，所以杂化轨道成键能力更强，形成的分子更稳定。

其基本要点如下：

① 激发：当能量相近的轨道要形成化学键时，为了形成尽可能多的化学键，中心原子的成对电子可以激发到能量较高的空轨道，原子从基态转化为激发态，其所需能量由形成共价键释放出的能量来补偿。

以碳原子为例，碳原子最外层电子排布为 $2s^2 2p^2$，在受到激发以后 2s 轨道的一个电子跃迁到空的 2p 轨道上，并发生杂化形成四个等价的 sp^3 杂化轨道（图 1-22）。

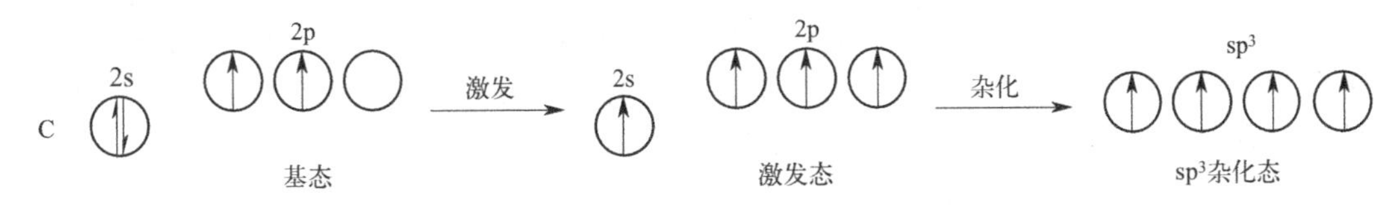

图 1-22　碳原子 sp^3 杂化示意图

② 杂化：为了解释中心原子和其他相同原子所生成的分子具有相同的化学键，杂化轨道理论认为，处于激发态的不同原子轨道混合起来组成一组能量相同的新轨道，这一过程叫杂化。只有能量相近的原子轨道才能进行杂化，同时杂化只有在形成分子的过程中才会发生，而孤立的原子是不可能发生杂化的。

③ 轨道重叠：杂化轨道和其他原子轨道重叠形成化学键时，同样需要满足原子轨道最

大重叠原则。因为杂化后原子轨道的形状发生变化，电子云分布集中在某一方向上，比未杂化的 s、p、d 轨道的电子云分布更为集中，重叠程度增大，成键能力增强，形成共价键更稳定。由于杂化轨道的空间伸展方向和杂化前不同，满足原子轨道最大重叠原则决定了形成分子的空间构型。

④ 杂化轨道的数目等于参加杂化的原子轨道数目的总数，杂化后的轨道既不能增加，也不能减少。

⑤ 杂化轨道成键时，要满足化学键间最小排斥原理。键与键间排斥力的大小取决于键的方向，即杂化轨道间的夹角。故杂化轨道的类型与分子的空间构型有关。

2. 杂化轨道的类型

根据参与杂化的原子轨道种类和数目的不同，可以杂化成不同类型的杂化轨道。通常分为 s-p 型和 s-p-d 型。杂化轨道又可分为等性和不等性杂化轨道两种。凡是由不同类型的原子轨道混合起来，重新组合成一组完全等同（能量相等、成分相同）的杂化轨道叫作等性杂化。凡是由于杂化轨道中有不参加成键的孤对电子的存在，而造成不完全等同的杂化轨道，这种杂化叫不等性杂化。

① 等性杂化。

a. sp 等性杂化。由一个 ns 轨道和一个 np 轨道参与的杂化称为 sp 杂化，所形成的轨道称为 sp 杂化轨道。每一个 sp 杂化轨道中含有 1/2 的 s 轨道成分和 1/2 的 p 轨道成分，两个杂化轨道间的夹角为 180°，呈直线形。图 1-23 为 sp 杂化轨道示意图。

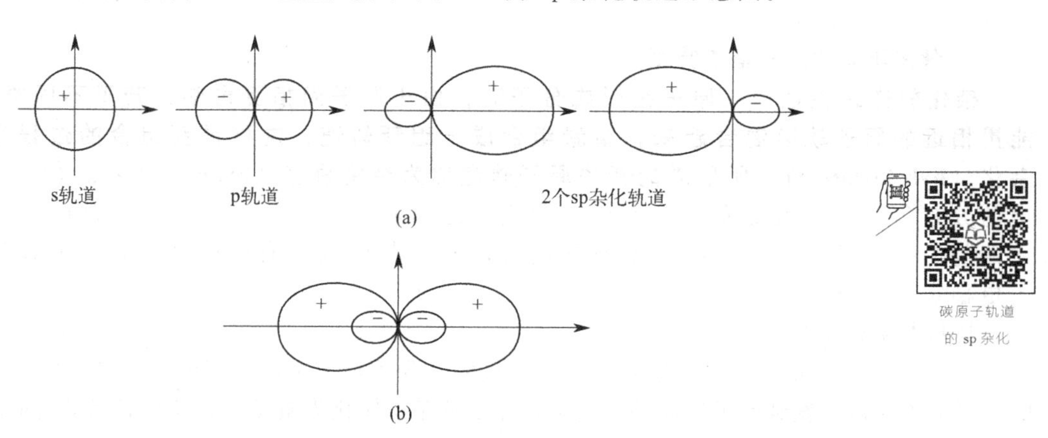

图 1-23　sp 杂化轨道示意图

以 $HgCl_2$ 为例，Hg 原子最外层电子结构为 $5d^{10}6s^2$，成键时一个 6s 轨道的电子激发到空的 6p 轨道上，同时发生杂化，组成两个新的等价的 sp 杂化轨道。每个 sp 轨道均含有 1/2s 成分和 1/2p 成分。两个轨道在一条直线上，杂化轨道的夹角为 180°。两个 Cl 原子的 3p 轨道以“头碰头”的方式与 Hg 原子的两个杂化轨道的大的一端发生重叠形成 σ 键。$HgCl_2$ 中的三个原子在一条直线上，Hg 原子位于中间，如图 1-24 所示。

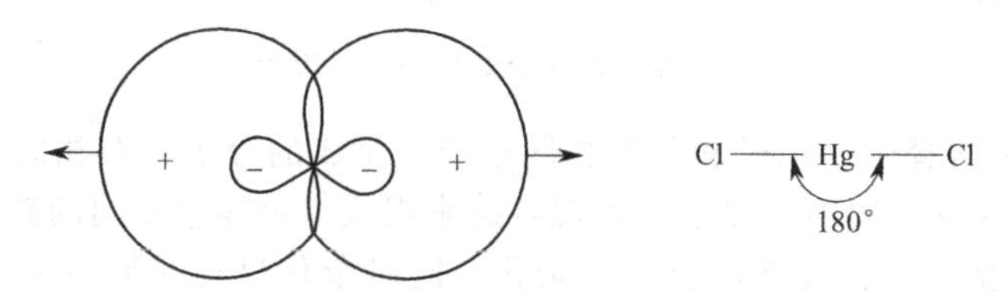

图 1-24　sp 杂化轨道的分布与分子的几何构型

b. sp^2 等性杂化。由一个 ns 轨道和两个 np 轨道参与的杂化称为 sp^2 杂化，所形成的三个杂化轨道称为 sp^2 杂化轨道。每个 sp^2 杂化轨道中含有 1/3 的 s 轨道成分和 2/3 的 p 轨道成分，杂化轨道间的夹角为 120°，呈平面正三角形，如图 1-25 所示。

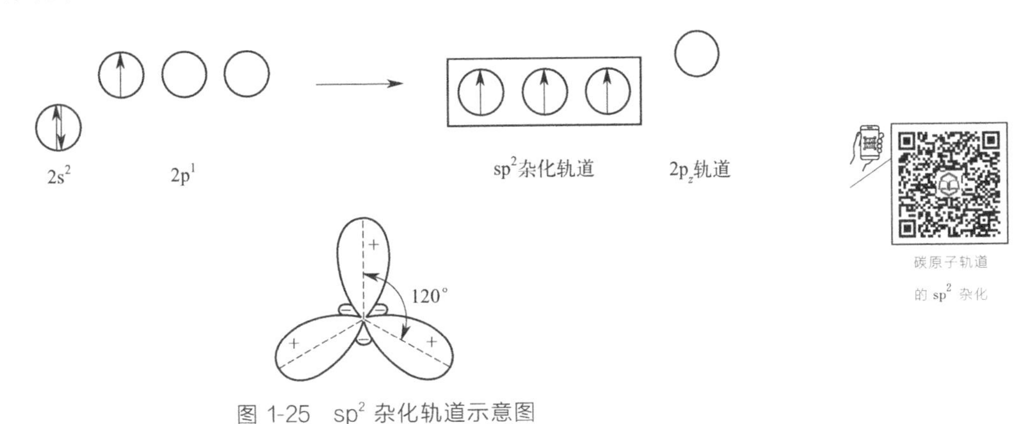

图 1-25　sp^2 杂化轨道示意图

以 BF_3 分子的形成说明 sp^2 等性杂化过程。B 原子的外层电子构型为 $2s^22p^1$，只有一个未成对电子，成键过程中 2s 的一个电子激发到 2p 空轨道上，同时发生杂化，组成三个新的等价的 sp^2 杂化轨道。每个杂化轨道均含有 1/3s 成分和 2/3p 成分。三个杂化轨道位于同一平面，分别指向正三角形的三个顶点。杂化轨道间的夹角为 120°。三个 F 原子的 p 轨道以“头碰头”的方式与 B 原子的杂化轨道形成三个 σ 键，如图 1-26 所示。

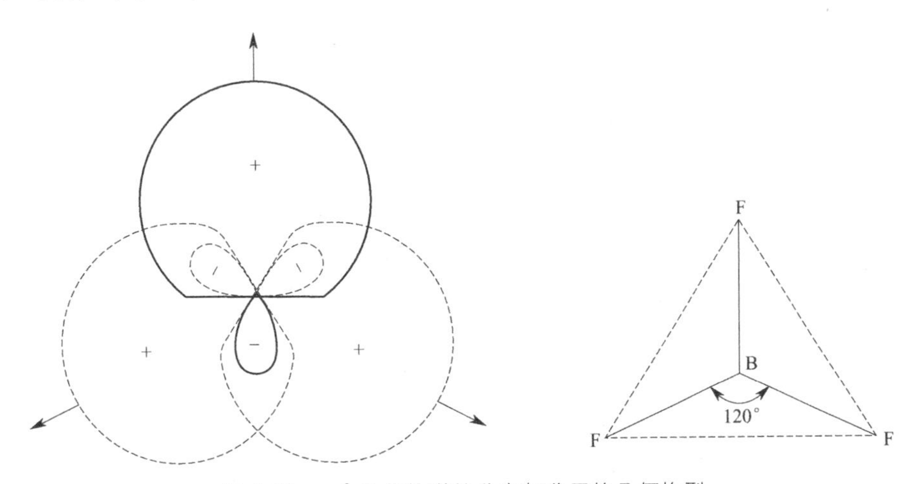

图 1-26　sp^2 杂化轨道的分布与分子的几何构型

c. sp^3 等性杂化。由一个 ns 轨道和三个 np 轨道参与的杂化称为 sp^3 杂化，所形成的四个杂化轨道称为 sp^3 杂化轨道。sp^3 杂化轨道的特点是每个杂化轨道中含有 1/4 的 s 成分和 3/4 的 p 成分，杂化轨道间的夹角为 109°28′，空间构型为四面体形。CH_4 分子的形成过程是典型的 sp^3 等性杂化过程。C 原子价层电子为 $2s^22p^2$，有两个未成对电子。成键过程中，经过激发并杂化，组成四个新的等价的 sp^3 杂化轨道，每个杂化轨道都含有 1/4s 成分和 3/4p 成分。四个杂化轨道间的夹角为 109.5°。四个氢原子的 s 轨道以“头碰头”的方式与四个杂化轨道的大的一端重叠，形成四个 σ 键，如图 1-27 所示。

碳原子轨道的 sp^3 杂化

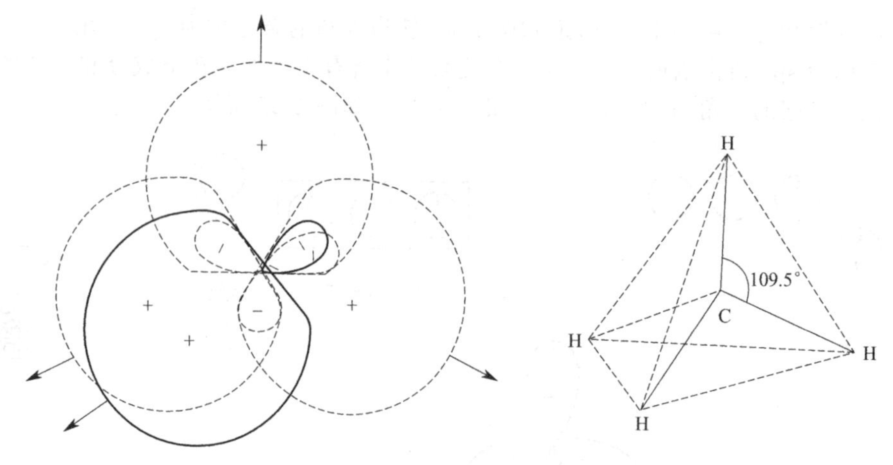

图 1-27　sp^3 杂化轨道的分布与分子的几何构型

② 不等性杂化。在一组杂化轨道中，若参与杂化的各原子轨道 s、p 等成分不相等，则杂化轨道的能量不相等，这种杂化称为不等性杂化。在水分子中，根据电子配对理论，由于氧原子的两个未成对电子占据两个 p 轨道，形成水分子时键角应为 90°。然而，实验测得 H—O—H 的键角却为 104.5°。根据杂化轨道理论，氧原子的一个 2s 轨道和三个 2p 轨道也采取 sp^3 杂化，但 4 个杂化轨道能量并不一致，为 sp^3 不等性杂化。有两个杂化轨道能量较低，被两对孤对电子所占据；另外两个杂化轨道的能量较高，为单电子占据，并与两个氢原子的 1s 轨道形成两个共价键。根据 sp^3 杂化轨道具有四面体构型，键角应为 109°28′，该键角与事实不符。这是由于成键电子受氧和氢原子作用，电子云主要集中在键轴位置，而孤对电子不参与成键，只受到氧原子的作用，电子云集中在氧原子周围，显得比较肥大，故对成键轨道产生较大的排斥，引起 O—H 键之间的夹角小于 109°28′，而成为 104.5°，如图 1-28 所示。

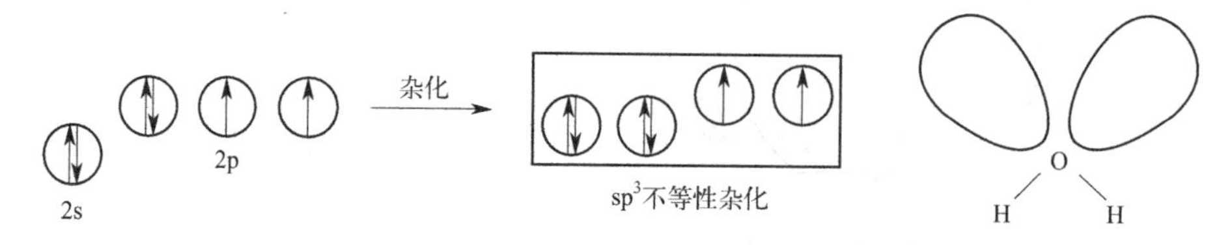

图 1-28　水分子中 O 原子的不等性杂化与水分子的构型

同样，在氨分子中，氮原子的电子构型为，成对 2s 轨道和 3 个单电子占据的 3 个 p 轨道杂化，形成 4 个 sp^3 不等性杂化轨道，其中一个为孤对电子占据，不能形成化学键，另外由单电子占据的 3 个杂化轨道和氢原子的原子轨道重叠成键，孤对电子较强的排斥作用导致所形成的 N—H 键的键角小于 109°28′，因此氨分子的几何构型为三角锥形。

杂化轨道除 sp 型外，还有 dsp 型［利用（$n-1$）dnsnp 轨道］和 spd 型（利用 nsnpnd 轨道）。表 1-18 列出几种常见的杂化轨道以及对应所形成分子的空间构型。

表 1-18　杂化轨道类型

类型	轨道数目	形状	实例
sp	2	直线形	$HgCl_2$、$BeCl_2$
sp^2	3	三角平面形	BF_3
sp^3	4	四面体	CCl_4、NH_3、H_2O
dsp^2	4	平面正方形	$[CuCl_4]^{2-}$
sp^3d（或 dsp^3）	5	三角双锥	PCl_5
sp^3d^2（或 d^2sp^3）	6	八面体	SF_6

3. π 键与大 π 键

之前我们已学习过 σ 键与 π 键，在具有双键或三键的两原子之间常常既有 σ 键又有 π 键。例如，N_2 分子内 N 原子之间就有一个 σ 键和 2 个 π 键。N 原子的价层电子构型是 $2s^2 2p^3$，形成 N_2 分子时用的是 2p 轨道上的 3 个单电子。这 3 个 2p 电子分别分布在 3 个相互垂直 $2p_x$、$2p_y$、$2p_z$ 轨道内。当 2 个 N 原子的 p_x 轨道沿着 z 轴方向以“头碰头”的方式重叠时，伴随着 σ 键的形成，2 个 N 原子将进一步靠近，这时垂直于键轴（这里指 x 轴）的 $2p_y$ 和 $2p_z$ 轨道只能以“肩并肩”的方式两两重叠，形成 2 个 π 键。图 1-29 为 N_2 分子中化学键的形成示意图。

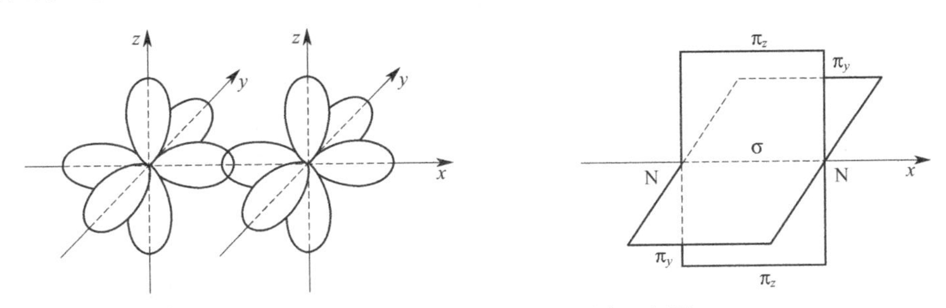

图 1-29　N_2 分子中化学键的形成示意图

当分子中多个原子间有相互平行的 p 轨道时，彼此连贯重叠形成的 π 键也称为大 π 键或离域 π 键。离域 π 键的一个经典例子就是苯。苯分子中有一个闭合的离域 π 键，均匀对称地分布在 6 个碳原子组成的六角环平面上下，如图 1-30 所示。在无机物分子中，也常遇到离域 π 键。如图 1-31 所示，二氧化氮分子中，中心氮原子发生 sp^2 杂化，其中一个杂化轨道被氮原子价层的孤对电子占据，另两个杂化轨道分别与氧原子的一个 2p 轨道重叠形成两个 O—N σ 键，3 个原子在同一平面内，氮原子中未杂化的 2p 轨道和 2 个氧原子的 2 个未参与 σ 键的 2p 轨道，都垂直于这个平面。这 3 个 2p 轨道彼此连贯重叠形成离域 π 键。

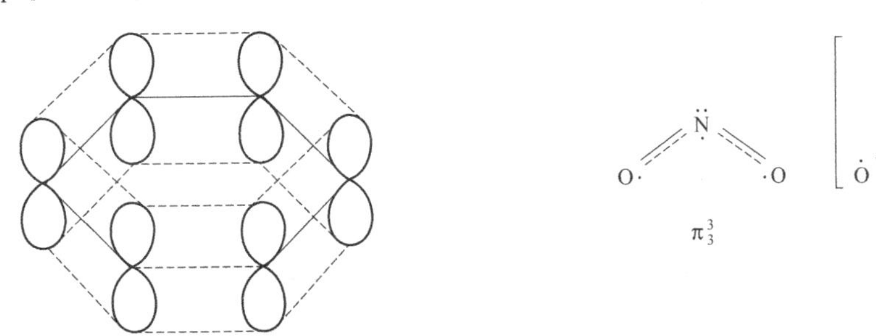

图 1-30　苯分子中的 π 键

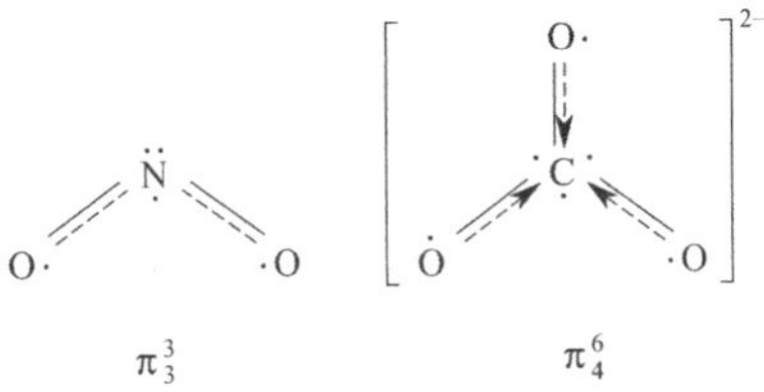

图 1-31　二氧化氮分子中的 π 键

在 3 个或 3 个以上用 σ 键相连的原子间，形成离域 π 键的条件是：这些原子都在同一个平面上；每一个原子有一个 p 轨道且互相平行；p 电子数目小于 p 轨道数目的两倍。由 n 个原子提供 n 个相互平行的 p 轨道和 m 个电子形成的离域 π 键，通常用符号 π_n^m 表示。如图 1-31 所示，二氧化氮中离域 π 键为三中心三电子 π 键，符号 π_3^3；碳酸根中离域 π 键是四中心六电子 π 键，符号为 π_4^6。

二、价层电子对互斥理论

依据杂化轨道理论可知，不同的杂化轨道有相对应的空间构型，我们可以根据已知分子的空间构型，再通过杂化轨道理论对该分子的成键和空间结构进行解释，即杂化轨道理论不能用于预测分子的立体构型。1940 年西奇威克（Sidgwick）等在总结大量试验事实的基础上，提出了价层电子对互斥理论（valence-shell electron pair repulsion theory，简称 VSEPR 理论）。它比较简单，不需要原子轨道的概念，而且在解释、判断和预见分子构型的准确性方面比杂化轨道理论更为有效。

（1）价层电子对互斥理论的基本要点

① 在共价分子中，中心原子周围配置的原子或原子团的几何构型，主要取决于中心原子价电子层中电子对的相互排斥作用，价电子层中的电子对数包括成键电子对和孤对电子。分子的几何构型总是采取电子对相互排斥最小的那种结构。

② 对于共价分子来说，其分子的几何构型主要取决于中心原子的价层电子对的数目和类型。根据电子对之间相互排斥最小的原则，电子对间应尽可能远离。分子的几何构型同电子对的数目和类型的关系如表 1-19 所示。

表 1-19　分子的几何构型同电子对数目和类型的关系

分子类型	价层电子对总数	成键电子对数	孤电子对数	几何构型	中心原子 A 价层电子对的排列方式	分子空间构型	分子的几何构型实例
AB_2	2	2	0	直线形	:—A—:		BeH_2、$HgCl$（直线形）、CO_2
AB_3	3	3	0	正三角形	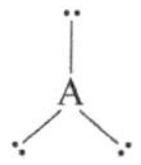	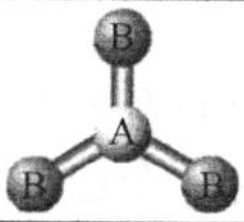	BF_3、BCl_3（平面三角形）
AB_2	3	2	1	三角形	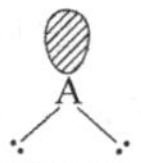	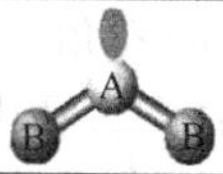	$SnBr_2$、$PbCl_2$ SO_2（V 形）
AB_4	4	4	0	正四面体	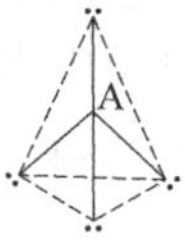	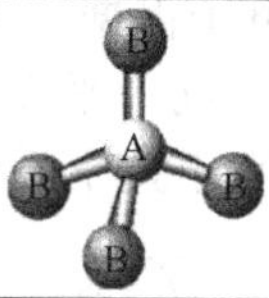	CH_4、CCl_4、SiF_4（四面体）
AB_3	4	3	1	四面体	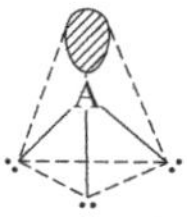	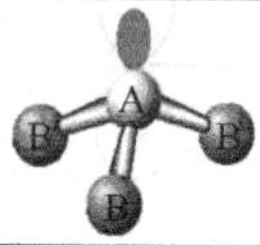	NH_3、H_3O^+（三角锥）
AB_2	4	2	2	四面体	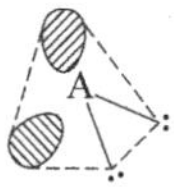	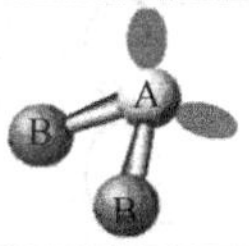	H_2O、H_2S（V 形）
AB_5	5	5	0	三角双锥	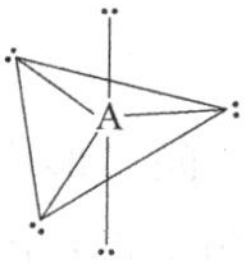	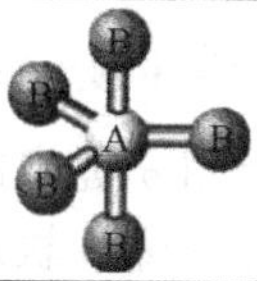	PCl_5（三角双锥体）
AB_4	5	4	1	三角双锥		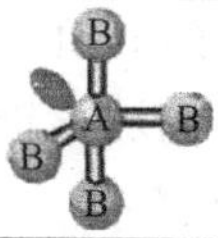	SF_4（变形四面体）
AB_3	5	3	2	三角双锥	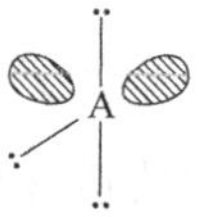	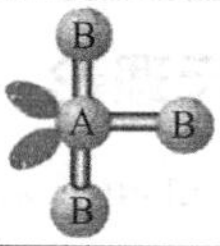	ClF_3（T 形）

续表

分子类型	价层电子对总数	成键电子对数	孤电子对数	几何构型	中心原子A价层电子对的排列方式	分子空间构型	分子的几何构型实例
AB_2	5	2	3	三角双锥			XeF_2（直线）
AB_6	6	6	0	正八面体			SF_6（正八面体）
AB_5	6	5	1	八面体			IF_5（四方锥体）
AB_4	6	4	2	八面体			ICl_4^-、XeF_4（平面正方形）

③ 当中心原子和配位原子通过双键或三键结合时，共价双键或三键被当作一个共价单键处理。

④ 价层电子对相互排斥作用的大小，取决于电子对之间的夹角和电子对的成键情况。一般规律为：a. 电子对之间的夹角越小，排斥力越大；b. 价层电子对之间静电斥力大小顺序是：孤对电子-孤对电子＞孤对电子-成键电子对＞成键电子对-成键电子对；c. 由于双键或三键含有的电子对数多，占据空间较大，排斥力较大，故成键电子排斥大小顺序为：三键＞双键＞单键。

（2）判断共价分子结构的一般规律

① 首先确定中心原子的价层电子对数，中心原子的价层电子对数由下式确定：

$$价层电子对数=\frac{中心原子的价电子数+配位原子提供的电子数}{2}$$

在正规的共价键中：

a. 氢原子和卤素原子作为配位原子时，均各提供 1 个电子。例如 CH_4 和 BF_3 中的氢原子和氟原子。

b. 氧原子和硫原子作为配位原子时，可认为不提供共用电子。

c. 若所讨论的物种是一个离子的话，则应加上或减去与电荷相应的电子数。例如 NH_4^+ 中的中心原子 N 的价层电子对数为 $(5+4-1)/2=4$；SO_4^{2-} 中的中心原子 S 的价层电子对数为 $(6+2)/2=4$。

d. 若中心原子的价电子和配位原子的价电子之和为单数，除以 2 后还有一个单电子，这一个单电子也当一对电子处理。如 NO 的电子对数 $(5+0)/2$，其电子对数为 3；NO_2 的电子对数也为 3。

② 根据中心原子价层电子对数，从表 1-19 中找出相应的电子对排布，这种排布方式可使电子对之间静电斥力最小。

③ 画出结构图，把配位原子排布在中心原子周围，每一对电子连接 1 个配位原子，剩下的未结合的电子对是孤对电子对。根据孤对电子、成键电子对之间相互排斥力的大小，确

定排斥力最小的稳定结构。如果中心原子周围只有成键电子对，则每一对成键电子和一个配位原子相连，分子最稳定的结构就是电子对在空间排斥力最小的构型。如 BF_3、B 原子周围有 3 对成键电子，3 对电子占据平面三角形的三个顶点排斥最小，分子呈平面三角形结构。如果价电子对中包含孤对电子，则分子的结构和电子对排斥力最小的排布方式不同，分子的构型就是除去孤对电子后的几何构型。如 H_2O 分子中，氧原子周围的电子对数为 $(6+2\times1)/2=4$，则 4 对电子采取排斥力最小的四面体构型，且其中的两对分别和两个氢原子形成两个化学键的电子对占据四面体的两个顶点，另外两对孤对电子占据四面体的另外两个顶点。所以，H_2O 分子的结构为除去两对孤对电子后的构型，故其为 V 字形分子构型。同理，NH_3 分子构型为三角锥形。

（3）价层电子对互斥理论的应用实例

① 在 CCl_4 分子中，中心原子 C 有 4 个价电子，4 个氯原子提供 4 个电子。因此中心原子 C 原子价层电子总数为 8，即有 4 对电子。由表 1-19 可知，4 对电子伸向四面体的四个顶点的形式排布，其排斥最小。由于价层电子对全部是成键电子对，因此 CCl_4 分子的空间构型和电子对的排布形式一样，为正四面体。

② 在 ClO_3^- 中，中心原子 Cl 有 7 个价电子，O 原子不提供电子，再加上得到的 1 个电子，价层电子总数为 8，价层电子对为 4。Cl 原子的价层电子对的排布为正四面体，其中 3 对电子为成键电子，故正四面体的 3 个顶点被 3 个 O 原子占据，余下的一个顶角被孤对电子占据，这种排布只有一种形式，因此 Cl 为三角锥形。

③ 在 IF_2^- 中，中心原子 I 有 7 个价电子，2 个 F 各提供 1 个电子，再加上阴离子的电荷数 1，中心原子共有 5 个价层电子对，价层电子对排斥最小的空间排布为三角双锥。在中心原子的 5 对价层电子对中，有 2 对成键电子和 3 对孤对电子，I 有三种可能的结构，如图 1-32 所示。

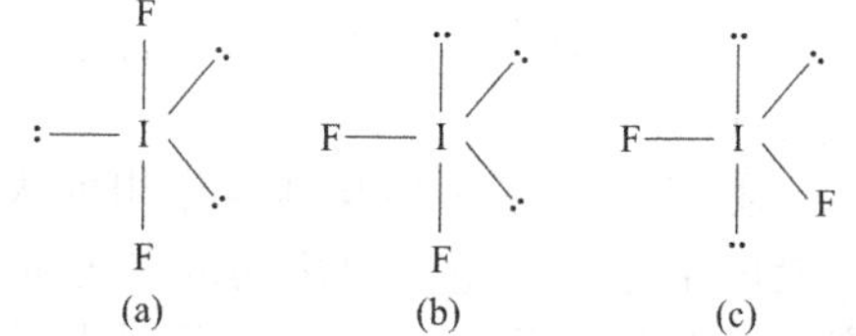

图 1-32 IF_2^- 的三种可能排布

在三角双锥排布中，电子对之间的夹角有 90°、120°和 180°三种。电子对之间的夹角越小，静电斥力就越大，所以只需考虑 90°夹角间的静电斥力。90°夹角的价层电子对数目如表 1-20 所示。

表 1-20 90°夹角的价层电子对数目

IF_2^- 可能的结构	图 1-32(a)	图 1-32(b)	图 1-32(c)
90°孤对电子-孤对电子的数目	0	2	2
90°孤对电子-成键电子对的数目	6	4	4
90°成键电子对-成键电子对的数目	0	1	0

由表 1-20 可知，结构（a）中没有 90°的孤对电子-孤对电子的排斥作用，它的静电斥力最小，是最稳定的构型。因此 IF_2^- 的空间构型为直线形。

由此可见，价层电子对互斥理论和杂化轨道理论在判断分子的几何构型方面可以得到大致相同的结果，而且价层电子对互斥理论应用起来比较简单。但是，它不能很好地说明键的形成和键的相对稳定性。

三、分子轨道理论

在价键理论上发展起来的杂化轨道理论成功地说明了共价化合物化学键的形成和空间构型，解释分子化学键的形成和几何构型十分简便直观，容易理解。然而在涉及个别分子的某些性质时又显得无能为力。例如价键理论认为 O_2 分子中不含有单电子，因为 2 个氧原子各有 2 个未成对的价电子，两者结合时正好配对，按价键理论得出氧分子的结构似乎应当是特征的双键结构。根据物理学理论可知，若分子或离子中不存在未成对电子（电子全部成对），则该分子或离子应当是反磁性的。相反，若某个分子或离子是顺磁性的，则必有未成对电子（成单电子），且通过磁矩测定，可以获得分子或离子中未成对电子的数目。但对氧分子的磁性实验研究表明，O_2 是顺磁性的，且含有两个自旋方向相同的成单电子。价键理论无法解释氧分子这一顺磁性问题。又如，根据价键理论，分子中只有一个电子的 H_2^+ 是不可能生成的，但是 H_2^+ 分子实实在在地存在，而且还具有一定的稳定性，价键理论对这一现象无法解释。

为什么价键理论对上述问题无法解释呢？这是因为价键理论认为原子形成分子时仅仅是各自的成单价电子相互配对，似乎原子成键时只与未成对价电子有关，与其他价电子无关，忽视了分子作为一整体，当原子形成分子后电子的运动应该从属于整个分子这一重要因素。假如我们将分子中的电子看作是在分子中所有原子核及其他电子所形成的势场中运动，那么分子整体的性质就能得到较好的说明，这就是分子轨道理论（molecular orbital theory），简称 MO 法的基本出发点。分子轨道理论是由密立根（Milliken）和洪德（Hund）等在 1932 年提出的。近十几年来随着计算机技术的发展和应用，该理论发展很快，在价键理论中占有非常重要的地位。

（1）分子轨道的概念　在介绍分子轨道理论的基本要点之前，首先了解一下分子轨道的概念。通过原子结构理论的学习，我们知道原子中的电子是在原子核及其他电子所形成的势场中运动的，每个电子都对应一定的运动状态和能量。原子中电子存在若干种运动状态 ψ1s、ψ2s、ψ2p 等，电子的这些运动状态俗称原子轨道，即原子中存在 1s、2s、2p 等原子轨道。分子轨道理论认为，在多原子分子中，组成分子的每个电子并不从属于某个特定的原子，而是在整个分子的范围内运动。分子中的电子处于所有原子核和其他电子的作用之下，分子中电子的运动状态和原子中电子的运动状态一样，也可以用波函数来描述，这些波函数俗称分子轨道，即分子中电子的空间运动状态叫分子轨道（molecular orbit，简称 MO）。正如原子中每一个原子轨道分别对应一个能量，在分子中也存在对应一定能量的若干分子轨道。像原子结构那样，电子遵循“能量最低原理”，将分子中所有电子按能量高低依次填入各分子轨道中，则可得到分子中的电子排布，并由此说明分子的性质，这就是分子轨道理论的基本思路。现将其要点介绍如下。

（2）分子轨道理论的基本要点

① 分子轨道是由原子轨道线性组合（linear combination of atomic orbits，LCAO）而成，n 个原子轨道组合成 n 个分子轨道。在组合形成的分子轨道中，比组合前原子轨道能量低的称为成键分子轨道，用 ψ 表示；能量高于组合前原子轨道的称为反键分子轨道，用 ψ^* 表示。

例如两个氢原子的 1s 原子轨道 ψ_A 与 ψ_B 线性组合，可产生两个分子轨道：

$$\psi_{\sigma 1s}=C_1(\psi_A+\psi_B) \qquad \psi_{\sigma 1s}^*=C_2(\psi_A+\psi_B)$$

式中，C_1、C_2 为常数。

② 原子轨道组合成分子轨道时，必须遵循对称性原则、能量近似原则和轨道最大重叠原则。

a. 对称性原则（对称性匹配）。原子轨道均具有一定的对称性，例如 s 轨道是球形对称，p 轨道是反对称（即一半是正，一半是负），d 轨道有中心对称和对坐标轴或某个平面对称。为了有效组合成分子轨道，必须要求参加组合的原子轨道对称性相同（匹配），对称性不相同的原子轨道不能组合成分子轨道。所谓对称性相同是指：将原子轨道绕键轴（x 轴）旋转 180°，原子轨道的正、负号都不变或都改变，即为原子轨道对称性相同（匹配）；若一个正、负号变了，另一个不变即为对称性不相同（不匹配）。

原子轨道对称性相同和对称性不相同见图 1-33 和图 1-34。

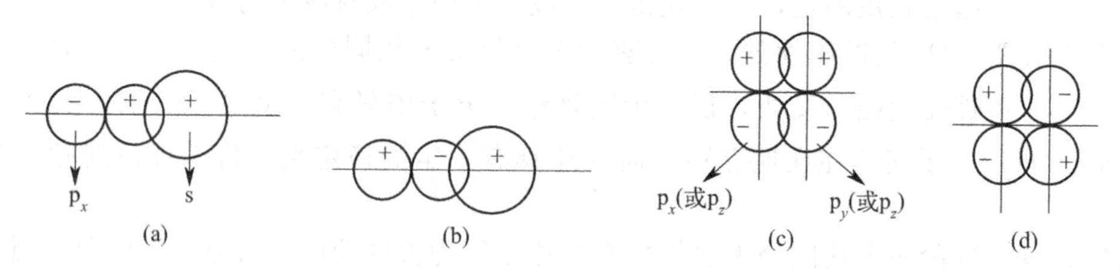

图 1-33　原子轨道对称性相同

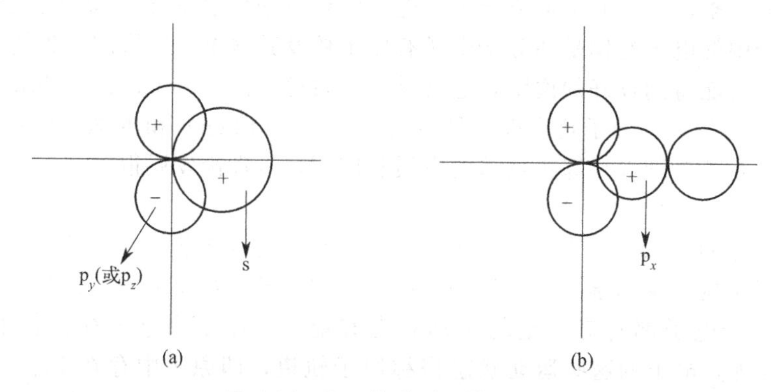

图 1-34　原子轨道对称性不相同

b. 能量近似原则。两个对称性相同的原子轨道能否组合成分子轨道，还要看这两个原子轨道能量是否接近。只有能量接近的原子轨道才能组合成有效的分子轨道，而且原子轨道的能量越接近越好，这就叫能量近似原则。在同核双原子分子中，当然 1s-1s、2s-2s、2p-2p 能有效地组合成分子轨道，而能量近似原则对于异核的双原子分子或多原子分子来说更加重要。如 H 原子 1s 轨道的能量是－1312kJ/mol，O 的 2p 轨道和 Cl 的 3p 轨道能量分别是－1314kJ/mol 和－1251kJ/mol，因此 H 原子的 1s 轨道与 O 的 2p 轨道和 Cl 的 3p 轨道能量相近，就可以组成分子轨道。而 Na 原子 3s 轨道能量为－496kJ/mol，与 O 的 2p 轨道、Cl 的 3p 轨道及 H 的 1s 轨道能量都相差很远，所以不能有效组合形成分子轨道。

c. 轨道最大重叠原则。当两个对称性相同、能量相同或相近的原子轨道组合成分子轨道时，原子轨道重叠得越多，组合成的分子轨道越稳定，这就叫最大重叠原则。这是因为原子轨道发生重叠时，在可能的范围内重叠程度越大，成键轨道能量降低得越显著。

③ 每个分子轨道都有相应的能量和图像。分子的能量 E 等于分子中电子能量的总和，而电子的能量即为它们所占据的分子轨道的能量。根据原子轨道的重叠方式和形成分子轨道的对称性不同，可将分子轨道分为 σ 成键、π 成键和 σ^* 反键、π^* 反键轨道。将这些分子轨道按能量的高低排布，可以得到分子轨道的近似能级图。

④ 分子中所有电子将遵从原子轨道中电子排布三原则（即能量最低原则、泡利不相容原则、洪德规则）进入分子轨道，即得分子的基态电子排布。

(3) 分子轨道的形成和类型　A 原子与 B 原子结合形成分子时，A、B 原子中原子轨道的类型有 ns、$n\text{p}_x$、$n\text{p}_y$、$n\text{p}_z$ 等。若 n_s(A)与 n_s(B)、np(A)与 np(B) 能量相等或相近，则 ns(A) 与 ns(B)、$n\text{p}_x$(A) 与 $n\text{p}_x$(B)、$n\text{p}_y$(A) 与 $n\text{p}_y$(B)、$n\text{p}_z$(A) 与 $n\text{p}_z$(B) 将组

合成分子轨道；若两原子的 $ns(A)$ 与 $np(B)$ 能量接近，则 $ns(A)$ 与 $np(B)$ 也会发生组合。原子轨道同号重叠（波函数相加）得到成键分子轨道，异号重叠（波函数相减）得反键分子轨道。具体说来，常见的有以下几种情况，分别介绍如下。

① 分子轨道的形成和类型。

a. ns-ns 组合的分子轨道。A、B 两原子的 ns 轨道相结合，可以形成两条分子轨道，一条是能量比 ns 原子轨道能量低的成键分子轨道，用符号 σ_{ns} 表示；另一条是能量比 ns 原子轨道能量高的反键分子轨道，用表示 σ_{ns}^*。如图 1-35 所示。

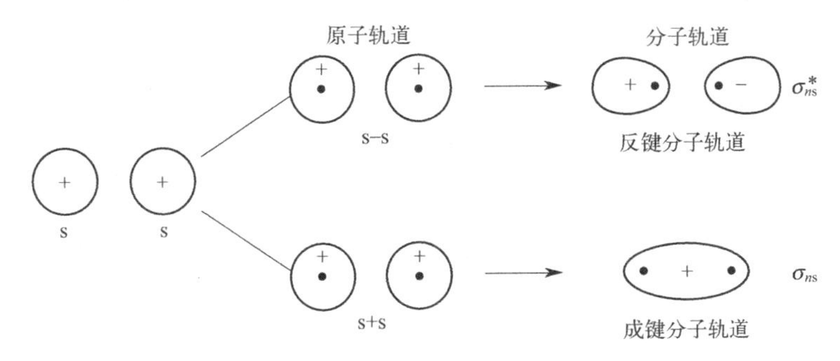

图 1-35 分子轨道 σ_{ns} 和 σ_{ns}^* 的形成

b. ns-np_x 组合的分子轨道。当能量相等或相近的 A 原子的 ns 轨道与 B 原子的 np 轨道沿键轴重叠时，由于 ns 轨道只与 np 轨道对称性匹配，于是组合成两条分子轨道，用 σ_{sp_x} 和 $\sigma_{sp_x}^*$ 表示。如图 1-36 所示。

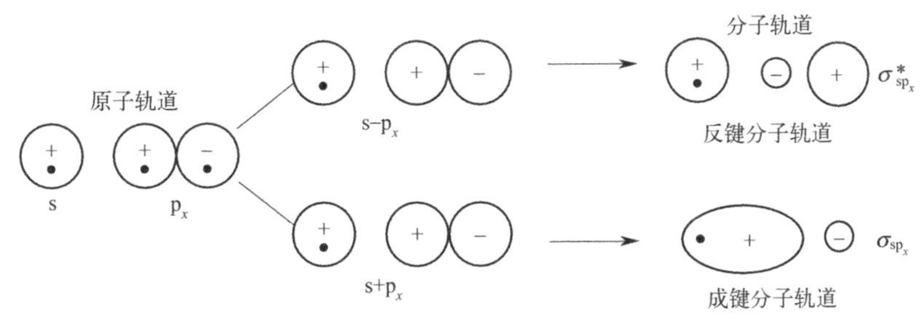

图 1-36 分子轨道 σ_{sp_x} 和 $\sigma_{sp_x}^*$ 的形成

c. np-np 组合的分子轨道。每个原子的 np 轨道共有 3 条，即 np_x、np_y、np_z，它们在空间的分布是互相垂直的。若原子 A 与原子 B 沿键轴（x 轴）方向重叠时，np_x（A）与 np_x（B）以“头碰头”的方式重叠，有两种重叠方式，从而形成两条 σ 分子轨道，分别用符号 σ_{np_x} 和 $\sigma_{np_x}^*$ 表示。如图 1-37 所示。

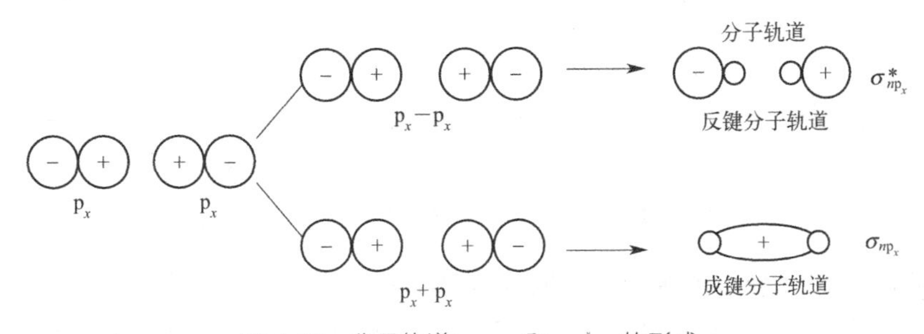

图 1-37 分子轨道 σ_{np_x} 和 $\sigma_{np_x}^*$ 的形成

由于 np_x(A) 与 np_x(B) 以“头碰头”的方式重叠，则它们的 np_y(A) 与 np_y(B)，np_z(A) 与 np_z(B) 的重叠就以“肩并肩”的方式进行，形成 π 分子轨道。这两组轨道的组合情况相同，仅空间伸展方向不同，因此，π_{np_y} 与 π_{np_z}，$\pi^*_{np_y}$ 与 $\pi^*_{np_z}$ 的能量相等，互为简并轨道。故其分子轨道如图 1-38 所示。

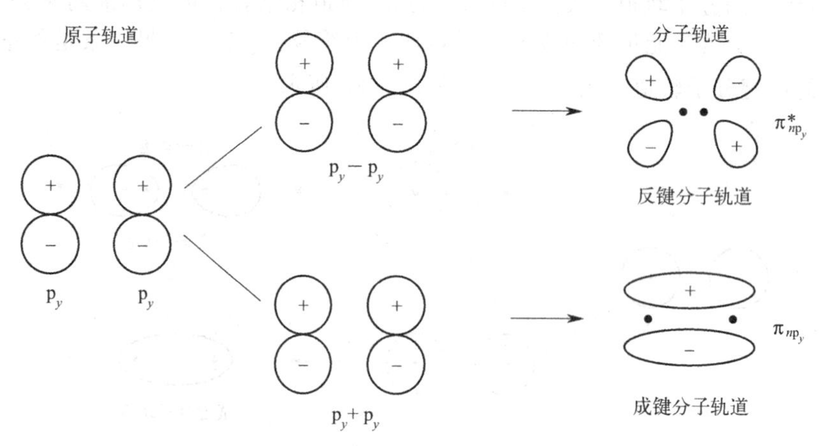

图 1-38　分子轨道 π_{np_y} 和 $\pi^*_{np_y}$ 的形成

分子轨道的重叠方式还有 p-d、d-d 重叠，这类重叠一般出现在过渡金属化合物和一些含氧酸中，在此不作介绍了。

② 第二周期同核双原子分子的分子轨道能级图。每个分子轨道都具有相应的能量，分子轨道中每一分子轨道对应的能量高低主要是通过分子光谱实验来确定的。图 1-39 是第二周期同核双原子分子的分子轨道能级图。第二周期同核双原子分子的分子轨道能级顺序有两种情况，下面分别讨论。

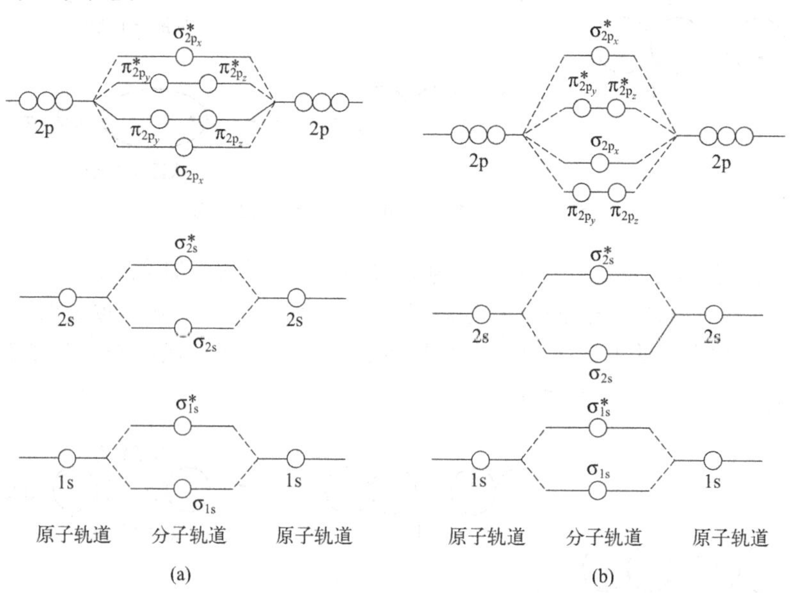

图 1-39　第二周期同核双原子分子的分子轨道能级图

a. O_2 和 F_2 的分子轨道能级图。对同核双原子分子，当组成原子的 2s 和 2p 轨道能量相差较大，一般认为大于 15eV 或 2.4×10^{-19}J，原子轨道组合成分子轨道时，只发生 s-s、p-p

重叠，不会发生 2s 和 2p 轨道之间的相互作用。分子轨道的能级顺序如图 1-39(a) 所示。O_2 和 F_2 的分子轨道就是按该能级顺序排列的。

b. N_2 的分子轨道能级图。对同核双原子分子来说，若组成原子的 2s 和 2p 轨道能级相差较小，一般认为 10eV 左右或 1.6×10^{-19}J 左右，不仅会发生 s-s、p-p 重叠，还必须考虑 2s 和 2p 轨道之间的相互作用，以致造成 σ_{2p} 能量高于 π_{2p} 能量的能级交错现象。N_2、C_2、B_2 等分子轨道是按图 1-39(b) 的能级顺序排列的。

第二周期同核双原子分子的分子轨道能级顺序也可用分子轨道电子排布式来表示。对 O_2、F_2，分子轨道电子结构式为：

$$\sigma_{1s}\sigma_{1s}^{*}\sigma_{2s}\sigma_{2s}^{*}\sigma_{2p_x}(\pi_{2p_y}\pi_{2p_z})(\pi_{2p_y}^{*}\pi_{2p_z}^{*})\sigma_{2p_x}^{*}$$

对 B_2、C_2、N_2，分子轨道电子结构式为：

$$\sigma_{1s}\sigma_{1s}^{*}\sigma_{2s}\sigma_{2s}^{*}(\pi_{2p_y}\pi_{2p_z})\sigma_{2p_x}(\pi_{2p_y}^{*}\pi_{2p_z}^{*})\sigma_{2p_x}^{*}$$

其中，括号内的分子轨道为简并轨道。

知识三　分子的极性和分子间力

一、分子的极性

任何分子都是由带正电荷的核和带负电荷的电子组成，对于每一种电荷都可以假设其集中于一点，像对物体的质量取重心那样，我们可以在分子中取一个正电荷重心和一个负电荷重心，根据正、负电荷重心是否重合，可将分子分为极性分子和非极性分子。分子中正、负电荷重心重合的分子叫非极性分子；与此相反，正、负电荷重心互相不重合的分子叫极性分子，分子的正、负电荷重心又称为分子的正、负极，所以极性分子又叫偶极子。分子极性的大小常用偶极矩来衡量。偶极矩的概念是德拜（Debye）在 1912 年提出的，分子偶极矩 $\boldsymbol{\mu}$ 的定义式为：

极性分子

$$\boldsymbol{\mu}=qd$$

式中　$\boldsymbol{\mu}$——偶极矩，C・m；

q——电荷重心上所带的电量，C；

d——分子中正、负电荷中心的距离，也叫偶极长，m。

分子的偶极矩也是矢量，规定方向由正电荷中心指向负电荷中心，其方向和单位与键矩相同。分子的偶极矩与分子中各化学键键矩的关系是：

分子的偶极矩＝分子中化学键键矩的矢量和

利用分子的偶极矩，可以判断分子的极性。偶极矩可由实验测定。由 $\boldsymbol{\mu}$ 的大小，可以判断分子的极性。若 $\boldsymbol{\mu}=0$，为非极性分子；若 $\boldsymbol{\mu}>0$，为极性分子，且 $\boldsymbol{\mu}$ 越大，分子的极性越大。常见分子的空间构型与极性见表 1-21。

表 1-21　常见分子的空间构型与极性

分子类型	分子空间构型	分子极性	常见实例
双原子分子	直线形	非极性分子	H_2、O_2、N_2、Cl_2、Br_2、I_2
	直线形	极性分子	HF、HCl、HI、CO、NO
三原子分子	直线形	非极性分子	CO_2、CS_2、$BeCl_2$、HgCl
	直线形	极性分子	HCN 、HClO
	折线形	极性分子	H_2O、H_2S、SO_2、OF_2

续表

分子类型	分子空间构型	分子极性	常见实例
四原子分子	正三角形	非极性分子	BF_3、BCl_3、BBr_3、BI_3、SO_3
	三角锥形	极性分子	NH_3、NF_3、PCl_3、PH_3
五原子分子	正四面体	非极性分子	CH_4、CF_4、CCl_4、SiH_4、SiF_4、$FiCl_4$
	四面体	极性分子	CH_3Cl、$CHCl_3$

对双原子分子来说，分子的极性与键的极性是一致的。如 HCl 分子中，H—Cl 是极性键，整个分子也是极性分子。复杂的多原子分子的极性则不仅与键的极性有关，还与分子的空间构型有关。若分子中组成原子相同，键无极性（各键矩为零），分子必为非极性分子，如 P_4、S_8 等；若键有极性，而分子的空间构型恰好使各极性键键矩的矢量和为零，则分子的偶极矩 $\boldsymbol{\mu}=0$，分子无极性；若键有极性，分子的几何构型又不能使各化学键的极性抵消，即各极性键键矩的矢量和不为零，分子的偶极矩不等于零，分子为极性分子。如 NH_3 分子，N—H 键为极性键，分子为三角锥形结构，其正、负电荷重心不相重合，因此是极性分子。通过测定分子的偶极矩，还可以判断分子的空间结构。如 CO_2 和 SO_2 分子均属于 AB_2 型分子，测得前者的偶极矩为 0，说明分子是非极性的，应属于直线形分子；而测得后者的偶极矩为 1.6D，说明分子有极性，当然属于 V 字形结构。

二、分子的变形性

当分子处于外加电场中时，在外电场的作用下，分子中的正、负电荷中心会发生相对位移，分子发生变形，分子的极性也会随之改变，此过程称为分子的极化。

非极性分子在电场中被极化，正、负电荷中心发生相对位移而产生偶极，这种在外电场的诱导下产生的偶极称为诱导偶极，如图 1-40(a) 所示。极性分子本身就存在的偶极，称为固有偶极。极性分子在电场中被极化，在固有偶极的基础上偶极间距离增大，即产生诱导偶极，如图 1-40(b) 所示，分子极性增大。当外电场消失时，诱导偶极也随之消失。

图 1-40　分子在电场中的极化

分子被极化后外形发生改变的性质，称为分子的变形性。分子的变形性与分子量和外电场强弱有关。对同类型（组成和结构相似）分子，分子量越大，所含电子数越多，变形性越大；外电场越强，分子的变形性越大。

三 、分子间的作用力

1. 分子间力的组成

化学键是分子中相邻原子之间较强烈的相互作用力。不仅分子内原子之间有作用力，分子与分子之间也有作用力。物质在气态时，分子之间的距离很大，分子可以自由运动，人们不容易感觉到分子之间有作用力。然而，当气体冷却时，分子运动减缓，气体可以凝聚成液体，直至固体。这表明分子之间存在着作用力（可以证明气体凝聚成固体后具有一定的形状和体积）。范德华（van der Waals）早在 1873 年就已经发现这种作用力的存在，并对此进行了卓有成效的研究，所以后人将分子间的作用力又叫范德华力。分子间作用力与化学键相比要弱得多，即使在固体中它也只有化学键强度的 1%～10%。然而，分子间力是决定物质的熔点、沸点和硬度等物理化学性质的一个重要因素。根据分子间力产生的原因，一般从理论上将其分成三个基本组成部分：取向力、诱导力和色散力。

(1) 取向力　存在于极性分子之间。由于极性分子具有电性的偶极，因此，当两个极性分子相互靠近时，同极相斥，异极相吸。分子将产生相对的转动，分子转动的过程叫取向。在已取向的分子之间，由于静电引力而互相吸引。极性分子由于固有偶极（永久偶极）的取向而产生的静电作用力称为取向力。理论研究表明，取向力与分子偶极矩的平方成正比，与绝对温度成反比，与分子间距离的六次方成反比。

(2) 诱导力　在极性分子和非极性分子之间，非极性分子由于受到极性分子固有偶极产生的电场的影响，导致非极性分子重合在一点的正、负电荷重心产生位移。这种在外电场影响下分子的正、负电荷重心发生位移的现象叫分子的极化，由此而产生的偶极叫诱导偶极。诱导偶极同极性分子的固有偶极间的作用力叫作诱导力，如图 1-41 所示。

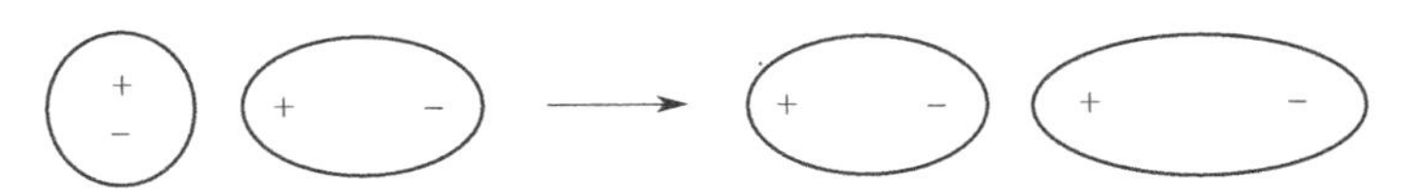

图 1-41　极性分子与非极性分子相互作用示意图

同样，在极性分子和极性分子之间，除了取向力外，由于极性分子的相互影响，每个极性分子也会发生变形，产生诱导偶极，其结果是使极性分子的偶极矩增大，从而使分子之间出现了除取向力外的额外吸引力——诱导力。对于极性分子与极性分子之间的作用来说，它是一种附加的取向力。诱导力也会出现在离子和离子以及离子和分子之间（离子极化）。

静电理论研究表明，诱导力与极性分子偶极矩的平方成正比，与被诱导分子的变形性（极化率）成正比，与分子间距离的七次方成反比，与温度无关。

(3) 色散力　在非极性分子中没有偶极，似乎不存在什么静电作用。但实际情况表明，非极性分子之间也有相互作用。如常温下，Br_2 是液体，I_2 是固态，F_2 是气态；在低温下，Cl_2、N_2、O_2 甚至稀有气体也能液化。另外，对于极性分子来说，按前两种力计算出的分子间的力与实验值相比要小得多，说明分子中还存在第三种力，这种力叫色散力。色散力的名称并不是来自它的产生原因，是从量子力学导出的这种力的理论计算公式与光的色散公式类似而得名。

必须根据近代量子力学的观点，才能正确理解色散力的来源和本质。在非极性分子中，从宏观上看，分子的正、负电荷重心是重合在一起的，电子云呈现对称分布，但电荷的这种对称分布只是一段时间的统计平均值。由于组成分子的电子和原子核总是处于不断运动之中，在某一瞬间，可能会出现正、负电荷重心不重合，瞬间的正、负电荷重心不重合而产生的偶极叫瞬时偶极，瞬时偶极也会诱导邻近的分子产生瞬时偶极。这种由于存在“瞬时偶极”而产生的相互作用力称为色散力。由于色散力包含瞬间诱导极化作用，因此色散力的大小主要与相互作用分子的变形性有关。一般说来，分子体积越大，其变形性也就越大，分子间的色散力就越大，即色散力和相互作用分子的变形性成正比；色散力还与分子间距离的七次方成反比；此外，色散力和相互作用分子的电离势有关。不难理解，只要分子可以变形，不论其原来是否有偶极，都会有瞬时偶极产生。因此，色散力是普遍存在的，而且在一般情况下，是主要的分子间力，只有在极性很强的分子中，取向力才能占据分子间力的主要部分。

2. 分子间的范德华力的特点

① 不同情况下分子间力的组成不同。极性分子与极性分子之间的作用力是由取向力、

诱导力和色散力三部分组成的；极性分子与非极性分子之间只有诱导力和色散力；非极性分子之间仅存在色散力。由此可见，色散力是普遍存在的。不仅如此，在多数情况下，色散力还占据分子间力的绝大部分，这已被事实所证明，见表 1-22。

表 1-22　分子间作用力的组成

分子	偶极矩/(10^{-30}C·m)	取向力/(kJ/mol)	诱导力/(kJ/mol)	色散力/(kJ/mol)	总和/(kJ/mol)	色散力所占比例/%
Ar	0	0.000	0.000	8.50	8.50	100
CO	0.33	0.003	0.008	8.75	8.761	99.8
H_2O	6.14	36.39	1.93	9.00	47.32	19
NH_3	4.93	13.31	1.55	14.95	29.81	50
HCl	3.50	3.31	1.00	16.83	21.14	80
HBr	2.67	0.64	0.502	21.94	23.08	95

注：T=298K，d=500pm。

② 分子间力作用的范围很小（一般是 300～500pm）。随着分子间距离的增加，分子间的作用力以其七次方的关系减小。因此，在液态或固态的情况下分子间力比较显著；气态时，分子间力可以忽略，将其视为理想气体。

③ 分子间力与化学键不同。分子间力既无饱和性，又无方向性；分子间作用力比化学键键能小 1～2 个数量级；分子间力主要影响物质的物理性质，化学键则主要影响物质的化学性质。

3. 分子间力对物质性质的影响

（1）对熔、沸点的影响　共价化合物的熔化与汽化，需要克服分子间力。分子间力越强，物质的熔、沸点越高。通常，同类型分子的熔、沸点随分子量增大而升高。

例如，稀有气体从 He 到 Xe，色散力依次增大，故熔、沸点依次升高；卤素单质在常温下的状态也说明了色散力的变化规律。卤化氢是极性分子，按 HCl—HBr—HI 的顺序，分子偶极矩减小，变形性递增，分子间取向力和诱导力也依次减小，色散力依次明显增大，致使其熔、沸点依次升高，这也说明色散力是主要的分子间力。

（2）对溶解性的影响　结构相似的物质易于相互溶解，极性分子易溶于极性溶剂之中，非极性分子易溶于非极性溶剂之中。这个规律称为“相似相溶”规律。其原因是溶解前、后分子间力变化不大。

例如，NH_3 和 H_2O 都是极性分子，极易互溶；乙醇和水可以任意比互溶；I_2 难溶于水，易溶于非极性的 CCl_4 和苯中。

氨分子

根据“相似相溶”规律，可选择合适溶剂进行物质的溶解或混合物的萃取分离。

四、氢键

氢键

实验证明，有些物质的一些物理性质具有反常现象，如水的比热容特别大，水的密度在 277K 时最大，水的沸点比氧族同类氢化物的沸点高等。同样 NH_3、HF 也具有类似反常的物理性质。人们为了解释这些反常的现象，提出了氢键学说。

（1）氢键的形成　研究结果表明，当氢原子同电负性很大、半径又很小的原子（氟、氧或氮等）形成共价型氢化物时，由于二者电负性相差甚大，共用电子对强烈地偏向于电负性大的原子一边，而使氢原子几乎变成裸露的质子而具有极强的吸引电子的能力，这样氢原子就可以和另一个电负性大且含有孤对电子的原子产生强烈的静电吸引，这种吸引力就叫氢键。例如，液态水分子 H_2O 中的 H 原子可以和另一个 H_2O 分子中的 O 原子互相吸引形成氢键（图 1-42 中以虚线表示）。

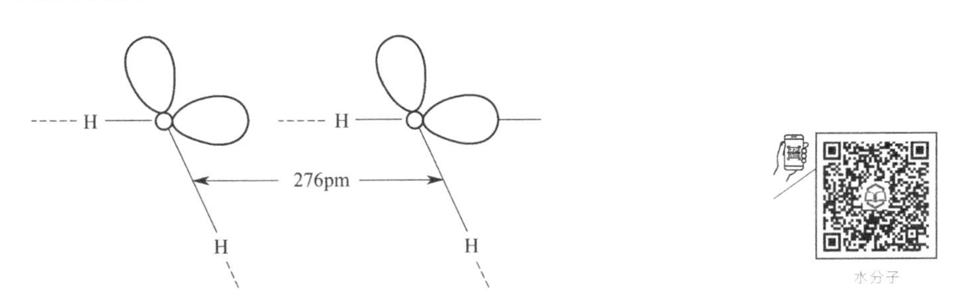

图 1-42　水分子间的氢键

氢键通常可用通式 X—H┄┄Y 表示。其中 X、Y 代表半径小、电负性大且有孤对电子的原子，一般是 F、O、N 等原子。X、Y 可以是同种原子，也可以是不同原子。

氢键既可在同种分子（如 H_2O、NH_3、HF、HCOOH、HAC 等分子）间形成，又可在不同种分子间形成，还可在分子内（如 H_3PO_4、HNO_3 分子内）形成。

（2）氢键的特点

① 具有饱和性。由于氢原子很小，在它周围容不下两个或两个以上电负性很强的原子，使得一个氢原子只能形成一个氢键。即每一个 X—H 只能与一个 Y 原子形成氢键。

② 具有方向性。氢键的方向性是指 Y 原子与 X—H 形成氢键时，为减少 X 与 Y 原子电子云之间的斥力，应使氢键的方向与 X—H 键的键轴在同一方向，即使 X—H┄┄Y 在同一直线上。

（3）氢键的类型

① 分子间氢键。在分子之间生成的氢键称为分子间氢键。通过分子间氢键，分子可以缔合成多聚体。例如常温下，水中除有 H_2O 外，尚有 $(H_2O)_2$、$(H_2O)_3$。又如，甲酸可以形成如下的二聚物：

```
      O┄H—O
     //     \
H—C          C—H
     \      //
      O—H┄O
```

由于分子缔合使分子的变形性增大及分子量增加，分子间力增强，物质的熔点和沸点随之升高。

② 分子内氢键。研究发现，某些化合物的分子内也可以形成氢键。例如，硝酸分子中可能出现如图 1-43 所示的分子内氢键。分子内氢键不可能与共价键成一直线，往往在分子内形成较稳定的多原子环状结构，化合物的熔、沸点较低。由此可以理解为什么硝酸是低沸点酸（沸点是 83℃）。与此不同的是，硫酸中的氢形成分子间的氢键从而将很多 S 结合起来，致使硫酸成为高沸点的酸。另外，当苯酚的邻位上有—OH、—COOH、$—NO_2$、—CHO 等时，都可以形成分子内氢键。

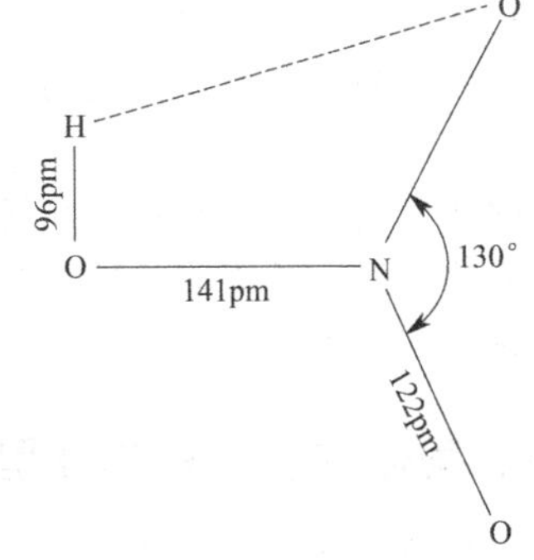

图 1-43　硝酸的分子内氢键

（4）氢键对化合物性质的影响　物质的许多理化性质都要受到氢键的影响，如熔点、沸点、溶解度、黏度等。形成分子间氢键时，会使化合物的熔点、沸点显著升高，这是由于要使液体汽化或使固体熔化，不仅要破坏分子间的范德华力，还必须给予额外的能量去破坏分子间的氢键。

同种分子间形成氢键，增强了分子之间的结合力，使物质的熔、沸点升高，这就是H_2O、HF和NH_3的沸点反常高的原因（见图1-44）。

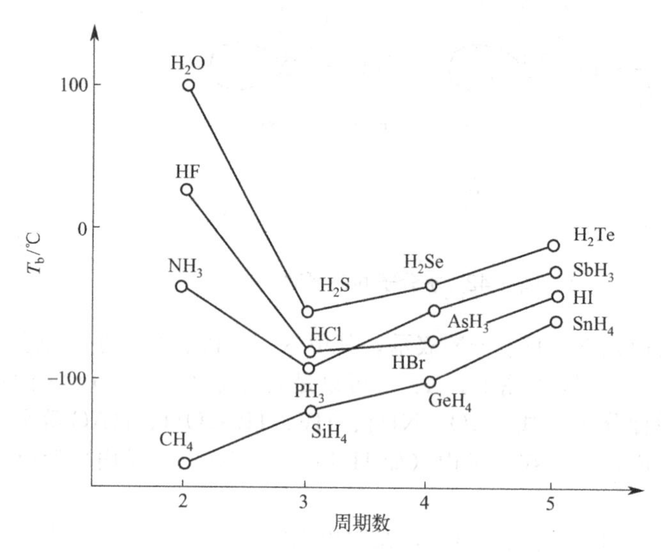

图1-44 ⅣA～ⅦA元素氢化物沸点递变情况

若溶剂与溶质之间能形成氢键，将增强溶质和溶剂之间的相互作用，则溶解度增大。如NH_3、HF在水中的溶解度很大，就是因为NH_3或HF分子与H_2O分子之间形成了分子间氢键。溶质分子如果形成分子内氢键，则分子的极性降低，在极性溶剂中的溶解度降低，而在非极性溶剂中的溶解度增大。如邻硝基苯酚在水中溶解度比对硝基苯酚小，但它在苯中的溶解度却比对硝基苯酚大。液体分子间若形成氢键，则黏度增大。例如甘油的黏度很大，就是因为$C_3H_5(OH)_3$分子间有氢键。

知识四　晶体与晶体结构

固态是自然界里物质的一种聚集状态，90%的元素单质和大部分无机化合物在常温下均为固体，它们在人类生活中起着重要作用。能源、信息和材料是现代社会发展的三大支柱，而材料又是能源和信息的物质基础。为了便于对材料进行研究，常常将材料进行分类。如果按材料的状态进行分类，可以将材料分成晶体、非晶体、准晶体，本章以晶体结构为重点，着重研究晶体中微粒之间的作用力和这些微粒在空间的排布情况。

自然界中绝大多数的固体物质都是晶体，在初中化学里我们已经学过，晶体是经过结晶过程而形成的具有规则的几何外形的固体。晶体为什么具有规则的几何外形呢？实验证明，在晶体里构成晶体的微粒是有规则地排列的，晶体有规则的几何外形是构成晶体的微粒有规则排列的外部反映。

一、固体物质的基本类型

物质通常呈气、液、固三种聚集状态，固体是具有一定体积和形状的物质，它又分为晶体和非晶体两大类。自然界中，大多数固体物质是晶体。

（一）晶体结构的特征

1. 有规则的几何外形

晶体有规则的几何外形。例如，食盐晶体是立方体；明矾［硫酸铝钾$KAl(SO_4)_2$·

$12H_2O$] 晶体是正八面体；石英（SiO_2）晶体是六角柱体（见图 1-45）。

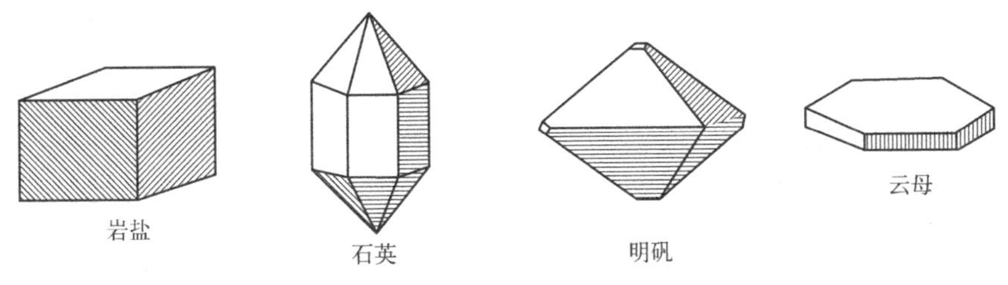

图 1-45　几种晶体的外形

非晶体如玻璃、松香、石蜡、沥青等，则没有规则的几何外形，故又称为无定形体。

2. 有固定的熔点

晶体都具有固定的熔点，若加热晶体，达到一定温度时，可观察到晶体开始熔融。它不像非晶态物质熔点很不明确，如玻璃熔点是一个范围，而不是某一个固定的温度。晶体物质一般都有整齐和规则的外形，这是因为晶体是由原子、离子或分子在空间按一定规律周期性地重复排列构成的固体。

加热晶体达到熔点即开始熔化，继续加热，温度保持不变，只有当晶体全部熔化后，温度才开始上升，说明晶体有固定的熔点，如冰的熔点为 0℃。而非晶体则不同，它只有一段软化的温度范围。例如，加热松香时，伴随着温度的上升，它先是变软，然后转化成黏稠液，最后成为液体。其软化的温度范围是 50～70℃。晶体与非晶体的加热曲线如图 1-46 所示。

3. 各向异性

晶体的某些物理性质具有方向性。例如，云母可沿某一方向撕成薄片；石墨的平行层向电导率比垂直于层向的电导率高出 10^4 倍。非晶体是各向同性的，当打碎一块玻璃时，它不会沿着一定的方向破裂，而是得到不同形状的碎片。

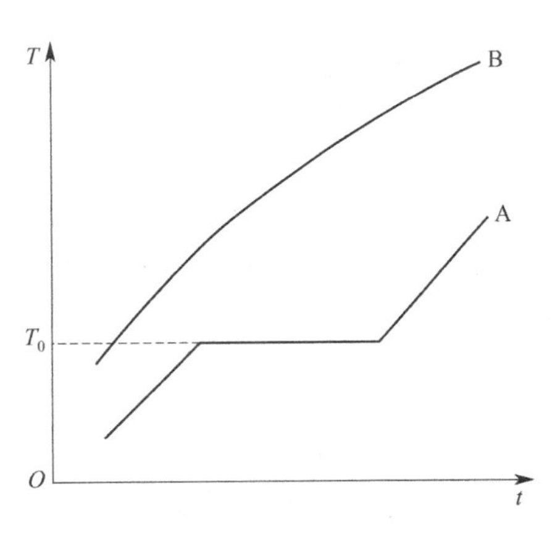

图 1-46　晶体与非晶体的加热曲线
A—晶体；B—非晶体

晶体和非晶体性质的差异，主要是由内部结构决定的。同一种物质在不同条件下既可以形成晶体，也可以形成非晶体。如自然界中有很完整的二氧化硅晶体——石英（俗称水晶）存在，也有二氧化硅的非晶体——燧石存在。有些物质，如炭黑为粉末状，并无规整的外形，但实际上它们是由极微小的晶体聚集而成。X 射线研究表明，晶体是组成物质的粒子（分子、原子或离子）在空间有规则地排列成具有规则几何外形的固体物质。组成晶体的粒子（分子、原子、离子），以确定位置的点在空间有规则地排列，这些点按一定规则排列所形成的几何图形称为晶格，每个粒子在晶格中所占有的位置称为晶格结点。

晶体与非晶体也可以互相转化。例如，石英晶体可以转化为石英玻璃（非晶体）；涤纶的熔体，若迅速冷却，得到的是无定形体，若缓慢冷却，则可得到晶体。金属经特殊处理。则可制得非晶体态金属或金属玻璃，他们具有许多金属材料所不具备的特性，如既具有较高的强度，又有很好的韧性、优良的耐腐蚀性和磁性。

（二）晶格、结点、晶胞

晶格：晶体中微粒按一定方式有规则地周期性排列构成的几何图形，如图 1-47 所示。

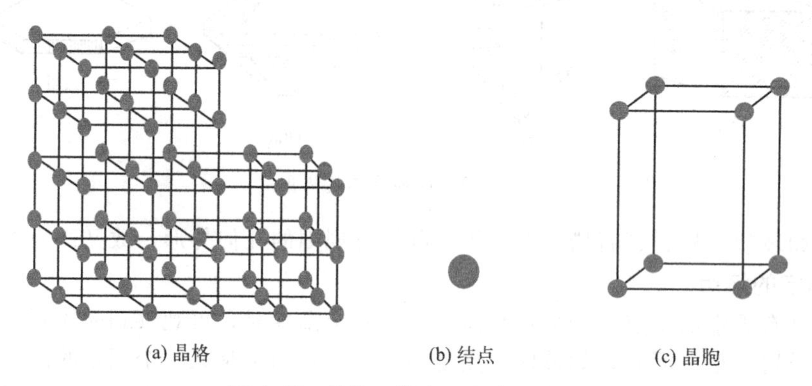

图 1-47 晶格、结点、晶胞示意图

结点：在晶格中排有微粒的点。

晶胞：能代表晶格一切特征的最小部分。

二、晶体的类型

根据构成晶体的粒子种类和粒子间的作用力，将晶体分为离子晶体、原子晶体、分子晶体和金属晶体。

1. 离子晶体

在晶格的节点上交替排列着阳离子和阴离子。由阴、阳离子通过离子键相结合形成的晶体叫作离子晶体。组成晶体的微粒是：阴、阳离子；微粒之间的主要作用力是离子键。离子晶体中不存在单个分子，只有阴、阳离子。离子的排列方式不同，形成的晶体类型也不同，在离子晶体中，阴、阳离子按一定的规律在空间排列，在室温下以晶体形式存在，常以化学式表示其组成。

如图 1-48 所示，在 NaCl 晶体中，每个 Na 离子同时吸引着 6 个 Cl 离子，每个 Cl 离子也同时吸引着 6 个 Na 离子。因此，在 NaCl 晶体中不存在单个的 NaCl 分子，但是，在晶体里，阴、阳离子数目之比是 1∶1，所以，严格地说 NaCl 是表示离子晶体中离子的个数比，而不是表示分子组成的分子式。

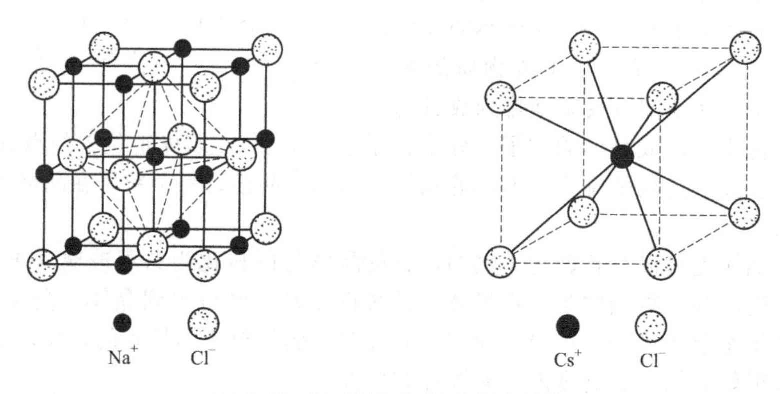

图 1-48 NaCl 和 CsCl 的晶体结构

晶体的特征主要取决于粒子的种类与其相互作用力。由于离子晶体中的阴、阳离子间的作用力是较强的离子键，离子晶体硬度较高，密度较大，难以压缩，难以挥发，有较高的熔点和沸点，延展性很小，多数离子晶体易溶于极性溶剂（如 H_2O），熔融后或溶于水能导电。属于离子晶体的物质有活泼金属的盐、碱和氧化物等。工业上常用晶格能较大的 MgO 作耐火材料。

2. 原子晶体

相邻原子间以共价键相结合而形成网状结构的晶体统称为原子晶体。原子晶体的晶格结点上排列的是原子，原子之间以共价键相结合。原子晶体中不存在单个分子，只有原子。

例如，从图 1-49 来看，金刚石就是一种典型的原子晶体，在金刚石的晶体里，每个碳原子都被相邻的 4 个碳原子包围，处于 4 个碳原子的中心，以共价键跟这 4 个碳原子结合，成为正四面体结构，这个正四面体结构向空间发展，构成一种坚实的、彼此联结的网状晶体，相邻的碳原子间共用一对电子。

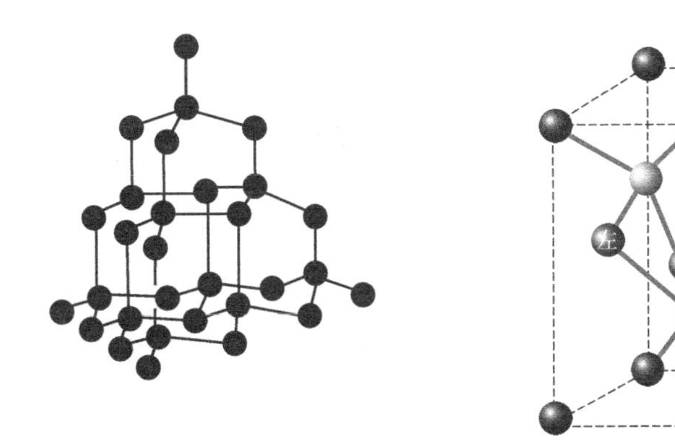

图 1-49 金刚石的晶体结构

在原子晶体中，原子间用较强的共价键相结合，因此原子晶体熔点高（如金刚石的熔点高达 3843K）、硬度大（金刚石的硬度为 10），导电能力低，溶解性很小，延展性也很差。

属于原子晶体的物质为数不多，除金刚石外，还有金刚砂（SiC）、单质硅（Si）和锗（Ge）、单质硼（B）、石英（SiO_2）、碳化硼（B_4C）、氮化硼（BN）和氮化铝（AlN）等。原子晶体在工业上常被用于耐磨、耐熔和耐火材料。SiO_2 是应用极为广泛的耐火材料；水晶、紫晶、玛瑙等是工业上的贵重材料；硅、锗、镓、砷等可以作为优良的半导体材料。

3. 分子晶体

在晶格结点上排列的是分子，分子之间以分子间作用力互相结合的晶体叫分子晶体。分子晶体中存在单个分子。通常，非金属单质（如卤素、氧等）、非金属化合物（NH_4Cl 除外）和大多数有机化合物的固体都是分子晶体。如图 1-50 所示，固体二氧化碳（干冰）就是一种典型的分子晶体。

由于分子间以分子间力（有的存在氢键）相结合，故分子晶体硬度小；熔点、沸点低，在常温下是气体或液体；有挥发性，即使常温下呈固态的也常具有升华性，如碘；固态和熔融态都不导电，是性能较好的绝缘材料，但有些由极性分子形成的分子晶体，溶于水导电，如 HCl、NH_3、SO_2、SO_3 等；溶解性符合“相似相溶”规律。

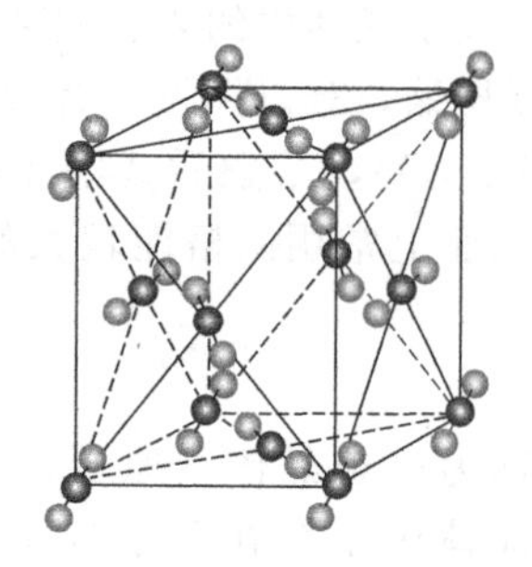
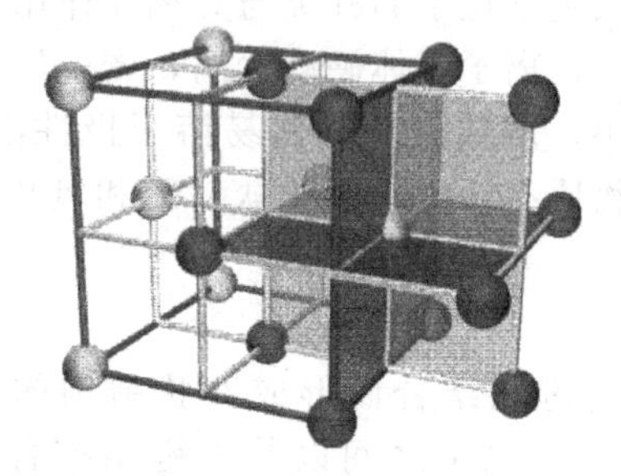

图 1-50 固态二氧化碳晶体结构

属于分子晶体的有非金属单质（如卤素、N_2、O_2、H_2、S_8、P_4 等）、非金属化合物（如卤化氢、NH_3、H_2O、H_2S、SO_2、CO 等）以及绝大部分的有机化合物。在稀有气体的晶体中，虽然晶格结点上是原子，但原子间并不存在化学键，故称为单原子分子晶体。

4. 金属晶体

金属晶体的晶格结点上排列的是金属原子或离子，通过金属键形成的单质晶体，叫金属晶体。金属晶体是由金属原子、金属离子和自由电子构成的，金属在常温下，除汞外一般都是晶体。

由于金属键的特点，使金属晶体具有很好的导热和导电能力，有良好的延展性，有金属光泽。

大多数金属晶体具有较高的熔点和硬度。但由于金属键的强弱差别很大，因此金属的硬度、熔点相差较大。例如，熔点最高的钨，熔点达 3410℃；铯和镓放在手上就能熔化。

由于金属原子的最外电子层上电子较少且与原子核联系较弱，容易脱落成自由电子，它们可在金属内部从一个原子自由地流向另一个原子或离子，并被许多原子或离子所共用，而不是固定在两个原子之间，即处于非定域态。众多原子或离子被这些自由电子“胶合”在一起，形成金属键。也就是说，金属键是金属晶体中的金属原子，金属离子与维系它们的自由电子间产生的结合力，由于金属键中电子不是固定于两原子之间，无数金属原子和金属离子共用无数自由流动的电子，故金属键无方向性和饱和性。

自由电子可在整个晶体中运动，并将电能和热能迅速传送，故金属是电和热的优良导体。金属晶格各部分如发生一定的相对位移，不会改变自由电子的流动和“胶合”状态，也就不会破坏金属键，故金属有较好的延展性，金属键有一定强度，故大多数金属有较高的熔点、沸点和硬度。

离子晶体、原子晶体、分子晶体及金属晶体的结构及性质归纳见表 1-23。

表 1-23 四种晶体的结构与性质

晶体类型	离子晶体	原子晶体	分子晶体	金属晶体
定义	离子间通过离子键结合而成的晶体	相邻原子间以共价键相结合而形成空间网状结构的晶体	分子间通过分子间作用力相结合而成的晶体	通过金属键形成的单质晶体，叫金属晶体
晶格结点上的粒子	阴、阳离子	原子	分子	原子、离子
粒子间的作用力	离子键	共价键	分子间力	金属键
熔点、沸点	较高	较高	较低	较高
硬度	硬而脆	较大	较小	较大

续表

晶体类型	离子晶体	原子晶体	分子晶体	金属晶体
导电性	固态不导电，熔融或溶解导电	较差	固态、液态都不导电	能导电
延展性	较小	较差	没有	较好
溶解性		不溶	相似相溶	不溶
实例	大多数金属氧化物、大多数盐、强碱，如NaCl、MgO	金刚石、石墨、晶体硅、二氧化硅、碳化硅、晶体硼等	大多数非金属单质（除金刚石、石墨、晶体硅、晶体硼外）、气态氢化物、非金属氧化物（除 SiO_2 外）、酸、绝大多数有机物（除有机盐外）	W、Ag、Cu

5. 混合晶体

离子晶体、原子晶体、分子晶体及金属晶体是晶体的四种基本类型，它们的共同特点是同一类晶体的晶格结点上粒子间的作用力都是相同的。另有一些晶体，其晶格结点上粒子间作用力并不完全相同，这种晶体称为混合型晶体。图 1-51 为石墨晶体结构。

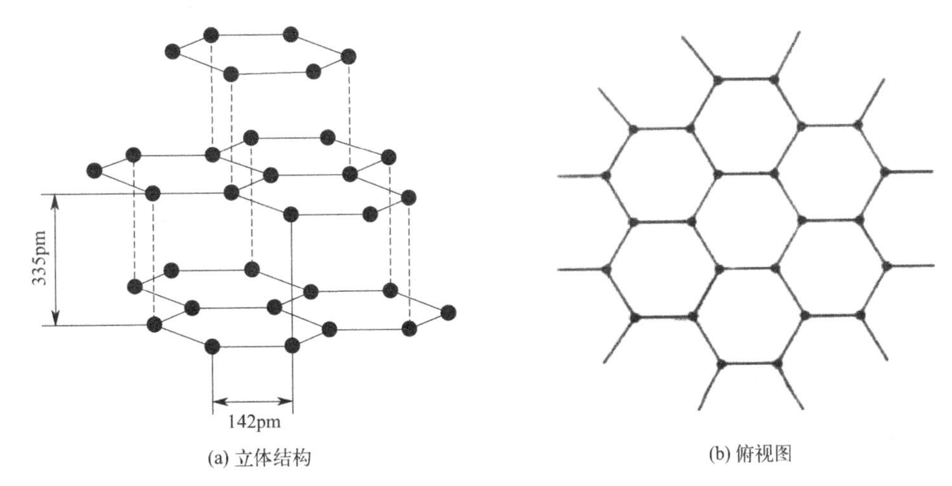

图 1-51　石墨晶体结构

在石墨晶体中，同层的每个 C 原子都有 3 个 σ 键，形成彼此相连的正六边形网状结构。每个 C 原子剩下的 1 个含有未成对电子的 p 轨道，又“肩并肩”地重叠，形成大 π 键。大 π 键上的电子可以在同层内自由流动，故层向电导率大。石墨层内键长为 142pm，而层间距离为 335pm，是以微弱的分子间力结合的，容易滑动。总之，石墨是介于原子晶体、金属晶体和分子晶体之间的一种过渡型晶体。其化学性质很稳定、熔点很高。

由于离域电子可在同层内自由运动，所以石墨具有金属光泽和较好的导电、导热性，是很好的电极材料。由于同层 C 原子间的共价键很强，致使石墨的熔点高，化学性质稳定。由于石墨的层与层之间距离较大，层间作用力是微弱的范德华力，当受到与层平行的外力作用时，层间容易滑动、剥落，这种特殊的结构决定了石墨具有某些独特的性质，可用于制造电极、润滑剂、铅笔芯、原子反应堆中的中子减速剂等。

可见，石墨晶体中既有共价键，又有分子间力，还有可在同层自由运动的离域电子，所以它是兼有原子晶体、分子晶体和金属晶体特征的混合型晶体。其他如云母、氮化硼等也是层状结构的混合晶体，一些既有离子键成分，又有共价性成分的晶体，如 AgCl、AgBr 等也属于混合型晶体。此外，还有链状结构的混合型晶体，典型的如石棉。

【模块小结】

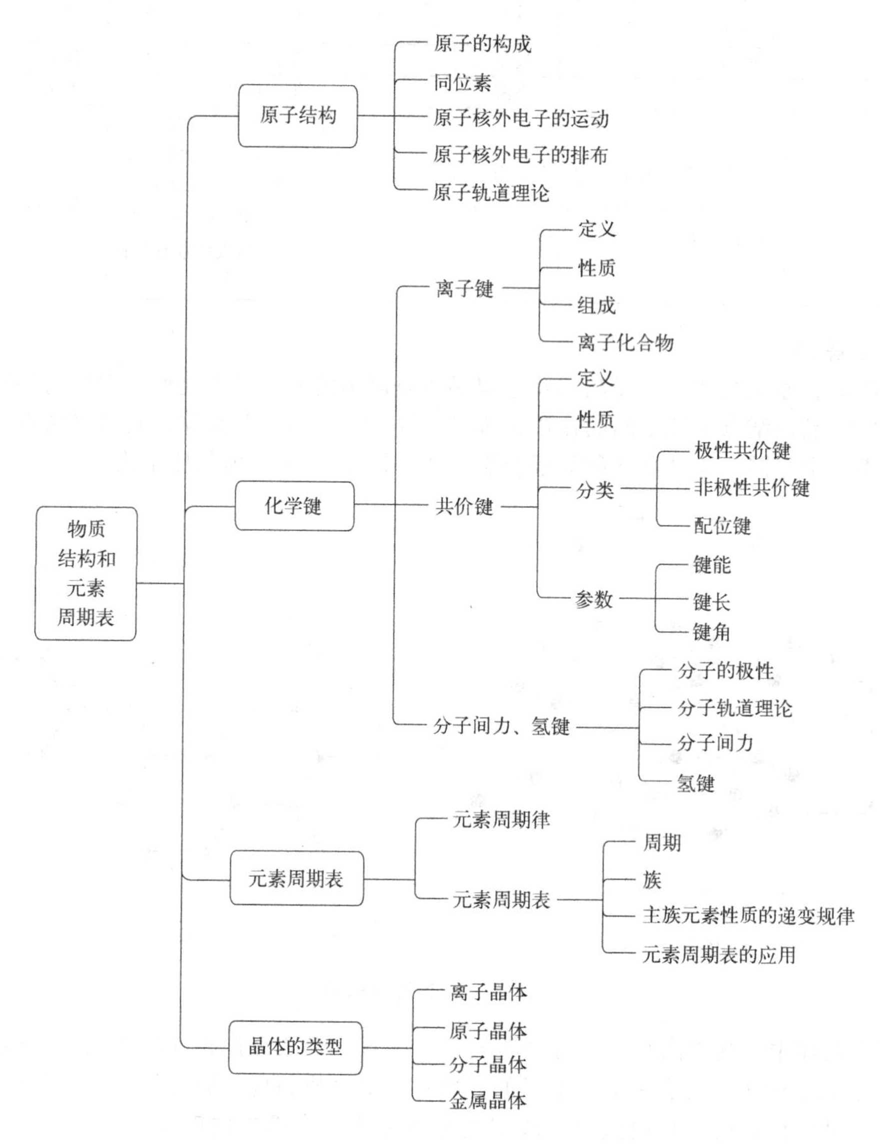

【思考与习题】

【思考题】

1. 什么是化学键？为什么说破坏化学键要消耗较大的能量？
2. 什么是共价键？举两例说明。
3. 举例说明什么是离子键？
4. 举例说明化合价与化学键的关系。
5. 共价键有何特点？它与分子组成有何关系？举两例说明。
6. 举例说明化学变化的微观过程。
7. 什么是元素周期律？“周期性”如何理解？

8. 举例说明元素周期律的重要意义。

9. 什么是元素周期表？其结构如何？

10. 以碱金属和卤族元素为例，说明主族元素性质的递变规律。

11. 典型离子化合物和非极性共价化合物在性质上有何不同？举例说明。

【习题】

一、填空题

1. 现有$^{14}_{6}C$、$^{23}_{11}Na$、$^{6}_{3}Li$、$^{14}_{7}N$、$^{24}_{12}Mg$、$^{7}_{3}Li$六种微粒中：互为同位素原子的是______和______；质量数相等，但不能互称同位素的是______和______；中子数相等，但质子数不相等的是______和______。

2. 将核电荷数1～18的元素作如下判断：

① 某元素的原子核外有3个电子层，最外层电子数是核外电子总数的1/6；该元素的元素符号是______，原子结构示意图是______；

② 核电荷数为6和14的一组原子，它们的______电子数相同，______不相同；核电荷数为15和16的一组原子，它们的______相同，______、__________不相同；核电荷数为10和18的一组原子，它们的最外层电子数为______个，它们是________元素的原子，通常情况下化学性质____________。

3. 下列关于氢元素的微粒中，2H 表示______；H_2 表示______；$2H^+$ 表示________；$^{2}_{1}H$表示________，它与________和________互称同位素原子，______和______是制造-氢弹的材料。

4. 在元素周期表中，活泼______与活泼______化合，形成______化合物；不同种类的__________，如H与Cl相化合，形成______化合物。

5. 元素周期表中共有______个横行，即______个周期。周期数等于______数。其中______叫短周期，______叫长周期，______是不完全周期。除第一和第七周期外，每一周期都是从______元素开始，过渡到________元素，到__________元素结束。

6. 同一周期的主族元素，从左到右，核电荷数逐新______，原子半径逐新______，失电子能力逐渐______，金属性逐渐______，得电子能力逐渐______，非金属性逐渐______。

7. 同一主族元素，从上到下原子半径逐渐______，失电子能力逐渐______，金属性逐渐______，得电子能力逐渐______，非金属性逐渐______。

8. 主族元素最高化合价一般等于其______，一般非金属元素的负化合价绝对值等于____________。

9. 画出下列微粒的电子结构示意图；18 Ar ______，19 K^+ ______，17Cl^- ______。它们在结构上的相似之处为____________，不同之处为______。

10. 一般化学反应的实质，从微观结构上看，是____________排布的改变，而______并未改变，也可以说，反应中旧的______要被破坏，并形成______化学键。

11. 从能量的观点看，化学反应时，旧键的断裂，要______能量；新键的形成，要______能量，反应的热效应就是______________。

12. K_2SO_4中，______与______之间是以离子键相结合的，而______与______之间以________结合，并得到外界两个电子而形成______离子。

13. 在 H_2S、Cl_2、CH_4、HCl 中，化学键的极性最强的是______，因为________________，最弱的是______。

14. 在下列物质中：$Ca(OH)_2$、NH_3、H_2O、CaS，只有离子键的是______；只有共价键的是____________，两种键都有的是____________。

15. 元素 R 的气态化物化学式为 H_2R，它的最高价氧化物含氧 60%，该元素的原子中含有 16 个中子，其相对原子质量为______，它位于______周期、______族，元素名称是__________。

16. 在周期表中，Mg 周围的四个元素是____________，它们最高价氧化物水化物的化学式分别是______，比 Mg 的金属性强的是______，比 Mg 金属性弱的是______。

17. 某元素原子序数为 7，它位于______周期、第______族、元素符号是______。其最高价氧化物对应的水化物的化学式是______，它的水溶液呈______性；气态氧化物的化学式是______，它的水溶液呈______性。

18. 一般非金属离子（如 Cl^-）的半径，比其原子的半径______，因为____________；而一般金属阳离子（如 Na^+）的半径比其原子半径______，因为____________。

19. 周期表中______是金属性最强的元素，______是非金属性最强的元素，它们______化合（难易），生成典型的______化合物，化学式为______。

20. 元素周期律是指元素的______和______的性质随__________而呈周期性变化的规律。

21. X 和 Y 两元素分别在 ⅢA 族和ⅥA 族，它们形成的化合物的化学式是______。

22. X 和 Y 的原子序数都小于 18，两种原子的核外电子总数是 30。X 的单质是金属，它跟 Y 能形成化合物 XY_3，X 的元素符号是______，Y 的元素名称是______。X 的最高价氧化物的化学式是______，其对应水化物的化学式为______。

二、 选择题

1. 下列各组物质中互为同位素的是（　　）。

A. 纯碱和烧碱　　B. 重水和自来水　　C. 石墨和金刚石　　D. $^{12}_{6}C$ 和 $^{14}_{6}C$

2. 下列关于 $^{18}_{8}O$ 的叙述中错误的是（　　）。

A. 质量数为 18　　B. 摩尔质量为 0.018kg/mol

C. 中子数为 10　　D. 核外电子数为 10

3. 某 2 价阴离子，核外有 18 个电子，质量数为 32，则中子数为（　　）。

A. 18　　B. 14　　C. 12　　D. 16

4. 下列分子中，有 3 个原子核和 10 个电子的是（　　）。

A. HF　　B. NH_3　　C. SO_2　　D. H_2O

5. 有一种粒子，其核外电子排布为 2、8、8，这种粒子是（　　）。

A. S^{2-}　　B. Ca^{2+}　　C. Ar 原子　　D. 难以确定

6. 某元素原子 M 层上有 2 个电子，则它的 L 层含有的电子数是（　　）。

A. 元法确定　　B. 18　　C. 8　　D. 2

7. 原子序数从 3～10 的元素中，随核电荷数的增大而逐渐新增大的是（　　）。

A. 电子层数　　B. 原子半径　　C. 电子数　　D. 化合价

8. 下列元素中最高化合价最大的是（　　）。

A. Ar　　B. Cl　　C. P　　D. Na

9. 某微粒有 3 个电子层，最外层有 3 个电子，它应是（　　）。

A. A^{3+}　　B. Ca　　C. Al　　D. Mg^{2+}

10. 元素的非金属性随原子序数递增而逐渐增强的是（　　）。

A. Na、K、Rb　　B. N、P、As　　C. O、S、Se　　D. P、S、Cl

11. 下列各物质中酸性最强的是（　　）。

A. H_2SiO_3　　B. H_2CO_3　　C. HNO_3　　D. H_3AlO_3

12. 下列气态氢化物中最不稳定的是（　　）。

A. NH_3　　B. H_2S　　C. H_2O　　D. PH_3

13. 下列离子中，核外电子排布和氩原子相同的是（　　）。

A. Cl^-　　B. F^-　　C. K^+　　D. Na^+

14. 保存 K、Na 等活泼金属的适宜措施是（　　）。

A. 纯水覆盖　　B. 干砂覆盖　　C. 煤油覆盖　　D. 阴冷通风干燥处

15. 不查元素周期表，根据所学知识推断原子序数为56的元素在周期表中处于（　　）。

A. 第五周期第ⅥA　　B. 第五周期第ⅡA

C. 第六周期第ⅠA　　D. 第六周期第ⅡA

16. 已知短周期元素的离子${}_aA^{2+}$、${}_bB^+$、${}_cC^{3-}$、${}_dD^-$都具有相同的电子层结构，则下列叙述正确的是（　　）。

A. 原子半径 A>B>D>C　　B. 原子序数 d>c>b>a

C. 离子半径 C>D>B>A　　D. 原子结构的最外层电子数目 A>B>D>C

三、判断题

1. 氯化钠由钠离子和氯离子构成。（　　）

2. 五氧化二磷由 2 个磷原子和 5 个氧原子构成。（　　）

3. 水这种物质是由 2 个氢元素和 1 个氧元素组成。（　　）

4. CO_2 分子是由碳、氧两元素组成。（　　）

5. 水是由氢、氧两元素组成的物质。（　　）

6. CaO 分子中有钙、氧两种原子。（　　）

7. 质量数是质子质量和中子质量之和。（　　）

8. 混合物是由多种物质组成的，组成不固定，其性质与组成有关。（　　）

9. 物质是由分子构成，分子由原子构成。（　　）

10. 原子是构成物质的最小微粒。（　　）

11. 原子核外的电子是分层排布的，离核越近，能量越高，所以，电子是从外层依次向里排列的。（　　）

12. 元素的性质与原子的核外电子数尤其是最外层电子数密切相关。（　　）

13. 在天然存在的同位素原子中，不论是单质还是化合物，各种同位素原子所占的原子质量分数（又称丰度）一般是不变的。（　　）

14. 共价键是原子间通过共用电子对所形成的化学键。（　　）

15. 从化学键的角度来看，化学反应的实质是旧的化学键的破坏和新化学键的形成。（　　）

16. 物质的分子、原子或离子之间，除了化学键这种强的作用力之外，没有别的作用力了。（　　）

17. 某些化合物中可能既有离子键，又有共价键。（　　）

18. 元素最高化合价等于其族序数或最外层电子数。（　　）

19. 所有元素都有正、负价，它们的绝对值之和等于 8。（　　）

20. 非金属元素的负化合价等于原子最外层达到 8 个电子稳定结构所需得到的电子数。（　　）

21. 元素周期律是内因与外因、量变到质变的辩证关系的典型例证。（　　）

四、计算题

1. 计算氧元素的相对平均原子质量。已知${}^{16}_{8}O$、${}^{17}_{8}O$、${}^{18}_{8}O$ 同位素原子的原子量依次为

15.9949、16.9991、17.9991，原子质量分数依次为99.76%、0.037%、0.204%。

2. 以电子式表示 H_2S、KBr、$CaBr_2$ 的形成过程。

3. 某元素A的最高正价和负价的绝对值相等，该元素在气态氢化物中占87.5%，该元素原子核内的质子数和中子数相等，它是什么元素？并简要说明其推断过程。

4. 根据元素在周期表中的位置，判断下列各组化合物的水溶液，哪个酸性较强？或者哪个碱性较强？为什么？

(1) H_2CO_3 和 H_3BO_3　　(2) H_3PO_4 和 H_2SO_4

(2) $Ca(OH)_2$ 和 $Mg(OH)_2$　　(4) KOH 和 RbOH

5. 某元素R，它的最高正价氧化物的分子式是 RO_2，气态氢化物里含氢25%，又知该元素的原子核含有6个中子。试求：

(1) 该元素的原子量；

(2) 元素名称及在周期表中的位置。

6. 某金属A 0.9g 和足量稀盐酸反应生成 ACl_3 同时置换出1.12 L H_2（标准状况）；A的原子核里有14个中子。根据计算结果画出A的原子结构简图，说明它是什么元素，指出它在周期表里的位置。

模块二　化学的基本概念和基本计算

该模块是在复习基本的化学知识（元素符号、化学式和式量、化学方程式及其配平）的基础上，进一步理解摩尔的概念，再扩展到摩尔质量、物质的量、气体摩尔体积以及化学反应的有关计算；然后再系统介绍表示溶液组成的物理量——物质的量浓度、质量浓度、质量分数、体积分数及相互换算；最后介绍化学反应的分类和热化学反应方程式。

项目一　物质的计量

学习目标

1. 使学生理解物质的量、摩尔、摩尔质量、阿伏伽德罗常数、气体摩尔体积、物质的量浓度的基本含义。
2. 使学生理解物质的量、摩尔质量、阿伏伽德罗常数、气体摩尔体积、物质的量浓度等各物理量之间的相互关系，学会用物质的量来计量物质的其他物理量。
3. 掌握用物质的量浓度来表示溶液的组成，掌握配制一定物质的量浓度溶液的方法。
4. 学会用物质的量进行有关化学反应的简单计算。

知识一　物质的量及其单位——摩尔

一、物质的量及计算

在日常生活、生产和科学研究中，人们常常根据需要使用不同的计量单位。例如，用千米、米、厘米、毫米等来计量长度；用年、月、日、时、分、秒等来计量时间：用千克、克、毫克等来计量质量。1971 年，在第十四届国际计量大会上决定用摩尔作为计量原子、分子或离子等微观粒子的“物质的量”的单位，国际单位制的 7 个基本单位见表 2-1。

表 2-1　国际单位制(SD)的 7 个基本单位

物理量	单位名称	单位符号
长度	米	m
质量	千克(公斤)	kg
时间	秒	s
电流	安[培]	A
热力学温度	开[尔文]	K
物质的量	摩[尔]	mol
发光强度	坎[德拉]	cd

物质的量在化学中是一个常用的物理量，它也是国际单位制中的7个物理量之一，通常用它来表示含有一定数目粒子的集合体，物质的量表示的是物质含基本单元数目的多少。通常用符号 n_B 来表示，单位名称为摩尔，简称摩，符号为mol。

摩尔是指一系统的物质的量，该系统中所包含的基本单元数与0.012kg碳-12（$^{12}_{6}C$）的原子数目相等，那么该系统的物质的量就定义为1mol，或者说，凡是含有的基本单元与0.012kg^{12}C所含有的碳原子数相等的物质的量即为1mol。

【思考】 1mol物质中究竟含有多少基本单元数呢？

国际单位制中规定：1mol任何物质所含的基本单元数与0.012kg碳-12（$^{12}_{6}C$）的原子数目相等。基本单元可以是分子、原子、离子、电子及其他粒子，或是这些粒子的特定组合。

二、阿伏伽德罗常数（N_A）

【思考与交流】 0.012kg ^{12}C 所含的碳原子数是多少呢？

经过实验测定，0.012kg ^{12}C 中约含有 $\frac{12g}{1.993\times10^{-23}g/个}=6.02\times10^{23}$ 个碳原子。

6.02×10^{23} 这个数称为阿伏伽德罗常数，用符号 N_A 表示，因此，可以说某物质所含的微粒数目与 6.02×10^{23} 个^{12}C数目相同时，该物质的量就是1mol。若某物质所含微粒数目为阿伏伽德罗常数的若干倍时，该物质的量就是若干摩尔，阿伏伽德罗常数是通过实验测定的，它只是一个近似值。

因此摩尔也可以定义为：凡是含有阿伏伽德罗常数个微粒的量就是1mol。

例如：6.02×10^{23} 个碳原子就是1mol C；

6.02×10^{23} 个水分子就是1mol H_2O；

6.02×10^{23} 个氢氧根离子就是1mol OH^-；

6.02×10^{23} 个电子就是1mol e；

12.04×10^{23} 个氧分子就是2mol O_2；

3.01×10^{23} 个钠离子就是0.5mol的 Na^+。

物质所含微粒数目相同，物质的量相同，物质所含微粒数目之比等于物质的量之比。

根据摩尔的定义也可以将物质的量 n_B 物质所含微粒数目 N_B 和阿伏伽德罗常数 N_A 三者间的关系表示如下：

$$n_B=\frac{N_B}{N_A}$$

从这个式子可以看出，物质的量是粒子数与阿伏伽德罗常数之比，即某一粒子集体的物质的量就是这个粒子集体中的粒子数与阿伏伽德罗常数之比。例如，3.01×10^{23} 个 N_2 的物质的量为0.5mol。

粒子集体中的粒子既可以是分子、原子，也可以是离子或电子等。我们在使用摩尔表示物质的量时，应该用化学式指明粒子的种类，如1mol H_2，2mol Na^+ 等

三、摩尔质量

1mol不同物质中所含的分子、原子或离子的数目虽然相同，但由于不同粒子的质量不同，因此，1mol不同物质的质量也不同。

我们知道，1mol^{12}C的质量是0.012kg，即 6.02×10^{23} 个^{12}C的质量是0.012kg。利用

1mol 任何粒子集体中都含有相同数目的粒子这个关系，我们可以推知 1mol 任何粒子的质量。例如，1 个^{12}C与 1 个 H 的质量比约为 12∶1，1mol^{12}C与 1mol H 含有的原子数目相同，因此，1mol^{12}C与 1mol H 的质量比也约为 12∶1。而 1mol^{12}C的质量是 12g，所以，1mol H 的质量就是 1g。

同样地，我们可以推知：1mol O 的质量为 16g，1mol Na 的质量为 23g，1mol O_2 的质量为 32g，1mol NaCl 的质量为 58.5g 等。

摩尔是物质的量单位，而不是质量单位，然而，一定数量的物质必然具有一定的质量。因此我们定义物质 B 的摩尔质量 M_B 为物质 B 的质量 m_B 除以其物质的量 n_B。即

$$M_B=\frac{m_B}{n_B}$$

单位物质的量所具有的资料叫作摩尔质量，它的基本单位是 kg/mol，在化学上常用 g/mol。

【思考与交流】根据摩尔的定义，可知 1mol ^{12}C的质量是 0.012kg，即^{12}C的摩尔质量为 0.012kg/mol（12g/mol）。那么，1 摩尔其他物质的质量等于多少呢？

一种元素的原子量是以^{12}C的质量的 1/12 作为标准，其他元素原子的质量跟它相比较所得的数值，如氧的原子量是 16，氢的原子量是 1，铁的原子量是 55.85 等等。1 个碳原子的质量与 1 个氧原子的质量之比是 12∶16，1mol 碳原子跟 1mol 氧原子所含有的原子数相同，都是 6.02×10^{23} 个；1mol^{12}C的质量是 12g，那么 1mol 氧原子的质量就是 16g，由此可知，1mol 任何原子的摩尔质量就是以克为单位，数值上等于该原子的原子量。同理，我们可以推广到分子、离子等微粒，1mol 任何物质或微粒的摩尔质量就是以克为单位，数值上等于该物质或微粒的式量。

（1）单原子及其离子的摩尔质量数值上均等于原子量，单位为 g/mol。因为电子的相对质量极小，所以得或失电子时，质量的增、减可不考虑。如表 2-2 所示。

表 2-2　单原子及其离子的摩尔质量

微粒	摩尔质量/(g/mol)	微粒	摩尔质量/(g/mol)
Cu	64	O	16
Cu^{2+}	64	O^{2-}	16

（2）多原子单质或化合物的摩尔质量数值上等于分子量，单位是 g/mol，见表 2-3。

表 2-3　几种多原子单质或化合物的摩尔质量

微粒	摩尔质量/(g/mol)	微粒	摩尔质量/(g/mol)
O_2	32	CH_4	16
H_2SO_4	98	CO_2	44
$CuSO_4\cdot5H_2O$	250	K_2SO_4	174
KOH	56	$C_{12}H_{22}O_{11}$	342

（3）原子团的摩尔质量数值上等于式量，单位是 g/mol。式量是原子团中各原子的原子量之和。见表 2-4 。

表 2-4　几种原子团的摩尔质量

微粒	摩尔质量/(g/mol)	微粒	摩尔质量/(g/mol)
OH^-	17	PO_4^{3-}	95
SO_4^{2-}	96	HCO_3	61
CO_3^{2-}	60	NO_3^-	62

可见，1mol 不同物质中虽然含有相同的微粒数（原子、分子或离子等），即“物质的量”是相等的，然而它们所具有的质量却是各不相同。

四、有关物质的量的计算

物质间的化学反应是分子、原子或离子间按比例定量进行的，而这些微粒既看不到又难以称量，对科学研究和应用都很不方便。物质的量及其单位摩尔的引入像一座桥梁一样将难以称量的物质微粒与易于称量的物质联系起来，为科学的发展做出了巨大的贡献。物质的质量、物质的量、摩尔质量和微粒个数之间的关系如下所示：

$$\text{物质的质量(克)} \underset{\times\text{摩尔质量}}{\overset{\div\text{摩尔质量(克/摩尔)}}{\rightleftarrows}} \text{物质的量(摩尔)} \underset{\div(6.02\times10^{23})}{\overset{\times6.02\times10^{23}}{\rightleftarrows}} \text{微粒个数(个)}$$

其中，物质的量（n），物质的质量（m）和摩尔质量（M）之间的关系见表 2-5。

表 2-5　物质的量、摩尔质量、物质的质量之间的关系

利用上述公式，可以进行如下的计算：	计算公式
若用 m_B 表示物质 B 的质量。M_B 表示物质 B 的摩尔质量，n_B 表示物质 B 的物质的量，则：	$n_B=\frac{m_B}{M_B}$
a. 已知物质的质量，求其物质的量	$n_B=\frac{m_B}{M_B}$
b. 已知物质的量，求物质的质量	$m_B=n_BM_B$
c. 已知物质的量，求物质中所含微粒的数目	$N_B=n_BN_A=\frac{m_B}{M_B}N_A$

【例 2-1】 求 90g 水分子的物质的量，并计算其中含有多少个 H_2O 分子？

解： 水分子的分子量是 18，即水分子的摩尔质量是 18g/mol。

$$n_{H_2O}=\frac{m_{H_2O}}{M_{H_2O}}=\frac{90\text{g}}{18\text{g/mol}}=5\text{mol}$$

$$N_{H_2O}=n_{H_2O}\cdot N_A=5\times6.02\times10^{23}=3.01\times10^{24}\text{ 个}$$

答：90g 水分子的物质的量是 5mol，其中含有 3.01×10^{24} 个 H_2O 分子。

【例 2-2】 2.5mol 铜原子的质量是多少？含有多少铜原子？

解： 铜原子的摩尔质量是 63.5g/mol。

$$m_{Cu}=M_{Cu}n_{Cu}=63.5\text{g/mol}\times2.5\text{mol}=158.8\text{g}$$

2.5mol 铜原子所含的原子数：

$$N_{Cu}=n_{Cu}N_A=2.5\times6.02\times10^{23}=1.505\times10^{24}\text{ 个}$$

答：2.5mol 的铜原子的质量是 158.8g，含有铜原子 1.505×10^{24} 个。

从上述计算可见，由于摩尔是表示约 6.02×10^{23} 个原子、分子或其他粒子的集体，因此物质的量不一定是整数，也可以是分数或小数。

【例 2-3】 多少摩尔的 CO 中含有：①3g 碳；② 0.5mol 氧原子？

解： ① 设 x mol CO 中含有 3g 碳：

由于 1mol CO 中含有 1mol C 原子，即含有 12g 碳。

则

$$x:1\text{mol}=3\text{g}:12\text{g}$$

$$x=0.25\text{mol}$$

② 设 y mol CO 中含有 0.5mol 氧原子。

由于 1mol CO 中含有 1mol 氧原子，则

$$y:1\text{mol}=0.5\text{mol}:1\text{mol}$$

$$y=0.5\text{mol}$$

答：0.25mol 的 CO 中含有 3g 碳，0.5mol 中的 CO 中含有 0.5mol 氧原子。

【例 2-4】 多少质量的 NaOH 中含有 OH^- 数与 7.4g $Ca(OH)_2$ 所含的 OH^- 数目相等？

解： 1mol $Ca(OH)_2$ 含有 2mol OH^-，7.4g $Ca(OH)_2$ 中所含 OH^- 的物质的量为：

$$n_{Ca(OH)_2}=\frac{m_{Ca(OH)_2}}{M_{Ca(OH)_2}}\times2=\frac{7.4g}{74g/mol}\times2=0.2\text{mol}$$

1mol NaOH 中含有 1mol OH^-，含有 0.2mol OH^- 的 NaOH 的物质的量应为 0.2mol，0.2mol NaOH 的质量为：$m_{NaOH}=0.2\text{mol}\times40\text{g/mol}=8\text{g}$。

答：8g NaOH 中含有的 OH^- 与 7.4g $Ca(OH)_2$ 所含的 OH^- 数目相等。

【例 2-5】 中和 0.1mol NaOH，需要多少克纯硫酸？

解： 设中和 0.1mol NaOH 需要 H_2SO_4 的物质的量为 x mol。

$$H_2SO_4+2NaOH = Na_2SO_4+2H_2O$$

$$\begin{array}{ll} 1\text{mol} & 2\text{mol} \\ x\,\text{mol} & 0.1\text{mol} \end{array}$$

$$1\text{mol}:2\text{mol}=x\,\text{mol}:0.1\text{mol}$$

$$x=0.05\text{mol}$$

$$H_2SO_4 \text{ 的 } M_{H_2SO_4}=98\text{g/mol}$$

$$m_{H_2SO_4}=n_{H_2SO_4}M_{H_2SO_4}=0.05\text{mol}\times98\text{g/mol}=4.9\text{g}$$

答：中和 0.1mol NaOH 需要纯 H_2SO_4 4.9g。

知识二　气体的摩尔体积

一、气体的摩尔体积

1. 物质的体积、密度和质量之间的关系

物质的质量跟它的体积的比叫作这种物质的密度，即物质在单位体积中所含的质量，叫作该物质的密度。

我们已经知道，1mol 的任何物质都含有相同的基本单元数，那么，1mol 物质的体积是否相同呢？我们知道气态、液态和固态是物质的三种聚集状态，那么 1mol 各种物质处于气态、液态和固态时的体积是多少呢？根据 $V_m=\frac{V_B}{n_B}=\frac{\frac{m_B}{\rho}}{\frac{m_B}{M_B}}=\frac{M_B}{\rho}$ 计算 1mol 不同固态物质和液态物质的体积（见表 2-6）。

表 2-6　1mol 不同固态物质和液态物质的体积

物质	1mol 该物质的质量	密度	1mol 的物质所具有的体积
Fe	56g	7.8g/cm^3(20℃)	7.2cm^3
Al	27g	2.7g/cm^3(20℃)	10cm^3
Pb	207g	11.3g/cm^3(20℃)	18.3cm^3
H_2O	18g	1g/cm^3(4℃)	18cm^3
H_2SO_4	98g	1.83g/cm^3(20℃)	53.6cm^3

我们知道，物质体积的大小取决于构成这种物质的粒子数目、粒子的大小和粒子之间的距离这三个因素。

由于在 1 mol 任何物质中的粒子数目都是相同的，都约是 6.02×10^{23} 个。因此，在粒子数目相同的情况下，物质体积的大小就主要取决于构成物质的粒子的大小和粒子之间的距离。当粒子之间的距离很小时，物质的体积就主要取决于构成物质的粒子的大小；而当粒子之间的距离比较大时，物质的体积就主要取决于粒子之间的距离。

在 1mol 不同的固态物质或液态物质中，虽然含有相同的粒子数，但粒子的大小是不相同的。同时，在固态物质或液态物质中粒子之间的距离又是非常小的，这就使得固态物质或液态物质的体积主要取决于粒子的大小了。所以，1mol 不同的固态物质或液态物质的体积是不相同的。如图 2-1 所示。

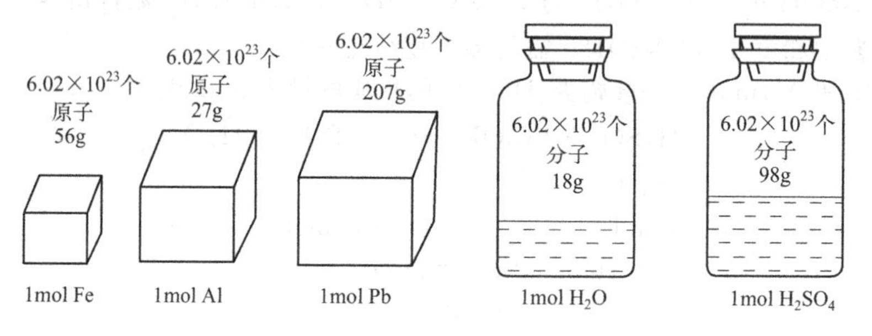

图 2-1　1mol 几种固体和液体的体积

2. 气体的摩尔体积

【思考】1mol 气态物质的体积是不是也不相同呢？

【讨论】对气体来说，情况就大不相同，我们分别计算 1mol 的 H_2、O_2 和 CO 在标准状况下的体积各为多少？（标准状况：温度 0℃，压力 101.325kPa）

H_2 的摩尔质量是 2.016g/mol，它在标准状况下的密度是 0.0899g/L，1mol 氢分子在标准状况下所占体积是：

$$V_{H_2}=\frac{m_{H_2}}{\rho_{H_2}}=\frac{2.016\text{g/mol}}{0.0899\text{g/L}}=22.4\text{L/mol}$$

O_2 的摩尔质量是 32g/mol，它在标准状况下的密度是 1.429g/L，1mol O_2 在标准状况下所占体积是：

$$V_{O_2}=\frac{m_{O_2}}{\rho_{O_2}}=\frac{32\text{g/mol}}{1.429\text{g/L}}=22.4\text{L/mol}$$

1mol CO 在标准状况下所占体积也是 22.4L/mol。

为便于研究，人们规定温度为 273.15K（0℃）和压力为 1.01325×10^5Pa(1atm) 时的状况叫作标准状况。

我们把在标准状态下，单位物质的量的气体所占有的体积，叫作气体摩尔体积，用 V_m 表示，常用单位是 L/mol。

在标准状况下，气体的体积 V_B 除以气体的物质的量 n_B 等于气体摩尔体积 V_m，即

$$V_m=\frac{V_B}{n_B}$$

根据定义可得：

$$V_m=\frac{V_B}{n_B}=\frac{\frac{m_B}{\rho}}{\frac{m_B}{M_B}}=\frac{M_B}{\rho}$$

即气体摩尔体积等于气体的摩尔质量与气体密度的比值。

根据上式可得到 1mol 不同气体在标准状况下的体积见表 2-7。

表 2-7 几种气体标准状态下的体积

气体	摩尔质量 M_B/(g/mol)	密度 ρ_0/(g/L)	摩尔体积 V_m/(L/mol)
H_2	2.016	0.0899	约 22.4
N_2	28.01	1.2507	约 22.4
O_2	32.00	1.429	约 22.4
CO_2	44.01	1.964	约 22.4

【思考】为什么 1mol 的固体、液体的体积各不相同，而 1mol 气体在标准状况时所占的体积都相同呢？

这要从气态物质的结构去找原因，气体分子在较大的空间里迅速地运动着，在通常情况下气态物质的体积要比它在液态或固态时大 1000 倍左右，这是因为气体分子间有着较大的距离。通常情况下一般气体的分子直径约是 4×10^{-10}m，分子间的平均距离约是 4×10^{-9}m，即平均距离是分子直径的 10 倍左右，由此可知，气体体积主要取决于分子间的平均距离，而不像液体或固体那样，体积主要取决于分子的大小，在标准状况下，不同气体的分子间的平均距离几乎是相等的，所以任何物质的气体摩尔体积都约是 22.4L/mol。

【思考】气体摩尔体积是 22.4L/mol，为什么一定要加上标准状况这个条件呢？

这是因为气体的体积受温度和压力的影响，温度升高时，气体分子间的平均距离增大，温度降低时，平均距离减小；压力增大时，气体分子间的平均距离减小，压力减小时，平均距离增大，各种气体在一定的温度和压力下，气体体积的大小只随分子数的多少而变化，相同的体积含有相同的分子数。

因为不同气体在一定的温度和压强下，分子之间的距离可以看作是相等的，所以，在一定的温度和压强下气体体积的大小只随分子数目的多少而发生变化。由于 1mol 任何气体的体积在标准状况下都约为 22.4L，因此，在标准状况下，22.4L 任何气体中都含有约 6.02×10^{23} 个分子。

通过学习气体摩尔体积的概念可知，气体的体积主要取决于组成气体的分子数目和分子之间的平均距离，而分子之间的平均距离又受气体的温度和压强的直接影响。所含分子数目相同的气体，在同温、同压下，分子之间的平均距离基本相等，因此，在相同温度和相同压强下，所含分子数目相同的任意气体的体积相同。同理，在相同温度和相同压强下，相同体积的任意气体都含有相同数目的分子，这个规律叫作阿伏伽德罗定律。

二、关于气体摩尔体积的计算

1. 已知气体的质量，计算在标准状况下气体的体积

$$V_B = n_B V_m = \frac{m_B}{M_B} V_m$$

【例 2-6】4.4g CO_2 在标准状况下所占体积是多少？

解：CO_2 的摩尔质量是 $M_{CO_2}=44g/mol$

$$n_{CO_2}=\frac{m_{CO_2}}{M_{CO_2}}=\frac{4.4g}{44g/mol}=0.1mol$$

在标准状况下 0.1mol CO_2 所占的体积是：

$$V_{CO_2}=n_{CO_2}\times V_m=0.1mol\times22.4L/mol=2.24L$$

答：4.4gCO_2 在标准状下所占体积是 2.24L。

2. 已知标准状况下气体的体积，计算气体的质量

$$m_B = n_B M_B = \frac{V_B}{V_m} M_B$$

【例 2-7】在标准状态下，1. 12L CO_2 气体的质量是多少克？

解：已知在标准状态下，$V_{CO_2} = 1.12L$，则

$$n_{CO_2} = \frac{V_{CO_2}}{V_m} = \frac{1.12L}{22.4L/mol} = 0.05mol$$

$$m_{CO_2} = n_{CO_2} \times M_{CO_2} = 0.05mol \times 44g/mol = 2.2g$$

答：在标准状态下，1. 12L CO_2 气体的质量是 2. 2g。

3. 已知标准状态下气体的体积和质量，计算分子量

$$M_B = \frac{m_B}{n_B} = m_B \times \frac{1}{\frac{V_B}{V_m}} = m_B \times \frac{V_m}{V_B}$$

【例 2-8】已知在标准状况下，0. 24L 氨的质量是 0. 182g，求氨的分子量？

解：

$$n_{NH_3} = \frac{V_{NH_3}}{V_m} = \frac{0.24L}{22.4L/mol}$$

$$M_{NH_3} = \frac{m_{NH_3}}{n_{NH_3}} = m_{NH_3} \times \frac{V_m}{V_{NH_3}} = 0.182g \times \frac{22.4L/mol}{0.24L} = 17g/mol$$

由摩尔质量与分子量之间的关系可知氨的分子量是 17。

答：氨的分子量是 17。

三、根据化学反应方程式计算

【例 2-9】在实验室里使稀盐酸跟锌起反应，在标准状况下生成 3. 36L 氢气，计算需要多少摩尔的 HCl 和 Zn。

解：设需要 Zn 的物质的量为 $x$mol，需要 HCl 的物质的量为 $y$mol。

$$\begin{array}{llll} Zn & + \ 2HCl = & ZnCl_2 \ + & H_2\uparrow \\ 1mol & 2mol & & 22.4L \\ x & y & & 3.36L \end{array}$$

$$1mol : x = 22.4L : 3.36L$$

$$x = 1mol \times \frac{3.36L}{22.4L} = 0.15mol$$

$$2mol : y = 22.4L : 3.36L$$

$$y = 2mol \times \frac{3.36L}{22.4L} = 0.30mol$$

答：需 0. 15mol Zn 和 0. 30mol HCl。

知识三　溶液浓度的表示方法

一、溶液浓度的表示方法

溶液组成的表示方法有很多种，在初中化学中学习过溶质的质量分数，应用这种表示浓度的方法，可以了解或计算一定质量的溶液中所含溶质的质量。但是，在实际工作中取用溶液时，一般不是去称它的质量，而是量它的体积。下面介绍一些溶液组成的表示方法。

1. 质量分数

溶质 B 的质量（m_B）与溶液的质量（m）之比称为溶质 B 的质量分数，即

$$\omega_B=\frac{m_B}{m}\times 100\%$$

用质量分数来表示检测结果时，有三种形式。如测石灰石中的氧化钙，检测结果可表示为 $\omega_{CaO}=0.4745$、$\omega_{CaO}=47.45\times 10^{-2}$ 或 $\omega_{CaO}=47.45\%$。

例如，市售的浓盐酸浓度为 37.23 %。这种浓度不因温度的变化而改变，但配制时计算较为不便，一般用得不多。市售的液体试剂，如浓盐酸、浓硫酸、浓硝酸、浓氨水等常用此浓度表示。

以前对于微量或痕量组分的表示，习惯上用“ppm”或“ppb”作为单位来表示，事实上它们并不是单位。“ppm”是百万分之一的英文缩写（parts per million），同样“ppb”是十亿分之一的英文缩写（parts per billion），“ppm”与“ppb”实际上就是“10^{-6}”与“10^{-9}”，改用后者不仅更为科学，而且符合法定计量单位，所以“ppm”与“ppb”已使用不多。如：

$\omega_{pb}=3.4\times 10^{-6}$ 代替过去的 3.4ppm；

$\omega_{Cd}=1.8\times 10^{-9}$ 代替过去的 1.8ppb。

2. 体积分数

溶质 B 的体积（V_B）与溶液的体积（V）之比称为溶质 B 的体积分数，即

$$\varphi_B=\frac{V_B}{V}\times 100\%$$

这种表示方法常用于表示溶质为气体或液体的溶液成分。如空气中，各种气体的体积分数分别为：$\varphi_{N_2}=78\%$，$\varphi_{O_2}=21\%$，$\varphi_{CO_2}=0.03\%$。又如，HCl 溶液体积分数为 6%，即 100mL 这种溶液中含浓盐酸 6mL。

3. 质量浓度

溶质 B 的质量（m_B）除以溶液的体积（V）称为溶质 B 的质量浓度，即

$$\rho_B=\frac{m_B}{V}$$

ρ_B 的 SI 单位为 kg/m^3，常用单位为 g/L、mg/L、μg/L、g/mL。

质量浓度在临床生物化学检测及环境监测中应用较多，如生理盐水为 9g/L；输液用葡萄糖为 50g/L；正常人血糖含量为 800～1200mg/L。空气中有害物质的最高允许浓度：$\rho_{CO}=3.00mg/m^3$；$\rho_{SO_2}=0.50mg/m^3$；$\rho_{H_2S}=0.01mg/m^3$；$\rho_{Cl_2}=0.10mg/m^3$，我国污水最高允许排放浓度：总汞为 0.05mg/L；总砷为 0.5mg/L；总铅为 1.0mg/L。

在使用质量浓度时，要注意与溶液密度的区别：$\rho_B=\rho\omega_B$，式中 ρ 为溶液的密度。

由于质量浓度的溶液配制很方便，故在实际工作中广泛应用于溶质为固体的普通溶液的配制，在硅酸盐分析中质量浓度的溶液出现比较多。

4. 比例浓度

比例浓度（V_1+V_2）是指以溶质（液体）的体积 + 溶剂的体积所表示的浓度，常用于由浓溶液配制成稀溶液，例如，H_2SO_4 溶液（1+4）即表示是由 1 体积的市售的浓硫酸与 4 体积的蒸馏水配制而成。

此外，工业上习惯于用密度来表示溶液的浓度。例如，15℃时质量分数为 95.60%的硫酸溶液密度为 1.84g/cm³。

二、物质的量浓度

溶质 B 的物质的量（n_B）除以溶液的体积（V）称为 B 的物质的量浓度，简称 B 的浓度，符号为 c_B，即

$$物质的量浓度=\frac{溶质的物质的量}{溶液的体积}$$

即
$$c_B=\frac{n_B}{V}$$

也就是指单位体积溶液中所含溶质 B 的物质的量，c_B 的 SI 单位为 mol/m³，常用单位为 mol/L，使用时必须指明物质 B 的基本单元。

三、有关物质的量浓度的计算

1. 已知溶质的质量（m_B）和溶液的体积（V），计算溶液的浓度 c_B

$$c_B=\frac{n_B}{V}=\frac{m_B}{M_B}\div V$$

【例 2-10】 在 200mL 稀盐酸中含有 0.73g HCl，计算溶液的物质的量浓度。

解： 已知 $M_{HCl}=36.5g/mol$，$m_{HCl}=0.73g$，$V=200mL$

$$n_{HCl}=\frac{m_{HCl}}{M_{HCl}}=\frac{0.73g}{36.5g/mol}=0.02mol$$

又因为 $V_{HCl}=200mL=0.2L$（注意：这里的体积单位一定要将毫升化升）

$$c_{HCl}=\frac{n_{HCl}}{V}=\frac{0.02mol}{0.2L}=0.1mol/L$$

答：新盐酸的物质的量浓度是 0.01mol/L。

2. 已知溶液的浓度 c_B，计算一定体积的溶液中溶质的质量（m_B）

$$m_B=n_BM_B=c_BV_BM_B$$

【例 2-11】 现需配制 500mL 0.2mol/L 的 NaOH 溶液，要称取 NaOH 固体多少克？

解：

$$m_{NaOH}=n_{NaOH}M_{NaOH}=c_{NaOH}\times V_{NaOH}\times 10^{-3}\times M_{NaOH}$$
$$=0.05mol\times 500mL\times 10^{-3}\times 40g/mol=1g$$

答：需称取 NaOH 固体 1g。

3. 有关溶液稀释的计算

在溶液中加入溶剂后，溶液的体积增大而浓度减小的过程，叫作溶液的稀释。

在溶液的稀释过程中，溶液的体积、溶液的浓度和溶液的质量均在改变，但稀释前后溶

液中溶质的总量不变，即溶质的物质的量保持不变（$n_1=n_2$），所以有以下关系成立：

$$c_1V_1=c_2V_2$$

式中　c_1、c_2——分别表示稀释前后溶液的物质的量浓度；

V_1、V_2——分别表示稀释前后溶液的体积。

注意：应用上述关系时，c_1 和 c_2，V_1 和 V_2 各自必须用同一单位。

用同一溶质的两种不同浓度的溶液相混合来配制所需浓度的溶液时，同样遵守“混合前后溶质的量不变”的原则。

【例 2-12】 实验室需配制 1mol/L 的硫酸溶液 1L，问应取 18.4mol/L 的浓硫酸多少毫升？

解： 已知 $c_1=1\text{mol/L}$，$V_1=1\text{L}$，$c_2=18.4\text{mol/L}$

$$c_1V_1=c_2V_2 \Rightarrow V_2=\frac{c_1V_1}{c_2}=\frac{1\text{mol/L}\times 1\text{L}}{18.4\text{mol/L}}=0.0543\text{L}=54.3\text{mL}$$

答：应量取 54.3mL 浓硫酸。

4. 溶液反应的计算

【例 2-13】 447mL Na_2CO_3 溶液和过量的 H_2SO_4 一起缓慢加热直至反应完全，在标准状况下测得有 5L 干燥的 CO_2 气体放出，计算 Na_2CO_3 溶液的物质的量浓度。

解： 设 Na_2CO_3 溶液的物质的量浓度为 x mol/L，

$$Na_2CO_3 + H_2SO_4 = Na_2SO_4 + CO_2\uparrow + H_2O$$

1mol　　　　　　　　　　22.4L

0.447L×x mol/L　　　　　　5L

$$1\text{mol} : 0.447x\ \text{mol}=22.4\text{L} : 5\text{L}$$

$$x=0.499\text{mol/L}$$

答：Na_2CO_3 溶液的物质的量浓度为 0.499mol/L。

5. 溶液的 c_B 与质量分数 ω_B 的换算

$$c_B=\frac{1000\rho\omega_B}{M_B}$$

式中　c_B——溶液的物质的量浓度，mol/L；

ω_B——溶液的质量分数；

M_B——溶质 B 的摩尔质量，g/mol；

ρ——溶液的密度，g/L。

【例 2-14】 实验室常用质量分数为 98%，密度为 1.84g/cm^3 的浓硫酸，求这种硫酸的物质的量浓度是多少？

解： $$c_{H_2SO_4}=\frac{1000\rho\omega_{H_2SO_4}}{M_{H_2SO_4}}=\frac{1000\times 1.84\times 98\%}{98}=18.4(\text{mol/L})$$

答：该硫酸溶液的物质的量浓度为 18.4mol/L。

【例 2-15】 市售 37%的盐酸溶液密度为 1.19g/mL，化验室用它配成（1+2）的盐酸溶液，求这种盐酸溶液的质量分数；若测得其密度为 1.068g/mL，求其物质的量浓度。

解： 设取 1mL 浓盐酸和 2mL 水配成稀盐酸

① 计算（1+2）的盐酸溶液的质量分数

（1+2）盐酸溶液的质量为：

$$1mL\times1.19g/mL+2mL\times1g/mL=3.19g$$

（1+2）盐酸中含溶质的质量为：

$$1mL\times1.19g/mL\times37\%=0.44g$$

（1+2）的盐酸的质量分数为：

$$\frac{0.44g}{3.19g}\times100\%=13.8\%$$

② 计算（1+2）盐酸的物质的量浓度：

$$c_{HCl}=\frac{1000\rho\omega_{HCl}}{M_{HCl}}=\frac{1000\times1.068\times13.8\%}{36.5}=4.04(mol)$$

答：此（1+2）盐酸的质量分数为13.8%，物质的量浓度是4.04mol。

知识四　滴定度及其计算

一、滴定度的概念

滴定度是指1mL标准滴定溶液（A）相当于被测物质（B）的质量，用符号$T_{B/A}$表示，A表示标准滴定溶液中溶质的分子式，B表示被测物质的分子式。单位是g/mL。

$$T_{B/A}=\frac{m_B}{V_A}$$

例如：$T_{Fe/K_2Cr_2O_7}=0.005620g/mL$，即表示1mL该$K_2Cr_2O_7$标准滴定溶液相当于0.005620g/mL的Fe；

$T_{Na_2CO_3/HCl}=0.004658g/mL$表示1mL HCl标准溶液相当于0.004658g Na_2CO_3。

使用滴定度进行计算时，只要知道所用标准滴定溶液的体积，就可以很方便地求得被测物质的质量（即$m_B=TV$）。因此，这种浓度表示法在工厂的化验室使用较多。

例如：在氧化还原滴定分析中，用$K_2Cr_2O_7$标准滴定溶液测定某试样中的铁含量时，若$T_{Fe/K_2Cr_2O_7}=0.004269g/mL$，滴定时消耗标准溶液的体积为23.65mL，求该试样中含铁的质量为多少？

$$m_{Fe}=TV=0.004269g/mL\times23.65mL=0.1010g$$

对于下列反应而言：

$$b\text{B(被测物质)}+a\text{A(标准滴定溶液)}=\!=\!=c\text{C}+d\text{D}$$

$$T_{B/A}=\frac{b}{a}\times\frac{c_A\times M_B}{1000}$$

二、有关滴定度的计算

【例 2-16】 计算$c_{HCl}=0.1015mol/L$的HCl溶液对Na_2CO_3的滴定度。

解： $T_{Na_2CO_3/HCl}=c_{HCl}\times10^{-3}\times M_{\frac{1}{2}Na_2CO_3}=0.1015\times10^{-3}\times53.00=0.005380(g/mL)$

项目二　化学反应的类型及有关计算

学习目标

1. 了解化学反应的分类。

2. 理解热化学反应方程式的含义并根据热化学反应方程式计算其热量。

3. 根据化学反应方程式计算各物质的质量和物质的量。

4. 可通过比较各反应物的“实有量/理论量” 的值来判断它们哪种过量，其中“理论量”是根据化学方程式确定的，比值大的反应物过量。

知识一　化学反应的分类

一、化学反应的分类

1. 按反应物形式上的变化来分

（1）化合反应　由两种或两种以上的物质变成一种新物质的反应称为化合反应。

例如：

$$NH_3 + HCl = NH_4Cl \quad (1)$$

$$2H_2 + O_2 = 2H_2O \quad (2)$$

（2）分解反应　由一种物质变成两种或两种以上新物质的反应称为分解反应。

例如：

$$NH_4HCO_3 = NH_3\uparrow + CO_2\uparrow + H_2O \quad (3)$$

$$2KClO_3 = 2KCl + 3O_2\uparrow \quad (4)$$

（3）复分解反应　两种物质彼此交换其组成部分的正、负离子而形成两种新物质的反应称为复分解反应。

例如：

$$BaCl_2 + Na_2SO_4 = 2NaCl + BaSO_4\downarrow \quad (5)$$

（4）置换反应　一种单质从化合物中置换出另一种单质的反应称为置换反应。

例如：

$$Zn + CuSO_4 = ZnSO_4 + Cu \quad (6)$$

$$Cl_2 + 2KI = 2KCl + I_2 \quad (7)$$

2. 按反应前后元素化合价变化来分

（1）氧化还原反应　某些元素的化合价在反应前后发生改变的反应称为氧化还原反应。

（2）非氧化还原反应　任何元素的化合价在反应前后均不改变的反应称为非氧化还原反应。

分析上述反应可见，同属于化合反应或分解反应，有的反应［如反应(1) 和反应(3)］是非氧化还原反应；有的反应［如反应(2) 和反应(4) ］是氧化还原反应。显然，置换反应(5)、反应(6) 必定是氧化还原反应，而复分解反应(5) 属于非氧化还原反应，从以上的讨论中可以看出，这种分类法有助于讨论化学反应方程式的配平及反应的规律。

3. 按反应前后能量变化来分

（1）放热反应　在反应过程中能放出热量的反应叫放热反应，如碳的燃烧反应。

（2）吸热反应　在反应过程中需吸收热量的反应叫吸热反应，如 $KClO_3$ 受热分解的反应。

二、热化学方程式

化学反应都伴随着能量的变化，通常表现为热量的变化。例如，碳、氢气等在氧气中燃烧时放出热量，化学上把放出热的化学反应叫作放热反应，前面提到的几个反应都是放热反应。还有许多化学反应在反应过程中要吸收热量，这些吸收热量的化学反应叫吸热反应，例如，碳跟二氧化碳的反应要吸收热量，是吸热反应，反应过程中放出或吸收的热都属于反应热。反应热通常是以一定量物质（用摩尔作单位）在反应中所放出或吸收的热量来衡量的。远古时代，人类的祖先守着一堆火，烘烤食物，寒夜取暖，这就是利用燃烧放出的热，到了近代，利用化学反应的热能的规模日益扩大了，煤炭、石油、天然气等能源不断开发出来，作为燃料和动力，现在这些能源以更大的规模被开发和利用着。总而言之，化学反应放出的热能对我们是极为重要的。

化学反应中放出或吸收的热量一般可通过实验方法来测定，并可用化学方程式表示出来。我们把表示吸收或放出热量的化学方程式称热化学方程式。书写热化学方程式的方法如下：

① 放出或吸收的热量写在化学方程式等号的右边，即产物的一边。“+”表示放热反应，“－”表示吸热反应，放出或吸收的热量一般用 kJ/mol 作单位。

② 必须在化学式的右侧注明物质状态或浓度，可分别用小写的 s、l、g、aq 三个英文字母表示固体、液体、气体、溶液。

③ 化学式前的系数可理解为物质的量（mol），不表示分子数，它可以用分数表示。

④ 标明反应时的温度、压力，如果测定时的温度为 298K，压力为 100kPa，一般可省去。

例如：在 298K 和 100kPa 下

$$H_2(g)+\frac{1}{2}O_2(g)\xlongequal{}H_2O(g)+241.8kJ/mol$$

$$H_2(g)+\frac{1}{2}O_2(g)\xlongequal{}H_2O(l)+285.8kJ/mol$$

从上面的反应可以明显看出，由氢气生成液态水要比生成水蒸气放出热量多。

又例如：

$$H_2O(l)\xlongequal{}H_2(g)+\frac{1}{2}O_2(g)+285.8kJ/mol$$

$$2H_2O(l)\xlongequal{}2H_2(g)+O_2(g)+571.6kJ/mol$$

由此可以看出，热化学方程式比普通化学方程式具有更丰富的内容，它不仅指出哪些物质参加反应，反应后生成什么物质，并且还可以表示出反应时能量的变化。

【例 2-17】 已知 $C(s)+O_2(g)\xlongequal{}CO_2(g)+393.5kJ$，问燃烧 1t 碳能产生多少热量？

解： 根据热化学方程式可知，1mol 碳完全燃烧，能产生 393.5kJ 的热量。

1t 碳的物质的量为：$\frac{10^6}{12}$mol

设 1t 碳燃烧时能产生 x kJ 热量，则

$$1mol:\frac{10^6}{12}mol=393.5kJ:x$$

$$x=\frac{10^6}{12}\times 393.5=3.28\times 10^7 kJ$$

答：燃烧 1t 碳能产生 3.28×10^7kJ 的热量。

【例 2-18】 根据 $H_2(g)+\frac{1}{2}O_2(g)\xlongequal{}H_2O(g)+241.8kJ/mol$ 计算标准状况下 1000L H_2 完全燃烧时放出的热量。

解：1mol H_2 燃烧放出 241.8kJ 的热量。

标准状况下 1000L H_2 的物质的量为：

$$n_{H_2}=\frac{V_{H_2}}{V_m}=\frac{1000L}{22.4L/mol}=44.6mol$$

1000L H_2 燃烧放热：

$$44.6mol\times241.8kJ/mol=1.08\times10^4kJ$$

答：标准状况下 1000L H_2 燃烧放热 1.08×10^4kJ。

知识二　化学反应中的计算

一、按反应物形式上的变化来分

对于任意的化学反应方程式

$$aA+bB=\!=\!=dD+gG$$

若表示的是一个真实的反应过程，除此之外没有别的反应存在，那么反应物 A 和 B 及生成物 D 和 G 的物质的量之比为 $a:b:d:g$，这里物质的量还可以根据需要，换算为质量或气体的体积等。

化学方程式中各物质的系数比，除了表示各物质之间的原子、分子数之比外，也表示各物质的量之比。

例如：	$2KClO_3=\!=\!=2KCl+3O_2\uparrow$
分子数之比：	2 : 2 : 3
物质的量之比：	2 : 2 : 3

【例 2-19】 完全分解 1mol $KClO_3$，标准状况下，理论上可制得氧气多少升？

解法一：设可制得 O_2 的物质的量为 n_{O_2}，则

$$2KClO_3\xlongequal[\triangle]{MnO_2}2KCl+3O_2\uparrow$$

2mol　　　　　　　　3mol

1mol　　　　　　　　n_{O_2}

则

$$2mol:3mol=1mol:n_{O_2}$$

$$n_{O_2}=1.5mol$$

在标准状况下,可制得 O_2 的体积为：

$$V_{O_2}=n_{O_2}V_m=1.5mol\times22.4L/mol=33.6L$$

解法二：设可制得标准状况下 O_2 的体积为 V_{O_2}。

$$2KClO_3\xlongequal[\triangle]{MnO_2}2KCl+3O_2\uparrow$$

2mol　　$3mol\times22.4L/mol=67.2L$

1mol　　　　V_{O_2}

则 $$2\text{mol} : 67.2\text{L} = 1\text{mol} : V_{O_2}$$

$$V_{O_2} = 33.6\text{L}$$

答：理论上可制得标准状况下的氧气 33.6L。

【例 2-20】 将 60L（0℃，1.0133×10^5Pa）CO 通入 80g 赤热的 Fe_2O_3 中，可还原出多少铁？

解： 设可还原 Fe 的质量为 m。

$$Fe_2O_3 + 3CO = 2Fe + 3CO_2$$

160g　　67.2L　112g

80g　　60L　　m

$$\frac{80\text{g}}{160\text{g}} < \frac{60\text{L}}{67.2\text{L}}$$

CO 过量，应按 Fe_2O_3 的量进行计算：

$$160\text{g} : 112\text{g} = 80\text{g} : m$$

$$m = 56\text{g}$$

答：可还原出 56g Fe。

二、实有量和理论量

由上可知，按化学方程式进行计算时，应注意以下几点：

① 化学方程式必须配平。

② 列比例式时，必须注意左右相当，上下单位相同。

③ 在已知两种或两种以上反应物的量时，可通过比较各反应物的“实有量/理论量”的值来判断它们哪种过量，其中“理论量”是根据化学方程式确定的，比值大的反应物过量，在列比例式时，不能采用过量反应物的比值。

【例 2-21】 将足量的石灰石置于 500mL 盐酸溶液（密度为 1.12g/mL）中，反应完全后，在标准状况下收集到 41.44L CO_2，求此盐酸的浓度和质量分数。

解： 设盐酸的液度为 c_{HCl}，则

$$2HCl + CaCO_3 = CaCl_2 + H_2O + CO_2\uparrow$$

2mol　　　　　　　　　　22.4L

0.5L c_{HCl}　　　　　　　　41.44L

则 $$2\text{mol} : 22.4\text{L} = (0.5\text{L}\ c_{HCl}) : 41.44\text{L}$$

$$c_{HCl} = 7.4\text{mol/L}$$

盐酸溶液密度 $\rho = 1.12\text{g/mL} = 1.12\times10^3\text{g/L}$

$$\omega_{HCl} = \frac{m_{HCl}}{m} = \frac{c_{HCl}M_{HCl}V}{\rho V} = \frac{c_{HCl}M_{HCl}}{\rho} = \frac{7.4\text{mol/L}\times36.5\text{g/mol}}{1.12\times10^3\text{g/L}}\times100\% = 24.1\%$$

答：此盐酸的浓度为 7.4mol/L，质量分数为 24.1%。

【模块小结】

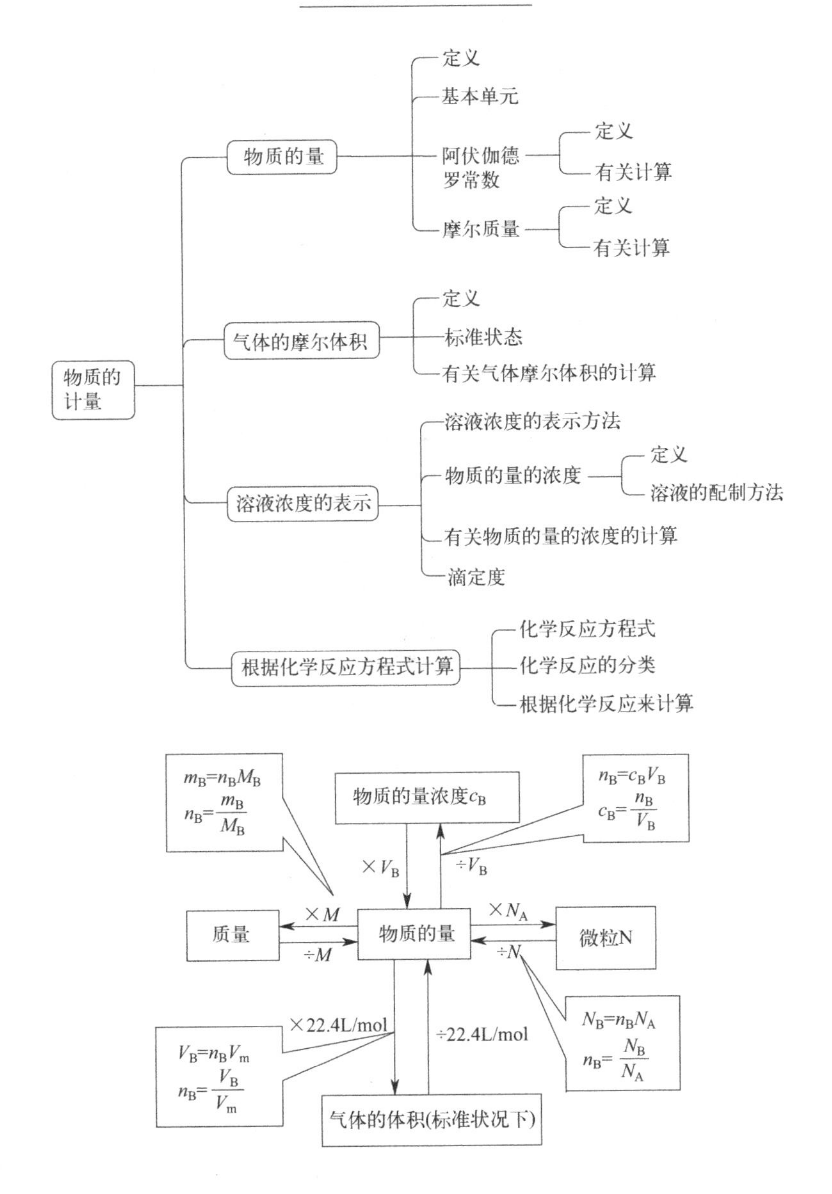

【思考与习题】

【思考题】

1. 下列说法中哪些是错误的？请说明理由。

（1）任何物质只要物质的量相同，所含的微粒数一定相等。

（2）1mol 物质的质量叫摩尔质量。

（3）1mol 任何物质所含的基本单元数必定相等。

（4）物质的量是表示物质微粒数的一个基本量。

(5) 物质的量是表示物质质量的物理量。

(6) 摩尔是既表示物质中所含基本单元数，又表示物质质量的单位。

(7) 1mol 任何气体的体积都约是 22.4L 或 0.0224m^3。

(8) 1mol 氢气和 1mol 水所含的分子数相同．在标准状况时所占体积都约是 22.4L。

(9) 同温同压下，1LH_2 和 1LO_2 的物质的量相等。

(10) 配制 100mL 0.1mol/L $ZnSO_4$ 溶液，者没有 100mL 容量瓶，可用 200mL 容量瓶配成 0.2mol/L 的 $ZnSO_4$ 溶液，取其一半使用即可。

(11) 1L 水溶液中含有 0.1mol NaCl 和 0.1mol $MgCl_2$，该溶液中 Cl^- 的物质的量浓度为 0.2mol/L。

(12) 配制 500mL 1mol/L $BaCl_2$ 溶液，称 0.5mol $BaCl_2 \cdot 2H_2O$，加 0.5L 纯水溶解即成。

(13) 已知 1mol SO_2 转化为 SO_3的反应热为 98.3kJ，则此反应的热化学方程式是：

$$2SO_2 + O_2 \longrightarrow 2SO_3 + 196.6kJ$$

(14) 化学反应热除与反应的温度、压力、物态有关外，还与反应方程式的计量系数有关。

2. 何谓热化学方程式？如何书写？它所代表的意义是什么？

【习题】

一、填空题

1. 0.25mol C 的质量是______g；2mol NaCl 质量是________g；195gK^+ 的物质的量是______mol；30.5g HCO_3^- 的物质的量是______mol。

2. 1mol H_2SO_4 含______mol H，______mol S，______mol O。

3. 4gO_2 和 0.5g H_2 中，______原子数多；______g NH_4HCO_3 与 72g H_2O 的分子数相同。

4. C-12 的 l/12 的质量是 1.661×10^{-27}kg，1 个 Na 原子的质量是 3.82×10^{-26}kg，M(Na)＝______。

5. 5mol CO_2 的质量是______，在标准状况下的体积是______，其中含有______mol 氧原子，含有______个 CO_2 分子。

6. 原子个数相等的 CO 和 CO_2 在标准状况下的体积比为______。

7. 在标准状况下，有 0.011kg CO_2、0.5mol H_2、10L N_2，其中________质量最大；______质量最小；______分子数最多；______分子数最少；______体积最大；______体积最小。

8. 将 3.2g NaOH 溶于水配制成 500mL 溶液，则 NaOH 的物质的量浓度是________。取出 50mL，该取出液中 NaOH 的物质的量浓度是__________，其中含 NaOH________mol，将取出液加水稀释至 1L，稀释后 NaOH 的物质的量浓度是__________，其中含 NaOH________g。

9. 质量分数为 0.37 的浓盐酸的密度为 1.18kg/L，其物质的量浓度为______mol/L。

10. 下列溶液均为 500mL，则

① 2mol/L HSO_4溶液中含 H_2SO_4______g；

② 体积分数为 0.50 的酒精溶液，含 C_2H_5OH______mL。

11. 中和 0.1mol NaOH，需要 H_2SO_4______mol。

12. 在同温同压下，质量相同的 N_2、CO_2、O_2 气体所占的体积由大到小的顺序排列为______。

13. ____mol CO_2 的质量为 44g，含有______个 CO_2，在标准状况下的体积是____L。

14. 配制 500mL 1mol/L HNO_3溶液，需要 16mol/L HNO_3 溶液的体积是______。

15. 已知在 1L $MgCl_2$ 溶液中含有 0.02mol Cl^-，此溶液中 $MgCl_2$ 的物质的量浓度为______。

二、选择题

1. 物质的量浓度的单位表示不正确的是（　　）。

A. $mol \cdot L^{-1}$　　B. mol/L　　C. mol/m^{-3}　　D. $mol \cdot m^{-3}$

2. 0.5mol N_2 的质量是（　　）。

A. 14　　B. 14g/mol　　C. 14g　　D. 28g

3. 在标准状况下，列各组物质中分子数相同的是（　　）。

A. 10g H_2 和 10g O_2　　B. 5.6L Cl_2 和 11g CO_2

C. 9g H_2O 和 0.5mol N_2　　D. 224mL H_2 和 0.1molCO

4. 下列气体中，在同温同压下与 22g CO_2 具有相同体积的是（　　）。

A. N_2O　　B. N_2　　C. SO_2　　D. CO

5 相同质量的 Mg 和 Al 所含原子个数比是（　　）。

A. 1∶1　　B. 24∶27　　C. 9∶8　　D. 2∶3

6. 相同物质的量的 Zn 和 Al 分别跟足量的盐酸溶液反应，所生成的 H_2 在相同条件下的体积比是（　　）。

A. 1∶1　　B. 2∶3　　C. 3∶2　　D. 8∶9

7. 50mL 0.1mol/L $Al_2(SO_4)_3$ 溶液与 100mL 0.3mol/L Na_2SO_4 溶液相比，它们的 SO_4^{2-} 的浓度之比是（　　）。

A. 1∶1　　B. 1∶2　　C. 2∶3　　D. 1∶3

8. 用 12.6g $NaHCO_3$ 配制浓度为 0.15mol/L 的溶液，其体积为（　　）。

A. 0.1L　　B. 1L　　C. 1mL　　D. 1000L

9. 根据以下热化学方程式，如欲获得最大热能，在下列燃料中应该燃烧（　　）。

$$CH_4(g)+2O_2(g)\!=\!=\!=CO(g)+2H_2O(l)+890.3kJ/mol$$

$$C_2H_6(g)+\frac{7}{2}O_2(g)\!=\!=\!=2CO_2(g)+3H_2O(l)+1559.8kJ/mol$$

$$H_2(g)+O_2(g)\!=\!=\!=H_2O(l)+285.8kJ/mol$$

A. 32g 甲烷（CH_4）　　B. 1mol 甲烷和 0.5mol 乙烷（C_2H_6）的混合物

C. 1mol 甲烷和 1mol 氢气的混合物　　D. 30g 氢气

10. 1g H_2 所含 H_2 的基本单元数是（　　）。

A. 1　　B. 0.5　　C. 6.02×10^{23}　　D. 3.01×10^{23}

11. 硫酸根离子的摩尔质量为（　　）。

A. 96　　B. 96g　　C. 96g/mol　　D. 98g/mol

12. 下列物质备 1mol，质量最大的是（　　）。

A. CO_2　　B. CO　　C. O_2　　D. H_2

13. 下列物质各 10g，物质的量最多的是（　　）。

A. H_2O　　B. H_2SO_4　　C. HNO_3　　D. H_3PO_4

14. 在标准状况下，与 4.4g CO_2 体积相等的是（　　）。

A. 0.1mol C　　B. 2.24L O_2　　C. 4.4g H_2　　D. 0.2mol H_2O

15. 两种物质的量相同的气体，在相同的温度和压力下，它们必然（　　）。

A. 体积均为 22.4L　　B. 具有相同的体积

C. 是双原子分子　　D. 具有相同的原子数目

16. 配制 2L 1.5mol/L Na_2SO_4 溶液，需要固体 Na_2SO_4 的质量是（　　）。

A. 426g　　B. 400g　　C. 284g　　D. 213g

17. 下列关于摩尔质量的正确叙述是（　　）。

A. 使用摩尔质量应注明基本单元。

B. 氧的摩尔质量是以 g/mol 为单位时，数值上等于其分子量。

C. 摩尔质量为常量。

D. 摩尔质量的单位不能用 kg/mol。

18. 1mol Fe_2O_3 的质量是（　　）。

A. 160g/mol　　B. 160　　C. 0.16kg　　D. 160mg

19. 下列关于摩尔的正确叙述是（　　）。

A. 摩尔是既表示物质中的微粒数，又表示物质质量的单位。

B. 摩尔是物质质量的基本单位。

C. 摩尔是表示物质的量的一个标准量。

D. 摩尔是物质的量的单位，使用摩尔必须注明基本单元。

三、计算题

1. 已知空气中 N_2 的体积分数为 78%，O_2 的体积分数为 21%，空气的平均分子量为 29，试用质量分数表示空气中 N_2 和 O_2 的含量。

2. 在加压下，每个钢瓶可容 0.5kg 氢气，这些氢气在标准状况下将占多大体积?

3. 1998 年，山西朔州假酒案甲醇浓度达 390g/L，而国家标准为 0.04g/L，问超标多少倍?

4. 0.5mol $Al_2(SO_4)_3$ 和 0.5mol Na_2CO_3，所含的原子数是否相等? 它们分别是多少?

5. 每人每昼夜要呼出 1300g CO_2，这些气体在标准状况下的体积是多少?

6. 在标准状况下，16.8L NO 的质量是多少?

7. 200mL 某气体（标准状况）的质量是 0.304g，计算这种气体的分子量。

8. 配制 2000mL 40g·L^{-1} 的 $NaHCO_3$ 溶液作为敌敌畏中毒患者的催吐剂，问需要称取 $NaHCO_3$ 的质量是多少?

9. 对高热病人进行物理降温常用体积分数为 50%的酒精进行擦浴，问 500mL 这种酒精溶中含纯酒精多少毫升?

10. 在标准状况下，有 CO 和 CO_2 的混合气体 39.2L，质量为 61g，问 CO 和 CO_2 的质量各为多少? CO 和 CO_2的体积分数各为多少?

11. 0.5mol/L 盐酸是实验室常用试剂．配制这种试剂 250mL，需取质量分数为 36%的盐酸溶液（密度为 1.18g/mL）多少毫升? 怎样配制?

12. 在标准状况下，1 体积水能溶解 560 体积氨气，所得的氨水密度为 0.91g/mL，求氨水的质量分数和物质的量浓度。（提示：氨溶于水后与水形成氨的水合物，但在有关溶液

的计算中，溶质的质量一律按无水物计算）

13. 已知盐酸溶液中 HCl 的浓度为 6.078mol/L，密度为 1.096g/mL。试用质量分数来表示 . HCl 的含量。

14. 加热分解 $KClO_3$ 制取 O_2 若制取 0.6mol O_2，需 $KClO_3$ 的质量为多少？这些 $KClO_3$ 与多少 H_2SO_4 所含的氧原子数相同？

模块三　常见金属元素及其化合物

到目前为止，人们已经发现了118种元素，其中有非金属元素22种，其余均为金属元素。本模块是在学习了元素周期表的基础上，介绍一些重要的元素及其化合物。在金属元素中重点讨论碱金属与碱土金属，这两族元素的学习分别以钠、钾和钙、镁为代表，重点学习钠、钾和钙、镁的性质、用途及其重要的化合物。

项目一　碱金属元素及其重要的化合物

学习目标

1. 了解碱金属的通性及其性质递变规律与原子结构的关系。
2. 掌握Na、K单质及其重要化合物的性质。
3. 使学生了解金属钠的物理性质及主要的化学性质（钠跟水、氯气的反应）和用途。
4. 了解钠、钾的重要化合物。

一、碱金属元素的通性

碱金属元素包括锂（Li）、钠（Na）、钾（K）、铷（Rb）、铯（Cs）、钫（Fr）6种元素（其中钫是放射性元素）。

它们有很高的化学活性，是金属性最强的还原剂，易于失去价电子变为一价正离子。碱金属和卤素、氧、硫等反应生成离子化合物，和水反应生成碱（MOH）并放出氢气（H_2）。这一族元素最为突出的特点是其氧化物和氢氧化物具有碱性，因而得名。碱金属与水反应时情况见表3-1。

表3-1　碱金属元素与水的反应

元素	Li	Na	K	Rb	Cs
反应情况	平稳	剧烈	剧烈，燃烧	爆炸	爆炸

碱金属溶于纯液氨，形成导电的溶液，浓度小时呈蓝色，浓度大时呈黄褐色。研究发现，蓝色与氨合电子有关。碱金属元素的原子结构和单质的物理性质见表3-2。

1. 物理性质

碱金属单质都具有银白色金属光泽，具有密度小、硬度小、熔点低、沸点低、导电性强的特性，有较好的延展性，是典型的轻金属。它们的熔点、沸点都随着核电荷数的增加而降低。

表 3-2　碱金属元素的原子结构和单质的物理性质

元素名称	元素符号	核电荷数	原子量	电子层结构	常温下的状态	颜色	金属半径/pm	离子半径/pm	电负性	电离能/(kJ/mol)	$\varphi^{\ominus}(M^+/M)/V$	密度/(g/cm^3)	熔点/℃	沸点/℃	硬度
锂	Li	3	6.94	(+3) 2 1	固体	银白色	152	68	1.0	520	−3.045	0.534	180.5	1347	0.6
钠	Na	11	22.99	(+11) 2 8 1	固体	银白色	190	95	0.9	496	−2.71	0.971	97.8	883	0.4
钾	K	19	39.10	(+19) 2 8 8 1	固体	银白色	227.2	133	0.8	419	−2.931	0.862	63.7	774	0.5
铷	Rb	37	85.47	(+37) 2 8 18 8 1	固体	银白色	247.5	148	0.8	403	−2.98	1.532	38.9	688	0.3
铯	Cs	55	132.91	(+55) 2 8 18 18 8 1	固体	略带金色	265.4	169	0.7	376	−2.987	1.879	28.4	678	0.2
钫	Fr	87		(+87) 2 8 18 32 18 8 1	固体	金色									

Li 是最轻的金属，能浮于煤油上；Na 和 K 能浮于水面。碱金属硬度小，所以 Na、K 都可以用刀切割。碱金属的熔点低，其熔点（除 Li 外）比水的沸点还低，常温下能形成液态合金。它们导电能力强，当 K、Rb 和 Cs 受光的照射时，电子可以从表面逸出，这种现象叫作光电效应。对光特别灵敏的是 Cs，是制造光电池的良好材料。

2. 化学性质

碱金属元素最外层均只有 1 个电子，在化学反应中极易失去 1 个电子，成为稳定的 +1 价阳离子，因此，碱金属是典型的活泼金属，具有很强的还原性，它们能与大多数非金属、水、酸反应，许多反应在常温下就能进行，甚至发生爆炸。锂在空气中缓慢氧化，燃烧时只能生成氧化锂（Li_2O）；钠、钾在空气中迅速氧化成其氧化物，燃烧时生成过氧化物和超氧化物；铷、铯在空气中便可自燃，加热条件下，它们都能与氢气反应生成金属氢化物，碱金属的氧化物与水反应均生成氢氧化物，氢氧化物的碱性从锂到铯依次增强。与水反应的程度从氧化锂到氧化铯依次增强，氧化锂与水反应缓慢，氧化铷和氧化铯与水反应时会发生燃烧，甚至爆炸。

碱金属元素的性质很相似，但又有差异。这是由它们的原子结构特征所决定的。

3. 碱金属的性质与原子结构的关系

碱金属元素的原子最外层只有一个电子，次外层为稀有气体结构。因此，它们极易失去最外层的这个电子而成为稳定结构。这是他们表现为强金属性的根本原因。因其最外层和次外层电子数均相同（锂除外），故具有相似的化学性质。碱金属性质的差异，则是由它们的原子半径不同所造成的。从锂到铯，随着核电荷数的增多，电子层数依次增多，原子半径逐渐增大，原子核对外层电子的引力逐渐减弱，失电子的能力依次增强，故金属活性依次增强。可见，原子结构是决定元素性质的内在因素。

二、钠、钾的性质、用途和制法

（一）钠、钾的物理性质

钠是银白色金属，新切面具有金属光泽。质轻且软并富延展性，常温时呈蜡状，低温时变脆。钠和钾是热和电的良导体，液体钠是液体中传热本领最高的一种，有些核电站用它作冷却剂。钠的化学性质非常活泼，一般存放在煤油中。钠、钾还有三种与一般金属不同的独特物理性质，即密度小，比水轻，可浮在水面上，是典型的轻金属；硬度小，可用小刀切；熔点低，其熔点比水的沸点还低。

（二）钠、钾的化学性质

钠、钾的原子最外电子层上均只有 1 个电子，在化学反应中这个电子很容易失去，因此，钠、钾的化学性质非常活泼，能与氧气等许多非金属以及水等反应。在钠和钾的化合物中，钠、钾均呈+1 价。

1. 钠、钾与氧气的反应。

【演示实验】 取一小块金属钠和钾，用滤纸吸去表面上的煤油，再用小刀切开，观察光亮断面上发生的变化。再把一小块金属钠放在燃烧匙里加热，观察发生的变化。

可以看到，切开的光亮的金属钠断面很快失去光泽，变暗。

因为钠、钾在干燥的空气中很容易被氧化，常温下就能与空气中的氧化合，生成氧化物。所以光亮的金属断面很快失去光泽变暗。

$$4Na+O_2 = 2Na_2O$$

$$4K+O_2 = 2K_2O$$

在加热的情况下，钠、钾跟氧气的反应加剧以致燃烧，分别生成过氧化钠（Na_2O_2）和超氧化钾（KO_2）。

$$2Na+O_2 \xlongequal{点燃} Na_2O_2$$

$$K+O_2 \xlongequal{点燃} KO_2$$

燃烧时，钠、钾分别呈现出黄色和紫色的火焰（观察钾的焰色常透过蓝色的钴玻璃）。

知识拓展

许多金属元素形成的单质或化合物灼烧时火焰呈现特殊的颜色，这在化学上叫焰色反应。分析化学中常利用焰色反应检验某些金属元素的存在。节日里燃放的五彩缤纷的焰火，军事上使用的各色信号弹，都是根据这种原理制成的。利用焰色反应，可以鉴定或鉴别有些金属或金属离子。常见的一些金属或金属离子焰色反应的颜色见表 3-3。

表 3-3 常见金属或金属离子焰色反应的颜色

元素	钠	钾	锂	铷	钙	锶	钡	铜
火焰颜色	黄色	紫色	紫红色	紫色	砖红色	洋红色	黄绿色	绿色

【演示实验】 将铂丝用浓 HCl 或纯 HNO_3 洗净，放在酒精灯（最好用煤气灯）火焰里灼烧，直至火焰与原来灯焰的颜色一样。然后用铂丝分别蘸一下含有 Na^+、K^+、Ca^{2+}、Ba^{2+} 的溶液或晶体，在灯焰上灼烧（见图 3-1），观察火焰的颜色。注意：每做完一个试样都要用浓 HCl 将铂丝清洗干净。

实验表明，灼烧上述四种试样时，火焰分别呈黄色、紫色（透过蓝色钴玻璃观察，以便滤去钠杂质的黄光，排除干扰)、砖红色和黄绿色。则根据表3-3，可确定与其对应的物质是否含有Na^{+}、K^{+}、Ca^{2+}、Ba^{2+}。

图 3-1　焰色反应

2. 钠、钾与非金属的反应

钠、钾与卤素、硫等非金属的反应非常剧烈，甚至发生爆炸，生成不含氧的盐。如：

$$2Na+Br_2 \xlongequal{\triangle} 2NaBr$$

$$2K+S \xlongequal{\triangle} K_2S$$

钠、钾加热到一定温度，可与氢反应生成氢化钠（NaH）或氢化钾（KH）。

$$2Na+H_2 \xlongequal{\triangle} 2NaH$$

$$2K+H_2 \xlongequal{\triangle} 2KH$$

氢化钠、氢化钾均为白色晶体，遇水能迅速放出氢气。

$$NaH+H_2O = NaOH+H_2\uparrow$$

$$KH+H_2O = KOH+H_2\uparrow$$

3. 钠、钾与水的反应。

【讨论】(1) 将钠投入水中时，钠浮在水面上还是沉入水下，为什么？

(2) 钠是否熔成一个小球？还有什么现象发生？为什么？

(3) 反应时溶液的颜色有什么变化？生成的是什么气体？说明钠与水反应生成了什么？

金属钠、金属钾与水反应

【演示实验】向一个盛有水的烧杯里，滴入几滴酚酞溶液。然后把一小块钠（大约绿豆粒那么大小）投入烧杯，注意观察钠与水反应的现象和溶液颜色的变化。再用铝箔包好一小块钠，并在铝箔上刺些小孔，用镊子夹住，放在试管口下面，用排水法收集气体（表3-4）。小心取出试管，移近火焰，检验试管里的气体是否为氢气。

表 3-4　水和钠的化学反应

实验操作	实验现象	实验结论
酚酞 钠	a:金属浮水面上; b:金属熔化成闪亮的小球; c:小球四处游动; d:发出“嘶嘶”的响声; e:反应后的溶液呈红色	钠与水反应生成氢氧化钠和H_2,反应的化学方程式为$2Na+2H_2O = 2NaOH+H_2\uparrow$

钠的密度比水小，投入烧杯后，浮在水面上。钠与水反应放出的热，立刻使钠熔成闪亮的小球，钠与水反应产生的氢气，推动小球迅速游动，并发出“嘶嘶”的响声。随着反应的进行，小球逐渐缩小，最后完全消失。钠与水反应后，烧杯里的溶液由无色变为红色。

溶液由无色变为红色，说明有碱性的新物质生成，这种生成物就是氢氧化钠，试管里收集的气体是氢气。

$$2Na+2H_2O = 2NaOH+H_2\uparrow$$

钾与水的反应更为剧烈，甚至可以燃烧。

$$2K+2H_2O = KOH+H_2\uparrow$$

由于钠、钾很容易跟空气中的氧气或水起反应，因此钠、钾都要隔绝空气和水，妥善保存。大量钠要密封在钢瓶中，少量钠则保存在煤油里。

（三） 钠、钾的存在和用途

自然界里的元素有两种存在形态：一种是以单质的形态存在，叫作元素的游离态；一种是以化合物的形态存在，叫作元素的化合态。钠的化学性质很活泼，所以它在自然界里不能以游离态存在，只能以化合态存在。钠的化合物在自然界里分布很广，主要以氯化钠的形式存在，如海水中氯化钠的质量分数大约为3%。除此以外，钠也以硫酸钠、碳酸钠、硝酸钠等形式存在。钠、钾在地壳中含量较丰富，二者均约占地壳的2.5%，钠、钾大量存在于食盐、天然硅酸盐（钠长石、钾长石、光卤石、明矾石）等矿物中，植物灰中也含有钾盐。

钠可以用来制取过氧化钠等化合物。钠是一种很强的还原剂，用于冶炼金属，可以把钛、锆、铌、钽等金属从它们的卤化物里还原出来。也可用在电光源上，高压钠灯发出的黄光射程远，透雾能力强，用作路灯时，照度比高压水银灯高几倍。钠可用来制取 Na_2O_2 等工业上重要的化合物。

另外，钠和钾的合金在很宽的温度范围内为液态，这种合金因其比热容大、液化范围宽，可用作核反应堆的冷却剂（被用作原子能增殖反应堆的交换液），通过循环将反应堆核心的热能转移出来。钠汞齐因还原性缓和，常用作有机合成反应中的还原剂。此外，碱金属单质都具有良好的导电性和延展性，对光也十分敏感，其中铯是制造光电池的良好材料。

三、钠、钾的重要化合物

钾的化合物与对应的钠的化合物性质相似，又由于钾的来源较困难，所以工业上多用钠的化合物，但钾盐有不含结晶水、不易潮解、易提纯等特点，化学分析中应用较多，钾的化合物主要用作钾肥。这里重点讨论钠的。

（一）氧化物

1. 普通氧化物

碱金属的氧化物中除 Li_2O 和 Na_2O 为白色固体外，其他金属的氧化物为有色固体，如 K_2O 为淡黄色，Rb_2O 为亮黄色，Cs_2O 为橙红色。

除锂在空气中燃烧主要生成 Li_2O 外，其余碱金属在空气中燃烧生成的主要产物都不是 M_2O，尽管在含氧量不足的空气中也可生成这些金属的普通氧化物，但这种条件不易控制，难以制得纯净的氧化物。除氧化锂以外，为了得到纯净的碱金属氧化物，可以用碱金属单质或叠氮化物来还原过氧化物、硝酸盐或亚硝酸盐。

$$2Na + Na_2O_2 = 2Na$$

$$10K + 2KNO_3 = 6K_2O + N_2$$

$$3NaN_3 + NaNO_2 = 2Na_2O + 5N_2$$

钠和钾与水反应生成相应的氢氧化物，并放出热量。

$$Na_2O + H_2O = 2NaOH$$

$$K_2O + H_2O = 2KOH$$

2. 过氧化物

过氧化钠（Na_2O_2）为淡黄色，呈粉末状或粒状，有吸潮性，能腐蚀皮肤和黏膜。Na_2O_2 是强氧化剂，遇棉花或有机物，易引起燃烧或爆炸，储运和使用要十分小心。加热至500℃（773K时）仍很稳定。过氧化钠中的氧为－1价。

除过氧化锂外，碱金属的过氧化物都是直接用单质合成的。例如，用金属钠在空气中燃烧可制得过氧化钠，但为了获得纯度较高的过氧化钠还需要控制一定的制备条件。其制备方法是将钠加热熔化，通入一定量的除去了 CO_2 的干燥空气，维持温度在 180～200℃，钠即被氧化为 Na_2O，接着增大空气流量并迅速提高温度至 300～400℃，即可生成 Na_2O_2。

【演示实验】 向盛有过氧化钠的试管中滴水，再将火柴的余烬靠近试管口，可以检验有无氧气放出。

过氧化钠与水或稀酸反应生成过氧化氢，过氧化氢不稳定，易分解放出氧气。

$$Na_2O_2 + 2H_2O \xlongequal{} H_2O_2 + 2NaOH$$

$$Na_2O_2 + H_2SO_4 \xlongequal{} H_2O_2 + Na_2SO_4$$

$$2H_2O_2 \xlongequal{} 2H_2O + O_2\uparrow$$

实验室中常利用上述反应制取少量氧气或过氧化氢。

过氧化钠是一种强氧化剂，工业上用作漂白剂，漂白麦秆、羽毛等。

过氧化钠暴露在空气中与二氧化碳反应生成碳酸钠，并放出氧气，所以过氧化钠必须密封保存。

$$2Na_2O_2 + 2CO_2 \xlongequal{} 2NaCO_3 + O_2\uparrow$$

利用这一性质，过氧化钠在防毒面具、高空飞行和潜水艇中作二氧化碳的吸收剂和供氧剂。

Na_2O_2 在碱性介质中也是一种强氧化剂，如，它能将矿石中的 Cr、Mn、V 等成分氧化成可溶的含氧酸盐而分离出来，因此 Na_2O_2 常作分解矿石的溶剂。如：

$$3Na_2O_2 + Cr_2O_3 \xlongequal{} 2Na_2CrO_4 + Na_2O$$

$$Na_2O_2 + MnO_2 \xlongequal{} Na_2MnO_4$$

Ni 和 Au 能抵抗 Na_2O_2 的腐蚀（Ag 和 Pt 不能），可用于制作反应容器。

在碱金属的过氧化物中只有过氧化锂的稳定性稍差，在 195℃ 以上即分解为 Li_2O 和 O_2，其余的过氧化物稳定性很高，例如，在没有氧气或其他氧化性物质存在的条件下，过氧化钠的分解温度为 675℃。

3. 超氧化物

超氧化物中含有顺磁性的超氧离子，它比 O_2^- 多一个电子，有一个成单电子。钾、铷、铯的超氧化物是比较稳定。纯净的超氧化钠获得较晚，在 450℃ 和 15MPa 的压力下，O_2 同钠反应能够制得纯净的超氧化钠。KO_2 及 RbO_2 和 CsO_2 分别为橙色、暗棕色和橙色的固体。超氧化物是很强的氧化剂，与水或其他质子溶剂发生激烈反应生成氧和过氧化氢，在高温下分解则产生氧气和过氧化物。超氧化物也是一种供氧剂，与 CO_2 反应时生成碳酸盐，并放出氧气，所以超氧化物的一个重要用途就是作为一种应急的氧气源，可供急救和防毒面具使用。

（二）氢氧化物

1. 氢氧化钠

氢氧化钠是一种白色固体，极易溶于水，溶解时放出大量热，氢氧化钠对皮肤和织物有很强的腐蚀性，因此又俗称烧碱、火碱、苛性钠，使用时要特别小心。氢氧化钠暴露在空气中极易潮解和吸收空气中的二氧化碳，生成碳酸钠和水。因此要密闭保存。

$$2NaOH + CO_2 \xlongequal{} Na_2CO_3 + H_2O$$

氢氧化钠是强碱，具有碱的通性，可与二氧化硅（酸性氧化物）作用，生成黏性的硅酸钠。

$$2NaOH + SiO_2 \xlongequal{} Na_2SiO_3 + H_2O$$

Na_2SiO_3 的水溶液俗称水玻璃，是一种黏合剂。因此贮存 NaOH 溶液的试剂瓶，不能用玻璃塞，而用橡胶塞，以免玻璃塞与瓶口粘住。酸式滴定管不能装碱溶液也是这个缘故。

2. 氢氧化钾

氢氧化钾（KOH）又称为苛性钾，为白色固体，极易溶于水，并放出大量的热，在空气中易吸湿潮解。熔点较低，易熔化。

由于 KOH 价格高，一般用性质相似的 NaOH 代替。

（三）重要的钠盐、钾盐

1. 碳酸钠（Na_2CO_3）和碳酸氢钠（$NaHCO_3$）

碳酸钠（Na_2CO_3）是白色粉末，俗名纯碱或苏打，碳酸钠晶体（$Na_2CO_3 \cdot 10H_2O$）含结晶水，在干燥的空气里易失去结晶水而风化，失水后的碳酸钠叫无水碳酸钠。

碳酸氢钠（$NaHCO_3$）俗名小苏打，是一种细小的白色晶体，20℃以上，比碳酸钠在水中的溶解度小得多。

【演示实验】 把少量盐酸放入 2 支分别盛有碳酸钠、碳酸氢钠的试管里，比较它们反应放出二氧化碳的剧烈程度。

$$Na_2CO_3 + 2HCl \xlongequal{} 2NaCl + CO_2\uparrow + H_2O$$

$$NaHCO_3 + HCl \xlongequal{} NaCl + CO_2\uparrow + H_2O$$

碳酸氢钠遇酸放出二氧化碳的反应比碳酸钠剧烈得多。

碳酸钠受热不反应，而碳酸氢钠受热会发生分解反应

$$2NaHCO_3 \xlongequal{\triangle} Na_2CO_3 + CO_2\uparrow + H_2O$$

利用这个反应可以鉴别碳酸钠和碳酸氢钠。

碳酸钠是基本的化工原料，在玻璃、肥皂、造纸、纺织、冶金等工业上有广泛的应用。工业上所谓的“三酸两碱”中，“两碱”是指氢氧化钠（纯碱）和碳酸钠（烧碱）。碳酸钠是日常生活中常用的洗涤剂。

碳酸氢钠是制作糕点用的发酵粉，在医疗上可用于治疗胃酸过多，它还用于泡沫灭火器。

2. 氯化钠

氯化钠又称食盐，为无色晶体，味咸，纯净的 NaCl 在空气中不潮解，粗盐中因含 $CaCl_2$、$MgCl_2$ 等杂质易于潮解。NaCl 易溶于水，但溶解度随温度变化不大。它是制取金属 Na、NaOH、Na_2CO_3、Cl_2 和 HCl 等多种化工产品的基本原料，冰盐混合物可以作为制冷剂。医疗上用的生理盐水是质量分数为 0.9%的 NaCl 水溶液。NaCl 还用作食品调味剂和防腐剂。

NaCl 广泛存在于海洋、盐湖及岩石中。如海水中，每 1000g 海水含 NaCl 27.231g。

3. 硫酸钠

无水 Na_2SO_4 俗称元明粉，为无色晶体，溶于水。$Na_2SO_4 \cdot 10H_2O$ 俗称芒硝，在干燥的空气中易失去结晶水（称为风化）。无水 Na_2SO_4 有很大的熔化热，是一种较好的相变贮热材料的主要成分，可用于低温贮存太阳能。白天它吸收太阳能而熔化，夜间冷却结晶释放出热能。Na_2SO_4 还大量用于玻璃、造纸、水玻璃、陶瓷等工业中，也用于制造 Na_2S 和 $Na_2S_2O_3$ 等。Na_2SO_4 主要分布在盐湖和海水中。我国盛产芒硝。

4. 碳酸钾

为白色晶体，在潮湿的空气中易潮解，极易溶于水，其水溶液呈强碱性。K_2CO_3 还存在于草木灰中，是一种重要的钾肥。K_2CO_3 也是制造硬质玻璃必需的原料。

5. 氯化钾

为白色晶体，易溶于水，在空气中稳定，是一种重要的钾肥。

（四）钾肥

钾是植物生长的三大要素（氮、磷、钾）之一。钾的化合物对于一切植物的生长有着重要的作用。它能促进淀粉和糖的合成，促进植物对氮的吸收，还能促进作物茎秆坚韧，增强抗倒伏和抗病虫害的能力。重要的钾肥有氯化钾、硫酸钾和碳酸钾。

碳酸钾存在于草木灰中，农村常把草木灰当钾肥。用水浸取草木灰，将浸出液蒸发可制得碳酸钾。

项目二　碱土金属元素及其重要的化合物

学习目标

1. 了解碱土金属元素性质的共性和递变规律。
2. 掌握钙、镁元素及其化合物的性质（物理性质和化学性质）。
3. 掌握钙、镁及其一些重要化合物的用途。

知识一　碱土金属元素

一、碱土金属元素的通性

碱土金属元素包括铍（Be）、镁（Mg）、钙（Ca）、锶（Sr）、钡（Ba）、镭（Ra）6 种元素（其中镭是放射性元素）。因其氧化物呈碱性，又类似于“土”（早先人们曾把黏土的主要成分——既难溶于水又难熔融的三氧化二铝泛称为“土”），故称之为碱土金属。碱土金属元素的原子最外层只有 2 个电子，次外层均达 8 电子稳定结构，所以在参加化学反应时，易失去最外层的 2 个电子，而显＋2 价。它与同周期的碱金属元素相比多了一个核电荷，核对电子的引力要强些，原子半径小一些，失电子能力差一些，因此金属性较碱金属弱一些，但从整个周期来看仍是活泼性相当强的金属元素。

从铍到钡，随着原子序数的增加，它们的电子层数依次增加，原子半径依次增大，核对外层电子的引力依次减弱，失电子能力依次增强，金属的化学活泼性依次增强，碱土金属元素的基本性质列于表 3-5 中。

表 3-5　碱土金属元素的性质

元素名称	元素符号	核电荷数	原子量	电子层结构	常温下的状态	颜色	金属半径/pm	离子半径/pm	电负性	电离能/(kJ/mol)	$\varphi^{\ominus}(M^{+}/M)$/V	密度/(g/cm^3)	熔点/℃	沸点/℃	硬度
铍	Be	4	9.01	(+4) 2 2	固体	银白色	89	68	1.5	900	−1.85	1.85	1287	2484	3.5
镁	Mg	12	24.31	(+12) 2 8 2	固体	银白色	136	95	1.2	738	−2.372	1.74	650	1105	2.0
钙	Ca	20	40.08	(+20) 2 8 8 2	固体	银白色	174	133	1.0	590	−2.868	1.55	850	1487	1.5

续表

元素名称	元素符号	核电荷数	原子量	电子层结构	常温下的状态	颜色	金属半径/pm	离子半径/pm	电负性	电离能/(kJ/mol)	$\varphi^{\ominus}$ (M^{+}/M)/V	密度/(g/cm^3)	熔点/℃	沸点/℃	硬度
锶	Sr	38	87.62	(+38) 2 8 18 8 2	固体	银白色	191	148	1.0	549	−2.89	2.63	769	1381	1.3
钡	Ba	56	137.3	(+56) 2 8 18 18 8 2	固体	银白色	198	169	0.9	502	−2.912	3.62	775.1	1849	
镭	Ra	88		(+88) 2 8 18 32 18 8 2	固体										

二、镁、钙的物理性质和化学性质及其用途

1. 镁、钙的物理性质

镁、钙均是银白色的轻金属，镁的密度是 1.74g/cm^3，镁的熔点为 650℃，硬度为 2.0，钙的熔点为 850℃，硬度为 1.5，比镁稍软。

2. 镁、钙的化学性质

(1) 镁、钙与氧的反应　镁与空气中的氧缓慢反应，表面生成一种十分致密的氧化膜，保护内层镁不再受空气的氧化。这个性质使它在工业上有很大的实用价值。钙在空气中极易氧化，钙暴露在空气中，表面很快会生成一层疏松的氧化钙，它对内层金属钙没有保护作用，钙必须密封保存。

【演示实验】 取一段镁条，用砂纸擦去其表面的氧化膜，置于酒精灯上加热，观察镁条的燃烧。

镁条在空气中加热时，剧烈燃烧，生成白色粉末状的氧化镁，同时放出强烈的白光，这是由于镁燃烧放出大量的热，使氧化镁的微粒灼热并达到白炽状态，故发出耀眼的白光，因此可以用它来制造焰火、照明弹。钙在空气中加热也能燃烧。生成氧化钙，火焰呈砖红色。

$$2Mg + O_2 \xlongequal{\text{燃烧}} 2MgO$$

$$2Ca + O_2 \xlongequal{\text{燃烧}} 2CaO$$

镁不仅能与纯氧化合，还能夺取多种氧化物中的氧。如燃烧着的镁条放进 CO_2 气体中，镁还能继续燃烧。

$$2Mg + CO_2 \xlongequal{\text{燃烧}} 2MgO + C$$

(2) 镁、钙与非金属的反应　在一定温度下，能与卤素、硫等反应生成卤化镁和硫化镁。

$$2Mg + Br_2 \xlongequal{\triangle} 2MgBr_2$$

钙与卤素、硫的反应比镁容易，化合后生成相应的化合物。

镁、钙在空气中燃烧，生成氧化镁、氧化钙的同时还生成氮化镁、氮化钙。

$$3Mg + N_2 \xlongequal{\text{高温}} Mg_3N_2$$

碱土金属中的 Ca、Sr、Ba 还能与 H_2 在高温下直接化合，并将 H 还原为 −1 价离子，

生成白色的固体氢化物，显示出它们较强的还原性。碱金属和碱土金属的氢化物也都是强还原剂。在加热条件下（200～300℃），钙与氢可生成氢化钙。

$$Ca+H_2 \xlongequal{\triangle} CaH_2$$

氢化钙遇水生成氢氧化钙并放出氢气。

$$CaH_2+2H_2O \xlongequal{} Ca(OH)_2+2H_2\uparrow$$

因此，常用 CaH_2 作为野外产生 H_2 的原料，在有机合成中也常作还原剂。

（3）镁、钙与水、稀酸的反应　金属镁也能置换出水中的氢，但镁在冷水中反应非常缓慢，甚至不易觉察出来，这是因为他们表面生成一层难溶的氢氧化镁，阻止了它同水的进一步反应。只有在沸水中才能较显著地反应。钙在冷水中就能迅速反应。

$$Mg+2H_2O \xlongequal{沸水} Mg(OH)_2\downarrow+H_2\uparrow$$

$$Ca+2H_2O \xlongequal{} Ca(OH)_2+H_2\uparrow$$

镁、钙与盐酸或稀硫酸反应生成相应的盐并放出氢气。

$$Mg+H_2SO_4 \xlongequal{} MgSO_4+H_2\uparrow$$

$$Ca+H_2SO_4 \xlongequal{} CaSO_4+H_2\uparrow$$

3. 镁、钙的存在与用途

镁、钙在自然界均以化合态存在，镁的主要矿物有菱镁矿（$MgCO_3$）、白云石（$CaCO_3 \cdot MgCO_3$）、光卤石（$KCl \cdot MgCl_2 \cdot 6H_2O$），海水中也含有氯化镁。钙在自然界分布很广，蕴藏量很大。钙主要存在于含碳酸钙的各种矿石，如石灰石、大理石、方解石、白云石等，此外还有石膏（$CaSO_4 \cdot 2H_2O$）、萤石（CaF_2）、磷灰石［$Ca_5F(PO_4)_3$］。动物骨骼的主要成分是磷酸钙。钙还是动植物生长的营养元素之一。

镁主要用于制造轻合金，如铝镁合金（含镁10%～30%）、电子合金（含镁90%，还有微量的铝、铜、锰等）。这些合金质轻，但硬度大、韧性强、耐腐蚀（不能耐海水的腐蚀）、用于飞机和汽车制造业。镁能和铝、钒、钛等金属形成力学性能优良的合金，广泛用于航空、航天、车辆、建材等行业。在常见的结构金属材料中，镁的用量仅次于铁和铝，排在第三位。镁在冶金工业中用作还原剂，制备金属铍和钛等；在炼钢工业中可用镁作脱硫剂并使石墨球化而形成球墨铸铁，增强铁的延展性和抗裂性。镁粉易燃并放出极强的白光，富紫外线，对照相底片的感光力极大，镁光灯就是利用了这一特性。镁可制造焰火、照明弹，还是叶绿素中不可缺少的元素。

钙能与许多金属氧化物反应，将其还原为金属单质，所以钙主要用于高纯度金属的冶炼，钙和铅的合金广泛用作轴承材料。①金属钙是强还原剂，冶金工业中用作脱硫剂、脱氧剂，用于制备稀土元素；②利用石灰石（碳酸钙，$CaCO_3$）烧制石灰（CaO），它与水混合形成熟石灰 $Ca(OH)_2$，熟石灰在空气中吸收二氧化碳再变为碳酸钙，所以石灰用作建筑材料；③制石膏，生石膏（$CaSO_4 \cdot 2H_2O$），熟石膏（$CaSO_4 \cdot \frac{1}{2}H_2O$），用于建材、塑像、模型、医疗等行业；④制造电石（CaC_2），电石与水反应生成乙炔气，可以作为化工原料，早期的纱灯即利用此过程生成的乙炔气燃烧照明；⑤氯化钙是重要的化工原料，也是良好的融雪剂。

三、镁、钙的重要化合物

1. 氧化镁和氧化钙

氧化镁是一种疏松的白色粉末，不溶于水，熔点高达2800℃，可作耐火材料，制造耐火砖、高温炉的衬里、坩埚等。

氧化钙是白色块状或粉末状固体，俗名生石灰。生石灰是碱性氧化物，生石灰能与二氧化硅、五氧化二磷等反应。

$$CaO + SiO_2 \xlongequal{高温} CaSiO_3$$

$$3CaO + P_2O_5 \xlongequal{高温} Ca_3(PO_4)_2$$

在冶金工业中，利用这两个反应，可将矿石中的 Si、P 等杂质以炉渣形式除去，CaO 还广泛地应用在制造电石、漂白粉及建筑行业，熔点为 2570℃，可作耐火材料。

CaO 通常用煅烧石灰石的方法制取：

$$CaCO_3 \xlongequal{高温} CaO + CO_2\uparrow$$

2. 氢氧化镁和氢氧化钙

氢氧化镁是一种微溶于水的白色粉末，它是中等强度的碱，可用易溶的镁盐和石灰水反应制取。造纸工业中常用氢氧化镁作填充材料，制牙膏、牙粉时也用氢氧化镁。

氢氧化钙是白色粉末状固体，俗名熟石灰或消石灰。微溶于水，其溶解度随温度的升高而减小。因为氢氧化钙的溶解度较小，所以石灰水的碱性较弱。

氢氧化钙是一种最便宜的强碱，在工业生产中，若不需要很纯的碱，可以将氢氧化钙制成石灰乳代替烧碱用。漂白粉、纯碱、制糖等工业都需要大量的氢氧化钙，但是更多的是用于建筑材料。

3. 氯化镁和氯化钙

氯化镁（$MgCl_2 \cdot 6H_2O$）是无色晶体，味苦，极易吸水。光卤石和海水是取得 $MgCl_2$ 的主要资源。从海水晒盐的母液中可得到不纯的 $MgCl_2 \cdot 6H_2O$，叫盐卤，工业上常用于制造 $MgCO_3$ 和一些其他镁的化合物。$MgCl_2 \cdot 6H_2O$ 受热至 527℃以上，分解为 MgO 和 HCl 气体。

$$MgCl_2 \cdot 6H_2O \xlongequal{>527℃} MgO + 2HCl\uparrow + 5H_2O$$

所以仅用加热的方法得不到无水 $MgCl_2$。欲得到无水 $MgCl_2$，必须在干燥的 HCl 气流中加热 $MgCl_2 \cdot 6H_2O$ 使其脱水。无水 $MgCl_2$ 是制取金属 Mg 的原料，纺织工业中用 $MgCl_2$ 来保持棉纱的湿度而使其柔软。

氯化钙极易溶于水，0℃时的溶解度为 59.5g/100gH_2O；100℃时的溶解度为 159g/100gH_2O；也溶于乙醇。将 $CaCl_2 \cdot 6H_2O$ 加热脱水，可得到白色多孔的 $CaCl_2$。无水氯化钙吸水性强，实验室中用作干燥剂，但不能用它干燥氨和酒精，因为它能与氨形成配合物 $CaCl_2 \cdot 8NH_3$；与乙醇形成配合物 $CaCl_2 \cdot 4C_2H_5OH$。

$CaCl_2$ 水溶液的冰点很低，质量分数为 32.5%时，其冰点为－51℃，它是常用的冷冻液，工厂里称其为冷冻盐水。

4. 硫酸镁和硫酸钙

硫酸镁（$MgSO_4 \cdot 7H_2O$）是无色晶体，易溶于水，微溶于醇，味苦，用于造纸、纺织、肥皂、陶瓷、油漆工业，也用作媒染剂。在医药上常被用作泻药，因此又称之为泻盐。

天然的硫酸钙有硬石膏 $CaSO_4$ 和石膏 $CaSO_4 \cdot 2H_2O$（俗称生石膏），石膏是无色晶体，微溶于水，0℃时的溶解度为 0.18g/100gH_2O。将石膏加热至 120℃，失去 3/4 的水而转变为熟石膏 $(CaSO_4)_2 \cdot H_2O$。

$$2CaSO_4 \cdot 2H_2O \overset{\triangle}{\rightleftharpoons} (CaSO_4)_2 \cdot H_2O + 3H_2O$$

这个反应是可逆的，熟石膏与水混合成糊状后放置一段时间，又会变成 $CaSO_4 \cdot$

$2H_2O$，逐渐硬化并膨胀，故用以制模型、塑像、粉笔和石膏绷带，还用于生产水泥和轻质建筑材料。将石膏加热到500℃以上，得到无水石膏 $CaSO_4$，无水石膏无可塑性。

5. 碳酸镁和碳酸钙

碳酸镁为白色固体，微溶于水。将 CO_2 通入 $MgCO_3$ 的悬浊液，则生成可溶性的碳酸氢镁。

$$MgCO_3 + CO_2 + H_2O \xlongequal{} Mg(HCO_3)_2$$

碳酸钙为白色粉末，难溶于水。溶于酸和 NH_4Cl 溶液，用于制 CO_2、生石灰、发酵粉和涂料等。

知识二　硬水及其软化

一、硬水及硬度的表示方法

水是日常生活和生产不可缺少的物质，水质的好坏直接影响人们的生活和生产。天然水长期与土壤、矿物质和空气接触，不同程度地溶解了无机盐、某些可溶性有机物以及气体杂质等。天然水中溶解的无机盐有钙、镁的酸式碳酸盐、碳酸盐、氯化物、硫酸盐、硝酸盐等，即含有 Ca^{2+}、Mg^{2+} 等阳离子和 HCO_3^-、CO_3^{2-}、Cl^-、SO_4^{2-} 等阴离子。各地的天然水中含有这些离子的种类和数量不尽相同。例如，溶有 CO_2 气体的水，遇到主要成分是 $CaCO_3$ 的岩石时，会使难溶的 $CaCO_3$ 逐渐变为可溶的 $Ca(HCO_3)_2$。这种水就含有 Ca^{2+} 和 HCO_3^-。

$$CaCO_3 + CO_2 + H_2O \xlongequal{} Ca(HCO_3)_2$$

工业上根据水中所含 Ca^{2+}、Mg^{2+} 的多少，将天然水分为硬水和软水，溶有较多 Ca^{2+} 和 Mg^{2+} 的水叫硬水，溶有较少 Ca^{2+} 和 Mg^{2+} 的水叫软水。水的硬度常用以下规定的标准来衡量，通常把1L水里含有10mg CaO称为1度。水的硬度在8°以下称为软水，在8°以上称为硬水，硬度大于30°的是超硬水，水的硬度分类见表3-6。

表3-6　水的硬度分类

0°～4°	4°～8°	8°～16°	16°～30°	>30°
很软的水	软水	中硬水	硬水	超硬水

硬水中的酸式碳酸盐不稳定，将硬水煮沸后，所含的酸式碳酸盐就分解成不溶性的碳酸盐从水中沉淀出来，这样很容易从水中除去 Ca^{2+} 和 Mg^{2+}，水的硬度就降低了。

这种含有碳酸氢钙 $Ca(HCO_3)_2$ 或碳酸氢镁 $Mg(HCO_3)_2$ 的硬水叫作暂时硬水。由于酸式碳酸盐的热稳定性差，因此，暂时硬水可以用煮沸的方法降低水的硬度。

如果水的硬度是由 $CaSO_4$、$MgSO_4$ 或 $CaCl_2$、$MgCl_2$ 所引起的，这种硬水叫作永久硬水。永久硬水用煮沸的方法不能降低水的硬度，只能用蒸馏或化学净化等方法进行处理。

二、硬水的危害

一般硬水可以饮用，并且由于 $Ca(HCO_3)_2$ 的存在而有一种醇厚的新鲜味道。《生活饮用水卫生标准》(GB 5749—2006) 中水的硬度用总硬度表示，并规定生活饮用水的总硬度(以 $CaCO_3$ 计) 的限值为450mL/L。但在化工生产、蒸汽动力、纺织、印染、医药等工业部门，使用硬水会给生产和产品质量造成不良影响。例如，用硬水洗衣服，会使肥皂形成不溶性的硬脂酸钙和硬脂酸镁，不仅浪费肥皂，而且衣服也洗不干净；锅炉若长期使用硬水，锅炉内壁会结有坚实的锅垢［主要成分为 $CaSO_4$、$CaCO_3$、$Mg(OH)_2$ 和部分铁、铝盐］。由于锅垢的传热不良，不但浪费燃料，而且会使炉管局部过热，当超过金属允许的温度时，炉管将变形或损坏，严重时还会引起锅炉爆炸。

【演示实验】 取硬水和去离子水各 5mL 于两支试管中，各加入少量肥皂水，振荡试管，观察现象。

通过实验，可看到，硬水中加入肥皂水振荡时，泡沫很少，溶液变浑浊，而去离子水泡沫很多。

硬水也不宜用于洗涤。因为肥皂中的可溶性脂肪酸遇 Ca^{2+}、Mg^{2+} 等离子，生成不溶性沉淀，不仅浪费肥皂，而且污染衣物；硬水用于印染时，织物上因沉积有钙、镁盐会使染色严重不匀，且易褪色；长期饮用硬度过高的水，对人的健康也不利。

三、硬水的软化

硬水在使用之前应进行处理，以减少或除去硬水中的 Ca^{2+}、Mg^{2+}，降低水的硬度，这一过程叫作硬水的软化。其方法通常有以下几种：

1. 煮沸法

煮沸法可以将暂时硬水软化。暂时硬水经煮沸后，水中的 $Ca(HCO_3)_2$、$Mg(HCO_3)_2$ 分解为难溶的 $CaCO_3$ 和 $MgCO_3$ 沉淀。

$$Ca(HCO_3)_2 \xlongequal{\triangle} CaCO_3\downarrow + CO_2\uparrow + H_2O$$

$$Mg(HCO_3)_2 \xlongequal{\triangle} MgCO_3\downarrow + CO_2\uparrow + H_2O$$

当继续加热煮沸时，$MgCO_3$ 水解生成更难溶的 $Mg(OH)_2$。

$$MgCO_3 + H_2O \xlongequal{煮沸} Mg(OH)_2\downarrow + CO_2\uparrow$$

这样，溶解在水中的 $Ca(HCO_3)_2$ 和 $Mg(HCO_3)_2$ 就转化为 $CaCO_3$ 和 $Mg(OH)_2$ 沉淀，从水中析出，从而使水的硬度降低。

天然水常常既是暂时硬水，又是永久硬水，仅用煮沸的方法不能将水的硬度完全消除。常用的软化方法有化学试剂法和离子交换法。

2. 化学试剂法

化学试剂法是在水中加入某些化学试剂，使水中溶解的钙盐、镁盐成为沉淀析出。常用的药剂有石灰、纯碱和磷酸钠。工业上往往将石灰和纯碱各一半混合用于水的软化，称为石灰-纯碱法。

反应如下：

$$Ca(HCO_3)_2 + Ca(OH)_2 \xlongequal{} 2CaCO_3\downarrow + 2H_2O$$

$$Mg(HCO_3)_2 + 2Ca(OH)_2 \xlongequal{} Mg(OH)_2\downarrow + 2CaCO_3\downarrow + 2H_2O$$

石灰也可以与水里的硫酸镁或氯化镁反应：

$$MgSO_4 + Ca(OH)_2 \xlongequal{} Mg(OH)_2\downarrow + CaSO_4\downarrow$$

纯碱可消除水中的 Ca^{2+}：

$$CaSO_4 + Na_2CO_3 \xlongequal{} CaCO_3\downarrow + Na_2SO_4$$

$$MgSO_4 + Na_2CO_3 \xlongequal{} MgCO_3\downarrow + Na_2SO_4$$

反应后，加入沉降剂（明矾），经澄清后得到软水。石灰-纯碱法成本低，但效果较差。适用于处理大量的硬度较大的水，如发电厂、电热站等一般采用此法将硬水进行初步软化。

3. 离子交换法

离子交换法是目前工业上常用的方法，这种方法是借助于离子交换树脂来进行的。离子交换树脂是一种带有可交换离子的高分子化合物，分为阳离子交换树脂和阴离子交换树脂。两者分别含有能与溶液中的阳、阴离子发生交换的阳离子和阴离子。如磺酸基阳离子交换树脂 $R\text{-}SO_3^- H^+$；伯胺基阴离子交换树脂 $R\text{-}NH_2$，水解后呈碱性。

$$R\text{-}NH_2 + H_2O \xlongequal{} R\text{-}NH_3^+ OH^-$$

其中 H^+ 和 OH^- 可以与水中的阳离子和阴离子进行交换，当待处理的水流经阳离子交换树脂时，水中的 Ca^{2+}、Mg^{2+} 等阳离子被树脂吸附，发生如下反应：

$$Ca^{2+} + 2R\text{-}SO_3^- H^+ \rightleftharpoons (R\text{-}SO_3)_2^{2-} Ca^{2+} + 2H^+$$

树脂上交换下来的 H^+ 进入水中。当水通过阴离子交换树脂时，水中的阴离子 SO_4^{2-}、Cl^-、HCO_3^- 等被树脂吸附，发生如下反应：

$$R\text{-}NH_3^+ OH^- + Cl^- \rightleftharpoons R\text{-}NH_3^+ Cl^- + OH^-$$

树脂上交换下来的 OH^- 进入水中，与阳离子交换树脂交换下来的 H^+ 结合成水。如此通过多次交换，可得到较纯净的水（如图 3-2 所示）。

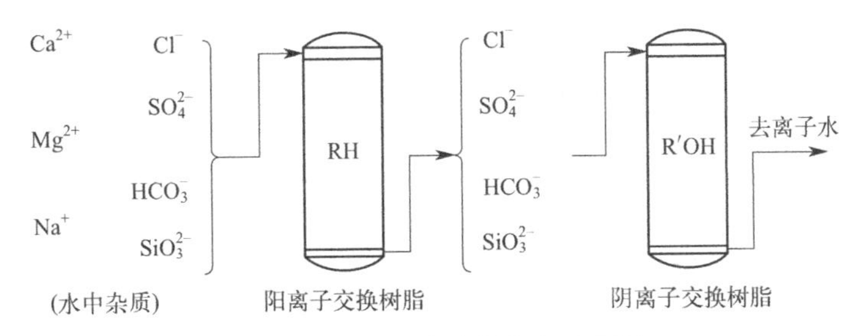

图 3-2　离子交换法软化水示意图

工业上广泛使用的离子交换剂有沸石［组成为 $Na_2Al_2(SiO_4)_2 \cdot xH_2O$，简写为 Na_2Z］、磺化物或离子交换树脂。前两种物质可以将 Ca^{2+}、Mg^{2+} 等除去。

$$Na_2Z + Ca^{2+} \xlongequal{} CaZ + 2Na^+$$

$$Na_2Z + Mg^{2+} \xlongequal{} MgZ + 2Na^+$$

当沸石上的 Na^+ 基本被 Ca^{2+}、Mg^{2+} 所代替后，它就失去了软化水的能力，这时可用质量分数为 8%～10% NaCl 溶液对其进行浸泡，通过 Na^+ 与 Ca^{2+} 的交换，又重新生成 Na_2Z，使失效的沸石又恢复软化水的能力，这个过程叫作沸石的再生。这样沸石可以重新使用。

离子交换树脂使用一段时间后，会失去交换能力，失去交换能力的树脂，用质量分数为 5%的 HCl 处理阳离子交换树脂，用质量分数为 5%的 NaOH 溶液处理阴离子交换树脂，使其恢复交换能力。这一过程称为再生过程，亦称洗脱过程，实际上再生反应是交换反应的逆反应，如：

$$Ca^{2+} + 2R\text{-}SO_3^- H^+ \underset{\text{再生}}{\overset{\text{交换}}{\rightleftharpoons}} (R\text{-}SO_3)_2^{2-} Ca^{2+} + 2H^+$$

离子交换树脂法比化学试剂法效果好，设备简单，操作简便，占地面积小，是目前工业生产和实验室中常用的方法。

项目三　硼族元素及其重要化合物

学习目标

1. 了解硼族元素的通性。

2. 掌握硼和硼的化合物的物理性质和化学性质。

3. 掌握铝和铝的化合物的物理性质和化学性质。

知识一　硼及硼的化合物

一、硼族元素的通性

元素周期表中ⅢA 主要包括硼（B）、铝（Al）、镓（Ga）、铟（In）和铊（Tl）五种元素，统称为硼族元素。硼族元素的原子最外层均为 3 个电子，在化学反应中容易失去这 3 个电子，而成为＋3 价阳离子。

硼族元素随着原子序数增大，原子半径相应增大，元素的电负性减小，元素的非金属性减弱，金属性增强。由于 B 与 Al 的原子半径差别很大，导致了它们的电负性差别很大，因此本族元素由非金属到金属的过渡发生在 B 和 Al 之间，从 B 到 Al 在性质上有较大的突跃，硼族元素的性质见表 3-7。

表 3-7　硼族元素的结构和性质

元素性质	元素符号	原子序数	原子量	电子层排布	价电子层构型	主要氧化数	原子半径/pm	离子半径/pm	电离能/(kJ/mol)	电子亲合能/(kJ/mol)	电负性
硼	B	5	10.81	(+5) 2 3	$2s^2 2p^1$	+3	82		800.6	29	2.04
铝	Al	13	26.98	(+13) 2 8 3	$3s^2 3p^1$	+3	118		577.6	48	1.61
镓	Ga	31	69.72	(+31) 2 8 18 3	$4s^2 4p^1$	(+1)+3	126	113	578.8	48	1.81
铟	In	49	114.8	(+49) 2 8 18 18 3	$5s^2 5p^1$	+1,+3	144	132	558.3	69	1.78
铊	Tl	81	204.4	(+81) 2 8 18 32 18 3	$6s^2 6p^1$	+1(+3)	148	140	589.3	117	1.62(Ⅰ) 2.04(Ⅲ)

硼族元素中最重要的是 B 和 Al，它们在成键时显示出以下特点。

（1）具有强烈的形成共价键的倾向　B 原子半径很小，电负性较大，因而容易形成共价键。单质硼的熔点、沸点高，硬度大，化学性质稳定，表明硼原子间的共价键相当牢固。常见的 B 的二元化合物也都是通过共价键形成的。Al 的电负性较小，容易失去电子形成 Al^{3+}，但 Al^{3+} 电荷较多，半径较小，它和许多简单阴离子结合时也形成共价化合物。常见的 Al 的二元化合物中，除了氧化铝（Al_2O_3）、氟化铝（AlF_3）是离子化合物外，其他如氯化铝（$AlCl_3$）、溴化铝（$AlBr_3$）都是共价化合物。从 Al 到 Tl，随着原子半径的增大，形成共价键的趋势逐渐减弱，而形成离子键的趋势逐渐增强。

（2）具有强烈的亲氧性　B 和 Al 与 O 之间有很强的结合能力。B、Al 与 O_2 反应时，放出大量的热，形成牢固的化学键，表现出亲氧的特性。例如，在标准状况下由 B 和 O_2 作用生成 1mol 三氧化二硼（B_2O_3），放热 1273kJ。

（3）原子的价电子层显示出缺电子特征　B 和 Al 都有 4 个价电子轨道，但只有 3 个价电子，当它们形成共价键时，原子的价层上形成 3 对共用电子，还剩 1 个空轨道。这种价电子数小于价电子轨道数的原子称为缺电子原子，具有缺电子原子的共价化合物称为缺电子化合物。缺电子化合物具有较强的接受电子对的能力，容易与具有孤对电子的分子或离子通过配位键形成配位化合物。从 Ga 到 Tl，随着原子半径的增大，这一趋势逐渐减弱。

【讨论】 *硼族元素由非金属元素过渡到金属元素发生在哪两个元素之间？为什么？*

二、硼的物理性质、化学性质及其用途

硼的原子半径较小、电负性较大，容易形成共价键化合物，单质的熔、沸点高，硬度大，化学性质稳定。这表明硼晶体中原子间的共价键是相当牢固的。此外，硼与电负性大的氧化合时，放出大量的热，形成非常稳定的化学键，表现出亲氧的特性，故称它是亲氧元素。

硼为亲氧元素，在自然界没有游离态，主要以含氧化合物的形式存在，如硼镁矿 $Mg_2B_2O_5 \cdot H_2O$ 和硼砂矿 $Na_2B_4O_7 \cdot 10H_2O$ 等。我国西部地区有丰富的硼砂矿。

非金属单质中硼具有最复杂的结构。单质硼有晶体和无定形体两种。晶体硼有多种同素异形体，颜色有黑色、黄色、红色等，随结构及所含杂质的不同而异。晶体硼单质的基本结构单元为正十二面体，12 个硼原子占据着面体的顶点，如图 3-3 所示。无定形体硼为棕色粉末。硼的熔点、沸点很高。晶体硼很硬，莫氏硬度为 9.5，其硬度仅次于金刚石。

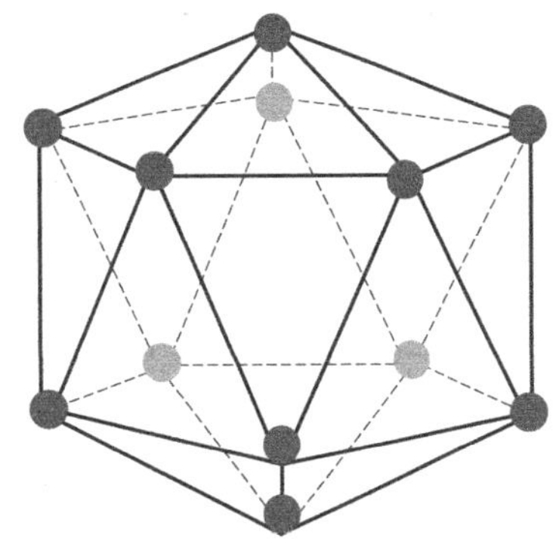

图 3-3　α-菱形硼（B12）结构

硼主要形成共价化合物，如硼烷、卤化硼和氧化硼等。

硼和铝一样，价电子数小于价轨道数，硼原子是一个缺电子原子，所形成的 BF_3 和 BCl_3 等化合物为缺电子化合物。B 原子的空轨道容易与其他分子或离子的孤对电子形成配位键。例如：

$$BF_3 + :NH_3 = [H_3N:BF_3]$$

$$BF_3 + F^- = [BF_4]^-$$

硼族元素中，硼具有一般常见的非金属元素的反应性能。晶体硼的化学性质不活泼，不与氧、硝酸、热浓硫酸、烧碱等反应。无定形体硼比较活泼，能与熔融的 NaOH 反应。由于硼有较大的电负性，它能与金属形成硼化物，其中硼的氧化值一般认为是＋3。硼是亲氧元素，与氧的结合力极强，能把铜、锡、铅、锑、铁和钴的氧化物还原为金属单质。

B 能被浓 HNO_3 或浓 H_2SO_4 氧化成硼酸，易与强碱反应放出 H_2。

$$2B + 2NaOH + 2H_2O = 2NaBO_2 + 3H_2\uparrow$$

硼有较高的吸收中子的能力，在核反应堆中，可作为良好的中子吸收剂。硼常作为原料来制备一些特殊的硼化合物，如金属硼化物和碳化硼 B_4C 等。

三、硼的化合物

1. 硼的氧化物

三氧化二硼（B_2O_3）是玻璃状晶体，溶于水生成硼酸。因此它是硼酸的酸酐。

$$B_2O_3 + 3H_2O = 2HBO_3$$

B_2O_3 的热稳定性很强，在高温下只能被碱金属、镁、铝等还原为单质。B_2O_3 溶于碱

而不溶于酸。B_2O_3 同某些金属氧化物化合生成有各种特征颜色的硼玻璃。由锂、铍、硼的氧化物制成的玻璃可用作 X 射线管的窗口。耐高温的硼玻璃纤维用作火箭防护材料。硼玻璃还用于耐高温化学实验仪器、光学仪器设备、绝缘器材和玻璃钢的制造。

2. 硼酸

硼酸包括偏硼酸（HBO_2）、正硼酸（H_3BO_3）和多硼酸（$xB_2O_3 \cdot yH_2O$）。通常所说的硼酸常指正硼酸。

硼酸（H_3BO_3）为白色鳞片状晶体，它微溶于水，易溶于热水，水溶液呈酸性。

硼酸在水溶液中的解离，不是解离出一个 H^+，而是加合了一个水分子解离出来的 OH^-，游离出一个 H^+。

$$B(OH)_3 + H_2O \rightleftharpoons H^+ + [B(OH)_4]^-$$

因此，硼酸是一元酸，而不是三元酸。

大量的硼酸用于玻璃、搪瓷工业和制取其他硼的化合物，也可用作医药消毒剂。

3. 硼酸盐

硼酸盐的种类很多，有偏硼酸盐、正硼酸盐和多硼酸盐。最重要的硼酸盐是四硼酸钠，俗称硼砂（$Na_2B_4O_7 \cdot 10H_2O$）。

硼砂是无色透明晶体，在干燥的空气中容易风化失水，加热至 350～400℃再进一步脱水，成为无水的四硼酸钠 $Na_2B_4O_7$。在 878℃熔化成为玻璃体。不同的金属氧化物溶于熔融的硼砂中，生成偏硼酸复盐，显示出特征颜色。如：

$$Na_2B_4O_7 + CoO = 2NaBO_2 \cdot Co(BO_2)_2 \quad \text{蓝宝石色}$$

$$Na_2B_4O_7 + NiO = 2NaBO_2 \cdot Ni(BO_2)_2 \quad \text{淡红色}$$

硼砂的这一性质，在定性分析上用于鉴定某些金属离子，称为硼砂珠实验。

利用这一性质，在金属焊接时，用它来作助溶剂，溶解除去金属表面的氧化物。陶瓷工业上用硼砂制备低熔点釉。硼砂也用于制造耐温骤变的特种玻璃和光学玻璃。

知识二　铝及铝的化合物

【化学之最】地壳中含量最多的金属元素是铝。

一、铝的物理性质和化学性质及其用途

铝是地壳中含量最多的金属，它在地壳中含量达 7.73%，仅次于氧和硅，是地壳中含量最高的金属。铝在自然界主要以复杂的铝硅酸盐形式存在，含铝的主要矿石有铝矾土（$Al_2O_3 \cdot xH_2O$）、黏土 [$H_2Al_2(SiO_4)_2 \cdot H_2O$]、长石（$KAlSi_3O_8$）、云母 [$H_2KAl_3(SiO_4)_3$]、冰晶石（$Na_3AlF_6$）等。它们是冶炼金属铝的重要原料。

Al 是银白色有金属光泽的轻金属，密度为 $2.7g/cm^3$，熔点 660℃，硬度较小。Al 具有良好的导电性和导热性，因而可用于制造电线、高压电缆及各种炊具。Al 具有优良的延展性，可拉伸成丝及加工成很薄的铝箔。

Al 与 Mg、Cu、Zn、Mn、Si、Li 等制得的合金通常具有较高的强度和较小的密度，化学稳定性好，力学性能优良，广泛应用于航空工业、汽车工业及建筑业。Cu-Zn-Al 或 Cu-Al-Ni 合金具有形状记忆功能，广泛用于卫星、航空、生物工程和自动化等领域。

Al 是活泼金属，具有强还原性，主要化学性质如下：

(1) 与氧反应　Al 是亲氧元素，常温下被空气中的 O_2 氧化，表面生成一层致密的 Al_2O_3 薄膜（厚约 10^{-5} mm），阻止 Al 与 O_2 继续作用。因此 Al 在空气中和水中都很稳定。

高温下，Al 在 O_2 或空气中燃烧，发出耀眼的白光，并放出大量的热。

$$4Al(s)+3O_2(g)=2Al_2O_3(s);\Delta H=-3340kJ/mol$$

Al 不但能与 O_2 直接化合，还能夺取一些金属氧化物（如 Fe_3O_4、Mn_3O_4、MnO_2、V_2O_5、Cr_2O_3）中的氧，将这些金属还原出来。反应放出大量的热，可使生成的金属单质熔化。例如：

$$8Al(s)+3Fe_3O_4(s)\xlongequal{高温}4Al_2O_3(s)+9Fe(s)\quad \Delta H=-3329kJ/mol$$

$$2Al+Fe_2O_3\xlongequal{高温}2Fe+Al_2O_3$$

因此 Al 常用作冶金还原剂，冶炼高熔点金属（如 Cr、Mn）、无碳合金和低碳合金，以及作炼钢的脱氧剂。用 Al 从金属氧化物中还原出金属的方法叫铝热法（也叫铝热还原法、铝热冶金法）。Al 粉与四氧化三铁（Fe_3O_4）粉或氧化铁（Fe_2O_3）粉的混合物叫铝热剂，可用于焊接钢轨、器材及制备许多难溶金属。

将铝粉、石墨和二氧化钛（TiO_2）按一定比例混合，均匀抹在金属上，高温煅烧，则在金属表面生成一层金属陶瓷。这种涂层可耐高温，被应用在导弹和航天业中。

$$4Al+3TiO_2+3C\xlongequal{高温}2Al_2O_3+3TiC$$

（2）与非金属反应　在适当温度下，Al 还能与 S、卤素等发生反应。例如：

$$2Al+3S\xlongequal{\triangle}Al_2S_3$$

$$2Al+3Cl_2\xlongequal{\triangle}AlCl_3$$

（3）与酸、碱反应

【演示实验】 将铝片分别浸入浓硝酸、浓硫酸、2mol/L H_2SO_4、2mol/L HCl 及 6mol/L NaOH 溶液中，观察现象，并检验 H_2 的生成。

实验表明，Al 在盐酸、稀硫酸及 NaOH 溶液中迅速反应，放出 H_2；而 Al 在浓硝酸、浓硫酸中没有溶解，也无气体产生。

Al 与盐酸、稀硫酸因发生置换反应而溶解：

$$2Al+6HCl=2AlCl_3+3H_2\uparrow$$

在 NaOH 溶液中，Al 表面的 Al_2O_3 被 NaOH 溶解后，Al 与水反应生成氢氧化铝 $Al(OH)_3$ 和 H_2，$Al(OH)_3$ 又被 NaOH 溶解。因此 Al 可溶于强碱溶液中，生成偏铝酸钠（$NaAlO_2$）和 H_2。上述各步反应方程式为：

$$Al_2O_3+2NaOH=2NaAlO_2+H_2O$$

$$2Al+6H_2O=2Al(OH)_3\downarrow+3H_2\uparrow$$

$$Al(OH)_3+NaOH=NaAlO_2+2H_2O$$

总反应方程式为：

$$2Al+2NaOH+2H_2O=2NaAlO_2+3H_2\uparrow$$

可见 Al 能溶于强碱溶液的根本原因是其表面的 Al_2O_3 被强碱溶解，从而有利于 Al 置换水中的氢。

Al 在冷的浓硫酸或浓硝酸中亦可被氧化，但 Al 表面由于氧化作用而迅速生成一层致密的氧化膜。这种膜性质稳定，使 Al 与酸隔离而不再反应，这一现象称为金属的钝化。因此可用铝制容器贮运浓硫酸和浓硝酸。但是铝能同热的浓 H_2SO_4 反应。

$$2Al+6H_2SO_4(浓)=Al_2(SO_4)_3+3SO_2\uparrow+6H_2O$$

二、氧化铝和氢氧化铝

(1) 氧化铝　Al_2O_3 是白色难溶于水的物质，熔点约为 2050℃，是典型的两性氧化物。

$$Al_2O_3 + 6H^+ \xlongequal{} 2Al^{3+} + 3H_2O$$

$$Al_2O_3 + 2OH^- \longrightarrow 2AlO_2^- + H_2O$$

Al_2O_3 有多种变体，常见的有 α-Al_2O_3 和 γ-$A_{12}O_3$。在 450～500℃条件下，加热分解 $Al(OH)_3$ 或铝铵矾 $[(NH_4)_2SO_4 \cdot Al_2(SO_4)_3 \cdot 24H_2O]$ 得 γ-Al_2O_3，它是白色粉末，既溶于酸，又溶于强碱溶液。经活化处理的 Al_2O_3 具有多孔性及巨大的比表面积，吸附能力强，称为活性氧化铝，常用作实验室中的吸附剂或工业催化剂的载体。

在空气中煅烧或者灼烧 $Al(OH)_3$、硝酸铝 $[Al(NO_3)_3]$ 或硫酸铝 $[Al_2(SO_4)_3]$ 可得 α-Al_2O_3；γ-Al_2O_3 加热至 1000℃也转化为 α-Al_2O_3。α-Al_2O_3 又称刚玉，其硬度仅次于金刚石，化学性质很稳定，除高温下与熔融碱反应外，与其他试剂均不反应。刚玉中含不同杂质时显不同颜色，例如含微量 Cr 的氧化物时显红色，称红宝石；含 Ti、Fe 的氧化物则显蓝色，称蓝宝石。含少量 Fe_3O_4 的称为刚玉粉。将任何一种水合氧化铝加热至 1273K 以上，都可以得到 α-Al_2O_3。工业上用高温电炉或氢氧焰熔化氢氧化铝以制得人造刚玉。人造刚玉可用于制作装饰品和仪表中的轴承，红宝石还是优良的激光材料。人造刚玉广泛用作研磨材料、高温耐火材料等。

还有一种 β-Al_2O_3，它有离子传导能力（允许 Na^+ 通过），以 β-铝矾土为电解质制成钠-硫蓄电池。由于这种蓄电池单位质量的蓄电量大，能进行大电流放电，因而具有广阔的应用前景。这种电池负极为熔融钠，正极为多硫化钠 Na_2S_x，电解质为 β-铝矾土（钠离子导体），其电池反应为：

正极：
$$2Na^+ + xS + 2e^- \underset{\text{充电}}{\overset{\text{放电}}{\rightleftharpoons}} Na_2S_x$$

负极：
$$2Na \underset{\text{充电}}{\overset{\text{放电}}{\rightleftharpoons}} 2Na^+ + 2e^-$$

总反应：
$$2Na + xS \underset{\text{充电}}{\overset{\text{放电}}{\rightleftharpoons}} Na_2S_x$$

这种蓄电池使用温度范围可达 620～680K，其蓄电量为铅蓄电池蓄电量的 3～5 倍。用 β-Al_2O_3 陶瓷作电解食盐水的隔膜生产烧碱，有产品纯度高、公害小的特点。

(2) 氢氧化铝　氢氧化铝是白色胶状物质，实验室常用可溶的铝盐与氨水作用制取 $Al(OH)_3$。

Al_2O_3 的水合物一般都称为氢氧化铝。它可以由多种方法得到。加氨水或碱于铝盐溶液中，得到一种白色无定形凝胶沉淀，它的含水量不定，组成也不均匀，统称为水合氧化铝。无定形水合氧化铝在溶液内静置即逐渐转变为结晶的偏氢氧化铝 AlO(OH)，温度越高，这种转变越快。若在铝盐中加弱酸盐碳酸钠或醋酸钠，加热则有偏氢氧化铝与无定形水合氧化铝同时生成。只有在铝酸盐溶液中通入 CO_2，才能得到真正的氢氧化铝白色沉淀，称为正氢氧化铝。结晶的正氢氧化铝与无定形水合氧化铝不同，它难溶于酸，而且加热到 373K 也不脱水；在 573K 下，加热两小时，才能变为 AlO(OH)。氢氧化铝是典型的两性化合物。新鲜制备的氢氧化铝易溶于酸也易溶于碱，但是不溶于氨水。

【演示实验】 在两支试管中各加 1mL 0.5mol/L $Al_2(SO_4)_3$ 溶液，滴加 6mol/L $NH_3 \cdot H_2O$，振荡，观察现象。然后向其中一支试管中滴加 2mol/L HCl 溶液，向另一支试管中滴加 2mol/L NaOH 溶液，振荡，观察现象。

$NH_3 \cdot H_2O$ 与 Al^{3+} 作用，生成白色胶状沉淀。

反应如下：

$$Al^{3+}+3NH_3\cdot H_2O = Al(OH)_3\downarrow+3NH_4^+$$

$Al(OH)_3$ 具有两性，其碱性略强于酸性，因此，它可溶于酸和强碱溶液，但不溶于 $NH_3\cdot H_2O$。

$$Al(OH)_3+3H^+ = Al^{3+}+3H_2O$$

$$Al(OH)_3+OH^- = AlO_2^-+2H_2O$$

这是因为 $Al(OH)_3$ 在水中存在如下的解离平衡：

$$Al^{3+}+3OH^- \rightleftharpoons Al(OH)_3 \rightleftharpoons H_2O+AlO_2^-+H^+$$

加酸平衡向左移动（即进行碱式解离），加碱平衡向右移动（即进行酸式解离）。

$Al(OH)_3$ 可用来制取铝盐及纯 Al_2O_3，它还是一些胃药的主要成分。

三、铝盐

重要的铝盐有 $AlCl_3$、$Al_2(SO_4)_3$、$Al(NO_3)_3$ 及明矾 [$K_2SO_4\cdot Al_2(SO_4)_3\cdot 24H_2O$] 等。

（1）氯化铝　卤化铝中最重要的是 $AlCl_3$。浓缩 $AlCl_3$ 溶液可得 $AlCl_3\cdot 6H_2O$ 晶体，进一步加热则因 Al^{3+} 强烈水解而得不到无水氯化铝。工业上采用干法制取无水氯化铝：在氯气或氯化氢气流中熔融铝才能制得无水氯化铝。

$$Al+3Cl_2 \xlongequal{强热} 2AlCl_3$$

$$Al_2O_3+3C+3Cl_2 \xlongequal{强热} 2AlCl_3+3CO$$

$AlCl_3$ 是共价化合物，常温下为白色晶体，工业品因含杂质铁而呈黄色。易挥发，178℃时升华。它易溶于水，在水中强烈水解，甚至遇到空气中的水汽也猛烈冒烟。它也能溶于乙醇、乙醚、CCl_4 等有机溶剂中。由于无水 $AlCl_3$ 易形成配位化合物，因此常在有机合成及石油化工中作催化剂，也可用作净水剂。

（2）硫酸铝和明矾　$Al_2(SO_4)_3$ 是白色粉末，常温下从溶液中析出的是无色针状晶体 $Al_2(SO_4)_3\cdot 18H_2O$。工业上用 H_2SO_4 与 $Al(OH)_3$ 反应或用 H_2SO_4 处理铝矾土或高岭土制取 $Al_2(SO_4)_3$。

$$2Al(OH)_3+3H_2SO_4 = Al_2(SO_4)_3+6H_2O$$

$$Al_2O_3+3H_2SO_4 = Al_2(SO_4)_3+3H_2O$$

$Al_2(SO_4)_3$ 及 $Al_2(SO_4)_3\cdot 18H_2O$ 均易溶于水，由于 Al^{3+} 的水解而使溶液呈酸性。

将等物质的量的 $Al_2(SO_4)_3$ 与 K_2SO_4 溶于水，蒸发、结晶，析出硫酸铝钾 [$K_2SO_4\cdot Al_2(SO_4)_3\cdot 24H_2O$，或写成 $KAl(SO_4)_2\cdot 12H_2O$]，俗称明矾。明矾是一种复盐，是无色晶体，易溶于水，在水中完全解离：

$$KAl(SO_4)_2\cdot 12H_2O = K^++Al^{3+}+2SO_4^{2-}+12H_2O$$

在 $Al_2(SO_4)_3$ 或明矾的水溶液中，Al^{3+} 水解产生的 $Al(OH)_3$ 胶体具有强烈的吸附能力，可吸附悬浮在水中的杂质而沉淀下来，因此过去常用 $Al_2(SO_4)_3$ 或明矾作净水剂。明矾还可用作媒染剂或用于澄清油脂、石油脱臭等。$Al_2(SO_4)_3$ 溶液在泡沫灭火器中常用作酸性反应液。

（3）硝酸铝　$Al(NO_3)_3\cdot 9H_2O$ 为无色晶体，易溶于水，易潮解，也易溶于乙醇、CS_2 等溶剂中。$Al(NO_3)_3$ 具有较强氧化能力，与一般有机物接触能燃烧和爆炸。工业上主要采用 Al 与稀硝酸反应制 $Al(NO_3)_3$。它可用作催化剂、媒染剂、溶剂萃取法回收废核燃料时的盐析剂，也是制取其他铝盐的原料。

四、 Al^{3+} 的鉴定

在 pH 为 4～9 的介质中，Al^{3+} 与茜素磺酸钠（简称茜素 S）生成红色沉淀，这一反应常用来鉴定溶液中 Al^{3+} 的存在。通常的操作方法是：在滤纸上加试液和 0.1%茜素 S 各 1 滴，再加 1 滴 $6mol \cdot L^{-1} NH_3 \cdot H_2O$，若生成红色斑点（茜素铝），表明试液中含有 Al^{3+}。

五、铝的冶炼

熔融 Al_2O_3，然后于 1000℃电解 Al_2O_3 与 Na_3AlF_6 的混合物。

$$2Al_2O_3(熔融) \xlongequal[1000℃]{电解} 4Al(阴极) + 3O_2(阳极)\uparrow$$

项目四　铁、锰及其化合物

学习目标

1. 学习并掌握铁的单质、氧化物、氢氧化物的性质。
2. 掌握 Fe^{3+} 的检验及氧化性。
3. 明确 Fe^{2+} 与 Fe^{3+} 的相互转化。
4. 了解锰单质的性质。
5. 掌握锰的化合物的化学性质以及锰的氧化态的化合物的性质。

知识一　铁及其化合物的性质和用途

一、铁的物理性质和化学性质及其用途

铁位于周期表中ⅧB 族，与钴和镍性质相似，这三种元素合称为铁系元素。铁的主要矿物有磁铁矿 Fe_3O_4、赤铁矿 Fe_2O_3、褐铁矿 FeO 等。

铁的价层电子构型为 $3d^6 4s^2$，氧化态有+2、+3、+6 三种。

铁有生铁和熟铁之分，生铁含碳量为 1.7%～4.5%，熟铁含碳量在 0.1%以下。而钢含碳量为 0.1%～1.7%。

铁是白色而有光泽的金属，略带灰色，有很好的延展性和铁磁性。

纯金属铁块在空气中较稳定。但含有杂质的铁在潮湿空气中容易生锈，锈层疏松多孔，不能起保护作用。铁在潮湿空气中容易生锈，生成铁的多种氧化物的水合物，锈层疏松多孔，不能起保护作用。在钢中加入铬、镍、锰、钛等制得的合金钢，大大改善了普通钢的性能。

铁属于中等活泼金属，高温时能与 O_2、S、Cl_2、Br_2 等非金属单质化合分别生成 Fe_3O_4、FeS、$FeCl_3$。赤热的铁能与水蒸气反应生成 Fe_3O_4，并放出 H_2。铁能溶于盐酸、稀硫酸和稀硝酸，但冷的浓硫酸、浓硝酸会使其钝化。铁能溶于盐酸、稀硫酸和稀硝酸，但冷的浓硫酸、浓硝酸会使其钝化。铁能被浓碱溶液缓慢腐蚀，而钴、镍在碱性溶液中的稳定性比铁高，故熔碱时最好使用镍制坩埚。

铁能与一氧化碳形成羰基化合物。这些羰基化合物稳定性差，利用它们的热分解反应可以制得高纯度金属。

知识链接

人和动植物都需要铁。70kg 人体内含铁量为 4.2～6.1g。铁大部分存在于血红蛋白（约占人体含铁量的 57%）和肌红蛋白（约占 9%）中，参与氧和二氧化碳的运输；铁还是各种细胞色素、过氧化酶的必要成分。世界卫生组织把缺铁性贫血列为全球四大营养问题（热能营养不良、维生素 A 缺乏、碘缺乏和缺铁性贫血）之一。

钴是人体必需微量元素。维生素 B_{12} 中钴被卟啉环平面所围绕，故又称为钴胺素。维生素 B_{12} 通常以辅酶形式存在。人每日需要钴至少 0.043μg。钴只有以维生素 B_{12} 的形式摄入才有意义。含维生素 B_{12} 的食物主要有肉类、鱼类、禽蛋等。

镍是人体有用的微量元素，广泛分布于骨骼、肺、肾、皮肤等器官和组织中，其中以骨骼中的浓度较高。镍的吸收部位在小肠，吸收率极低。人体内镍与铁吸收相互作用，促进红细胞再生，并可能参与膜结构。摄入过多的镍会导致癌症。

二、铁的化合物

铁通常形成＋2、＋3 两种氧化态的化合物，其中以＋3 氧化数的化合物稳定。

铁的元素电势图为：

$$\varphi^{\ominus}_{A,V} \quad Fe^{3+} \xrightarrow{0.771} Fe^{2+} \xrightarrow{-0.44} Fe$$

$$\varphi^{\ominus}_{B,V} \quad Fe(OH)_3 \xrightarrow{-0.56} Fe(OH)_2 \xrightarrow{-0.877} Fe$$

1. 氧化物

铁的氧化物有三种：FeO（黑色）、Fe_2O_3（砖红色）、Fe_3O_4（黑色），都不溶于水。

① FeO 是碱性氧化物，溶于强酸而不溶于碱。

② Fe_2O_3 俗称铁红，可作红色染料、磨光粉、催化剂等，不溶于水。

Fe_2O_3 是两性氧化物，碱性强于酸性。与酸作用生成 Fe(Ⅲ) 盐，与 NaOH、Na_2CO_3、Na_2O 等碱性物质共熔生成铁（Ⅲ）酸盐。

$$Fe_2O_3 + 6HCl \xlongequal{} 2FeCl_3 + 3H_2O$$

$$Fe_2O_3 + 2NaOH \xlongequal{熔融} 2NaFeO_2 + H_2O$$

$$Fe_2O_3 + Na_2CO_3 \xlongequal{} 2NaFeO_2 + CO_2\uparrow$$

灼烧后的 Fe_2O_3 不溶于酸。

③ Fe_3O_4 又称磁性氧化铁，黑色晶体，可作黑色颜料，不溶于水和酸，有良好的导电性，可能是电子在 Fe(Ⅲ) 和 Fe(Ⅱ) 之间传递的结果。经证明，Fe_3O_4 是一种铁酸盐 $Fe(FeO_2)_2$，从溶液中析出的 Fe(Ⅲ) 或 Fe(Ⅱ) 的含氧酸盐都带有结晶水。它们受强热时分解为 Fe(Ⅲ) 或 Fe(Ⅱ) 的氧化物。

$$4Fe(NO_3)_2 \xlongequal{600\sim700℃} Fe_2O_3 + 8NO_2\uparrow + O_2\uparrow$$

$$FeC_2O_4 \xlongequal{隔绝空气加热} FeO + CO\uparrow + CO_2\uparrow$$

实验室常用上述反应制取 Fe_2O_3 和 FeO。

2. 氢氧化物

铁有两种氢氧化物：$Fe(OH)_2$（白色）、$Fe(OH)_3$（棕红色），都是难溶于水的弱碱。

在亚铁盐（除尽空气）、铁盐溶液中加碱，即有氢氧化物沉淀生成。

$$Fe^{2+} + 2OH^- \xlongequal{} Fe(OH)_2(s)$$

$$Fe^{3+} + 3OH^- \xlongequal{} Fe(OH)_3(s)$$

① 由元素电势图可知，$Fe(OH)_2$ 有较强的还原性。$Fe(OH)_2$ 极不稳定，在空气中易被氧化，白色的 $Fe(OH)_2$ 先变成灰绿色，最后成为棕红色的 $Fe(OH)_3$。

$$4Fe(OH)_2+O_2+2H_2O=\!=\!=4Fe(OH)_3$$

只有在完全清除掉溶液中的氧时，才有可能得到白色的 $Fe(OH)_2$。$Fe(OH)_2$ 不仅能溶于酸，也微溶于浓氢氧化钠溶液。但并不以此称 $Fe(OH)_2$ 具有两性。

② 新沉淀的 $Fe(OH)_3$ 具有微弱的两性，但碱性强于酸性，溶于酸生成 Fe(Ⅲ) 盐，溶于浓的强碱溶液，生成铁酸盐。例如能溶于热的浓 NaOH 溶液，生成 $KFeO_2$ 或 $Na_3[Fe(OH)_6]$。

$$Fe(OH)_3+3HCl=\!=\!=FeCl_3+3H_2O$$

$$Fe(OH)_3+3NaOH=\!=\!=Na_3[Fe(OH)_6](\text{或 }NaFeO_2)$$

经放置的 $Fe(OH)_3$ 沉淀则难以显示酸性，只能与酸反应。

三、铁盐

1. Fe（Ⅱ）盐

Fe(Ⅱ) 盐有一定的还原性，是否稳定存在，与介质酸碱性有关。

在酸性介质中，Fe^{2+} 相对比较稳定，但有显著的还原性，能被强氧化剂如 $KMnO_4$、$K_2Cr_2O_7$、Cl_2、H_2O_2、HNO_3 氧化成 Fe^{3+}。

$$2Fe^{2+}+Cl_2=\!=\!=2Fe^{3+}+2Cl^-$$

$$2Fe^{2+}+H_2O_2+2H^+=\!=\!=2Fe^{3+}+2H_2O$$

$$Fe^{2+}+HNO_3+H^+=\!=\!=Fe^{3+}+NO_2\uparrow+H_2O$$

在酸性溶液中，空气中的氧也能把 Fe^{2+} 氧化为 Fe^{3+}。在碱性介质中，铁（Ⅱ）还原性更强，极易被氧化。因此，制备和保存 Fe^{2+} 盐溶液时，必须加入足够浓度的酸，始终保持溶液的酸性，并加几颗铁钉防止氧化。

$$2Fe^{3+}+Fe=\!=\!=3Fe^{2+}$$

铁(Ⅱ) 盐溶液显浅绿色，稀溶液几乎无色。铁(Ⅱ) 的强酸盐几乎都易溶于水，如 Fe(Ⅱ) 的硫酸盐、硝酸盐、卤化物等。由于水解呈酸性，铁(Ⅱ) 的弱酸盐大都难溶于水而溶于酸，如 Fe(Ⅱ) 的碳酸盐、磷酸盐、硫化物等。

常见的亚铁盐是 $FeSO_4 \cdot 7H_2O$，俗称绿矾，易风化。其无水盐是白色粉末，不稳定，特别是溶液，易被氧化为 Fe(Ⅲ) 盐。粉末虽比溶液中稳定，但久置空气中会被氧化为黄褐色的碱式硫酸铁。

$$4FeSO_4+O_2+2H_2O=\!=\!=4Fe(OH)SO_4$$

将亚铁盐转变为复盐，稳定性增强。硫酸亚铁铵 $(NH_4)_2SO_4 \cdot FeSO_4 \cdot 6H_2O$，也叫摩尔盐，是实验室常用的铁（Ⅱ）盐，在分析化学中是常用的还原剂，用于标定 $KMnO_4$、$K_2Cr_2O_7$ 等溶液的浓度。$FeSO_4$ 可以用作媒染剂、鞣革剂、木材防腐剂、种子杀虫剂及制蓝黑墨水。

2. Fe（Ⅲ）盐

$Fe(OH)_3$ 的碱性比 $Fe(OH)_2$ 弱，故 Fe^{3+} 盐比 Fe^{2+} 盐更易于水解，这是 Fe(Ⅲ) 盐的重要性质，其水解产物近似地认为是 $Fe(OH)_3$。

$$Fe^{3+}+3H_2O=\!=\!=Fe(OH)_3\downarrow+3H^+$$

【想一想】 如何保存亚铁盐溶液，才能防止其水解和氧化？

在强酸性（$pH\approx0$）溶液中，Fe^{3+} 以水合离子 $[Fe(H_2O)_6]^{3+}$ 的形式存在，显黄色。

随着溶液碱性增强，$[Fe(H_2O)_6]^{3+}$的水解、缩合逐级进行，很快就形成胶体溶液，最后形成$Fe(OH)_3$沉淀，溶液颜色由黄色加深至棕色。加酸能抑制$[Fe(H_2O)_6]^{3+}$水解，故配制Fe(Ⅲ)盐溶液时，需加入一定的酸。

$FeCl_3$或$Fe_2(SO_4)_3$常用作净水剂，是因其胶状水解产物能凝聚水中的悬浮物，并一起沉降。

+3价铁的硝酸盐、硫酸盐、氯化物和高氯酸盐等都易溶于水，并且在水中容易水解使溶液显酸性。

Fe^{3+}盐的另一重要性质是氧化性。在酸性溶液中属于中强氧化剂，能氧化H_2S、KI、$SnCl_2$，还原产物是Fe^{2+}。例如：

$$Fe_2(SO_4)_3+SnCl_2+2HCl = 2FeSO_4+SnCl_4+H_2SO_4$$

$$2FeCl_3+2KI = 2FeCl_2+I_2+2KCl$$

$$2Fe^{3+}+2I^- = 2Fe^{2+}+I_2$$

$$2Fe^{3+}+H_2S = 2Fe^{2+}+S+2H^+$$

$$2Fe^{3+}+Fe = 3Fe^{2+}$$

$$Fe^{3+}+3H_2O = Fe(OH)_3+3H^+$$

故配制铁（Ⅲ）盐溶液时，往往需加入一定的酸抑制其水解。在生产中，常用加热的方法，使Fe^{3+}水解析出$Fe(OH)_3$沉淀，用来除去产品中的杂质铁。用$FeCl_3$或$Fe_2(SO_4)_3$作净水剂，也是利用上述性质。

$FeCl_3$是重要的Fe(Ⅲ)盐。氯气与铁粉在高温下直接合成得到棕黑色的无水$FeCl_3$，因反应放热，$FeCl_3$易升华而分离。若将铁屑溶于盐酸，再经浓缩、冷却、结晶得到六水合氯化铁$FeCl_3 \cdot 6H_2O$，为黄棕色晶体，加热得不到无水$FeCl_3$。

氯化铁主要用于有机染料的生产上。在印刷制版中，它可用作铜版的腐蚀剂，即把铜版上需要去掉的部分和氯化铁作用，使Cu变成$CuCl_2$而溶解。

$$Cu+2FeCl_3 = CuCl_2+2FeCl_2$$

工业上利用后两个反应，用浓的$FeCl_3$溶液在铁制品上刻字，在铜板上腐蚀出印刷电路。

此外，$FeCl_3$能使蛋白质迅速凝聚，医药上用作止血剂。

$Fe_2(SO_4)_3$也是重要的Fe(Ⅲ)盐，易形成矾，如蓝紫色硫酸铁铵晶体$[NH_4Fe(SO_4)_2 \cdot 12H_2O]$，俗称铁铵矾。

当用酸与金属作用制取无机盐时，通常是把酸往金属中加，但硝酸铁的制备正好相反。为了让酸始终过量，抑制Fe^{3+}水解，操作时把铁屑逐渐加到HNO_3中。若把HNO_3加到铁屑中，随着HNO_3被消耗，生成的$Fe(NO_3)_3$随即水解，溶液变浑，甚至变成黄棕色粥状物，此时再加硝酸也难溶解。

四、铁的配合物

1. 亚铁氰化钾

Fe^{2+}与KCN溶液作用，首先析出白色氰化亚铁沉淀$[Fe(CN)_2]$，KCN过量，沉淀溶解而形成六氰合铁（Ⅱ）酸钾$K_4[Fe(CN)_6]$，简称亚铁氰化钾，俗名黄血盐，为柠檬黄色晶体。

$$Fe^{2+} + 2CN^- \longrightarrow Fe(CN)_2\downarrow + 4CN^- \xrightarrow{\text{过量 KCN}} K_4[Fe(CN)_6]$$

向黄血盐溶液中通入氯气或加入$KMnO_4$溶液，可将$[Fe(CN)_6]^{4-}$氧化为$[Fe(CN)_6]^{3-}$。

$$2K_4[Fe(CN)_6]+Cl_2 = 2K_3[Fe(CN)_6]+2KCl$$

$$3K_4[Fe(CN)_6]+KMnO_4+2H_2O \longrightarrow 3K_3[Fe(CN)_6]+MnO_2\downarrow+4KOH$$

2. 铁氰化钾

六氰合铁（Ⅲ）酸钾（$K_3[Fe(CN)_6]$），简称铁氰化钾，俗名赤血盐，为深红色晶体。在 Fe^{2+} 溶液中加入铁氰化钾，或在 Fe^{3+} 溶液中加入亚铁氰化钾，都有蓝色沉淀生成。

$$3Fe^{2+}+2[Fe(CN)_6]^{3-} \longrightarrow Fe_3[Fe(CN)_6]_2\downarrow\text{(藤氏蓝)}$$

$$4Fe^{3+}+3[Fe(CN)_6]^{4-} \longrightarrow Fe_4[Fe(CN)_6]_3\downarrow\text{(普鲁士蓝)}$$

以上两个反应用来鉴定 Fe^{2+} 和 Fe^{3+} 的存在。研究表明，两种蓝色物质具有相同的组成和结构，实际是同一物质，均可用化学式 $K[Fe^{II}(CN)_6Fe^{III}]$ 表示。

3. 硫氰化铁

在 Fe(Ⅲ) 盐溶液中加入 KSCN，能生成血红色的异硫氰酸根合铁（Ⅱ）配离子，即（$[Fe(NCS)_n]^{3-n}$）。

$$Fe^{3+}+nSCN^- \longrightarrow [Fe(NCS)_n]^{3-n}\ (n=1\sim6)$$

这一反应非常灵敏，常用以检测 Fe^{3+}。反应须在酸性环境中进行，因为溶液酸度小时，Fe^{3+} 发生水解生成氢氧化铁，破坏了硫氰配合物而得不到血红色溶液，加入 NaF，血红色消失。

$$[Fe(NCS)_n]_{3-n}+6F^- \longrightarrow [FeF_6]^{3-}+nSCN^-$$

4. 五羰基铁

铁粉与羰基在 150～200℃和 101.3kPa 下反应，生成黄色液体五羰基铁 $Fe(CO)_5$。五羰基铁不溶于水而溶于苯和乙醚中，易挥发，热稳定性差，加热至 140℃时分解，析出单质铁。利用此性质可以提炼纯铁。

$$Fe+5CO \xrightarrow{\text{温度、压力}} Fe(CO)_5$$

制备时，必须在与外界隔绝的容器中进行。

Fe(Ⅲ) 的配合物比 Fe(Ⅱ) 的配合物稳定。

知识二　锰及其化合物的性质和用途

一、锰的性质和用途

主要矿物有软锰矿（MnO_2）、方锰矿（MnO）和黑锰矿（Mn_3O_4）等。海底的锰结核中含有大量锰及其他金属元素如铁、铜、钴、镍。

锰为灰白色金属，坚硬且脆，化学性质活泼，在潮湿空气中易生锈，纯金属锰用途不多。锰是氧化态最多的元素，从－3 价［如 $Mn(NO)_3(CO)$］到＋7 价（如 $KMnO_4$）都可存在。

主要用途：①用于钢铁工业中，用量占锰产量的 90%以上。含锰 2.5%～3.5%的低锰钢像玻璃，性脆易碎；加锰可以除去硫和氧，含 13%～15%的高锰钢，坚硬、强韧、耐磨损、抗冲击，用于制造钢轨、轴承、推土机和挖土机的铲斗等。②制造化学试剂。如 MnO_2 是干电池的正极材料，玻璃制造中添加适量 MnO_2 可消除绿色，使玻璃无色透明；高锰酸钾可用作氧化剂、消毒剂等。

知识链接

锰是人体中含量较少的、必需的微量元素，它主要存在于骨骼和肌肉中，亦含于肝、肾、胰、脑中。锰作为辅因子参与多个酶系统功能，参与蛋白质和能量代谢、黏多糖合成等生化过程，与骨骼正常生长、中枢神经系统发育有关。在骨髓造血中，锰与铁具有协同作用。

锰污染主要来自钢铁工业，锰合金及金属生产厂和干电池等生产及废弃物的排放。锰尘进入大气可将硫从四价氧化到六价，引起酸雨污染。环境中的锰也可通过生物蓄积的方式进入体内。

二、锰的化合物

锰能形成多种氧化态的化合物。其中以氧化数为+2、+4和+7的化合物最为重要。

1. 锰（Ⅱ）的化合物

最常见的Mn(Ⅱ）的化合物是锰（Ⅱ）盐，它比较容易制备，金属锰与盐酸、H_2SO_4甚至HAc都能反应制得相应的锰（Ⅱ）盐，同时放出H_2。也可以用MnO_2与浓H_2SO_4或浓HCl反应来制取$MnSO_4$或$MnCl_2$。

$$2MnO_2+2H_2SO_4(浓)\xlongequal{\triangle}2MnSO_4+O_2\uparrow+2H_2O$$

$$2MnO_2+4HCl\xlongequal{\triangle}2MnCl_2+O_2\uparrow+2H_2O$$

其他一些难溶锰（Ⅱ）盐如$MnCO_3$、MnS等，常由复分解反应得到。

从溶液中结晶出来的锰（Ⅱ）盐是带结晶水的粉红色晶体。在溶液中，Mn^{2+}常以淡红色的$[Mn(H_2O)_6]^{2+}$水合离子存在。Mn(Ⅱ）的强酸盐都易溶于水，一些弱酸盐如MnS、$MnCO_3$、$Mn_3(PO_4)_2$等难溶于水。

由于Mn^{2+}的价层电子构型为$3d^5$，属于d能级半充满的稳定状态，故这类化合物是最稳定的。但Mn^{2+}的稳定性还与介质的酸碱性有关。

Mn^{2+}在酸性溶液中很稳定，只有用强氧化剂［如$NaBiO_3$、PbO_2、$(NH_4)_2S_2O_8$等］才能使之氧化。例如：

$$2Mn^{2+}+5NaBiO_3(s)+14H^+ = 2MnO_4^-+5Bi^{3+}+5Na^++7H_2O$$

反应产物MnO_4^-即使在很稀的溶液中，也能显示出它特征的红色。因此，上述反应常用来鉴定Mn^{2+}的存在。

在碱性溶液中，Mn(Ⅱ）极易被氧化成Mn(Ⅳ)。

【演示实验】 取0.1mol/L $MnSO_4$溶液1mL，逐滴加入质量分数10% NaOH溶液，观察现象。

实验表明，锰（Ⅱ）盐中加入碱，首先生成白色沉淀，静止片刻，白色沉淀逐渐变成棕色。

实验中发生了以下反应：

$$Mn^{2+}+2OH^- = \underset{(白色)}{Mn(OH)_2}\downarrow$$

$Mn(OH)_2$极易被氧化成棕色的水合MnO_2［习惯写成$MnO(OH)_2$］沉淀。

$$2Mn(OH)_2+O_2 = 2MnO(OH)_2\downarrow$$

此反应在水质分析中用于测定水中的溶解氧。

2. 锰（Ⅳ）的化合物

MnO_2 是 Mn(Ⅳ) 的重要化合物，它是最稳定的氧化物，是软锰矿的主要成分。

MnO_2 是一种黑色粉末状物质，难溶于水。

MnO_2 在酸性介质中具有强氧化性。与浓 HCl 作用有 Cl_2 生成，和浓 H_2SO_4 作用有 O_2 生成。还可以氧化 H_2O_2 和铁（Ⅱ）盐：

$$MnO_2 + H_2O_2 + H_2SO_4 = MnSO_4 + O_2\uparrow + 2H_2O$$

$$MnO_2 + 2FeSO_4 + 2H_2SO_4 = MnSO_4 + Fe_2(SO_4)_3 + 2H_2O$$

在碱性介质中，MnO_2 可被氧化剂氧化成 Mn(Ⅵ) 的化合物。例如，MnO_2 和 KOH 的混合物于空气中，或者与 $KClO_3$、KNO_3 等氧化剂一起加热熔融，可以得到绿色的锰酸钾（K_2MnO_4）。

$$2MnO_2 + 4KOH + O_2 \xlongequal{\text{熔融}} 2K_2MnO_4 + 2H_2O$$

MnO_2 具有氧化、还原性，特别是氧化性，使它在工业上有很重要的用途。在玻璃工业中，将它加入熔态玻璃中以除去带色杂质（硫化物和亚铁盐）；在油漆工业中，将它加入熬制的半干性油中，可以促进这些油在空气中的氧化作用。MnO_2 在干电池中用作去极剂，它也是一种催化剂和制造锰盐的原料。

3. 锰（Ⅶ）的化合物

高锰酸钾是最重要的 Mn(Ⅶ) 的化合物，俗名灰锰氧，为深紫色晶体，水溶液为紫红色。

$KMnO_4$ 溶液并不十分稳定，在酸性溶液中缓慢地分解。

$$4MnO_4^- + 4H^+ = 4MnO_2\downarrow + 3O_2\uparrow + 2H_2O$$

在中性或微碱性溶液中，分解较缓慢。但是光对高锰酸盐的分解起催化作用，因此 $KMnO_4$ 溶液必须保存于棕色瓶中。

$KMnO_4$ 固体的热稳定性较差，加热至 240℃分解，放出 O_2，是实验室制备 O_2 的一种简便方法。

$KMnO_4$ 是最重要和常用的氧化剂之一，粉末状的 $KMnO_4$ 与质量分数为 90% 的 H_2SO_4 反应，生成绿色油状的高锰酸酐（Mn_2O_7），它在 0℃以下稳定，在常温下会爆炸分解。Mn_2O_7 有强氧化性，遇有机物就发生燃烧。因此保存固体时应避免与浓 H_2SO_4 及有机物接触。

$KMnO_4$ 是强氧化剂，它的还原产物因介质的酸碱性不同而不同。

【演示实验】在三支试管中，各滴入 10 滴 0.1mol/L $KMnO_4$ 溶液，分别依次加入 1mL 2mol/L H_2SO_4、1mL 2mol/L NaOH 溶液、1mL H_2O。然后各加入少量 Na_2SO_3 固体，摇匀，观察现象。

第一支试管：溶液紫红色褪去，变为无色；第二支试管：溶液变为深绿色；第三支试管：出现棕色沉淀。

在酸性溶液中，MnO_4^- 被还原成 Mn^{2+}，溶液由紫红色变为淡粉红色（稀溶液近无色）。

$$2MnO_4^- + 5SO_3^{2-} + 6H^+ = 2Mn^{2+} + 5SO_4^{2-} + 3H_2O$$

在强碱性溶液中，MnO_4^- 被还原为 MnO_4^{2-}，溶液由紫红色变为深绿色。

$$2MnO_4^- + SO_3^{2-} + 2OH^- = 2MnO_4^{2-} + SO_4^{2-} + H_2O$$

在中性或弱碱性溶液中，MnO_4^- 被还原为 MnO_2，溶液中产生棕色沉淀。

$$2MnO_4^- + 3SO_3^{2-} + H_2O = 2MnO_2\downarrow + 3SO_4^{2-} + 2OH^-$$

$KMnO_4$ 广泛用于定量分析中，测定一些过渡金属离子（如 Ti^{3+}、VO^{2+}、Fe^{2+} 等）以及 H_2O_2、草酸盐、甲酸盐和亚硝酸盐等的含量。质量分数 0.1%的 $KMnO_4$ 稀溶液可用于浸洗水果和杯碗等用具，起消毒和杀菌作用；质量分数 5%的 $KMnO_4$ 溶液可治疗轻度烫伤，还用作油脂及蜡的漂白剂，是常用的化学试剂。

【模块小结】

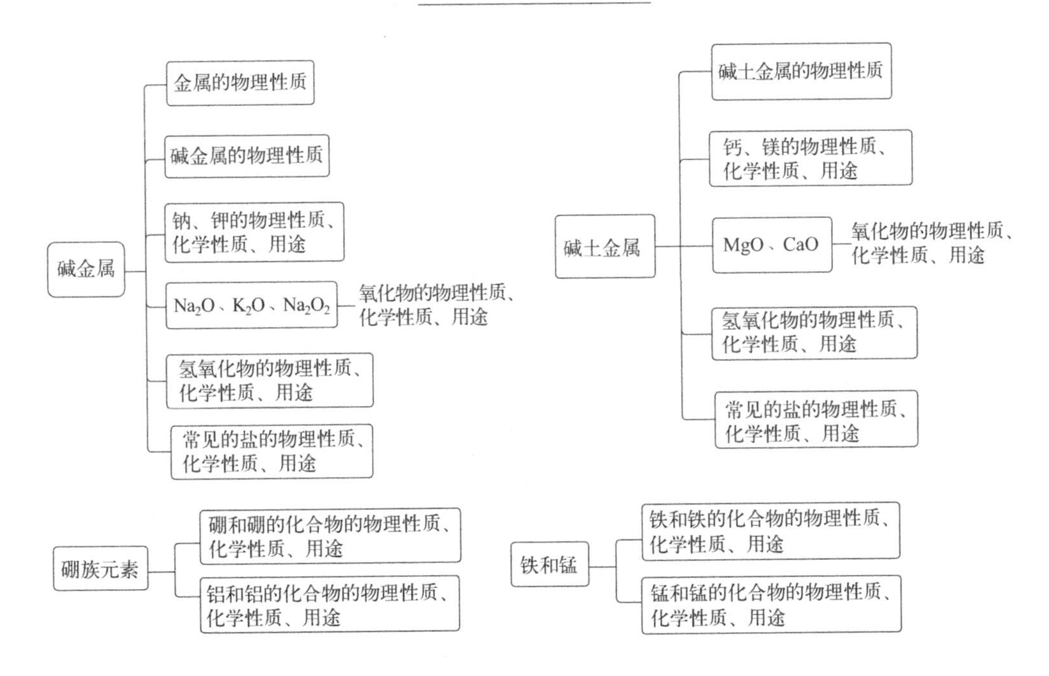

【思考与习题】

【思考题】

1. 钠着火时能否用水、二氧化碳、石棉毯和细砂扑救？为什么？

2. 有一份白色固体混合物，其中可能含有 KCl、$MgSO_4$、$BaCl_2$ 和 $CaCO_3$，试根据下列实验现象，判断混合物中有哪些物质。

(1) 混合物溶于水时的澄清溶液；

(2) 该溶液与碱反应时生成白色胶状沉淀；

(3) 该溶液的焰色反应呈紫色（隔钴玻璃观察）。

3. 自然界中为何不存在碱金属单质及碱金属氢氧化物？

4. 实验室中如何保存碱金属 Li、Na、K？

5. 为什么 $BaSO_4$ 常用作胃肠道 X 光造影剂，而 $BaCO_3$ 绝不可以？

【习题】

一、填空题

1. 单质钠是______色的轻金属，它的表面往往有一层白色无光泽的物质，这是因为钠易与______中的______反应，生成______的缘故。

2. 金属钠本身没有腐蚀性，但如果直接用手接触金属钠，容易被烧伤，这是由于钠可与手上的______反应，生成具有强腐蚀性的______的缘故。

3. 钠在常温下，能与空气中的氧气化合生成______，钠又能与水反应生成______，因此实验室里钠通常保存在______中。

4. 钠的氧化物主要有______和______，其中比较稳定的是______。它们与水反应都能生成______。钾的氧化物主要有______和______。

5. ______可用于呼吸面具和潜水艇中，是因为它能与______反应，生成______和碳酸钠。

6. ______俗称小苏打，______俗称苏打或纯碱。受热放出二氧化碳气体的是______。

7. 碱金属包括__________、______、______、______、______六种元素。其中金属性最强的是______，原子半径最小的是______。

8. 钠和钾都是活泼金属，金属活动性是钾比钠______，这是因为钾的原子核外电子层数比钠的______，更容易______电子。

9. 钠、钾或它们的化合物灼烧时，相应的火焰呈______色和______色，观察钾的焰色常需透过______色的______玻璃。

10. 钠、钾在自然界中以______态存在，原因是________________。

11. 向硫酸铝溶液中滴入过量氨水，反应方程式为________________________；如滴入少量氢氧化钠溶液，反应方程式为________________________________；滴入过量氢氧化钠溶液，反应的方程式________________________________。

12. 通常把______和______的混合物叫铝热剂。

13. 硼酸是______元酸。

14. 地壳中含量最多的金属是______，天然的纯净的______称为刚玉。

二、选择题

1. 下列钠的化合物在空气中最稳定的是（　　）。

1. NaCl　　B. Na_2O　　C. NaO_2　　D. NaOH

2. 锂、钠、钾原子半径由大到小排列正确的是（　　）。

A. K>Na>Li　　B. Li>Na>K　　C. Na>Li>K　　D. Na>K>Li

3. 钠与钾化学性质相似的根本原因是（　　）。

A. 都是碱金属　　B. 都能与水反应生成碱

C. 不与酸反应　　D. 原子的最外电子层上都只有一个电子

4. 下列氢氧化物中性最强的是（　　）。

A. KOH　　B. NaOH　　C. LiOH　　D. CsOH

5. 钾与水反应总浮在水面上，这是因为（　　）。

A. 反应中放出大量氢气　　B. 反应中放出大量热

C. 反应生成很强的碱　　D. 钾的密度小于水的密度

6. 下列碳酸盐中，溶解度最小的是（　　）。

A. $NaHCO_3$　　B. Na_2CO_3　　C. Li_2CO_3　　D. K_2CO_3

7. 重晶石的化学成分是（　　）。

A. $SrSO_4$　　B. $SrCO_3$　　C. $BaSO_4$　　D. $CaSO_4 \cdot 2H_2O$

8. 烧石膏的化学成分是（　　）。

A. Na_2SO_4　　B. $CaSO_4$

C. $CaSO_4 \cdot 1/2H_2O$　　D. $Na_2SO_4 \cdot 10H_2O$

9. 在下列氢化物中，其稳定性最大的是（　　）。

A. RbH　　B. KH　　C. NaH　　D. LiH

10. 下列化合物中热稳定性最强的是（　　）。

A. $MgCO_3$　　B. $Mg(HCO_3)_2$　　C. H_2CO_3　　D. $(NH_4)_2CO_3$

11. 氢与（　　）形成盐型氢化物。

A. 所有元素　　B. 金属元素

C. 碱金属与碱土金属元素　　D. 非金属元素

12. 下列反应能得到 Na_2O 的是（　　）。

A. 钠在空气中燃烧　B. 加热 $NaNO_3$　　C. 加热 Na_2CO_3　　D. Na_2O_2 与 Na 作用

13. 下列难溶钡盐中不能溶于盐酸的是（　　）。

A. $BaCO_3$　　B. $BaSO_4$　　C. $BaCrO_4$　　D. $BaSO_3$

14. 下列化合物与水反应，不产生 H_2O_2 的是（　　）。

A. KO_2　　B. Li_2O　　C. BaO_2　　D. Na_2O_2

15. 下列化合物中，与氖原子的电子构型相同的正、负离子所组成的离子型化合物是（　　）。

A. NaCl　　B. MgO　　C. KF　　D. $CaCl_2$

三、判断题

1. 锂和钠的标准电极电势分别是−3.024V 和−2.71V，但标准电极电势低的锂与水作用时，反应不如钠与水作用剧烈。（　　）

2. 锂的电离势比铯大，但 Li^+/Li 元素的电极电势却比 Cs^+/Cs 的电极电势小。（　　）

3. 人们常用 Na_2O_2 作制氧剂。（　　）

4. $BeCl_2$ 是离子键。（　　）

5. $CaCl_2$ 是离子键。（　　）

6. 碱金属盐类全都溶于水。（　　）

7. 金属钠着火时，不能用水或 CO_2 灭火，只能用石棉毯扑灭。（　　）

8. 若土壤因 Na_2CO_3 引起显示碱性，加入石膏，就能消除碱性。（　　）

9. 金属钠溶于液氨形成一蓝色的溶液，并可导电。（　　）

10. NaOH 受热不分解，LiOH 受热分解为 Li_2O 与 H_2O。（　　）

四、计算题

1. 23g 钠与水起反应，能生成多少升氢气（标准状况下）?

2. 加热 410g 碳酸氢钠到再没有气体放出时，剩余的物质是什么？它的质量是多少?

3. 1000g 过氧化钠可供给潜水人员多少升氧气（标准状况下）?

模块四　常见非金属元素及其重要的化合物

该模块主要介绍常见的非金属元素及其化合物的物理性质、化学性质、制法和用途。如卤素元素及其化合物、氧族元素及其化合物、氮族元素及其化合物、碳族元素及其化合物的性质、用途和制法。

项目一　卤族元素及其化合物

学习目标

1. 了解卤族元素的一些共同性质。
2. 掌握氯及氯的化合物的性质和用途。
3. 掌握盐酸、盐酸盐的性质和用途。
4. 掌握氯元素的含氧酸盐（次氯酸、高氯酸等）的性质和用途。

知识一　卤族元素的性质

一、卤族元素的通性

卤族元素主要是氟（F）、氯（Cl）、溴（Br）、碘（I）、砹（At）五种元素，简称卤素，其中砹为放射性元素。卤素是一族典型的非金属元素。卤素的原子最外层都有 7 个电子。在化学反应中容易得到电子，成为－1 价阴离子，卤素都是活泼的非金属。卤素元素从氟到碘，随着核电荷数的增多，原子半径的增大，非金属性逐渐减弱，氟的非金属性最强。卤素的一些重要性质见表 4-1。

二、卤素单质的物理性质

卤素单质均为双原子分子。由 F_2 到 I_2，随着分子量的增大，分子间色散力逐渐增强，熔点、沸点依次升高，密度增大，颜色加深。F_2 是浅黄绿色气体，Cl_2 是黄绿色气体，Br_2 是深棕红色液体，I_2 是鳞片状紫黑色固体，略有金属光泽。

表 4-1　卤素的一些重要性质

元素名称	元素符号	原子系数	电子层结构	原子半径	主要化合价	单质					
						颜色状态	常温时密度/(g/L)	沸点/℃	熔点℃	溶解度/(g/100g H_2O)	$\varphi^{\ominus}_{(X_2/X^-)}$/V
氟	F	9	(+9) 2 7	64	−1	气体 淡黄绿色	1.690	−188.1	−219.6	反应	2.866
氯	Cl	17	(+17) 2 8 7	99	−1、+1、+3、+5、+7	气体 黄绿色	3.214	−34.6	−101	0.732	1.3585
溴	Br	35	(+35) 2 8 18 7	114	−1、+1、+3、+5、+7	液体 深棕红色	3.119	58.78	−7.2	3.58	1.087
碘	I	53	(+53) 2 8 18 18 7	127	−1、+1、+3、+5、+7	固体 紫黑色	4.930	184.6	−113.3	0.019	0.5355

所有的卤素单质均有刺激性气味，溴蒸气有刺激性臭味，强烈刺激眼黏膜，有催泪作用。碘蒸气有辛辣刺激气味。

卤素单质均有毒，毒性从 F_2 到 I_2 依次减轻。吸入较多的卤素蒸气会中毒，甚至死亡。不慎吸入氯气，会发生窒息，须立即到新鲜空气处，可吸入适量氨气或酒精和乙醚混合蒸气解毒。我国规定企业排放的废气中含氯不得超过 $1mg/m^3$。液溴会深度灼伤皮肤，造成难以治愈的创伤，不慎溅到皮肤上，要立即用甘油洗涤伤口，再用清水洗，最后敷上药膏。

氯气极易液化，常温液化压力约 600kPa，市售品均以液氯储存在钢瓶中。在使用钢瓶内液氯时，拧开阀门，液氯气化逸出。由于汽化吸热，致使钢瓶内液氯温度下降，甚至达0℃以下。空气遇冷凝结在内有液氯部分的钢瓶外壁上，形成一层白霜，由此可判断钢瓶内剩余液氯的多少。

碘加热时易升华，利用这一性质可将粗碘精制。

卤素单质在水中的溶解度不大。F_2 遇水剧烈反应；Cl_2 微溶于水，氯水呈黄绿色；Br_2 溶解度稍大于 Cl_2，溴水呈黄色；I_2 难溶于水。卤素在有机溶剂中的溶解度比在水中大得多，如可溶于乙醇、乙醚、四氯化碳、氯仿、二硫化碳等有机溶剂。医用碘酒是含碘 25%的酒精溶液。

知识链接

人体含氟 0.74～4.76g。体内的氟 90%存在于骨骼和牙齿中，10%存在于软组织中；人体所需的氟主要来源于饮用水，其含氟量在 0.5～1.0mg/L 为宜，小于 0.5mg/L 时，龋齿发病率高于 70%。但氟含量过高将会引起氟中毒：一种是氟骨病，骨骼疼痛，致残性畸形；另一种是氟斑牙，开始牙齿变黄出斑，继而咬硬食物牙齿掉渣。

氯是人体常量元素，主要以离子形式（Cl^-）分布在细胞外液，20%存在于有机物中。Cl^- 是消化食物的促进剂。人体摄入的 Cl^- 主要来自食盐。

溴蒸气刺激黏膜，引起流泪、咳嗽、头晕、头痛和鼻出血，浓度高还会引起窒息和支气管炎。NaBr、KBr 和 NH_4Br 在医疗上用作镇静剂，对人的神经系统有镇静作用。

碘是人体必需的微量元素，集中在甲状腺中，通过形成具有生理活性的甲状腺素及三碘甲状腺原氨酸发挥作用。碘缺乏症（IDD）是世界的严重公共卫生问题。成人每日需要的碘摄入量为 100～200μg，妊娠和哺乳妇女应略增加。碘盐是在食盐中加入碘酸钾形成的混合物。

三、卤素单质的化学性质

1. 与金属、非金属的反应

F_2 最活性。除 O_2、N_2、He、Ne、Ar 几种气体外，F_2 能与所有的金属和非金属剧烈化合，且常伴有燃烧和爆炸。常温下，F_2 与 Cu、Fe、Mg、Pb、Ni 等金属反应，在金属表面形成一层保护性的金属氟化物薄膜。加热条件下，F_2 与 Au、Pt 作用生成氟化物。

除 O_2、N_2、稀有气体外，Cl_2 也能与各种金属和非金属直接化合，反应比较剧烈，如 Na、Cu、Fe 都能在氯气中燃烧。加热条件下，潮湿的 Cl_2 能与 Au、Pt 反应。干燥的 Cl_2 不与 Fe 反应，所以可用钢瓶盛装液氯。

一般能与 Cl_2 反应的金属（除贵金属外）和非金属同样也能与 Br_2、I_2 反应，但反应活性降低，特别是 I_2，需较高的温度才能进行。

2. 与水、碱的反应

F_2 与水剧烈反应并放出 O_2：

$$2F_2+2H_2O = 4HF+O_2$$

Cl_2 与水有两种反应，均有 O_2 缓慢放出。一种是氧化反应，Cl_2 置换出水中的氧；另一种反应是歧化反应，生成盐酸和次氯酸，次氯酸见光分解而放出氧。所以氯水有很强的漂白、杀菌作用。

$$2Cl_2+2H_2O = 4HCl+O_2\uparrow$$

$$Cl_2+H_2O = HCl+HClO$$

$$HClO \xlongequal{光} HCl+O_2\uparrow$$

Br_2 与水的反应同 Cl_2，但更加缓慢地放出 O_2。

I_2 不与水反应，能与溶液中的 I^- 结合，生成可溶性的 I_3^-。

$$I_2+I^- = I_3^-$$

常温下，Cl_2、Br_2、I_2 都能与碱溶液发生歧化反应：

$$X_2+2OH^- = X^-+XO^-+H_2O\text{（X 指 }Cl_2\text{、}Br_2\text{ 等）}$$

$$3I_2+6OH^- = 5I^-+IO_3^-+3H_2O$$

加热条件下，Cl_2、Br_2 与碱溶液发生另一种反应：

$$3X_2+6OH^- = 5X^-+XO_3^-+3H_2O\text{（X 指 }Cl_2\text{、}Br_2\text{ 等）}$$

3. 卤素间的置换反应

活泼卤素单质能置换出溶液中的较不活泼卤素的阴离子。如工业上制 Br_2，先将 Cl_2 通入苦卤中置换出 Br_2，后利用歧化和逆歧化反应提高 Br_2 的浓度。

$$2Br^-+Cl_2 = Br_2+2Cl^-$$

碱性溶液：$$3CO_3^{2-}+3Br_2 = 5Br^-+BrO_3^-+3CO_2\uparrow$$

酸性溶液：$$5Br^-+BrO_3^-+H^+ \xlongequal{\triangle} 3Br_2+3H_2O$$

向酸化的海藻灰浸泡液中通入 Cl_2，可置换出 I_2。但须注意，Cl_2 要适量，否则会发生反应：

$$I_2+5Cl_2+6H_2O = 2HIO_3+10HCl$$

4. 其他氧化性

Cl_2、Br_2 均能氧化 Fe^{2+} 为 Fe^{3+}：

$$Cl_2 + 2Fe^{2+} = 2Fe^{3+} + 2Cl^-$$

$$Br_2 + 2Fe^{2+} = 2Fe^{3+} + 2Br^-$$

I_2 不能被 Fe^{2+} 还原，相反 I^- 却能被 Fe^{3+} 氧化为 I_2：

$$2I^- + 2Fe^{3+} = I_2 + 2Fe^{2+}$$

四、卤素单质的制备

1. 氟

F_2 的反应活性强、毒性大，制备和保存都很困难，通常现用现制。

工业上通常用电解法制 F_2。用 Cu—Ni 合金制成电解槽，并作阴极；石墨作阳极；用 KHF_2 和无水 HF 混合物作电解液，在 72℃时熔融。电解反应如下：

$$2KHF_2 \xlongequal{\text{电解}} \underset{(\text{阴极})}{H_2 \uparrow} + \underset{(\text{阳极})}{F_2 \uparrow} + 2KF$$

为防止产物 H_2 和 F_2 混合发生爆炸，需用特制的合金隔膜将两极分开。

2. 氯

工业上电解 NaCl 溶液制烧碱或电解熔融 NaCl 制金属钠，都可得到 Cl_2。

实验室可由下列反应制备 Cl_2：

$$4HCl(\text{浓}) + MnO_2 \xlongequal{\triangle} MnCl_2 + Cl_2 \uparrow + 2H_2O$$

$$2KMnO_4 + 16HCl = 2KCl + 2MnCl_2 + 5Cl_2 \uparrow + 8H_2O$$

3. 溴和碘

实验室常用氯化法获取溴和碘：

$$Cl_2 + 2Br^- = 2Cl^- + Br_2$$

$$Cl_2 + 2I^- = 2Cl^- + I_2$$

也可用 MnO_2 作氧化剂制取 I_2：

$$2I^- + MnO_2 + 4H^+ = Mn^{2+} + I_2 + 2H_2O$$

制得的 Br_2 和 I_2，均可用有机溶剂如 CCl_4、苯进行萃取分离。

五、卤素单质的用途

氟化物稳定，氟常用来制备碳氢化合物的含氟衍生物，用于原子能工业中分离铀的同位素，制光导纤维。氯气用于制备盐酸、染料、农药、有机溶剂，用于纸张、布匹的漂白及饮用水的消毒，还可用于合成塑料、橡胶及处理工业废水。大量的溴用于制造汽油抗震的添加剂二溴乙烷。溴和碘还可用于制造药物。

知识二　氯气、氯化氢、盐酸和盐酸盐

一、氯气的物理性质、化学性质、制法及用途

1. 氯气的物理性质

氯气是黄绿色、有强烈刺激性气味的气体。氯气有毒，吸入少量会使鼻和喉头的黏膜受到强烈的刺激，引起胸部疼痛和咳嗽；吸入大量氯气会窒息，导致生命危险。氯气比空气重，对空气的相对密度是 2.5。氯气易液化，常压下，冷至-34℃，变为黄绿色油状液体，

工业上称为“液氯”，贮于钢瓶中以便运输和使用。

氯气能溶于水，常温下，1 体积水能溶解 2.5 体积氯气。氯气的水溶液叫“氯水”。

2. 氯气的化学性质

氯气的化学性质很活泼，能同所有的金属、大多数的非金属直接化合。

（1）氯气与金属反应　氯气易和金属直接化合，加热时很多金属能在氯气中燃烧。金属钠在氯气中燃烧产生黄色火焰，生成的白烟是氯化钠的小颗粒。

$$2Na+Cl_2 \xlongequal{\triangle} 2NaCl$$

铁丝在氯气中燃烧，得到棕色的三氯化铁。

$$2Fe+3Cl_2 \xlongequal{\triangle} 2FeCl_3$$

【演示实验】将一束细铜丝灼热后，迅速放入充满氯气的集气瓶中，观察现象。然后将少量水注入瓶中，观察溶液的颜色。铜丝剧烈燃烧，生成棕黄色的烟。加入水后溶液为蓝色。

$$Cu+Cl_2 \xlongequal{\triangle} CuCl_2$$

（2）氯气与非金属反应　氯气能与许多非金属化合，常温下（没有光线照射时），氯气与氢气的化合很慢；如果点燃或用强光直接照射氯气和氢气的混合气体，会剧烈反应而发生爆炸，生成氯化氢气体。

$$Cl_2+H_2 \xlongequal{\text{光照或点燃}} 2HCl$$

【演示实验】将盛有少量红磷的燃烧匙加热，迅速插入盛有氯气的集气瓶中，观察红磷在氯气中的燃烧。红磷在氯气中剧烈燃烧，产生白色烟雾，这是三氯化磷和五氯化磷的混合物。

$$2P+3Cl_2 \xlongequal{\text{点燃}} 2PCl_3$$

$$PCl_3+Cl_2 \xlongequal{\triangle} PCl_5$$

（3）氯气与水反应　氯气溶于水，一部分与水反应生成次氯酸（HClO）和盐酸。

$$Cl_2+H_2O = HCl+HClO$$

次氯酸不稳定，容易分解生成盐酸和氧气，当受到热或光照射时，反应进行较快。

$$HClO \xlongequal{\text{光照}} HCl+O_2\uparrow$$

【演示实验】将干燥的和湿润的有色纸条分别放入盛有氯气的集气瓶中，盖好玻片观察现象。

不久可见，湿润的有色纸条褪色了，干燥的纸条无变化。

可见起漂白作用的是次氯酸。

（4）氯气与碱反应　氯气与碱反应生成次氯酸盐和金属氯化物。例如，氯气与氢氧化钠反应，生成次氯酸钠（NaClO）和氯化钠。

$$Cl_2+2NaOH = NaClO+NaCl+H_2O$$

工业上的漂白粉是氯气与消石灰反应制得的混合物，其有效成分是 $Ca(ClO)_2$。

$$2Cl_2+2Ca(OH)_2 = Ca(ClO)_2+CaCl_2+2H_2O$$

漂白粉是廉价的消毒、杀菌剂，广泛用于漂白棉、麻、纸浆等。

3. 氯气的制法

实验室常用浓盐酸和二氧化锰或高锰酸钾反应制取氯气。

$$MnO_2+4HCl(浓) \xlongequal{\triangle} MnCl_2+Cl_2\uparrow+2H_2O$$

$$2KMnO_4+16HCl(浓) = 2MnCl_2+5Cl_2\uparrow+2KCl+8H_2O$$

工业上，用电解饱和食盐水的方法制取氯气，同时也制得烧碱。

$$2NaCl+2H_2O \xlongequal{\text{电解}} 2NaOH+Cl_2\uparrow+H_2\uparrow$$

反应后生成的氯气和氢气，可以直接化合成氯化氢。因此，氯碱工业是基本的化学工业之一。

4. 氯气的用途

氯气常用于饮用水消毒、制造盐酸和漂白粉，还用于制备聚氯乙烯塑料、合成纤维、农药、染料、有机溶剂及各种氯化物等。氯气是一种重要的化工原料。

二、卤化氢和氢卤酸

1. 卤化氢

卤化氢均为无色、有刺激气味的气体。卤化氢都是极性共价型分子，极易溶于水。卤化氢与空气中的水蒸气结合形成酸雾，有“冒烟”现象。

卤化氢熔点、沸点很低，但随分子量的增大，范德华力依次增大，熔点、沸点按 HCl—HBr—HI 顺序递增，见表 4-2。氟化氢熔点、沸点反常高，是因为分子间存在着氢键。

表 4-2 卤化氢的性质

卤化氢	HF	HCl	HBr	HI
熔点/℃	−83.1	−114.8	−88.5	−50.8
沸点/℃	−19.5	−84.9	−67	−35.4
键能/(kJ/mol)	568.6	431.8	365.7	298.7
键长/pm	91.8	127.4	140.8	160.8
生成热/(kJ/mol)	−271	−92.3	−36.4	26.5

由表 4-2 可见，卤化氢分子中 H—X 键的键能和生成热的负值从 HF 到 HI 依次递减，故它们的热稳定性强弱是 HF＞HCl＞HBr＞HI。实际上 HI 在常温时就有明显的分解现象。

2. 氢卤酸

纯的氢卤酸均为无色液体，有挥发性。其沸点随浓度的不同而不同。实验室常用试剂级氢卤酸的主要规格见表 4-3。

表 4-3 试剂级氢卤酸的主要规格

氢卤酸	外观	质量分数/%	密度/(g/mL)	包装
氢氟酸	无色透明	＞40	＞1.130	白色塑料瓶
氢氯酸	无色透明	36～38	1.179～1.885	无色玻璃瓶
氢溴酸	无色或浅黄色，透明	＞40	＞1.377	棕色玻璃瓶
氢碘酸	浅黄色，透明	＞45	1.50～1.55	棕色玻璃瓶(外裹黑纸)

① 氢溴酸本无色，但易被空气氧化析出单质溴，使酸略带颜色；
② 氢碘酸本无色，存放过久被空气氧化析出单质碘，会变成棕黑色。

(1) 氢卤酸的化学性质

① 酸性。氢卤酸中除 HF 外，其余都是强酸。

② 还原性。卤素离子的还原能力为 $I^- > Br^- > Cl^- > F^-$。事实上，HF 不能被任何氧化剂所氧化，HCl 只能被一些强氧化剂如 $KMnO_4$、MnO_2、PbO_2、$K_2Cr_2O_7$ 等所氧化。

$$2KMnO_4 + 16HCl = 2KCl + 2MnCl_2 + 5Cl_2\uparrow + 8H_2O$$
$$K_2Cr_2O_7 + 14HCl = 2CrCl_3 + 2KCl + 3Cl_2\uparrow + 7H_2O$$
$$PbO_2 + 4HCl = PbCl_2 + Cl_2\uparrow + H_2O$$

HBr 较易被氧化。HI 很容易被氧化，暴露在空气中的氢碘酸或碘化物溶液呈黄色，久置会变成棕黑色。

$$4I^- + O_2 + 4H^+ = 2I_2 + 2H_2O$$

③ 氢氟酸的特性。氟最重要的化合物是氟化氢。氟化氢易溶于水，水溶液叫氢氟酸，氢氟酸能与 SiO_2 和硅酸盐反应，不能用玻璃瓶盛装氢氟酸，氢氟酸都是装在聚乙烯塑料瓶

里。此性质可用于在玻璃上刻字、制造毛玻璃及溶解各种硅酸盐。

$$SiO_2+4HF \longrightarrow SiF_4\uparrow+2H_2O$$

$$CaSiO_3+6HF \longrightarrow SiF_4\uparrow+CaF_2+3H_2O$$

卤化氢及氢卤酸都有腐蚀性，尤其氢氟酸，有毒，浓的氢氟酸会灼伤皮肤，不慎弄到皮肤上，应立即用大量水冲洗，再用5% Na_2CO_3 溶液或1%氨水淋洗，可缓解伤情。

氢氟酸能形成形式上的酸式盐，如用NaOH或KOH溶液中和氢氟酸得 $NaHF_2$ 或 KHF_2。这是因为HF解离出的 F^- 与未解离的HF分子通过配位键结合，生成二氟氢离子 HF_2^-。

$$HF+F^- \rightleftharpoons HF_2^-$$

氢氟酸浓度越大，酸性越强。当浓度为10mol/L时，已是强酸。

由于氢氟酸会强烈腐蚀玻璃，所以在制造氢氟酸时不能使用玻璃的设备，而必须在铅制设备中进行。

氢氟酸是制备单质氟和氟化物的基本原料，如制备塑料之王聚四氟乙烯。氟化氢也被用来氟化一些有机化合物。著名的冷冻剂“氟利昂”，便是氟与碳、氯的化合物。在酿酒工业上，人们用氢氟酸杀死一些对发酵有害的细菌。

（2）氢卤酸的制备　氢卤酸的制备方法主要有三种。

① 直接合成法。卤素与氢直接化合后用水吸收。此方法适用于制HCl。制HF反应过于剧烈，无法控制，且成本高；制HBr和HI反应慢、产率低，均不适用。

工业盐酸因含有杂质 $FeCl_3$ 和 Cl_2 而呈黄色。可先加入还原剂如 $SnCl_2$，使 $FeCl_3$ 和 Cl_2 分别转化为不易挥发的 $FeCl_2$ 和 $SnCl_4$，再蒸馏提纯。

蒸馏时，当溶液组成HCl为20.24%，H_2O 为79.76%时，达恒沸状态，即溶液的组成和沸点均不再改变，恒沸点为110℃，此时的溶液称为恒沸溶液。其他几种氢卤酸也有这种性质。

蒸馏前，工业盐酸浓度约为30%，馏出液分为两部分。前一部分因挥发出的HCl多，为浓酸；后一部分是稀酸，即达恒沸状态后的约20%的恒沸酸。两部分酸混合，可得浓度为36%～38%的试剂级盐酸。

② 复分解法。卤化物与高沸点的浓酸作用制取卤化氢，用水吸收可得氢卤酸。HF可由浓 H_2SO_4 与萤石矿（CaF_2）反应制得；HCl由浓 H_2SO_4 与固体食盐共热制得，但与合成法相比不经济，已逐渐被淘汰；HBr和HI由浓 H_3PO_4 与卤化物共热制得，但因 H_3PO_4 成本高而较少使用。

③ 非金属卤化物水解法。非金属卤化物，除 CCl_4 和 SF_6 等少数难溶于水的外，大多遇水强烈水解，生成相应的含氧酸和氢卤酸。此法可用于制备HBr和HI。由单质溴或碘与红磷在水中作用，溴或碘与磷先生成 PBr_3 或 PI_3，后立即水解生成HBr或HI。

$$2P+3Br_2+6H_2O \longrightarrow 2H_3PO_3+6HBr$$

$$2P+3I_2+6H_2O \longrightarrow 2H_3PO_3+6HI$$

三、卤素的含氧酸及其盐

卤素中，氟无含氧酸，其他的几种含氧酸见表4-4。这些酸中，除碘酸和高碘酸能得到比较稳定的固体结晶外，其余都不稳定，多数只能存在于溶液中，但相应的盐很稳定，得到普遍应用。

卤素含氧酸及其盐的突出性质是氧化性。下面重点介绍氯的含氧酸及其盐。

1. 次氯酸及其盐

将 Cl_2 通入水中即发生水解，有次氯酸（HClO）生成。次氯酸酸性很弱，很不稳定，仅以稀溶液存在。次氯酸能以两种方式分解：

表 4-4 卤素的含氧酸

名称	卤素氧化数	氯	溴	碘
次卤酸	+1	HClO *	HBrO *	HIO *
亚卤酸	+3	$HClO_2$ *	$HBrO_2$ *	
卤酸	+5	$HClO_3$ *	$HBrO_3$ *	HIO_3
高卤酸	+7	$HClO_4$	$HBrO_4$ *	HIO_4

注：* 表示仅存在于溶液中。

$$2HClO \xlongequal{光照} 2HCl + O_2\uparrow$$

$$3HClO \xlongequal{\triangle} 2HCl + HClO_3$$

HClO 有比 Cl_2 更强的氧化性，故氯水的杀菌、漂白能力比氯气更强。但由于 Cl_2 的溶解度不大，且溶解的 Cl_2 只有 30%左右水解，而 HClO 的稳定性差，所以氯水的实用价值不大。

将 Cl_2 通入 NaOH 溶液中，可得高浓度的次氯酸钠（NaClO），且次氯酸钠稳定性大于次氯酸，所以工业上常用次氯酸钠作漂白剂。

$$Cl_2 + 2NaOH \xlongequal{} NaCl + NaClO + H_2O$$

漂白液的主要成分是 NaClO、NaCl，有效成分是 NaClO。

漂白原理与酸反应生产 HClO。

$$ClO^- + H^+ \xlongequal{} HClO$$

而 ClO_3^- 的氧化能力远不如 ClO^-，但此反应在室温下十分缓慢，不会影响次氯酸钠的使用。

工业上，在价廉的消石灰中通入氯气制漂白粉。

$$2Cl_2 + 3Ca(OH)_2 \xlongequal{} Ca(ClO)_2 + CaCl_2 \cdot Ca(OH)_2 \cdot H_2O + H_2O$$

通常所称的漂白粉就是 $Ca(ClO)_2$、$CaCl_2$ 和 $Ca(OH)_2$，其中 $Ca(ClO)_2$ 是漂白粉的有效成分。漂白粉的制备反应是一个放热反应，为防止 $Ca(ClO)_2$ 进一步分解成 $Ca(ClO_3)_2$，要控制反应温度不高于 40℃。

漂白粉在空气中吸收水蒸气和 CO_2 后，其中的 Ca（ClO）$_2$ 会逐渐转化为 HClO 并产生刺激性气味，因此漂白粉应密封于暗处保存。

$$Ca(ClO)_2 + CO_2 + H_2O \xlongequal{} CaCO_3\downarrow + 2HClO$$

漂白粉的漂白作用是由于它发生反应放出 HClO，因此，工业上使用时，常加入少量的稀硫酸，可在短时间内收到良好的漂白效果。生活中，用漂白粉浸泡过的织物，晾在空气中也能逐渐产生漂白效果。漂白粉有毒，吸入体内会引起咽喉疼痛甚至全身中毒。漂白粉与易燃物混合易引起燃烧甚至爆炸。

身边的化学

含氯化合物的漂白与消毒作用

次氯酸不仅能使有机物质褪色，还能消灭细菌等。将氯气通入碱液（如 NaOH 溶液）可制得次氯酸盐（如次氯酸钠）。次氯酸盐是一些漂白剂和消毒剂的有效成分，它与稀酸或空气里的二氧化碳和水反应生成次氯酸，起到漂白和消毒作用。

以次氯酸盐为有效成分的漂白剂和消毒剂的有效期较短，放久了，会因分解而失去漂白与消毒功能。

二氧化氯也可用于漂白和消毒。实验证明，二氧化氯的消毒能力是等质量氯气的 2.65 倍。不过，由于二氧化氯价格高，目前还不能完全取代氯气用于漂白和消毒。

2. 亚氯酸及其盐

亚氯酸（$HClO_2$）酸性比次氯酸稍强，属于中强酸。亚氯酸很不稳定，只能存在于稀溶液中，所以实际用途不大。

亚氯酸盐比亚氯酸稳定。工业级 $NaClO_2$ 为白色结晶，是一种高效漂白剂和氧化剂，与有机物混合易发生爆炸，须密闭保存在阴凉处。

3. 氯酸及其盐

氯酸（$HClO_3$）是强酸，酸性与 HCl 和 HNO_3 接近。稳定性比 HClO 和 $HClO_2$ 高，但也只能存在于溶液中。氯酸也是一种强氧化剂，但氧化能力不如 HClO 和 $HClO_2$。氯酸蒸发浓缩时浓度不要超过 40%，否则会有爆炸危险。

氯酸盐比氯酸稳定。$KClO_3$ 是无色透明晶体，有毒，内服 2～3g 就会致命。$KClO_3$ 与易燃物或有机物混合，受热或受撞击极易爆炸，工业上用于制造火柴和炸药。

$KClO_3$ 在碱性溶液中无氧化作用，在酸性溶液中是强氧化剂。如在酸性溶液中 $KClO_3$ 能氧化 I_2 生成 HIO_3。

$$2KClO_3 + I_2 + H_2SO_4 \xlongequal{} 2HIO_3 + Cl_2\uparrow + K_2SO_4$$

固体 $KClO_3$ 是强氧化剂，在有催化剂（如 MnO_2）存在时，受热（300℃左右）分解。

$$KClO_3 \xlongequal[\triangle]{MnO_2} 2KCl + 3O_2\uparrow$$

若无催化剂，高温发生歧化反应：

$$4KClO_3 \xlongequal{高温} 3KClO_4 + KCl$$

4. 高氯酸及其盐

无水高氯酸（$HClO_4$）为无色透明的发烟液体，是一种极强的氧化剂，有时会爆炸。纸张木片与之接触即着火，并有极强的腐蚀性。储存和使用要格外小心。常用作高能燃料的氧化剂。

$HClO_4$ 是已知酸中最强的酸，氧化性是氯的含氧酸中最弱的。浓度低于 60% 的 $HClO_4$ 热稳定性高，试剂级 $HClO_4$ 为 70%～72%。

高氯酸盐是氯的含氧化合物中最稳定的，多为无色晶体。高氯酸盐溶液几乎没有氧化性，但固体盐在高温（600℃以上）时分解放出氧，是强氧化剂，用于制威力较大的炸药。

$$KClO_4 \xlongequal{高温} KCl + 2O_2\uparrow$$

高氯酸盐一般是可溶的，但 K^+、Rb^+、Cs^+ 的高氯酸盐却难溶，分析化学中常用 $HClO_4$ 定量测定 K^+、Rb^+、Cs^+。有些高氯酸盐有较强的水合作用，如 $Ba(ClO_4)_2$、$Mg(ClO_4)_2$ 是优良的吸水剂和干燥剂。

四、氯化氢、盐酸、盐酸盐

1. 氯化氢

【演示实验】 将少量氯化钠放在烧瓶里，通过分液漏斗注入浓硫酸，同时加热，把氯化氢收集于干燥的集气瓶里，多余的氯化氢可用水吸收。

氯化钠与浓硫酸反应，不加热或稍加热，就生成硫酸氢钠和氯化氢。

$$NaCl + H_2SO_4 \xlongequal{} NaHSO_4 + HCl\uparrow$$

在 500～600℃的条件下，继续反应，生成硫酸钠和氯化氢。

$$NaHSO_4 + NaCl \xlongequal{} Na_2SO_4 + HCl\uparrow$$

总的化学方程式可以表示为：

$$2NaCl + H_2SO_4(浓) \xlongequal{\triangle} Na_2SO_4 + 2HCl\uparrow$$

氯化氢是无色、有刺激性气味的气体，极易溶于水，0℃时，1 体积水约能溶解 500 体积的氯化氢。

【演示实验】在干燥的圆底烧瓶里充满 HCl 气体，用带有玻璃导管和滴管（滴管中预先吸入水）的塞子塞紧瓶口，然后立即倒置烧瓶，将玻璃导管插入盛有石蕊溶液的烧杯中。压缩胶头滴管，使少量水进入烧瓶。

由于 HCl 迅速溶于水，烧瓶里的压强大大降低，导致烧杯中的溶液通过玻璃导管被空气压入烧瓶中，形成美丽的红色喷泉。如图 4-1 所示。

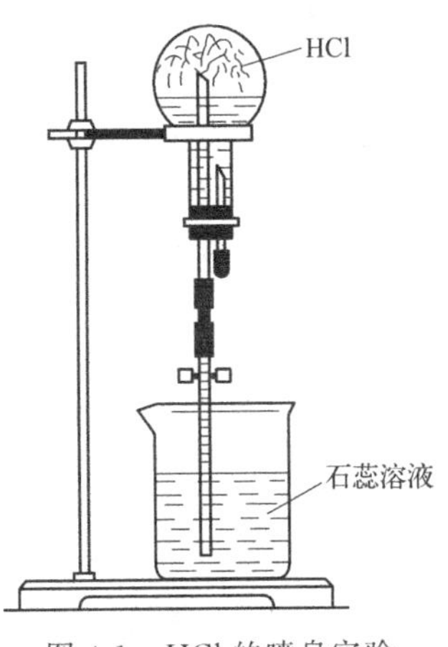

图 4-1　HCl 的喷泉实验

2. 盐酸

氯化氢的水溶液是盐酸。盐酸是氢卤酸中最重要的一种酸。纯净的盐酸是无色透明液体，有刺激性气味。工业品因含有铁盐而显黄色。市售浓盐酸中 HCl 的质量分数为 37%～38%，密度是 $1.19g/cm^3$，工业浓盐酸含 HCl 仅为 32%左右，密度是 $1.16g/cm^3$。

盐酸是三强酸之一，具有酸的通性。

盐酸是一种重要的工业原料，在机械、电子、冶金、纺织、皮革、食品、医药行业及化工生产中，都有着广泛的应用。例如，在食品工业上常用来制造葡萄糖、酱油、味精等；用盐酸可以制备多种金属氯化物；在机械热加工中，常用于钢铁制品的酸洗，以除去铁锈。

3. 盐酸盐

盐酸的盐类——盐酸盐即金属氯化物。它们多数是易溶于水的物质，仅氯化铅 $PbCl_2$、氯化亚汞 Hg_2Cl_2 和氯化银 AgCl 等难溶于水。

【演示实验】分别取 5mL 0.1mol/L 氯化钠、硝酸钠、碳酸铵、盐酸溶液于 4 支试管中，各滴加 2 滴硝酸银试液，观察是否有白色沉淀生成，再逐滴加入 3mol/L 硝酸溶液，观察沉淀的溶解情况。

盐酸和氯化钠和硝酸银反应，生成不溶于稀硝酸的氯化银白色沉淀。

$$HCl + AgNO_3 = AgCl\downarrow + HNO_3$$

$$NaCl + AgNO_3 = AgCl\downarrow + NaNO_3$$

硝酸钠和硝酸银不发生反应。

碳酸铵和硝酸银反应，生成碳酸银白色沉淀，但碳酸银溶于硝酸。

$$Ag_2CO_3 + HNO_3 = AgNO_3 + CO_2 + H_2O$$

五、卤素离子的鉴定

对混合离子（Cl^-、Br^-、I^-）进行分离鉴定，是根据离子的性质采用不同的方法进行的。

1. Cl^-

氯、溴、碘离子都可与银离子反应生成沉淀，可以排除其他阴离子的干扰。将银离子加入含有卤离子的溶液中，反应式如下：

$$Ag^+ + X^- = AgX\downarrow$$

根据沉淀的颜色［AgCl（白）、AgBr（淡黄）、AgI（黄）］判断卤素离子种类，如果不能区别，通过控制氨水的浓度（用碳酸铵溶液代替氨水）使氯化银溶解，而溴化银不溶解（AgCl 形成配离子而溶解，AgBr 微溶于氨水，AgI 几乎不溶于氨水）。

$$AgCl + 2NH_3 = [Ag(NH_3)_2]^+ + Cl^-$$

氯化银沉淀用氨水溶解后，加入稀硝酸后沉淀再出现，表明有 Cl^- 存在。

$$[Ag(NH_3)_2]^+ + Cl^- + 2H^+ = AgCl\downarrow + 2NH_4^+$$

2. Br^-，I^-

在酸性或中性介质中，将 AgBr、AgI 沉淀用 Zn 单质还原后，使 Br^-、I^- 重新进入溶液。氯水可以将溴、碘离子氧化，利用它们之间的还原性差异可鉴别它们。搅拌下向含有少量 CCl_4 的溴、碘离子的混合溶液中滴加氯水，CCl_4 层显紫色表示有碘，随后变为无色，又变为黄色表示有溴存在。

$$2AgBr + Zn = 2Ag\downarrow + Zn^{2+} + 2Br^-$$

$$Cl_2 + 2I^- = 2Cl^- + I_2\text{（紫色）}$$

$$5Cl_2 + I_2 + 6H_2O = 10HCl + 2HIO_3\text{（无色）}$$

$$Cl_2 + 2Br^- = 2Cl^- + Br_2\text{（黄色）}$$

项目二　氧族元素及其重要的化合物

学习目标

1. 掌握氧单质、臭氧、过氧化物的物理性质、化学性质、用途。
2. 认识硫单质，了解硫黄的主要性质。
3. 掌握二氧化硫、三氧化硫和浓硫酸的主要性质。
4. 通过硫元素在生产、生活中的转化实例，了解硫及其化合物在生产中的应用，体会在应用过程中的环境问题，了解酸雨的危害，能够提出减少向大气中排放二氧化硫的措施。

知识一　氧族元素的通性

【化学之最】 地壳中含量最多的非金属元素是氧。

一、氧族元素的通性

周期表中ⅥA 族包括氧（O）、硫（S）、硒（Se）、碲（Te）和钋（Po）、鉝（Lv）六种元素，统称为氧族元素。其中硒、碲是分散稀有元素，钋、鉝是放射性元素。O、S 是氧族最重要的元素。

氧族元素原子的电子层结构很相似，它们的原子最外层都有 6 个电子，化合价有 −2、+2、+4 和 +6，在化学反应中容易得到电子而显非金属性。氧族元素随着原子序数的增大，原子半径依次增大，而电负性依次减小，元素的非金属性逐渐减弱，金属性逐渐增强。本族元素从典型的非金属元素过渡到金属元素。O、S 是典型的非金属元素；Se、Te 是非金属元素，但它们的单质具有某些金属的性质（如晶体可导电），硒是半导体，而碲则能够导电；Po 是金属元素。上述性质的变化趋势与氮族和卤素的情况极为相似。

氧族元素价层电子构型为 ns^2np^4，O 与大多数金属元素形成离子型化合物（如 Li_2O、MgO、Na_2O、Al_2O_3 等）；而 S、Se、Te 只与电负性较小的金属元素形成离子型化合物（如 Na_2S、BaS、K_2Se 等），O、S 与大多数金属元素形成共价化合物（如 H_2O、SO_2 等）。O 常见的氧化数是 −2（除过氧化物和氟氧化物 OF_2 外），S 的氧化数有 −2、+4、+6。其他元素常以正氧化态出现，氧化数有 +2、+4、+6。从 S 到 Te 正氧化态的化合物的稳定性逐渐增强。

O 的电负性较大，它们获得 2 个电子达到稀有气体的稳定电子层结构的趋势强于对应的氮族元素而弱于卤族元素。因此，氧族元素的非金属性很强，仅次于对应的卤族元素。

氧族元素中，O 的电负性仅次于 F，它能和大多数金属元素形成二元离子化合物。S 也能和一些电负性较小的金属形成离子化合物。氧族元素与非金属化合时，都形成共价化合物，其中 S、Se、Te 与电负性较大的元素化合时可形成氧化数为+4 和+6 的化合物，而 O 只有与 F 化合时氧化数才为正值。

从氧到硫原子半径有突跃性增大，而 S、Se、Te 之间原子半径递增较平稳，因此，O 与 S 在性质上差别很大，而 S、Se、Te 之间性质比较接近，氧族元素的性质见表 4-5。

表 4-5　氧族元素的性质

元素名称	元素符号	原子结构示意图	原子半径/nm	化合价	单质					氢化物		氧化物		电负性
					颜色	状态	熔点/℃	沸点/℃	密度/(g/L)	化学式	稳定性	化学式	最高价氧化物水化物的化学式	
氧	O	(+8) 2 6	0.074	−2	无色	气体	−218.4	−183	1.43	H_2O		—	—	3.44
硫	S	(+16) 2 8 6	0.102	−2 +4 +6	黄色	固体	112.8	444.6	2.07	H_2S		SO_2 SO_3	H_2SO_4	2.58
硒	Se	(+34) 2 8 18 6	0.116	−2 +4 +6	灰色	固体	217	684.9	4.81	H_2Se	减小↓	SeO_2 SeO_3	H_2SeO_4	2.55
碲	Te	(+52) 2 8 18 18 6	0.1432	−2 +4 +6	银白色	固体	452	1390	6.25	H_2Te		TeO_2 TeO_3	H_2TeO_4	2.10

从表 4-5 可以看出，氧、硫、硒、碲单质的物理性质随着核电荷数的增加而发生变化，它们的熔点、沸点也随着核电荷数的增加而上升，密度也随着核电荷数的增加而逐渐增大。

二、氧族元素单质的性质

氧气与氢气的反应最容易，也最剧烈，生成的化合物也最稳定，硫和硒与氢气则只有在较高的温度下才能够化合，生成的氢化物也不稳定；而碲通常不能与氢直接化合，只能通过其他反应间接制取碲化氢，生成的氢化物最不稳定。

氧族元素能与大多数金属直接化合，在生成的化合物中，它们的化合价一般都是−2 价，例如硫与铁反应生成硫化亚铁。

$$Fe+S \xlongequal{\triangle} FeS$$

知识链接

氧是动植物体的主要组成元素之一。人在进行呼吸时，O_2 分子与血液中的血红蛋白的铁原子相结合，从肺部输送到细胞中，参与生命过程，氧化糖类等为生命活动提供能量。人如果断绝空气（或氧气）数分钟，生命便难以维持。

硫是人体常量元素，存在于软组织蛋白质或者体液中。蛋氨酸、胱氨酸、牛磺酸、B 族维生素的生物素和维生素 B_1、胰岛素、肝素及组成毛发、指甲、皮肤的角蛋白中都有硫。作为乙酰辅酶 A 的组分，硫有助于体内细胞能量产生循环；胶原蛋白的合成需要含硫氨基酸。人体所需硫从食物蛋白质的氨基酸中获得，元素状态的硫和硫酸盐等无机物中的硫不能被吸收。

硒是人体必需微量元素，主要通过胃肠道进入人体，通过与血液蛋白质结合运输到各组织中。硒具有抗氧化等生化功能，是预防和治疗克山病的主要元素。人体内硒过多会产生毒性，表现为头发、指甲和皮肤异常，呼气中有大蒜气味。

知识二　氧、臭氧、过氧化氢

一、氧气和臭氧的物理性质和化学性质及用途

1. 物理性质

氧是地壳中分布最广的元素，含量达 48.6%，其丰度居各种元素之首，其质量约占地壳的一半。氧广泛分布在大气和海洋中，在海洋中主要以水的形式存在。大气层中，氧以单质状态存在，空气中氧的体积分数约为 21%，质量分数约为 23%。海洋中氧的质量分数约为 89%。此外，氧还以硅酸盐、氧化物及其他含氧阴离子的形式存在于岩石和土壤中，其岩石层的质量分数约为 47%。

自然界的氧有三种同位素，即^{16}O、^{17}O、^{18}O，其中^{16}O 的含量最高，占氧原子数的 99.76%。^{18}O 是一种稳定的同位素，可以通过水的分馏以重氧水的形式富集。^{18}O 常作为示踪原子用于化学反应机理的研究。

氧有 O_2 和 O_3 两种单质。氧气分子（O_2）的结构式为 :O ⋯ O:，具有顺磁性。在液态氧中有缔合分子 O_4 存在，在室温和加压下，分子光谱实验证明它具有反磁性。

氧气是无色、无臭的气体，在－183℃时凝聚为淡蓝色液体，冷却到－218℃时，凝结为蓝色的固体。氧气常以 15MPa 压入钢瓶内储存。氧气分子是非极性分子，在水中的溶解度很小，标准状况下，1L 水中含溶解氧 49.1mL。尽管如此，这却是各种水生动物、植物赖以生存的重要条件。氧气通常由分馏液态空气或电解水制得。实验室利用氯酸钾的热分解制备氧气。

臭氧（O_3）是浅蓝色气体，有鱼腥臭味。雷击、闪电及电焊时，部分氧气转变成臭氧。O_3 吸收波长稍长的紫外线，又能重新分解，从而完成 O_3 的循环。氧气和臭氧物理性质见表 4-6 。

表 4-6　氧气和臭氧的物理性质

性质	O_2	O_3
颜色	无色	淡蓝色
气味	无味	鱼腥臭味
熔点/℃	－218(蓝色晶体)	－193(紫黑色晶体)
沸点/℃	－183(天蓝色液体)	－112(深蓝色液体)
溶解度(0℃)/(mL/L)	49	490
稳定性	较稳定	受热易分解为 O_2
氧化性	强	很强

二氧化锰的存在可加速臭氧的分解，而水蒸气则可减缓臭氧的分解。纯的臭氧容易爆炸。

2. 化学性质

氧单质的化学性质主要表现为氧化性。比较氧单质的电极电势可看出，O_3 是比 O_2 更强的氧化剂，它在酸性或碱性条件下都比氧气具有更强的氧化性。臭氧是最强氧化剂之一，除金和铂外，它能氧化所有的金属和大多数非金属。

酸性溶液：

$$O_2+4H^++4e^-=\!=\!=2H_2O \qquad \varphi^{\ominus}_{(O_2/H_2O)}=1.229V$$

$$O_3+2H^++2e=\!=\!=O_2+H_2O \qquad \varphi^{\ominus}_{(O_3/H_2O)}=2.076V$$

碱性溶液：

$$O_2+2H_2O+4e=\!=\!=4OH^- \qquad \varphi^{\ominus}_{(O_2/OH^-)}=0.401V$$

$$O_3+H_2O+2e=\!=\!=O_2+2OH^- \qquad \varphi^{\ominus}_{(O_3/OH^-)}=1.24V$$

由于 O_3 氧化性很强，因此一些在常温下与 O_2 不能反应或反应缓慢的物质可与 O_3 迅速反应。例如，KI在溶液中可被 O_3 氧化为 I_2，此反应常用于 O_3 的检验。

$$O_3+2I^-+2H^+\rightleftharpoons I_2+O_2+H_2O$$

一些易燃物（如煤气、松节油）在 O_3 中可自燃。利用 O_3 的强氧化性，化工生产中常用臭氧氧化代替通常的高温氧化和催化氧化，这样既可简化生产工艺，又能提高经济效益。另外，用 O_3 净化废水、废气可不引起二次污染，用 O_3 消毒饮用水不产生异味。O_3 还可作麻、棉、蜡、面粉、纸浆等的漂白剂和皮毛的脱臭剂。

（1）与单质直接化合　由于氧分子中键能很大（4.98kJ/mol），因此 O_2 在常温下性质不太活泼。但在加热或高温时 O_2 的活泼性增强，能与绝大部分金属单质和非金属单质直接化合，生成相应的氧化物，并放出大量的热。例如：

$$2Mg+O_2\xlongequal{\triangle}2MgO \qquad \Delta H=-1204kJ/mol$$

$$S+O_2\xlongequal{\triangle}SO_2 \qquad \Delta H=-297kJ/mol$$

在常温下，氧气的化学性质不活泼，仅能使一些还原性强的物质如NO、$SnCl_2$、KI、H_2SO_3 等氧化。在酸性条件下，其氧化能力更强。例如：

$$4Fe^{2+}+O_2+4H^+=\!=\!=4Fe^{3+}+2H_2$$

在高温下，除卤素、少数贵金属如Au、Pt等以及稀有气体外，氧气几乎能与所有的元素直接化合生成相应的氧化物。

氧气还可氧化一些具有还原性的化合物，如 H_2S、CH_4、CO、NH_3 等能在氧中燃烧。

$$2H_2S+3O_2=\!=\!=2SO_2+2H_2O$$

$$4NH_3+3O_2=\!=\!=2N_2+6H_2O$$

在平常条件下，臭氧能氧化许多不活泼的单质如Hg、Ag、S、I_2 等，而氧气不能。例如，湿润的硫黄能被臭氧氧化。

$$S+3O_3+H_2O=\!=\!=H_2SO_4+3O_2$$

（2）与化合物反应　氧气能与多数氢化物如 H_2S、NH_3、CH_4 等反应。如：

$$2H_2S+3O_2=\!=\!=2S(或\ SO_2)+2H_2O$$

$$4NH_3+3O_2=\!=\!=6H_2O+2N_2$$

臭氧能迅速且定量地将 I^- 氧化成 I_2。如：

$$O_3+2I^-+H_2O=\!=\!=I_2+O_2+2OH^-$$

此反应被用来鉴定 O_3 和测定 O_3 的含量。

臭氧还能将 CN^- 氧化成 CO_2 和 N_2，因此常被用来治理电镀工业中的含氰废水。

（3）O_2 与 O_3 的相互转化　O_3 因有腥臭味而被称为臭氧。在离地面10～25km高度的同温层中分布的 O_3 占地球上 O_3 总量的90%，这就是常说的臭氧层，它是由大气中的 O_2 受太阳紫外线的强烈辐射而形成的。

$$3O_2\xrightleftharpoons{紫外线}2O_3 \qquad \Delta H=+285kJ/mol$$

O_2 在电火花、电子流、质子流或短波辐射的作用下可以产生 O_3，过氧化物（如 H_2O_2）在分解过程中也可以产生 O_3。实验室可在臭氧发生器中通过无声放电制得 O_3。

O_3 很不稳定，在常温下能缓慢分解为 O_2，200℃以上分解较快，纯的液态 O_3 容易爆炸。

$$2O_3 \xlongequal{\triangle} 3O_2 \quad \Delta H = -285\text{kJ/mol}$$

氧气的用途很广泛。富氧空气或纯氧用于医疗和高空飞行。大量的纯氧用于炼钢。氢氧焰和氧炔焰用于切割和焊接金属。液氧常用作火箭发动机的助燃剂。

O_3 的强氧化性可应用于面粉、纸浆、棉麻的漂白和水的净化、脱色，具有不产生异味，没有二次污染的特点。臭氧与活性炭相结合的工艺路线，已成为饮用水和污水深度处理的主要手段之一。

尽管空气中含微量的臭氧有益于人体的健康，但当臭氧含量高于 1mL/m^3 时，会引起头疼等症状，对人体是有害的。由于臭氧的强氧化性，它对橡胶和某些塑料有特殊的破坏作用。

二、过氧化氢的物理性质和化学性质及其用途

（一）过氧化氢的结构和物理性质

H_2O_2 的 O 原子也是采取不等性的 sp^3 杂化，两个杂化轨道一个同 H 原子形成 H—O σ 键，另一个则同第二个 O 原子的杂化轨道形成 O—O σ 键，其他两个杂化轨道则被两对孤对电子占据，每个 O 原子上的两对孤对电子间的排斥作用，使得两个 H—O 键向 O—O 键靠拢，所以键角∠HOO 为 96°52′，小于四面体的 109°。同时也使得 O—O 键键长为 149pm，比计算的单键值大。H—O 键键长为 97pm。整个分子不是直线形的，在分子中有一个过氧链—O—O—，O 的氧化数为−1，每个 O 原子上各连着一个 H 原子，两个 H 原子位于像半展开的书的两页纸面上，两页纸面的夹角为 93°51′，两个 O 原子则处在书的夹缝位置上，如图 4-2 所示。

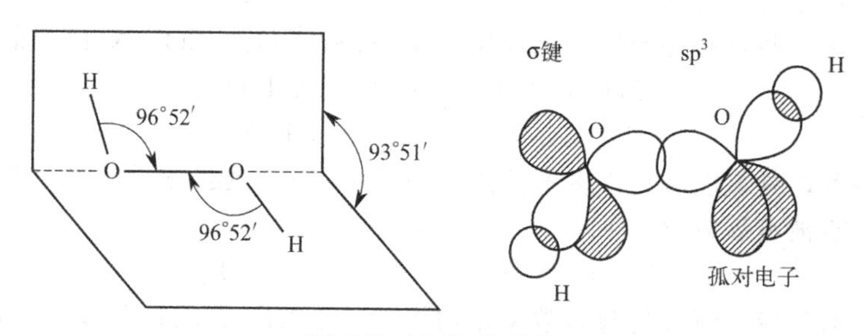

图 4-2 H_2O_2 的结构

过氧化氢（H_2O_2）俗名双氧水。纯 H_2O_2 是无色黏稠状液体，有腐蚀性，熔点−0.9℃，沸点 151.4℃，密度 1.44g/cm^3（200℃）。它的极性比 H_2O 强，由于 H_2O_2 分子间有较强的氢键，所以比 H_2O 的缔合程度还大，沸点也远比水高，但其熔点与水接近，密度随温度升高而减小，可以与水以任意比例互溶；H_2O_2 分子间可以形成氢键，在固态和液态时都发生缔合作用。由于可与水形成氢键，H_2O_2 可与水互溶，其水溶液亦称双氧水。市售双氧水常用质量分数 30%～35%的试剂。医疗上广泛使用双氧水 H_2O_2 的质量分数为 3%或更小，有消毒杀菌的作用。

（二）过氧化氢的化学性质

在 H_2O_2 中 O 的氧化数为−1，H_2O_2 的特征化学性质如下。

1. 过氧化氢的不稳定性

H_2O_2 在低温和高纯度时还比较稳定，但若受热到 426K（153℃以上）时便会猛烈分解，它的分解反应就是它的歧化反应。H_2O_2 易分解为水和 O_2，并放热：

$$2H_2O_2(l) \longrightarrow 2H_2O(l) + O_2(g) \quad \Delta H = -196kJ/mol$$

在较低温度下 H_2O_2 分解缓慢，不易察觉；但温度升高或受强光照射时，或在碱性溶液中，H_2O_2 的分解都会显著加快。质量分数高于 65%的 H_2O_2 与某些有机物接触时，容易发生爆炸。此外，MnO_2 及许多重金属离子（如 Mn^{2+}、Cu^{2+}、Fe^{3+}、Cr^{3+}）对 H_2O_2 的分解有催化作用。H_2O_2 宜盛于棕色瓶中，置于阴凉处保存，同时可加少许稳定剂（如乙酰苯胺）以抑制其分解。

能加速 H_2O_2 分解速率的其他因素有：

a. H_2O_2 在碱性介质中的分解速率比在酸性介质中快；

b. 杂质的存在，如重金属离子等都能大大加速 H_2O_2 的分解；

c. 波长为 320～380nm 的紫外光也能促进 H_2O_2 的分解。

考虑会加速 H_2O_2 分解的热、介质、重金属离子和光四大因素，为了阻止 H_2O_2 的分解，一般常把 H_2O_2 装在棕色瓶中放在阴凉处保存，有时还加入一些稳定剂，如微量的锡酸钠 Na_2SnO_3、焦磷酸钠 $Na_4P_2O_7$ 或 8-羟基喹啉等来抑制所含杂质的催化分解作用。

2. 弱酸性

H_2O_2 是一种极弱的酸，其 $K_1^\ominus$ 约为 2.2×10^{-12}，$K_2^\ominus$ 的数量级为 10^{-25}。

$$H_2O_2 \rightleftharpoons HO_2^- + H^+$$

因此 H_2O_2 可与强碱或一些金属氧化物反应，生成金属过氧化物。例如：

$$H_2O_2 + Ba(OH)_2 \longrightarrow BaO_2\downarrow + 2H_2O$$

$$H_2O_2 + Ca(OH)_2 \longrightarrow CaO_2\downarrow + 2H_2O$$

$$H_2O_2 + MgO \longrightarrow MgO_2\downarrow + H_2O$$

工业上利用上述反应生产 CaO_2、MgO_2 和 BaO_2。金属过氧化物可以看作是 H_2O_2 的盐，因此它们可水解产生 H_2O_2。

3. 过氧化氢的氧化性

由于 H_2O_2 分子中 O 的氧化数为 -1，处于 O 的中间氧化态，因此 H_2O_2 既有氧化性，又有还原性。有关标准电极电势如下：

酸性介质

$$H_2O_2 + 2H^+ + 2e \rightleftharpoons 2H_2O \qquad \varphi^\ominus_{(H_2O_2/H_2O)} = 1.77V$$

$$O_2 + 2H^+ + 2e \rightleftharpoons H_2O_2 \qquad \varphi^\ominus_{(O_2/H_2O)} = 0.69V$$

碱性介质

$$HO_2^- + H_2O + 2e \rightleftharpoons 3OH^- \qquad \varphi^\ominus_{(HO_2^-/OH^-)} = 0.88V$$

$$O_2 + H_2O + 2e \rightleftharpoons HO_2^- + OH^- \qquad \varphi^\ominus_{(O_2/HO_2^-)} = -0.076V$$

可见 H_2O_2 无论在酸性溶液中还是在碱性溶液中都有较强的氧化性，在酸性溶液中氧化性更强。

【演示实验】 在试管中加入 1mL 0.1mol/L KBr 溶液和 1mL 质量分数 3% H_2O_2 溶液，再加入 1mL CCl_4，振荡，观察 CCl_4 层颜色。用 2mol/L H_2SO_4 溶液酸化 KBr-H_2O_2 溶液，振荡，观察 CCl_4 层颜色变化。

实验表明：在中性或碱性条件下，H_2O_2 不能将 KBr 氧化。在酸性条件下，KBr 可被 H_2O_2 氧化为 Br_2，Br_2 溶于 CCl_4 显橙红色。

$$2Br^- + H_2O_2 + 2H^+ = Br_2 + 2H_2O$$

H_2O_2 可将黑色的 PbS 氧化为白色的 $PbSO_4$，此反应常用于油画的漂白。

$$PbS + 4H_2O_2 = PbSO_4 + 4H_2O$$

H_2O_2 还能将 Fe^{2+}、I^-、SO_3^{2-} 等分别氧化为 Fe^{3+}、I_2 和 SO_4^{2-} 等。

在碱性溶液中，H_2O_2 可将 Cr(Ⅲ) 氧化为 Cr(Ⅵ)。

$$2[Cr(OH)_4]^- + 3H_2O_2 + 2OH^- = 2CrO_4^{2-} + 8H_2O$$

由于 H_2O_2 的还原能力较弱，它仅能被 $KMnO_4$、MnO_2、Cl_2 这样的强氧化剂氧化。

$$2MnO_4^- + 5H_2O_2 + 6H^+ = 2Mn^{2+} + 5O_2\uparrow + 8H_2O \quad (1)$$

$$MnO_2 + H_2O_2 + 2H^+ = Mn^{2+} + O_2\uparrow + 2H_2O \quad (2)$$

$$Cl_2 + H_2O_2 = 2HCl + O_2\uparrow \quad (3)$$

反应(1) 可用来测定 H_2O_2 的含量，反应 (2) 用来清洗附有 MnO_2 污迹的器皿，反应 (3) 可用来除去剩余的 Cl_2。

H_2O_2 在酸性溶液中是一种强氧化剂。例如 H_2O_2 能将碘化物氧化成单质碘，这个反应可用来定量测定 H_2O_2 过氧化物的含量。

$$H_2O_2 + 2I^- + 2H^+ = I_2 + 2H_2O$$

另外，H_2O_2 还能将黑色的 PbS 氧化成白色的 $PbSO_4$。

$$4H_2O_2 + PbS = PbSO_4 + 4H_2O$$

表现 H_2O_2 氧化性的反应还有：

$$H_2O_2 + H_2SO_3 = H_2SO_4 + H_2O$$

在碱性介质中 H_2O_2 的氧化性虽不如在酸性溶液中强，但与还原性较强的亚铬酸钠 $NaCrO_2$ 等反应时，仍表现出一定的氧化性。

$$H_2O_2 + \underset{\text{深绿色}}{NaCrO_2} + 2NaOH = \underset{\text{黄色}}{NaCrO_4} + H_2O$$

$$H_2O_2 + \underset{\text{白色}}{Mn(OH)_2} = \underset{\text{棕黑色}}{MnO_2}\downarrow + 2H_2O$$

4. 过氧化氢的还原性

在碱性溶液中，H_2O_2 是一种中等强度的还原剂，工业上常用 H_2O_2 的还原性除氯，因为它不会给反应体系带来杂质。

$$H_2O_2 + Cl_2 = 2Cl^- + O_2\uparrow + 2H^+$$

在酸性溶液中，H_2O_2 虽然是一种强氧化剂，但若遇到比它更强的氧化剂（如 $KMnO_4$）时，H_2O_2 也会表现出还原性。

$$5H_2O_2 + 2MnO_4^- + 6H^+ = 2Mn^{2+} + 8H_2O + 5O_2\uparrow$$

（三）过氧化氢的用途

工业上常用 H_2O_2 作氧化剂。由于 H_2O_2 溶液能破坏色素，因此还用作漂白剂（如漂白棉织物及羊毛、生丝、皮毛、羽毛、象牙、纸浆等），也可用于消毒杀菌（如医院用质量分数 3% H_2O_2 消毒杀菌）。纯的 H_2O_2 还可用作火箭燃料的氧化剂，作为氧化剂的最大优点是不会给反应体系带来杂质，其还原产物是 H_2O。此外还可用作脱氯剂。H_2O_2 浓溶液可用于无机或有机过氧化物、泡沫塑料和其他多孔性物质的生产。它还可用于电镀液中除去无机杂质，提高镀件质量。它也是重要的化学试剂，是生产过氧化物的原料。

由于 H_2O_2 的氧化或还原产物是 O_2 或 H_2O，不会污染反应体系，所以 H_2O_2 有“清净氧化剂（或还原剂）”之称。要注意质量分数大于 30%以上的 H_2O_2 水溶液会灼伤皮肤，对眼睛的黏膜也有刺激作用，所以使用时要注意。

知识三　硫、硫化氢、硫酸和硫酸盐

硫在自然界以单质和化合态存在，单质硫主要分布在火山附近（H_2S 与 SO_2 作用生成）。以化合物形式存在的硫分布较广，主要有硫化物和硫酸盐。其中 FeS_2 是最重要的硫化物矿，它大量用于制造硫酸，是一种基本的化工原料。煤和石油中也含有硫。此外，硫是细胞的组成元素之一，它以化合物形式存在于动植物体内。

一、硫单质的物理性质和化学性质及用途

1. 硫的物理性质

硫俗称硫黄，是一种淡黄色的晶体，质松脆，密度是水的二倍。它不溶于水，微溶于乙醇，易溶于二硫化碳。硫的熔点是 112.8℃，沸点是 444.6℃。硫的素气急剧冷却时，可以不经液化直接凝结成粉状固体，这种粉状固体叫硫华。

硫有许多同素异形体，最常见的是晶状的斜方硫和单斜硫。常见的天然硫即斜方硫，是柠檬黄色固体。单斜硫是暗黄色针状固体。这两种同素异形体的转变温度为 95.5℃。

斜方硫和单斜硫都是分子晶体，每个分子由 8 个 S 原子组成环状结构。它们都不溶于水，易溶于二硫化碳、四氯化碳等溶剂。

2. 硫的化学性质

硫的化学性质比较活泼，能与许多金属发生反应，室温时汞也能与硫化合。硫与卤素（碘除外）、氢、氧、碳、磷等直接作用生成相应的共价化合物。只有稀有气体以及单质碘、氮、碲、金、铂和钯不能直接同硫化合。

（1）硫与金属的反应　硫能与金、铂以外的各种金属直接化合，生成金属硫化物，并放出热量。

硫和铝加热时，剧烈反应并发出光亮。

$$2Al+3S \xlongequal{\triangle} Al_2S_3$$

高温下，硫和铁反应，只能得到硫化亚铁，说明硫的氧化能力比氧以及同周期的氯要弱些。

$$Fe+S \xlongequal{\triangle} FeS$$

用湿布蘸硫粉擦拭银器，在表面上可生成黑色的硫化银薄层。

$$2Ag+S \xlongequal{} Ag_2S$$

（2）硫与非金属反应　高温条件下，硫能与多种非金属元素直接化合。

硫在空气或氧气中燃烧，与氧化合生成二氧化硫气体。

$$S+O_2 \xlongequal{点燃} SO_2$$

硫蒸气能与氢气直接化合生成硫化氢，但硫化氢在高温下易分解。

$$H_2+S \xlongequal{\triangle} H_2S$$

（3）硫能与具有氧化性的酸（如硝酸、亚硝酸、浓硫酸）作用

$$S+2HNO_3(浓) \xlongequal{} H_2SO_4+2NO\uparrow$$

$$S+2H_2SO_4(浓) \xlongequal{} 3SO_2\uparrow+2H_2O$$

（4）硫能溶于热的碱液生成硫化物和亚硫酸盐

$$3S+6NaOH \xlongequal{} 2Na_2S+Na_2SO_3+3H_2O$$

当硫过量时则可生成硫代硫酸盐：

$$4S(过量)+6NaOH = 2Na_2S+Na_2S_2O_3+3H_2O$$

3. 硫的用途

硫的用途很广，化工生产中主要用来制造硫酸。在橡胶工业中，大量的硫用于橡胶硫化，以增强橡胶的弹性和韧性。农业上用作杀虫剂，如石灰硫黄合剂。另外，硫还可以用来制作黑色火药、火柴等。在医药上，硫主要用来制硫黄软膏，治疗某些皮肤病。

二、硫化氢、氢硫酸的性质

1. 硫化氢的实验室制法

实验室通常用稀硫酸或稀盐酸和硫化亚铁反应来制取硫化氢，为了控制 H_2S 的产生，通常在启普发生器（见图 4-3）中进行反应。

$$FeS+H_2SO_4(稀) = FeSO_4+H_2S\uparrow$$

工业上生产 H_2S，是在 300℃以上，由硫黄（S）与 H_2 直接合成。

$$H_2+S \xlongequal{\triangle} H_2S$$

也常用金属硫化物（FeS 或 Na_2S）与非氧化性酸（盐酸或稀硫酸）作用来制取 H_2S。

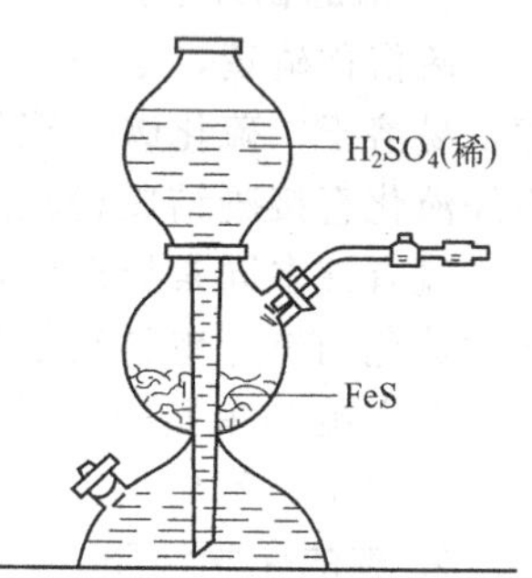

图 4-3 硫化氢的制备

2. 硫化氢的性质

（1）物理性质　H_2S 是无色有臭鸡蛋味的气体，熔点 −86℃，沸点 60℃。常温常压下，1 体积水能溶解 2.6 体积 H_2S。H_2S 有毒，是大气污染物，吸入后可引起头痛、晕眩，吸入较多的硫化氢会使人昏迷甚至死亡。因为硫化氢进入血液，部分与血红蛋白结合，生成硫化血红蛋白而使人中毒。因此，制取硫化氢时，必须使用密闭系统或在通风橱中进行。工业上规定，空气中 H_2S 含量不得超过 0.01mg/L。

（2）化学性质　H_2S 中的 S 处于其最低氧化数 −2，因此 H_2S 具有还原性。硫化氢是一种可燃气体，在空气中燃烧时产生淡蓝色火焰，空气充足时生成二氧化硫和水；空气不足时，生成硫的单质和水。

$$2H_2S+3O_2(充足) \xlongequal{点燃} 2SO_2+2H_2O$$

$$2H_2S+O_2(不足) \xlongequal{\triangle} 2S+2H_2O$$

硫化氢还能与卤素、二氧化硫反应。

$$H_2S+I_2(溶液) = S\downarrow+2HI$$

$$SO_2+H_2S = 3S+2H_2O$$

工业上利用析出硫的反应，从含 H_2S 废气中回收 S，避免污染环境。

H_2S 的热稳定性较差，在 400℃时可以完全分解为 S 和 H_2。

$$H_2S \xlongequal{\triangle} H_2+S$$

3. 氢硫酸的性质

H_2S 的水溶液称为氢硫酸，仍用化学式 H_2S 表示，室温下，其饱和溶液的浓度约为 0.1mol/L。氢硫酸主要化学性质如下。

（1）弱酸性　氢硫酸是易挥发的二元弱酸，具有酸的通性。其溶液中存在以下解离平衡：

$$H_2S \rightleftharpoons H^+ + HS^- \qquad K_{a_1}=9.1\times10^{-8}$$

$$HS^- \rightleftharpoons H^+ + S^{2-} \qquad K_{a_2}=1.1\times10^{-2}$$

（2）强还原性　有关 H_2S 的标准电极电势如下：

酸性介质

$$S+2H^+ +2e \rightleftharpoons H_2S \qquad \varphi^{\ominus}_{(S/H_2S)}=0.14V$$

碱性介质

$$S+2e \rightleftharpoons S^{2-} \qquad \varphi^{\ominus}_{(S/S^{2-})}=-0.48V$$

可见，不论是在酸性介质还是碱性介质中，H_2S 都有较强的还原性。较弱的氧化剂（如 O_2、Fe^{3+}、I_2、Br_2 等）可将 H_2S 氧化为 S，强氧化剂（如 $KMnO_4$、Cl_2 等）可将 H_2S 氧化为 S（Ⅵ）的化合物。例如：

$$H_2S+I_2 = 2HI+S\downarrow$$

$$2H_2S+O_2 = 2H_2O+2S\downarrow$$

$$H_2S+4Cl_2+4H_2O = 8HCl+H_2SO_4$$

（3）与重金属离子反应　H_2S 能与许多盐作用，生成金属硫化物沉淀。例如：

$$CuSO_4+H_2S = H_2SO_4+CuS\downarrow$$

$$Pb(Ac)_2+H_2S = 2HAc+PbS\downarrow$$

实验室中，常用湿润的 $Pb(Ac)_2$ 试纸检验 H_2S 气体的逸出。

三、二氧化硫、亚硫酸和亚硫酸盐

1. 二氧化硫

（1）SO_2 的结构　SO_2的结构中 S 是不等性 sp^2 杂化，∠OSO＝119.5°，S—O 键键长为 143pm。SO_2是极性分子，一个 p 轨道与两个 O 原子相互平行的 p 轨道形成一个离域 π 键，如图 4-4 所示。

（2）SO_2 的物理性质　SO_2 是无色有强烈刺激性气味的气体，其沸点为－10℃，熔点为－75.5℃。液态 SO_2 能够解离，是一种良好的非水溶剂。SO_2 分子的极性较强，易溶于水，1 体积水能溶解 40 体积的 SO_2，光谱实验证明，SO_2 在水中主要是物理溶解，SO_2 分子与 H_2O 分子之间存在着较弱的作用。因此有人认为 SO_2 在水溶液中的状态基本上是 $SO_2\cdot H_2O$。SO_2 易液化，常压液化温度为－10℃，0℃时的液化压力仅为 193kPa。液态 SO_2 用作制冷剂，储存在钢瓶中。SO_2 能引起慢性中毒，SO_2 是大气中一种主要的气态污染物。含有 SO_2 的空气不仅对人类及动植物有毒害，还会腐蚀金属制品，损坏油漆颜料、织物和皮革，形成酸雨等，国家规定企业排放的废气中 SO_2 含量不能超过 $20mg/m^3$。

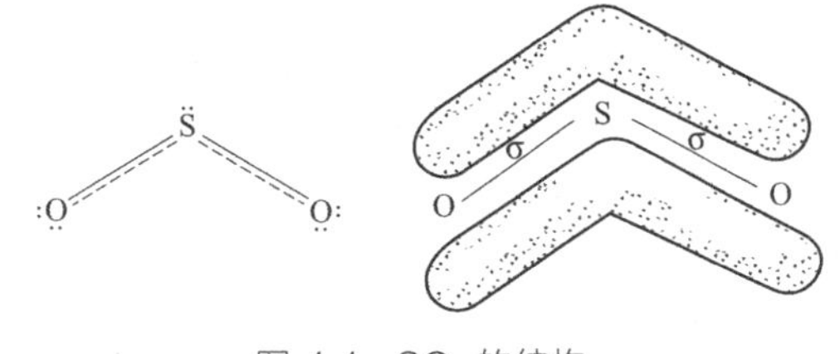

图 4-4　SO_2 的结构

（3）SO_2 化学性质　二氧化硫分子中的硫是＋4 价，处于中间价态，因此它既可被氧化而呈现出还原性，又可被还原而呈现出氧化性。

在加热和催化剂（V_2O_5）作用下，二氧化硫被氧气氧化，生成三氧化硫。

$$2SO_2+O_2 \xrightarrow[V_2O_5]{\triangle} 2SO_3 \text{（二氧化硫的还原性）}$$

$$SO_2+2H_2S = 3S+2H_2O \text{（二氧化硫的氧化性）}$$

SO_2 是酸性氧化物，它与水化合生成亚硫酸（H_2SO_3），因此二氧化硫又叫亚硫酸酐。亚硫酸不稳定，容易分解，只存在于水溶液中。

$$SO_2+H_2O \rightleftharpoons H_2SO_3$$

（4）二氧化硫的制取　实验室里常用亚硫酸钠与稀硫酸反应制取二氧化硫。

$$Na_2SO_3+H_2SO_4 = Na_2SO_4+H_2SO_3$$

$$H_2SO_3 = SO_2+H_2O$$

工业上，通常用硫铁矿（FeS_2）在空气中燃烧制取。

（5）SO_2 的用途　SO_2 和 H_2SO_3 作为还原剂主要用于化工生产。SO_2 主要用于生产硫酸和亚硫酸盐，还大量用于生产合成洗涤剂、食品防腐剂、住所和用具消毒剂。二氧化硫还具有漂白性，能与一些有机色素结合成无色化合物。因此，工业上常用它来漂白纸张、毛、丝、草帽辫等。但是日久以后漂白过的纸张、草帽辫等又逐渐恢复原来的颜色，这是因为二氧化硫与某些有机色素化合生成的无色化合物不稳定，发生分解而恢复原来有色物质的颜色。因此，用二氧化硫漂白过的草帽辫日久又渐渐变成黄色。此外，二氧化硫还能够杀灭霉菌和细菌，还可以用于食物和干果的防腐剂。

2. 亚硫酸及亚硫酸盐

（1）不稳定性　亚硫酸只能在水溶液中存在，受热则分解加快，放出二氧化硫。

（2）酸性　亚硫酸酸性比碳酸强，是一种二元中强酸，具有酸的通性。

$$H_2SO_3 \rightleftharpoons H^+ + HSO_3^-$$

$$HSO_3^- \rightleftharpoons H^+ + SO_3^{2-}$$

（3）氧化还原性　亚硫酸中的硫为+4 价，处于中间价态，具有氧化、还原性，但还原能力较强，常用作还原剂，且在碱性溶液中还原性更强。氧化产物一般都是 SO_4^{2-} 。例如：

$$2MnO_4^- + 5SO_3^{2-} + 6H^+ = 2Mn^{2+} + 5SO_4^{2-} + 3H_2O$$

$$H_2SO_3+I_2+H_2O = H_2SO_4+2HI$$

SO_2 或 H_2SO_3 只有在与强还原剂相遇时才表现出氧化性。例如：

$$H_2SO_3+2H_2S = 3S+3H_2O$$

它比二氧化硫更易被氧化，在空气中逐渐被氧化成硫酸，所以亚硫酸不宜长期保存。

（4）亚硫酸盐也具有氧化、还原性　其还原能力比亚硫酸更强，常用作还原剂。

亚硫酸可形成正盐（如 Na_2SO_3）和酸式盐（如 $NaHSO_3$）。碱金属和铵的亚硫酸盐易溶于水，并发生水解。亚硫酸氢盐的溶解度大于相应的正盐，也易溶于水。在含有不溶性亚硫酸钙的溶液中通入 SO_2，可使其转化为可溶性的亚硫酸氢盐。

$$CaSO_3+SO_2+H_2O = Ca(HSO_3)_2$$

通常在金属氢氧化物的水溶液中通入 SO_2 得到相应的亚硫酸盐。

亚硫酸盐的还原性比亚硫酸还要强，在空气中易被氧化成硫酸盐而失去还原性。如：

$$2Na_2SO_3+O_2 = 2Na_2SO_4$$

亚硫酸钠和亚硫酸氢钠大量用于染料工业中作为还原剂。在纺织、印染工业中，亚硫酸盐用作织物的除氯剂，如：

$$SO_3^{2-}+Cl_2+H_2O = SO_4^{2-}+2Cl^-+2H^+$$

亚硫酸盐受热时，容易歧化分解：

$$4Na_2SO_3 \xlongequal{\triangle} 3Na_2SO_4+Na_2S$$

亚硫酸的正盐及酸式盐遇强酸即分解：

$$SO_3^{2-}+2H^+ = H_2O+SO_2\uparrow$$

亚硫酸盐有很多实际用途，亚硫酸氢钙［$Ca(HSO_3)_2$］能溶解木质素制造纸浆，大量用于造纸工业。Na_2SO_3 在西药工业中用作药物有效成分的抗氧剂，还可用作照相显影液和定影液的保护剂等，印染工业中用作漂白织物的去氯剂。亚硫酸盐也是常用的化学试剂。

四、三氧化硫、硫酸和硫酸盐

1. 三氧化硫

（1）SO_3 的结构　气态 SO_3 为单分子，其分子构型为平面三角形（图 4-5）。中心 S 采取 sp^2 等性杂化与三个氧原子形成三个 σ 键，还有一个垂直于分子平面的 4 中心 6 电子 π_4^6 键。

（2）SO_3 的性质　常温下，SO_3 是无色液体，沸点 44.8℃，在 16.8℃时凝固成易挥发的无色固体。

SO_3 是一个强氧化剂，特别在高温时它能将 P 氧化为 P_2O_5，将 HBr 氧化为 Br_2，能氧化 KI、Fe、Zn 等金属。如：

$$2P+5SO_3 \xlongequal{} P_2O_5+5SO_2$$

$$2KI+SO_3 \xlongequal{} K_2SO_3+I_2$$

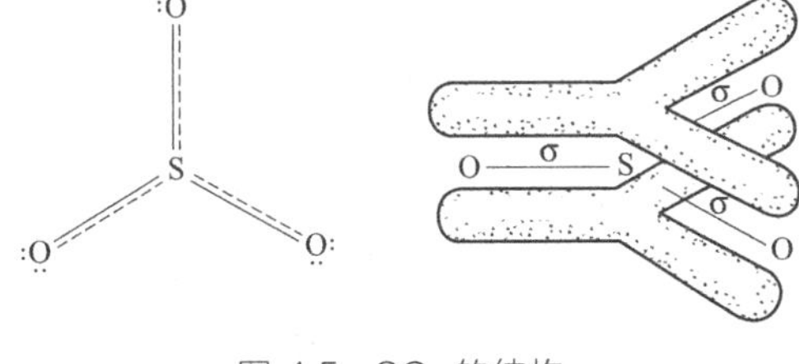

图 4-5　SO_3 的结构

三氧化硫极易吸水，在空气中强烈冒烟。三氧化硫溶于水中即生成硫酸并放出大量热，放出的热使水产生的蒸汽与 SO_3 形成酸雾，酸雾难以再被水吸收，它会随尾气排放，造成环境污染。所以工业上生产硫酸是用浓硫酸吸收 SO_3 成为含 20% SO_3 的发烟硫酸，再用水稀释。

2. 硫酸

纯硫酸是一种无色透明的油状液体，凝固点为 283.36K，沸点为 611K（质量分数为 98.3%），密度为 $1.854g/cm^3$，浓度为 18mol/L。在 283K 时凝固成晶体，工业硫酸因含杂质而发浑或呈浅黄色。常用的浓硫酸有 92%和 98%两种，密度分别为 1.82g/mL 和 1.84g/mL。98%的硫酸沸点为 330℃，是常用的高沸点酸，这是硫酸分子间形成氢键的缘故。

SO_3 通入浓 H_2SO_4 中即得发烟硫酸（$H_2SO_4 \cdot xSO_3$），当 SO_3 和 H_2SO_4 的物质的量之比为 1∶1 时，为焦硫酸（$H_2S_2O_7$ 或 $H_2SO_4 \cdot SO_3$）。发烟硫酸比 H_2SO_4 有更强的氧化性。

在一般情况下，硫酸并不分解，是比较稳定的酸。

① 硫酸的酸性。硫酸是强酸，稀硫酸具有酸的通性，能与碱性物质发生中和反应，也可与金属活动顺序表中位于氢前面的金属如 Mg、Zn、Fe 等反应，置换出氢气。

H_2SO_4 是二元强酸，第一步完全离解，第二步离解并不完全，$K_{a_1}^{\ominus}=1.0\times10^{-2}$。$HSO_4^-$ 只相当于中强酸。H_2SO_4 具有较高的沸点，因此能与氯化物或硝酸盐作用，并生成易挥发的 HCl 和 HNO_3（以前的生产方法）。

$$H_2SO_4 \xlongequal{} H^+ + HSO_4^-$$

$$HSO_4^- \xlongequal{} H^+ + SO_4^{2-}$$

② 浓硫酸的吸水性和脱水性。浓硫酸一种难挥发的强酸，易溶于水，能以任意比例与水混溶，浓硫酸稀释时会放出大量的热，须将浓硫酸缓缓倒入水中，并不断搅拌，切勿将水注入浓硫酸，以免产生的热量使硫酸溶液局部过热，导致浮在硫酸表面的水剧烈沸腾，飞溅出来造成烧伤，切不可反过来操作。

【演示实验】在三支试管里分别放入少量纸屑、棉花、木屑，再滴入几滴浓硫酸观察发生的现象。

通过实验可以看出，三种物质都发生了变化，生成黑色的碳。

【演示实验】 在200mL烧杯中放入20g蔗糖，加入几滴水，搅拌均匀，然后再加入15mL质量分数为98%的浓硫酸，迅速搅拌，观察实验现象。

通过实验可以看到蔗糖逐渐变黑，体积膨胀，形成疏松多孔的海绵状的碳。

浓硫酸具有脱水性，浓硫酸能从许多有机化合物（如糖类、木材、棉布、纸张等）中按水的组成夺走氢和氧，这种作用通常叫作脱水作用。因脱水而留下游离碳的现象，称为有机物的碳化。

$$C_{12}H_{22}O_{11} \xlongequal{浓硫酸} 11H_2O + 12C$$

因此，浓硫酸能严重地破坏动植物的组织，有强烈的腐蚀性，使用时要注意安全。浓硫酸能严重灼伤皮肤，若不慎误溅，应先用纸沾去，再用大量水冲洗，最后用5%的$NaHCO_3$溶液或稀氨水浸泡片刻。

硫酸能与水形成一系列的稳定水合物，故浓硫酸具有吸水性，能吸收空气里的水分，常用作干燥剂，在实验室常用来干燥Cl_2、H_2、CO_2、SO_2等气体。

③ 浓硫酸有强氧化性。它几乎能与所有的金属（金、铂除外）和一些非金属反应，在加热条件下，与活泼金属反应时，生成SO_2、S甚至H_2S，当热的浓硫酸和铜、银等不活泼金属反应时，生成SO_2。

【演示实验】 在试管里放入一小块铜片，加入少量浓硫酸，加热试管，观察试管里的变化。如有气体产生，则用湿润的蓝色石蕊试纸放在试管口检验，观察反应现象。反应完毕，稍冷，把试管里的溶液倒入另一盛有少量水的试管里，观察溶液的颜色。

实验表明，浓硫酸与铜在加热时能发生反应，放出能使蓝色石蕊试纸变红或使品红溶液褪色的气体。反应后生成物的水溶液呈蓝色，说明铜与浓硫酸反应时被氧化成了铜离子。

结论：浓硫酸与铜反应生成的气体并不是氢气。实验证明，反应生成的气体是二氧化硫，浓硫酸与铜反应的化学方程式为：

$$Cu + 2H_2SO_4(浓) \xlongequal{\triangle} CuSO_4 + 2H_2O + SO_2\uparrow$$

在这个反应里，浓硫酸氧化了铜（铜从0价升高到+2价），而本身被还原成二氧化硫（硫从+6价降低到+4价），因此硫浓硫酸是氧化剂，铜是还原剂。

在常温下，浓硫酸与某些金属如铁、铝接触，能使金属表面形成一层致密的氧化物薄膜，阻止内部金属继续与硫酸反应，这种现象叫金属的钝化。因此，浓硫酸可以用铁或铝制的容器贮存。但是在受热的情况下，浓硫酸不仅能够与铁、铝等反应，还能够与绝大多数金属反应。

$$Zn + 2H_2SO_4(浓) \xlongequal{} ZnSO_4 + SO_2\uparrow + 2H_2O$$

$$3Zn + 4H_2SO_4(浓) \xlongequal{} 3ZnSO_4 + S + 4H_2O$$

$$4Zn + 5H_2SO_4(浓) \xlongequal{} 4ZnSO_4 + H_2S\uparrow + 4H_2O$$

加热时，浓硫酸还能与一些非金属发生氧化还原反应。例如，加热盛有浓硫酸和木炭的试管可以发生如下反应。

$$C + 2H_2SO_4(浓) \xlongequal{\triangle} CO_2\uparrow + 2SO_2\uparrow + 2H_2O$$

$$2P + 5H_2SO_4(浓) \xlongequal{\triangle} 2H_3PO_4 + 5SO_2\uparrow + 2H_2O$$

④ 硫酸的用途。H_2SO_4是非常重要的化工产品和基本化工原料，H_2SO_4的年产量可以从侧面反映一个国家的化工生产能力。H_2SO_4广泛应用于化工、轻工、纺织、冶金、染料、制药、食品、印染、皮革、国防、电镀等工业。在化肥工业中它用于生产$(NH_4)_2SO_4$、过磷酸钙$[Ca(H_2PO_4)_2 \cdot CaSO_4 \cdot 2H_2O]$等无机肥料；冶金工业中用于各

种金属表面的净化；电镀工业中用于配制电镀液；无机化工工业中用于生产各种硫酸盐；石油炼制工业中用于精制油品，除去油品中硫化物和不饱和烃类。工业上及实验室中还常用浓硫酸干燥气体。H_2SO_4 也是常用的化学试剂。

⑤ 硫酸的工业制法。工业上生产硫酸主要采用接触法，原料主要是硫黄、硫铁矿或冶炼厂烟道气。其生产原理如下：

此法分三个阶段：

a. SO_2 的制取和净化。在沸腾炉中，鼓入空气，使硫或金属硫化物燃烧生成二氧化硫。得到的二氧化硫气体除含有 O_2、N_2 外，还含有水蒸气以及砷、硒的化合物和矿尘等杂质。由于这些杂质会使催化剂中毒（催化作用减弱或丧失），所以必须经过除尘、洗涤、干燥等步骤，将 SO_2 气体净化。

$$4FeS_2+11O_2 \xlongequal{\text{高温}} 2Fe_2O_3+8SO_2\uparrow$$

b. SO_2 催化氧化成 SO_3。净化后的气体，加热至 450℃左右，通入装有钒触媒（V_2O_5）的接触室中，使 97 %以上的 SO_2 氧化成 SO_3。

$$2SO_2+O_2 \underset{\triangle}{\overset{\text{催化剂}}{\rightleftharpoons}} 2SO_3$$

c. SO_3 的吸收和硫酸的生成。SO_3 与水作用生成硫酸，并放出大量的热。

$$SO_3+H_2O \xlongequal{} H_2SO_4$$

反应中放出的热量使水蒸发，与 SO_3 结合成酸雾，实际生产中，为防止形成酸雾，影响吸收效率，不用水直接吸收 SO_3，一般采用 98.3%的浓 H_2SO_4 吸收 SO_3。然后再用较稀的硫酸将吸收了 SO_3 的浓硫酸稀释为商品硫酸。

d. 尾气的吸收。浓硫酸吸收了 SO_3 后剩余的气体叫尾气，尾气中还含有少量的 SO_2，通常用氨水加以吸收，以免污染大气，同时回收 SO_2。

3. 硫酸盐

硫酸能形成两种类型的盐，即正盐和酸式盐（硫酸氢盐）。常见的金属元素几乎都能形成硫酸盐。硫酸盐均是离子晶体。硫酸盐大多易溶于水，Ag_2SO_4 微溶于水，$CaSO_4$、$PbSO_4$ 和 $BaSO_4$ 均难溶于水，其中 $BaSO_4$ 几乎不溶于水，利用 $BaSO_4$ 的不溶性，可检验 Ba^{2+} 或 SO_4^{2-} 离子的存在。

【演示实验】 在分别盛有 5mL 0.1mol/L 的 H_2SO_4、Na_2SO_4、Na_2SO_3、Na_2CO_3 溶液的试管里，分别滴入 1mL 0.1mol/L 的 $BaCl_2$ 溶液，观察白色沉淀的生成，然后向各支试管中滴加 1mol/L 的 HCl 或 HNO_3 溶液，振荡试管，观察沉淀的溶解情况。

硫酸或硫酸钠溶液中加入氯化钡溶液，产生白色硫酸钡沉淀，且不溶于稀酸。

$$H_2SO_4+BaCl_2 \xlongequal{} BaSO_4\downarrow+2HCl$$
$$Na_2SO_4+BaCl_2 \xlongequal{} BaSO_4\downarrow+2NaCl$$

亚硫酸钠和碳酸钠溶液加入氯化钡，也产生白色沉淀 $BaSO_3$ 和 $BaCO_3$。

$$Na_2SO_3+BaCl_2 \xlongequal{} BaSO_3\downarrow+2NaCl$$
$$Na_2CO_3+BaCl_2 \xlongequal{} BaCO_3\downarrow+2NaCl$$

但该沉淀溶于稀酸，产生 SO_2 和 CO_2 气体。

$$BaSO_3+2HCl \xlongequal{} BaCl_2+SO_2\uparrow+H_2O$$
$$BaCO_3+2HCl \xlongequal{} BaCl_2+CO_2\uparrow+H_2O$$

因此，可溶性钡盐可以检验 SO_4^{2-} 的存在。

硫酸盐的主要性质如下。

(1) 溶解性　酸式硫酸盐均易溶于水。正硫酸盐中只有 $CaSO_4$、$BaSO_4$、$SrSO_4$、$PbSO_4$、Ag_2SO_4 难溶或微溶，其余均易溶。$BaSO_4$ 不溶于酸和王水，据此鉴定和分离 SO_4^{2-} 或 Ba^{2+}。虽然 Ba^{2+} 和 SO_3^{2-} 也生成白色 $BaSO_3$ 沉淀，但它能溶于盐酸而生成 SO_2。

(2) 热稳定性　ⅠA 和ⅡA 元素的硫酸盐有很好的热稳定性，加热至 1000℃也不分解；过渡元素的硫酸盐热稳定性较差，受热分解成金属氧化物和 SO_3 或进一步分解成金属单质。

$$CuSO_4 \xlongequal{700℃} CuO + SO_3\uparrow$$

$$Ag_2SO_4 \xlongequal{\triangle} Ag_2O + SO_3\uparrow$$

$$2Ag_2O \xlongequal{\triangle} 4Ag + O_2\uparrow$$

$(NH_4)_2SO_4$ 加热至 100℃便可分解，甚至常温时就能缓慢放出 NH_3。

$$(NH_4)_2SO_4 \xlongequal{100℃} NH_4HSO_4 + NH_3\uparrow$$

同一金属的酸式硫酸盐不如正盐稳定。酸式硫酸盐受热可以生成焦硫酸盐，焦硫酸盐极易吸潮，遇水又水解成酸式硫酸盐，故须密闭保存。

(3) 水合作用　可溶性硫酸盐从溶液中析出时常带有结晶水，如 $CuSO_4 \cdot 5H_2O$（胆矾），$CaSO_4 \cdot 2H_2O$（石膏），$ZnSO_4 \cdot 7H_2O$（皓矾），$FeSO_4 \cdot 7H_2O$（绿矾），$Na_2SO_4 \cdot 10H_2O$（芒硝），$MgSO_4 \cdot 7H_2O$（泻盐）等。这些盐受热会失去部分或全部结晶水，故制备水合硫酸盐时只能自然晾干。

五、复盐、硫代硫酸钠、过硫酸盐

1. 复盐

硫酸盐的另一特性是容易形成复盐。例如：

明矾　$K_2SO_4 \cdot Al_2(SO_4)_3 \cdot 24H_2O$

摩尔盐　$(NH_4)_2SO_4 \cdot FeSO_4 \cdot 6H_2O$

铬钾矾　$K_2SO_4 \cdot Cr_2(SO_4)_3 \cdot 24H_2O$

将两种硫酸盐按比例混合，即可得到硫酸复盐。

酸式硫酸盐中，只有比较活泼的碱金属元素能形成稳定的固态酸式硫酸盐，如 $NaHSO_4$、$KHSO_4$ 等。它们能溶于水，并呈酸性。市售“洁厕剂”的主要成分是 $NaHSO_4$。

许多硫酸盐在净化水、造纸、印染、颜料、医药和化工等行业有着重要的用途，见表 4-7。

表 4-7　常见的几种硫酸盐比较

名称	俗称和成分	主要用途
硫酸钙	生石膏，$CaSO_4 \cdot 2H_2O$ 熟石膏，$2CaSO_4 \cdot H_2O$	制粉笔、石膏绷带
硫酸钡	重晶石，$BaSO_4$	钡餐造影
锌钡白	立德粉，$BaSO_4+ZnS$	白色颜料
硫酸亚铁	绿矾，$FeSO_4 \cdot 7H_2O$	配制蓝墨水
硫酸铝钾	明矾 $KAl(SO_4)_2 \cdot 12H_2O$	净水剂
硫酸铜	胆矾，$CuSO_4 \cdot 5H_2O$	镀铜液，配制“波尔多液”
硫酸锌	皓矾，$ZnSO_4 \cdot 7H_2O$	收敛剂
硫酸钠	元明粉，$Na_2SO_4 \cdot 10H_2O$	缓泻剂

2. 硫代硫酸钠

在沸腾的 Na_2SO_3 碱性溶液中加入硫黄粉，便可得到 $Na_2S_2O_3$，俗名海波或大苏打。它是无色透明的晶体，无臭，有清凉带苦的味道，易溶于水，其水溶液显弱碱性，在潮湿空气中可潮解，在干燥空气中易风化。

将硫粉溶于沸腾的亚硫酸钠碱性溶液中便可制得 $Na_2S_2O_3$。

$$Na_2SO_3 + S \xlongequal{\triangle} 2Na_2S_2O_3$$

$Na_2S_2O_3$ 在中性和碱性溶液中很稳定，在酸性溶液中由于生成不稳定的 $H_2S_2O_3$ 而分解。

$$Na_2S_2O_3 + 2HCl \xlongequal{} S + SO_2\uparrow + 2NaCl + H_2O$$

$Na_2S_2O_3$ 有显著的还原性，与 Cl_2、Br_2 等较强氧化剂反应，被氧化为 SO_4^{2-}。

$$S_2O_3^{2-} + 4Br_2 + 5H_2O \xlongequal{} 2SO_4^{2-} + 8Br^- + 10H^+$$

$$S_2O_3^{2-} + 4Cl_2 + 5H_2O \xlongequal{} 2SO_4^{2-} + 10H^+ + 8Cl^-$$

在纺织工业上用 $Na_2S_2O_3$ 作脱氯剂。

与 I_2 反应，还原 I_2 生成连四硫酸钠（$Na_2S_4O_6$），此反应用于分析化学的碘量法中。

$$I_2 + 2Na_2S_2O_3 \xlongequal{} 2NaI + Na_2S_4O_6$$

$S_2O_3^{2-}$ 有很强的配合作用，可与 Ag^+、Cd^{2+} 等形成稳定的配离子。$Na_2S_2O_3$ 大量用作照相的定影剂。照相底片上未感光的溴化银在定影液中形成 $[Ag(S_2O_3)_2]^{3-}$ 而溶解。

$$2S_2O_3^{2-} + AgBr \xlongequal{} [Ag(S_2O_3)_2]^{3-} + Br^-$$

$Na_2S_2O_3$ 与过量的 Ag^+ 反应生成 $Ag_2S_2O_3$ 白色沉淀，$Ag_2S_2O_3$ 水解最后生成黑色 Ag_2S 沉淀，颜色逐渐由白经黄、棕，最后变为黑，此现象用于 $S_2O_3^{2-}$ 的鉴定。

$$S_2O_3^{2-} + 2Ag^+ \xlongequal{} Ag_2S_2O_3\downarrow$$

$$Ag_2S_2O_3 + H_2O \xlongequal{} Ag_2S\downarrow + SO_4^{2-} + 2H^+$$

不溶于水的卤化银 AgX（X=Cl、Br、I）能溶解在 $Na_2S_2O_3$ 溶液中生成稳定的硫代硫酸银配离子。

$$AgX + 2S_2O_3^{2-} \xlongequal{} [Ag(S_2O_3)_2]^{3-} + X^-$$

3. 过硫酸盐

过硫酸可以看作是过氧化氢的衍生物。若 H_2O_2 分子中的一个氢原子被—SO_3H 基团取代，形成过一硫酸 H_2SO_5，若两个氢原子都被—SO_3H 基团取代则形成过二硫酸 $H_2S_2O_8$。

过硫酸盐与有机物混合，易引起燃烧或爆炸，须密闭储存于阴凉处。常用的过硫酸盐有 $K_2S_2O_8$ 和 $(NH_4)_2S_2O_8$。

过硫酸盐易水解，生成 H_2O_2，用于工业上制备 H_2O_2。

$$(NH_4)_2S_2O_8 + 2H_2O \xlongequal{} 2NH_4HSO_4 + H_2O_2$$

过硫酸盐不稳定，受热容易分解。

$$2(NH_4)_2S_2O_8 \xlongequal{\triangle} 2(NH_4)_2SO_4 + 2SO_3\uparrow + O_2\uparrow$$

过硫酸盐是极强的氧化剂，还原产物是 SO_4^{2-}。如在 Ag^+ 催化下，能将 Mn^{2+} 氧化成 MnO_4^-，此反应在钢铁分析中用来测定锰的含量。

$$2Mn^{2+} + 5S_2O_8^{2-} + 8H_2O \xlongequal{Ag^+} 2MnO_4^- + 10SO_4^{2-} + 16H^+$$

项目三　氮族元素及其重要的化合物

学习目标

1. 认识 N_2、NO、NO_2 的性质。
2. 通过观察思考活动，认识 NH_3、铵盐的性质及铵态氮肥的使用问题。
3. 通过观察思考活动，认识 HNO_3 的性质。

知识一　氮族元素的通性

一、氮族元素

氮（N）、磷（P）、砷（As）、锑（Sb）、铋（Bi）、镆（Mc）6 种元素，称为氮族元素，氮族元素是比较常见的元素。特别是氮和磷，人们常把它们称为“生命元素”。

知识链接

氮是构成动植物体内蛋白质和核酸的主要元素之一，约占人体质量的 3.0%，是生命的基础元素。将空气中的氮气通过物理化学作用和生物作用变为能为人类直接利用的含氮化合物过程，称为固氮。主要固氮法有雷电的高能固氮、豆科植物根瘤菌的生物固氮和合成氨的人工固氮。氮和磷对生命都极为重要，所以它们都是肥料中的主要成分。

磷是人体的主要元素之一。人体内 86% 的磷以羟磷灰石存在，是骨骼和牙齿的主要成分。10% 的磷与蛋白质、脂肪、碳水化合物及其他有机物结合构成软组织，其余分布在体液中。血磷通常指血浆中的无机磷酸盐，约 80% 以 HPO_4^{2-} 的形式存在，20% 以 $H_2PO_4^-$ 的形式存在。正常成人血磷含量为 0.87～1.45mmol/L。磷是体内的“能量仓库”。三磷酸腺苷（ATP）是食物中蕴藏的能量与机体利用的能量之间的联系者，在 ATP 分子中含有 2 个高能磷酸键，肌肉运动时，会脱去 1 个或 2 个高能磷酸键，释放出能量。

砷为人体非必需但有用的元素。砒霜（As_2O_3）是一种毒药，对人的致死量为 0.2～0.3g。砷在水中溶解度为 2.05g/100g H_2O（25℃）。控制加入少量的砷有药用价值，用于治疗白血病，控制哮喘。

表 4-8　氮族元素以及单质的一些重要性质

元素名称	元素	原子序数	电子层结构	原子半径/pm	主要化合价	单质					电负性
						颜色和状态	密度/(g/cm³)	熔点/℃	沸点/℃	单键键能/(kJ/mol)	
氮	N	7	(+7) 2 5	75	−3～+5	无色气体	1.2506	−209.86	−195.8	251	3.04
磷	P	15	(+15) 2 8 5	110	−3,0,+1,+3,+5	白磷:白色或黄色，红磷:红棕色固体	1.82（白磷）；2.3（红磷）	44.1（白磷）	280（白磷）	208	2.19
砷	As	33	(+33) 2 8 18 5	121	−3,0,+3,+5	灰砷：灰色固体	5.727 灰砷	817 灰砷	613 灰砷	180	2.18
锑	Sb	51	(+51) 2 8 18 18 5	141	−3,0,+3,+5	银白色金属	6.684	630.74	1750	142	2.05
铋	Bi	83	(+83) 2 8 18 32 18 5	152	0,+3,+5	银白色或微显红色金属	9.80	271.3	1560	—	2.02

从表 4-8 氮族元素的原子结构看，它们的原子最外层都有 5 个电子，最高价氧化物的化合价都是+5 价，随着原子核外电子层数的增加，氮族元素的原子半径逐渐增大，核对外层

电子的引力逐渐减弱，在化学反应中，它们获得电子的能力逐渐减弱，失去电子的能力逐渐增强。所以元素周期表中，从上至下，氮族元素的非金属性逐渐减弱，金属性逐渐增强，氮、磷显示比较明显的非金属性，砷是非金属，但已表现出一些金属性，而锑、铋已表现出比较明显的金属性。

二、氮族元素单质的通性

氮族元素单质的物理性质，也呈现出一定的规律性变化，随着原子序数的增大，氮族元素单质的熔、沸点基本上逐渐升高，密度逐渐增大。

氮族元素的价电子构型为 ns^2np^3，主要氧化数有－3、＋3 和＋5。由于氮族元素的电负性小于同周期相应的ⅥA、ⅦA 族元素，氮族的单质与 X_2 或 S、O_2 反应主要形成氧化数为＋3、＋5 的共价化合物，而且原子半径越小，形成共价键的倾向越强；与 H_2 反应形成氧化数为－3 或＋3 的共价化合物，其热稳定性按 $NH_3 \rightarrow PH_3 \rightarrow AsH_3 \rightarrow SbH_3 \rightarrow BiH_3$ 的顺序依次减弱，还原性依次增强。总之，形成共价化合物是氮族元素的特征。

与氧族、卤素比较，它们若要获得三个电子而形成－3 价的离子是较困难的。只有电负性较大的 N 和 P 可与碱金属或碱土金属形成极少数离子型固态化合物，如 Li_3N、Mg_3N_2、Na_3P、Ca_3P_2 等。由于 N^{3-}、P^{3-} 半径大容易变形，N^{3-} 和 P^{3-} 只能存在于干态，遇水强烈水解生成 NH_3 和 PH_3，如：

$$Mg_3N_2+6H_2O = 3Mg(OH)_2+2NH_3$$

$$Na_3P+3H_2O = 3NaOH+3PH_3$$

因此它们不能存在于溶液中。电负性较小的 Sb 和 Bi 能形成氧化数为＋3 的离子化合物[如 BiF_3、$Sb_2(SO_4)_3$]，它们都极易水解。

氮族元素形成的化合物大多数是共价化合物。

① 形成三个共价单键，如 NH_3，N 为 sp^3 杂化。

② 形成一个共价双键和一个共价单键，如—N═O，N 为 sp^2 杂化。

③ 形成一个共价三键，如 N_2、CN^-，N 为 sp 杂化。

N 原子还可以有氧化数为＋5 的氧化态，如 NO_3^-。形成－3 氧化数的趋势从 N 到 Sb 降低，Bi 不形成－3 氧化数的稳定化合物。在氢化物中除 NH_3 外，其余元素氢化物都不稳定。N、P 氧化数为＋5 的化合物比＋3 的化合物稳定。As 和 Sb 常见氧化数为＋3 和＋5，Bi 氧化数主要是＋3。

N 与同族其他元素性质的差异如下。

① N—N 单键键能反常地比 P—P 单键小。

② N═N 和 N≡N 的键能又比其他元素的大。

③ N 的最大配位数为 4，而 P、As 可达到 5 或 6。

④ N 有形成氢键的倾向，但氢键强度要比 O 和 F 的弱。

知识二　氮气、氮的氧化物、硝酸和硝酸盐

一、氮气的物理性质、化学性质和用途

1. 氮气的物理性质

纯净的氮气是一种无色、无味的气体，主要存在于大气中。单质氮在标准情况下的气体

密度是 1.25g/dm^3，熔点 63K，沸点 75K，临界温度为 126K。难溶于水，难于液化。在 101kPa 的压强下，−195.8℃时变成液体，−209.86℃时变成雪花状固体。氮气在水中的溶解度很小，通常状况下，1 体积水大约只能溶解 0.02 体积的氮气。工业上用的氮气主要由分馏液态空气制得，通常在 150MPa 下装入钢瓶中备用。

2. 氮气的化学性质

氮气分子是双原子分子，在它的分子中，2 个氮原子共用 3 对电子，形成了 3 条共价键。氮气分子中的 N≡N 键结合得很牢固，使得氮气分子的结构稳定，在通常情况下，化学性质不活泼，很难与其他物质发生化学反应，用作保护气体。但是，在一定条件下，如高温、高压、放电等，氮气也能与氢气、氧气等其他物质发生化学反应。

（1）氮气与氢气反应　在高温、高压、有催化剂存在的条件下，氮气与氢气可以直接化合，生成氨气（NH_3），并放出热量，工业上利用这一反应原理合成氨。

$$N_2 + 3H_2 \underset{\text{催化剂}}{\overset{\text{高温、高压}}{\rightleftharpoons}} 2NH_3$$

（2）氮气与氧气反应　在放电条件下，氮气与氧气可以直接化合生成无色的一氧化氮（NO）气体。

$$N_2 + O_2 \overset{\text{放电}}{\rightleftharpoons} 2NO$$

（3）氮与金属反应　常温下。锂是唯一能和氮气直接化合的金属；氮在高温时能与镁、钙、锶、钡等金属化合。例如：镁在空气中燃烧时，除生成 MgO 外，也能与氮形成微量的氮化镁 Mg_3N_2。

$$Li + N_2 = Li_2N$$

$$3Mg + N_2 \overset{\text{点燃}}{=} Mg_3N_2$$

N_2 与硼和铝要在白热的温度才能反应：

$$2B + N_2 = 2BN(\text{大分子化合物})$$

N_2 与硅和其他族元素的单质一般要在高于 1473K 的温度下才能反应。

实验室常用加热饱和 NH_4Cl 溶液和 $NaNO_2$ 固体的混合物来制取 N_2。

$$NH_4Cl + NaNO_2 = NH_4NO_2 + NaCl$$

$$NH_4NO_2 \overset{\triangle}{=} N_2\uparrow + 2H_2O$$

氮气的用途：大量的氮气在工业上是合成氨的原料。另外，由于氮的不活泼性，在工业上氮气可以用来代替稀有气体作焊接金属的保护气体，还可用氮气来填充白炽灯泡，防止钨丝氧化和减慢钨丝的挥发。此外，液氮作为冷冻剂在工业和医疗方面也有一定用途。

二、氮的氧化物

在不同情况下，氮和氧能生成下列五种氧化物：N_2O、NO、N_2O_3、NO_2、N_2O_5。其中 N_2O_3、N_2O_5 都很不稳定，NO 微有麻醉性，俗称笑气，工业上以 NO、NO_2 最为重要。

NO 是无色气体，比空气略重，不溶于水，在常温下，容易与空气中的氧结合，生成二氧化氮 NO_2。

$$2NO + O_2 = 2NO_2$$

NO_2 是棕红色有刺激性气味的气体，有毒，易溶于水生成硝酸和 NO。

$$3NO_2 + H_2O = 2HNO_3 + NO$$

工业上制硝酸要用这两种氮的氧化物。

NO_2 还可以相互化合成无色的 N_2O_4。

$$2NO_2(\text{棕红色}) \rightleftharpoons N_2O_4(\text{无色})$$

三、硝酸和硝酸盐

1. 硝酸

硝酸是工业上重要的“三酸”之一，在国民经济和国防工业中有极其重要的作用。纯硝酸是无色易挥发、有刺激性气味的液体，密度为 1.5g/cm^3，沸点 83℃，凝固点−42℃，能以任意比例溶于水。一般市售的浓硝酸质量分数为 65%～68%，密度 1.42g/cm^3（25℃），浓度约为 15mol/L。浓度为 98%以上的浓硝酸在空气中发烟，因溶有 NO_2 常呈黄色，称为发烟石硝酸。在空气中发烟是因为挥发出来的 NO_2 和空气中的水蒸气相遇，形成极微小的硝酸雾滴。

硝酸是一种强酸，除具有酸的通性外，还有以下的特性。

（1）硝酸的不稳定性　硝酸很不稳定，容易分解。纯净的硝酸或浓硝酸在常温下见光就分解，受热时分解得更快。

$$4HNO_3 \xlongequal[\text{或光照}]{\triangle} 2H_2O + 4NO_2\uparrow + O_2\uparrow$$

硝酸越浓越容易分解，分解放出的 NO_2 溶于硝酸中而呈黄色，为防止硝酸分解，应将浓硝酸装在棕色瓶中，存放在阴凉避光处。

（2）硝酸的氧化性　硝酸是一种很强的氧化剂，几乎能与所有的金属（除铂、金等）或非金属发生氧化还原反应。

C、P、S、I_2、B、As 等非金属单质可被 HNO_3 氧化为相应的含氧酸或氧化物，HNO_3 则被还原为 NO（稀硝酸）或 NO_2（浓硝酸）。例如：

$$3P + 5HNO_3(\text{稀}) + 2H_2O = 3H_3PO_4 + 5NO\uparrow$$

$$P + 5HNO_3(\text{浓}) \xlongequal{\triangle} H_3PO_4 + 5NO_2\uparrow + H_2O$$

$$C + 4HNO_3(\text{浓}) = CO_2\uparrow + 4NO_2\uparrow + 2H_2O$$

$$3C + 4HNO_3(\text{稀}) \xlongequal{\triangle} 3CO_2\uparrow + 4NO\uparrow + 2H_2O$$

$$3I_2 + 10HNO_3(\text{稀}) = 6HIO_3 + 10NO\uparrow + 2H_2O$$

$$S + 6HNO_3(\text{浓}) \xlongequal{\triangle} H_2SO_4 + 6NO_2\uparrow + 2H_2O$$

HNO_3 能将 H_2S 或某些金属硫化物、碘化物、Fe^{2+}、Sn^{2+} 等氧化。例如：

$$2HNO_3(\text{稀}) + 3H_2S = 3S\downarrow + 2NO\uparrow + 4H_2O$$

$$ZnS + 8HNO_3(\text{浓}) = ZnSO_4 + 8NO_2\uparrow + 4H_2O$$

$$3CuS + 8HNO_3(\text{稀}) = 3Cu(NO_3)_2 + 3S\downarrow + 2NO\uparrow + 4H_2O$$

易燃的有机物（如松节油等）遇浓硝酸可燃烧。

HNO_3 与金属反应比较复杂。从金属方面来看，有以下几种情况。

① 多数金属被氧化后，生成可溶性盐，例如 $Cu(NO_3)_2$、$AgNO_3$、$Zn(NO_3)_2$、$Mg(NO_3)_2$ 及 $Pb(NO_3)_2$ 等。

② 一些金属被氧化后，生成不溶于 HNO_3 的氧化物，例如 MoO_3、WO_3、SnO_2 等。

③ 很不活泼的金属（如 Os、Ir、Pt、Au、Zr 等）不与 HNO_3 反应。

④ Fe、Al、Cr 等可溶于稀硝酸及热硝酸，但在冷的浓硝酸中因为表面形成致密的氧化膜而钝化，因此浓硝酸常用铝罐（或铁制容器）贮运。

从 HNO_3 方面来看，它可能被还原为一系列氮的较低氧化数的化合物：

$$H\overset{+5}{N}O_3 \rightarrow \overset{+4}{N}O_2 \rightarrow H\overset{+3}{N}O_2 \rightarrow \overset{+2}{N}O \rightarrow \overset{+1}{N}_2O \rightarrow \overset{0}{N}_2 \rightarrow \overset{-3}{N}H_3$$

通常 HNO_3 的还原产物是混合物，混合物中各成分的相对含量与 HNO_3 的浓度 、金属活泼性、反应速率等有关，不能单从电极电势方面考虑。浓 HNO_3（≥12mol/L）还原的主产物是 NO_2，稀硝酸（6～8mol/L）与不活泼金属反应主要被还原为 NO，稀 HNO_3（约2mol/L）与活泼金属（如 Mg、Zn）反应主要被还原为 N_2O，很稀的 HNO_3（<1mol/L）与活泼金属反应主要被还原为 NH_3（在 HNO_3 存在时生成 NH_4NO_3）。例如：

$$Zn+4HNO_3(浓)=\!=\!=Zn(NO_3)_2+2NO_2\uparrow+2H_2O$$

$$4Zn+10HNO_3(稀)=\!=\!=4Zn(NO_3)_2+N_2O\uparrow+5H_2O$$

$$4Zn+10HNO_3(很稀)=\!=\!=4Zn(NO_3)_2+NH_4NO_3+3H_2O$$

$$3Ag+4HNO_3(稀)=\!=\!=3AgNO_3+NO\uparrow+2H_2O$$

$$4Mg+10HNO_3(很稀)=\!=\!=4Mg(NO_3)_2+NH_4NO_3+3H_2O$$

必须注意：HNO_3 的氧化性强弱与氮的氧化数降低多少无直接关系。HNO_3 浓度越高，其氧化能力越强，相应的反应速率也越大。

【演示实验】 在放有铜片的两个试管中，分别加入少量浓硝酸和稀硝酸，观察现象。浓硝酸和稀硝酸都能与铜反应：

$$Cu+4HNO_3(浓)=\!=\!=Cu(NO_3)_2+\underset{棕红色}{2NO_2}\uparrow+2H_2O$$

$$3Cu+8HNO_3(稀)=\!=\!=3Cu(NO_3)_2+2NO\uparrow+4H_2O$$

稀硝酸反应较慢，产生的无色 NO 在试管口变成棕红色的 NO_2。

某些金属，如 Al、Cr、Fe 等能溶于稀硝酸，但在冷的浓硝酸中，由于金属表面被氧化，形成致密的氧化膜，而产生钝化现象。

浓硝酸与浓盐酸的混合物（体积比为 1∶3）叫王水，其氧化能力更强，能使一些不溶于硝酸的金属，如铂、金等溶解。

$$Au+HNO_3+4HCl=\!=\!=\underset{四氯合金(Ⅲ)酸}{H[AuCl_4]}+NO\uparrow+2H_2O$$

$$3Pt+4HNO_3+18HCl=\!=\!=\underset{六氯合铂(Ⅳ)酸}{3H_3[PtCl_6]}+4NO\uparrow+8H_2O$$

（3）硝化反应　HNO_3 与有机化合物作用，将硝基（$-NO_2$）引入有机物分子中的反应叫硝化反应。例如苯（C_6H_6）的硝化反应：

$$C_6H_6+HNO_3\xrightarrow[\triangle]{浓硫酸}\underset{硝基苯}{C_6H_5NO_2}+H_2O$$

硝基化合物多呈黄色。皮肤接触浓硝酸后因为硝化作用的结果而变黄。

HNO_3 是重要的化工产品和化工基本原料，具有广泛的用途。它在无机工业中用于生产各种硝酸盐；在化肥工业中用于生产 NH_4NO_3、硝酸磷肥等单一和复合肥料；在有机工业中用于硝基化合物的制取；在冶金工业中用于贵金属的分离。此外，它还可用于染料、制药等工业，也是常用的化学试剂。

（4）尾气的处理　最后排放的尾气中含有少量的 NO 和 NO_2，有毒且污染环境。从吸收塔出来的尾气（主要成分为 N_2，还有少量 O_2、NO、NO_2 等）直接排放到大气中将会造成污染。可采用碱溶液吸收尾气，这样既消除了有害物，又得到了副产品——亚硝酸盐。

要用 NaOH 溶液或 $NaCO_3$ 溶液吸收。

$$2NO_2+2NaOH=\!=\!=NaNO_3+NaNO_2+H_2O$$

$$NO+NO_2+2NaOH=\!=\!=2NaNO_2+H_2O$$

用上述方法制得的 HNO_3 质量分数为 50%～55%，将它与脱水剂浓硫酸混合蒸馏，可

得浓 HNO_3。

实验室通常用 $NaNO_3$ 与浓硫酸共热制取硝酸：

$$NaNO_3 + H_2SO_4(浓) \xlongequal{\triangle} NaHSO_4 + HNO_3$$

HNO_3 易挥发，可通过蒸馏将其分离出来。

2. 硝酸盐

硝酸盐通常由金属或金属氧化物与 HNO_3 作用制得。硝酸盐是离子化合物，多数硝酸盐是无色晶体，极易溶于水。它们的中性或碱性水溶液几乎无氧化性，而在酸性溶液中显出较强氧化性。

硝酸盐热稳定性差，受热会分解，并放出 O_2，因此硝酸盐在高温下都是强氧化剂。

【演示实验】 在试管中加入适量 KNO_3 晶体，加热至熔化，立即投入一小块木炭，继续加热片刻后，观察现象。

木炭在试管内猛烈燃烧，发出耀眼的光。这是因为 KNO_3 受热分解为 KNO_2 和 O_2，O_2 再与 C 反应。反应如下：

$$C + 2KNO_3 \xlongequal{\triangle} 2KNO_2 + CO_2 \uparrow$$

硝酸盐的分解产物与成盐金属的活泼性有关。除 NH_4NO_3 外，硝酸盐的分解有以下三种情况：

① 活泼性比 Mg 强的金属硝酸盐，受热分解生成亚硝酸盐和 O_2。例如：

$$2NaNO_3 \xlongequal{\triangle} 2NaNO_2 + O_2 \uparrow$$

② 活泼性介于 Mg 和 Cu 之间（含 Mg 和 Cu）的金属硝酸盐，受热分解生成金属氧化物、NO_2 和 O_2。例如：

$$4Fe(NO_3)_3 \xlongequal{\triangle} 2Fe_2O_3 + 8NO_2 \uparrow + O_2 \uparrow$$

$$2Cu(NO_3)_2 \xlongequal{\triangle} 2CuO + 4NO_2 \uparrow + O_2 \uparrow$$

③ 活泼性在 Cu 之后的金属硝酸盐，受热分解生成金属单质、NO_2 和 O_2。例如：

$$2AgNO_3 \xlongequal{\triangle} 2Ag + 2NO_2 \uparrow + O_2 \uparrow$$

由于硝酸盐受热分解产生 O_2，因此它们与易燃物相混可能引起燃烧或爆炸，保存硝酸盐时一定要注意。

溶液中 NO_3^- 的鉴定方法通常有以下两种：

(1) 棕色环法　在浓硫酸介质中，NO_3^- 可被过量的 Fe^{2+} 还原为 NO，NO 与剩余的 Fe^{2+} 作用，生成深棕色的亚硝基合铁（Ⅱ）离子（$[Fe(NO)]^{2+}$）。

$$3Fe^{2+} + NO_3^- \xlongequal{} 3Fe^{3+} + 2H_2O + NO \uparrow$$

$$Fe^{2+} + NO \xlongequal{} \underset{(棕色)}{[Fe(NO)]^{2+}}$$

NO_3^- 也有类似的反应，应预先除去；I^-、Br^-、CrO_4^{2-} 等干扰棕色环的观察，也应预先除去。

(2) 蓝色环法　将试液用 H_2SO_4 酸化，NO_3^- 转化为 HNO_3，可与二苯胺或醌式化合物反应，生成深蓝色化合物。NO_2^- 存在时有干扰，可事先在试液中加入尿素，加热，破坏 NO_2^-。

此外，如果盐的晶体与 Cu 片及浓硝酸共热后能产生有刺激性气味的红棕色气体，也能证明该盐含 NO_3^-。

$$Cu + 2NO_3^- + 4H^+ \xlongequal{} Cu^{2+} + 2H_2O + 2NO_2 \uparrow$$

最重要的硝酸盐包括 $NaNO_3$、KNO_3、NH_4NO_3、$Ca(NO_3)_2$、$Pb(NO_3)_2$、$Ce(NO_3)_2$ 等，它们广泛用于制炸药（例如，黑火药的主要成分为 KNO_3、S、木炭，其质量分数分别为 75%、10%、15%）、弹药、烟火、火柴等，可作化肥，也用于电镀工业、玻璃制造、染料生产和电子工业。硝酸盐还是常用的化学试剂。

四、亚硝酸和亚硝酸盐

亚硝酸（HNO_2）是一种弱酸，$K^{\ominus}=7.2\times10^{-4}$，酸性比乙酸略强。亚硝酸不稳定，仅存在于冷的稀溶液中，浓度稍大或微热，立即分解。

$$2HNO_2 \xlongequal{\triangle} NO\uparrow + NO_2\uparrow + H_2O$$

亚硝酸盐比较稳定，多数为无色易溶于水的固体。亚硝酸盐都有毒，有致癌作用。皮肤接触浓度大于 1.5% 的 $NaNO_2$ 溶液会发炎。固体亚硝酸盐与有机物接触易引起燃烧和爆炸。

$NaNO_2$ 和 KNO_2 是常见的亚硝酸盐，广泛用于染料、硝基化合物的制备，还作媒染剂、漂白剂及食品发色剂。

亚硝酸和亚硝酸盐既有氧化性又有还原性。在酸性溶液中以氧化性为主，被还原为 NO。如：

$$Fe^{2+} + HNO_2 + H^+ \xlongequal{} Fe^{3+} + NO\uparrow + H_2O$$

$$2I^- + 2HNO_2 + 2H^+ \xlongequal{} I_2 + 2NO\uparrow + 2H_2O$$

后一反应可用于测定亚硝酸盐的含量。

亚硝酸盐遇到强氧化剂时被氧化成硝酸盐，表现出还原性。如：

$$5KNO_2 + 2KMnO_4 + 3H_2SO_4 \xlongequal{} 2MnSO_4 + 5KNO_3 + K_2SO_4 + 3H_2O$$

$$KNO_2 + Cl_2 + H_2O \xlongequal{} KNO_3 + 2HCl$$

在碱性溶液中，亚硝酸盐能被 O_2 氧化为硝酸盐。

知识三　氨气和氨盐

一、氨气的物理性质、化学性质

1. 氨气的物理性质

氨（NH_3）是无色有刺激性臭味的气体。氨容易液化，常压下冷却到 −33℃ 或 25℃ 加压到 990kPa 即可得到液氨，储存在钢瓶中备用。须注意钢瓶减压阀不能用铜制品，否则会迅速被氨腐蚀。液氨气化时吸收大量的热，故可作制冷剂，但现已逐渐被取代。

NH_3 分子为强极性分子，极易溶于水，常温时 1 体积水能溶解 700 体积的 NH_3。NH_3 溶于水后溶液体积显著增大，故氨水越浓，溶液密度反而越小。市售氨水浓度为 25%～28%，密度约为 0.9g/mL。

2. NH_3 的主要化学性质

（1）加合反应　NH_3 的加合有两种方式。一种是通过配位键，NH_3 与 H^+ 通过配位键结合成 NH_4^+，与许多金属离子通过配位键加合成氨合离子，如 $[Cu(NH_3)_4]^{2+}$、$[Ag(NH_3)_2]^+$ 等。

另一种是通过氢键，NH_3 与水通过氢键加合生成氨的水合物，已确定的氨的水合物有 $NH_3\cdot H_2O$ 和 $2NH_3\cdot H_2O$ 两种，通常表示为 $NH_3\cdot H_2O$。氨水冷却到低温可得到氨的水合物晶体。

NH_3 溶于水生成水合物的同时，小部分水合物发生解离而显弱碱性。

$$NH_3 + H_2O \rightleftharpoons NH_3 \cdot H_2O \rightleftharpoons NH_4^+ + OH^-$$

(2) 还原性　NH_3 在空气中不能燃烧，但能在纯氧气中燃烧。

$$4NH_3 + 3O_2 \xlongequal{点燃} 2N_2 + 6H_2O$$

在催化剂存在下，NH_3 能被 O_2 氧化为 NO。

$$4NH_3 + 5O_2 \xlongequal[催化剂]{\triangle} 4NO + 6H_2O$$

NH_3 在空气中爆炸极限为 16%～27%（体积分数）。NH_3 和 Cl_2、Br_2 会发生强烈反应，因此可用浓氨水检验氯气管道或液溴管道是否漏气，有白雾出现的位置一定漏气，白雾为 NH_4Cl 的白色固体微粒，反应为：

$$2NH_3 + 3Cl_2 \xlongequal{} N_2 + 6HCl$$

$$NH_3 + HCl \xlongequal{} NH_4Cl$$

(3) 取代反应　NH_3 遇活泼金属，氢可被取代生成氨基（$-NH_2$）、亚氨基（$=NH$）和氮（$\equiv N$）的化合物。例如 NH_3 与金属钠生成氨基钠：

$$2NH_3 + 2Na \xlongequal[或光照]{\triangle} 2NaNH_2 + H_2\uparrow$$

NH_3 还能用它的氨基或亚氨基取代其他化合物中的原子或原子团，如：

$$2NH_3 + HgCl_2 \xlongequal{} Hg(NH_2)Cl\downarrow + NH_4Cl$$

二、铵盐

铵盐多为无色晶体，易溶于水。铵盐都是重要的化学肥料。铵盐主要性质如下。

1. 热稳定性差

固体铵盐加热极易分解，其分解产物取决于对应酸的性质。

(1) 非氧化性酸形成的铵盐，一般分解为氨和相应的酸或酸式盐，如：

$$NH_4HCO_3 \xlongequal{} NH_3\uparrow + CO_2\uparrow + H_2O$$

$$(NH_4)_2CO_3 \xlongequal{\triangle} 2NH_3\uparrow + CO_2\uparrow + H_2O$$

$$NH_4Cl \xlongequal{\triangle} NH_3\uparrow + HCl\uparrow$$

$$(NH_4)_3PO_4 \xlongequal{\triangle} 3NH_3\uparrow + H_3PO_4$$

$$(NH_4)_2SO_4 \xlongequal{\triangle} NH_3\uparrow + NH_4HSO_4$$

(2) 氧化性酸形成的铵盐，分解出的 NH_3 会立即被氧化，并随温度升高而生成不同的产物。

$$NH_4NO_3 \xlongequal{\triangle} N_2O\uparrow + 2H_2O\uparrow$$

$$2NH_4NO_3 \xlongequal{\triangle} 2N_2\uparrow + 4H_2O\uparrow + O_2\uparrow$$

反应放出大量气体和热量，故可用硝酸铵制造炸药。在制备、储存及运输这类铵盐时，要格外小心，避免高温或撞击，以防爆炸。

2. 水解性

由于氨水具有弱碱性，所以铵盐在溶液中都有不同程度的水解。

$$NH_4^+ + H_2O \rightleftharpoons NH_3 \cdot H_2O + H^+$$

因此在所有铵盐溶液中加入碱并稍加热，都会有氨气放出。例如：

$$2NH_4Cl + Ca(OH)_2 \xlongequal{\triangle} 2NH_3\uparrow + 2H_2O + CaCl_2$$

实验室利用此反应制取氨气，并常用来鉴定 NH_4^+ 的存在。

常见的铵盐都是化学肥料，大量化肥的使用不仅使土壤板结，而且流失的氮、磷进入湖泊、水库，使藻类和浮游生物迅速繁殖，造成水体的富营养化，使水体严重缺氧，产生 CH_4、NH_3、H_2S 等气体，水体变混浊，导致鱼、虾死亡。

项目四　碳族元素及其重要的化合物

学习目标

1. 通过介绍各种碳单质，使学生了解同素异形体的概念，知道碳有三种同素异形体，它们的物理性质有较大的差别。

2. 知道含碳元素的化合物种类繁多，一般分为含碳的无机化合物和有机化合物两大类，通过活动探究认识碳酸钠和碳酸氢钠的主要性质，初步体会它们性质的差异。

3. 根据生产、生活中的碳元素转化的实例，了解碳单质、一氧化碳、二氧化碳、碳酸盐、碳酸氢盐之间的转化，从而进一步了解它们的性质。

4. 了解硅及二氧化硅的主要性质及这些性质在材料中的应用。

知识一　碳族元素和碳族元素的通性

一、碳族元素

碳（C）、硅（Si）、锗（Ge）、锡（Sn）、铅（Pb）和铁（Fe）6 种元素，统称为碳族元素。C 为非金属，Si 外貌似金属而性质为非金属，Ge 的金属性比非金属性强，Sn、Pb 为金属。碳族元素的一些重要性质见表 4-9。

表 4-9　碳族元素的一些重要性质

元素名称	元素符号	原子序数	电子层结构	原子半径/nm	主要化合价	单质			电负性	电离能/(kJ/mol)
						颜色和状态	熔点/℃	沸点/℃		
碳	C	6	(+6) 2 4	0.077	−4,+4,+2	深灰色固体（石墨）	3550	4329	2.55	1087
硅	Si	14	(+14) 2 8 4	0.117	+4	灰色固体	1410	2355	1.90	787
锗	Ge	32	(+32) 2 8 18 4	0.122	+2,+4	浅灰色金属	937.4	2830	2.01	762
锡	Sn	50	(+50) 2 8 18 18 4	0.140	+2,+4	银白色金属	231.9（白）	2270	1.2	709
铅	Pb	82	(+82) 2 8 18 32 18 4	0.147	+2,(+4)	白色金属	327.5	1740	1.6	716

从表 4-9 可以看出，碳族元素随着电子层的增多，从上到下由非金属性向金属性递变

的趋势比氮族元素更明显。碳是非金属；硅虽是非金属，但晶体硅有金属光泽、能导电，是半导体材料；锗的金属性强于非金属性，也是重要的半导体材料；锡、铅都是典型的金属。

二、碳族元素的通性

碳族元素的价电子构型为 ns^2np^2，不易形成离子，以形成共价化合物为特征。在化合物中，C 的主要氧化数有＋4 和＋2，Si 的氧化数都是＋4，而 Ge、Sn、Pb 的氧化数有＋2 和＋4。C 和 Si 能与氢形成稳定的氢化物。

氧化值为＋4 的化合物主要是共价型的。

碳在同族元素中，由于它的原子半径最小，电负性最大，电离能也高，又没有 d 轨道，所以它与本族其他元素之间的差异较大。这差异主要表现在：

① 它的最高配位数为 4；

② 碳的成链能力最强；

③ 不仅碳原子间易形成多重键，而且能与其他元素如氮、氧、硫和磷形成多重键。

硅与第三族的硼在周期表中处于对角线位置，它们的单质及其化合物的性质有相似之处。

知识二　碳、二氧化碳、碳酸和碳酸盐

一、碳的同位素、同素异形体和化学性质

碳在自然界分布很广，多数以化合态存在于碳酸盐、煤、石油、天然气、动植物体和空气中。碳是有机化合物的基本元素。

碳有 ^{12}C、^{13}C 和放射性 ^{14}C 等三种同位素。

碳有 3 种同素异形体：金刚石、石墨和球碳，在自然界以单质状态存在的碳是金刚石和石墨。

金刚石是典型的具有四面体型结构的原子晶体，在天然产物中它的硬度最高，在单质中它的熔点最高，且不导电，常用来制钻头、磨具、刀具等。金刚石薄膜既是一种新颖的结构材料，又是一种重要的功能材料。

石墨是深灰色不透明晶体，具有层状结构，质软，有滑腻感，是良好的润滑剂，石墨是电和热的良导体，可制造惰性电极、石墨坩埚及某些专用的化工设备。石墨是铅笔芯的主要成分，还可用作原子反应堆的中子减速剂。

石墨和金刚石同是碳元素的单质，由于结构不同，性质差别很大，但在一定条件下，石墨可以转变为人造金刚石，但转变条件相当苛刻——2000℃以上，1500MPa。自然界中金刚石贮量不多，而新科技对这样坚硬的材料需求日益增长，促使人们进行人造金刚石的研究，由此发展了高温高压技术。

木炭、骨炭、焦炭都是无定形碳。无定形碳只是俗称，以前认为是碳的第 3 种单质，现在发现实际上是非常小的石墨晶体，它们往往含有杂质，所以是不纯的碳单质。经活化处理后，可制成活性炭，有巨大的比表面积，吸附能力很强，在工业上广泛用于吸附杂质、脱色、回收某些有机蒸气及制造防毒面具等。

碳纤维是一种新型的结构材料，具有质轻、耐高温、抗腐蚀、导电等性能，机械强度很高，广泛用于航空、机械、化工和电子工业上，也可以用于外科医疗上。碳纤维也是一种无定形碳。

球碳是1985年以来化学家和物理学家合作发现的碳的第3种单质，球碳是由60个碳原子构成的C_{60}分子，它的形状很像足球，俗称“足球烯”，这种结构的初始设想是受到美国建筑学家 Buckminster Fuller 用五边形和六边形构成球形薄壳建筑物结构的启发，因此也有 Fuller ball（富勒球）之称，后来还发现了C_{50}、C_{70}、C_{84}、C_{120}等各种各样的多面体球分子。目前对这类物质的研究尚处于开拓阶段，它们有可能作催化剂、润滑剂、超导体等基质材料。

常温下，碳很稳定，随着温度的升高，碳的化学活泼性显著增强。碳在高温和氧气不足的情况下燃烧时，生成CO。

$$2C(石墨)+O_2(g) \xlongequal{\triangle} 2CO(g)$$

CO是无色无臭的有毒气体，当空气中CO的体积分数达到0.1%时，就会引起中毒。

碳在氧气或空气中充分燃烧，生成二氧化碳，同时放出大量热。

$$C(石墨)+O_2(g) \xlongequal{\triangle} CO_2(g)$$

二、 CO的物理性质、化学性质和用途

一氧化碳CO是无色、无臭、有毒的气体，微溶于水。CO可以看作是甲酸HCOOH的酸酐，但实际上它并不能和水反应生成甲酸。实验室可以用浓硫酸从HCOOH中脱水制备少量的CO。碳在氧气不充分的条件下燃烧生成CO。工业上CO的主要来源是水煤气。CO分子中碳原子与氧原子间形成三重键，即1个σ键和2个π键。与N_3分子所不同的是其中1个π键是配键，这对电子是由氧原子提供的。CO分子的结构式为：

[· ·] 一个σ键

:C—O: 两个π键（含一个配位键）

[· ·]

CO的偶极矩几乎为零。因为从原子的电负性看，电子云偏向氧原子，可是形成配键的电子对是碳原子提供的，碳原子略带负电荷，而氧原子略带正电荷，这与电负性的效果正好相反，相互抵消，所以CO的偶极矩近似于零。这样CO分子碳原子上的孤对电子易进入其他有空轨道的原子而形成配键。

CO是重要的化工原料和燃料。CO是无色有毒气体，能在空气或氧气中燃烧。CO之所以对人体有毒是因为它能与血液中携带O_2的血红蛋白（Hb）形成稳定的配合物COHb。CO与Hb的亲和力约为O_2与Hb的230～270倍。COHb配合物一旦形成后，就使血红蛋白丧失了输送氧气的能力。当空气中CO含量为0.1%（体积分数）时，就会引起个体中毒，导致组织低氧症，甚至引起心肌坏死。为减轻CO对大气的污染，含CO的废气排放前常用O_2进行催化氧化，将其转化为无毒的CO_2，所用的催化剂有Pt、Pd或Mn、Cu的氧化物或稀土氧化物等。

在高温下CO是很好的还原剂。在冶金工业中，它可从许多金属氧化物如Fe_2O_3、CuO或MnO_2中把金属还原出来。

CO的还原性被用于测定微量CO，$PdCl_2$在常温下可被CO还原为Pd。

$$CO+PdCl_2+H_2O = CO_2+Pd\downarrow+2HCl$$

灰色沉淀Pd的出现证明CO存在。

CO能与过渡金属的原子或离子生成配合物。例如，在一定条件下，它与Fe、Ni、Co的金属原子作用生成$Fe(CO)_5$、$Ni(CO)_4$、$Co_2(CO)_8$，其中C是配位原子。CO与氢、卤素等非金属反应，应用于有机合成。

$$CO+2H_2 \longrightarrow CH_3OH$$

$$CO+Cl_2 \longrightarrow COCl_2\text{（碳酰氯）}$$

碳酰氯又名“光气”，极毒，它是有机合成中的重要中间体。

三、 CO_2、碳酸和碳酸盐

1. CO_2 的物理性质、化学性质和用途

CO_2 是无色、无味的气体。CO_2 能溶于水，20℃时 1L 水能溶解 0.9L CO_2。溶解的 CO_2 部分（约 1%）生成碳酸，常温时饱和 CO_2 溶液 pH 值约为 4。因此习惯上将 CO_2 的水溶液称为碳酸。碳酸仅存在于水溶液中，而且浓度很小，浓度增大时即分解出 CO_2。纯的碳酸至今尚未制得。

CO_2 容易液化，常温下加压到 7.6MPa 即为无色液体，储存在钢瓶中。当部分 CO_2 气化的同时，余下部分 CO_2 被冷却而凝固为雪花状的固体，称为“干冰”。干冰是分子晶体，在−78.5℃时升华，所以干冰常作制冷剂。

工业上大量的 CO_2 用于生产 Na_2CO_3、$NaHCO_3$、NH_4HCO_3 和尿素等化工产品。

$$CO_2+2NH_3 \longrightarrow CO(NH_2)_2+H_2O$$

CO_2 也用作低温冷冻剂，还广泛用于啤酒、饮料等生产中。CO_2 不助燃，又比空气重，可用来灭火。泡沫灭火器就是利用 $NaHCO_3$ 的饱和溶液与 $Al_2(SO_4)_3$ 溶液反应产生 CO_2 气体来灭火的装置。但活泼金属 Mg、Na、K 等金属着火时不能用 CO_2 灭火，因为它们能从 CO_2 中夺取氧，加剧燃烧。

$$CO_2(g)+2Mg(s) \longrightarrow 2MgO(s)+C(s)$$

工业用 CO_2 大多是石灰生产和酿酒过程的副产品。

CO_2 溶于水生成碳酸。H_2CO_3 极不稳定，只能存在于溶液中，实验室用的蒸馏水或去离子水因溶有一些 CO_2 而显微酸性，其 pH 小于 7。

2. 碳酸

碳酸是二元酸，在溶液中存在着下列平衡：

$$H_2CO_3 \rightleftharpoons H^+ + HCO_3^- \qquad K_{a_1}^{\ominus}=4.2\times10^{-7}$$

$$HCO_3^- \rightleftharpoons H^+ + CO_3^{2-} \qquad K_{a_2}^{\ominus}=4.7\times10^{-11}$$

CO_2 分子是直线形的，其结构式可以写作 $O=C=O$。CO_2 分子中碳氧键键长为 116pm，介于 $C=O$ 键长（乙醛中为 124pm）和 $C\equiv O$ 键长（CO 中为 112.8pm）之间，说明它已具有一定程度的三键特征。因此，有人认为在 CO_2 分子中可能存在着离域的大 π 键，即碳原子除了与氧原子形成 2 个 σ 键外；还形成 2 个三中心四电子的大 π 键。因此 CO_2 的热稳定性很高，在 2000℃时仅有 1.8%的 CO_2 分解成 CO 和 O_2。

二氧化碳在高温下有氧化性，活泼金属如钠、镁、铝等可在其中燃烧，生成相应的氧化物。

$$4Al+3CO_2 \xlongequal{\triangle} 2Al_2O_3+3C$$

实验室常用盐酸和碳酸盐（如石灰石）反应，制取二氧化碳。

二氧化碳比空气重，又不可燃，常用于灭火器。它也是重要的化工原料，用于纯碱、碳酸氢钠和其他碳酸盐的生产。

3. 碳酸盐

（1）溶解性　酸式碳酸盐均溶于水，正盐中只有碱金属和铵（NH_4^+）的碳酸盐易溶于

水。其他金属的碳酸盐均难溶于水。另外，某些金属（如钾、钠等）酸式碳酸盐的溶解度比相应的碳酸盐小。

用碱液吸收 CO_2，可得到碳酸盐和酸式碳酸盐。

$$2NaOH+CO_2 = Na_2CO_3+H_2O$$

或

$$NaOH+CO_2 = NaHCO_3$$

碱液吸收 CO_2 所得产物是正盐还是酸式盐，取决于两种反应物的物质的量之比。

酸式碳酸盐和碳酸盐可以相互转化。碳酸盐在溶液中与 CO_2 反应，可转化为酸式碳酸盐；酸式碳酸盐与碱反应可转化为碳酸盐。

$$CaCO_3+CO_2+H_2O = Ca(HCO_3)_2$$

$$NaHCO_3+NaOH = Na_2CO_3+H_2O$$

（2）热稳定性　碳酸盐的热稳定性比相应的酸式碳酸盐强，且与金属的活泼性有关，碱金属的碳酸盐相当稳定，其他金属的碳酸盐受热分解后，生成金属氧化物和二氧化碳。金属越不活泼，它的碳酸盐受热时越易分解。酸式碳酸盐受热时一般转化为正盐，并放出二氧化碳。

钙、镁的酸式碳酸盐在水溶液中受热，即可转化为正盐。

$$Mg(HCO_3)_2 \overset{\triangle}{=} MgCO_3\downarrow+CO_2\uparrow+H_2O$$

碳酸盐和酸式碳酸盐都能与酸进行复分解反应，生成的碳酸随即又分解为二氧化碳和水，利用这一性质可以检验碳酸盐。钾、钠、钙、镁的碳酸盐以及碳酸氢钠、碳酸氢铵等，都是重要的碳酸盐，它们在化工、冶金、建材、食品工业和农业上都有广泛的用途。

知识三　硅、二氧化硅、硅酸和硅酸盐

一、单质硅的物理性质、化学性质和用途

1. 硅的物理性质

硅在自然界中分布很广，占地壳总质量的26.3%，仅次于氧，位居第二，游离态的硅在自然界中是不存在的，它主要以二氧化硅和各种硅酸盐形式存在。

晶体硅呈灰色且有金属光泽。硅的结构与金刚石相似，也是一种原子晶体。硅的导电性介于金属与绝缘体之间。高纯度的晶体硅在极低温度下几乎不导电，但随着条件的改变（如升温、光照），硅的电阻迅速减小，导电能力增强，因此，高纯度硅是良好的半导体材料。

2. 硅的化学性质

硅在高温下能同氮、碳等非金属作用，如：

$$Si+C \overset{高温}{=} SiC$$

硅一般不溶于无机酸，但能溶解在碱溶液中并放出氢气。

$$Si+2NaOH+H_2O = Na_2SiO_3+2H_2\uparrow$$

硅在高温下，能同水蒸气作用。

$$Si+2H_2O\ (g) \overset{高温}{=} SiO_2+2H_2\uparrow$$

硅在空气中燃烧生成二氧化硅

$$Si(s)+O_2(g) = SiO_2(s)$$

硅和氢能形成氢化物 SiH_4，称为硅甲烷，很不稳定，在空气中能自燃。

3. 硅的制取

在半导体及集成电路的发展史上，硅是极其重要的角色，因此研究计算机的地方称为硅谷，集成电路需要超纯度的硅，它是怎样产生的呢?

$$SiO_2+2C \xlongequal{高温} Si+2CO\uparrow$$

主要副反应为：

$$SiO_2+3C \xlongequal{高温} SiC+2CO\uparrow$$

因此生产的粗硅所含的杂质有 C、SiO_2、SiC 等，它们都是高熔沸点物质。为了提纯硅采用下列方法：

$$Si+2Cl_2 \xlongequal{\triangle} SiCl_4$$

$SiCl_4$ 的沸点很低，可以采用蒸馏的方法反复提纯，直至所需的纯度，再用 H_2 还原，得到高纯硅。

$$2H_2+SiCl_4 \xlongequal{\triangle} Si+4HCl$$

4. 硅的用途

单晶硅是半导体材料，可以制成硅整流器、晶体管、集成电路等设备。太阳能电池就是利用单晶硅半导体等材料制成，太阳能电池已广泛应用于宇宙飞船、卫星及日常生活中。

二、 SiO_2 的物理性质、化学性质和用途

SiO_2 硬度大、熔点高，是一种坚硬难溶的固体，又叫硅石，比较纯净的 SiO_2 晶体叫石英。纯净的无色透明的 SiO_2 叫水晶。含有微量杂质的水晶常带有不同颜色。如紫晶、墨晶和茶晶等，普通的砂是不纯的石英颗粒。

二氧化硅的化学性质很稳定，除氢氟酸外不与其他酸反应。

$$SiO_2+4HF = SiF_4\uparrow+H_2O$$

在高温下，能与碱性氧化物或强碱共熔生成盐。

$$SiO_2+CaO \xlongequal{高温} CaSiO_3$$

$$SiO_2+2NaOH \xlongequal{高温} Na_2SiO_3+H_2O$$

二氧化硅在工业上应用很广，水晶可制造光学仪器、石英钟表等，较纯的石英制造的石英玻璃，膨胀系数小，具有耐高温、急冷不破裂的性质，可制造光学仪器，又因它能透过紫外线，医疗上用它来制造水银灯灯管。

三、硅酸（H_2SiO_3）

硅酸有多种，它的组成随形成条件的不同而不同，有偏硅酸（H_2SiO_3）、正硅酸（H_4SiO_4）和焦硅酸（$H_6Si_2O_7$），其中重要的是偏硅酸，习惯上将偏硅酸称为硅酸。

硅酸不能用二氧化硅与水直接作用制得，只能用相应的可溶性硅酸盐与酸作用来制得。

$$Na_2SiO_3 + 2HCl = H_2SiO_3 \downarrow (\text{白色胶状}) + 2NaCl$$

偏硅酸（H_2SiO_3）脱水后得到固态胶体，工业上称为硅胶。它是一种多孔性的白色固体，有较大的表面积，因而具有很强的吸附能力。可用作干燥剂，实验室常用的变色硅胶，就是先用 $CoCl_2$ 溶液浸泡硅胶，然后再烘干制得。干燥时呈蓝色，吸水后。$CoCl_2$变成粉红色的水合分子 $CoCl_2 \cdot 6H_2O$。

【模块小结】

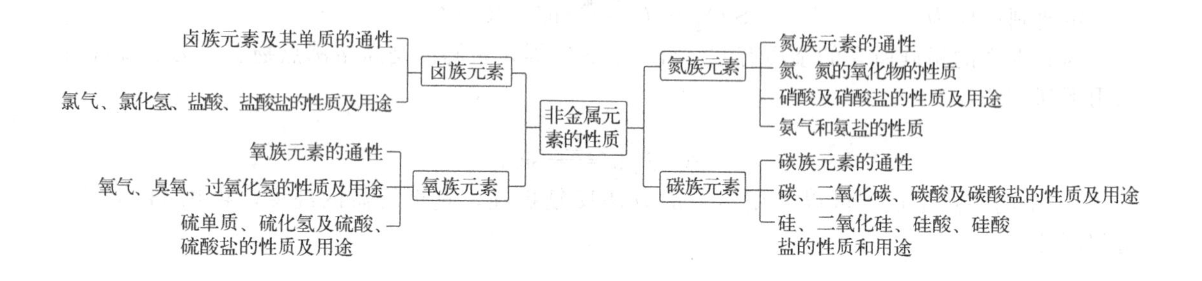

【思考与习题】

【思考题】

1. 为什么氢氟酸是弱酸（$K_a^{\ominus} = 6.61 \times 10^{-4}$）？

2. 日光照射氯水，会发生什么现象？氯水应该如何保存？写出有关化学反应方程式。

3. 如何从氨分子的结构说明氨有加合作用？

4. 为什么碳和硅同属第ⅣA族元素，碳的化合物有几百万种，而硅的化合物种类远不及碳的化合物那样多？为什么硅易形成含有-Si-O-Si-O-链的高聚物？

5. 为什么硼族元素都是缺电子原子？

6. 为什么氢氟酸贮存在塑料容器中？

7. 能否用浓 H_2SO_4 与溴化钠、碘化钠分别制备溴化氢、碘化氢？为什么？

8. 为何碘不溶于水而溶于 KI 溶液？

9. 为什么 H_2S 溶液久置会变浑浊？

10. 过氧化氢在酸性介质中遇重铬酸钾时，谁为氧化剂？为什么？写出反应式。

11. 分别写出 Zn 使 HNO_3 还原为 NO_2、NO、N_2O 的反应式。

12. 有四种试剂：Na_2SO_4、Na_2SO_3、$Na_2S_2O_3$、Na_2S，其标签已脱落，设计一简便方法鉴别它们。

【习题】

一、填空题

1. 在氯水中加入 KI 淀粉试液后，现象是________，原因是________。

2. 二氧化锰与盐酸反应时是________剂，在氯酸钾受热分解放出氧气的反应里是________剂。

3. 把染有红墨水的布条放在氯水中，可以看到________，这是因为________。在氯水中加入 $AgNO_3$ 溶液，产生________现象，反应的化学方程式为____________。

4. 卤素单质在与金属反应时容易________电子，卤素本身被________。它们是________剂。

5. 氯化氢是________色，有________气味的气体，它易溶于水，在 0℃时，1 体积水约能溶解________氯化氢。氯化氢的水溶液叫________。

6. 实验室用________制取氯气，多余的氯气用________吸收，反应的方程式为____________；工业上制取氯气用________的方法，其化学反应方程式______________。

7. 氮族元素位子周期表中________族，包括________、________、________、________、________、镆 6 种元素。

8. 氮的氧化物有________、________、________、________、________，其中重要的是________和________。

9. 碳的 3 种同素异形体分别是________、________、________。

10. 盛放碱液的玻璃瓶不能用玻璃塞是因为______________。

11. 在地壳中的硅的含量居所有元素的第________位，自然界中不存在________。它主要以________和________形式存在。

12. 纯净的________的晶体叫石英。

13. 加热时，铜和木炭能和浓硫酸反应，说明浓硫酸有________性；稀硫酸与铁反应生成________和________，说明稀硫酸________。以上两种反应的区别是________。

14. 浓硫酸放在敞口容器中浓度会变小，这是因为浓硫酸________；蔗糖放入浓硫酸中，发生“碳化”现象，这是由于浓硫酸有________。

15. 浓硝酸久置后常呈________，这是由于________________。为避免这种情况，应把它放在________中保存，冷的浓硝酸中放入铝片，有________现象，原因是________________。

二、选择题

1. 下列关于 Cl 和 Cl^- 的说法中，正确的是（　　）。

A. 都有毒　　B. 都呈黄绿色

C. 氯离子比氯原子多一个电子　　D. 都能与钠反应

2. 下列物质中属于纯净物的是（　　）。

A. 氯水　　B. 液氯　　C. 漂白粉　　D. 盐酸

3. 下列物质中，不能使湿润的有色布条褪色的是（　　）。

A. HCl　　B. Cl_2　　C. HClO　　D. $Ca(ClO)_2$

4. 下列反应中，HCl 作氧化剂的是（　　），作还原剂的是（　　）。

A. $NaOH + HCl \longrightarrow NaCl + H_2O$

B. $Zn + 2HCl \longrightarrow ZnCl_2 + H_2\uparrow$

C. $MnO_2 + 4HCl \longrightarrow MnCl_2 + Cl_2\uparrow + 2H_2O$

D. $CuO + 2HCl \longrightarrow CuCl_2 + H_2O$

5. 氮气可作农副产品保护气，是因为在通常情况下它（　　）。

A. 能杀死细菌、害虫　　B. 能与空气中的氧气反应

C. 化学性质很稳定，使农副产品处于低氧高氮环境中

D. 能转化为化合态

6. 检验氨气可用（　　）。

A. 红色石蕊试纸　　B. 湿润的红色石蕊试纸

C. 湿润的蓝色石蕊试纸　　　　　　D. 淀粉碘化钾试纸

7. 在冷的浓硝酸中能溶解的金属是（　　）。

A. 铜　　B. 铝　　C. 铂　　D. 铁

8. 下列物质见光易分解，必须贮存在棕色瓶中的是（　　）。

A. 浓硫酸　　B. 浓消酸　　C. 硝酸钾溶液　　D. 液盐酸

9. 少量白磷应保存在（　　）。

A. 二氧化碳中　　B. 水中　　C. 煤油中　　D. 棕色瓶中

10. 下列物质中不能作还原剂的是（　　）。

A. 二氧化硫　　B. 氢硫酸　　C. 硫　　D. 稀硫酸

11. 不能用浓硫酸干燥的气体是（　　）。

A. N_2　　B. H_2S　　C. H_2　　D. CO_2

12. 铝在冷的浓硝酸中呈钝态，是由于浓硫酸具有（　　）。

A. 强氧化性　　B. 强酸性　　C. 挥发性　　D. 强腐蚀性

三、计算题

1. 42.8g 氯化铵与过量消石灰反应，在标准状况下能生成多少升氨气？

2. 64g 铜与足量稀硝酸反应，在标准状况下能生成 NO 多少升？

模块五 化学反应速率和化学平衡

在化学反应的研究中，常涉及两方面的问题——化学反应速率和化学平衡，这是两个既不相同而又相互有关的问题。化学反应速率是讨论化学反应在一定条件下进行快慢的问题。有些反应进行得很快，如炸药的爆炸、酸碱的中和反应等；有些反应进行得很慢，如氢和氧的混合气体在常温下可以长久保持不发生显著的变化，许多有机化合物之间的反应也进行得较缓慢。化学平衡是讨论化学反应在一定的条件下进行的完全程度的问题。有些反应进行得很完全，即反应物大部分转化为生成物，如碳的完全燃烧；有些反应进行得很不完全，即反应物只有一小部分转化为生成物，如高温、常压下氢气与氮气合成氨的反应。人们总是希望一些有利的反应进行得快些、完全些，相反地又要抑制一些不利的反应。这样就必须研究化学反应速率和化学平衡的问题。

通过本模块的学习，应理解化学反应速率的概念，从实验事实出发讨论影响化学反应速率的因素，并给予简单的理论解释。理解化学平衡的概念，能进行简单的化学平衡常数的计算。理解浓度、压力和温度对化学平衡的影响及平衡移动原理。

对于化学反应，人们除了关心讨论质量关系和能量关系以外，还关心化学反应进行的快慢和反应进行的完全程度，化学反应速率和化学平衡的问题，这两方面的内容在生产上直接关系着产品的质量、产量和原料的转化率等，在科学研究和人类生活各个领域中也都具有十分重要的意义。

项目一 化学反应速率

学习目标

1. 掌握化学反应速率的概念、单位及其表达式。
2. 理解影响化学反应速率的因素（内因、外因）。
3. 记录质量作用定律及其表达式，并分析影响速率常数的因素。

知识一 化学反应速率的表示方法

一、化学反应速率的概念

各种化学反应的速率极不相同，即使同一反应，在不同的条件下反应速率也不相同。例如酸碱中和反应，溶液中的某些离子反应瞬间即可完成；反应釜中乙烯的聚合过程只需要几个小时或几天，氢气和氧气的混合物在常温下放置数年，都觉察不到有水的生成。

为了比较反应的快慢，必须明确反应速率的概念，并规定它的单位。速率这一概念总是与时间有关联的。化学反应一旦发生，各反应物和生成物的浓度就不断地随时间的变化而变化：反应物的浓度不断减少，生成物的浓度不断增加。

我们把化学反应速率定义为：在单位时间内任何一种反应物或生成物浓度变化量的正值。浓度的单位用 mol/L，时间的单位用 h、min、s 等，则反应速率的单位为 mol/(L·h)、mol/(L·min) 或 mol/(L·s)。

如果实验测定的是一段时间内浓度的变化，这样就可以得到相应的平均速率。

二、化学反应速率的计算

$$\text{平均速率}=\frac{\text{反应物或生成物的浓度的变化量}}{\text{变化所需时间}}$$

例如，在一定条件下，合成氨反应，各物质浓度的变化如下：

	N_2	+	$3H_2$	$\rightleftharpoons$	$2NH_3$
起始浓度（mol/L）	1.0		3.0		0
	↓ −0.2		↓ −0.6		↓ +0.4
2s 后浓度（mol/L）	0.8		2.4		0.4

那么它的反应速率 v，若以氮气的浓度变化表示则

$$v=\frac{-(0.8-1.0)}{2}=0.1[\text{mol}/(\text{L}\cdot\text{s})]$$

若以氢的浓度变化表示则

$$v=\frac{-(2.4-3.0)}{2}=0.3[\text{mol}/(\text{L}\cdot\text{s})]$$

若以氨气的浓度变化表示则

$$v=\frac{0.4-0}{2}=0.2[\text{mol}/(\text{L}\cdot\text{s})]$$

$$v_{N_2}:v_{H_2}:v_{NH_3}=0.1:0.3:0.2=1:3:2$$

对同一个化学反应，以不同物质浓度的变化所表示的反应速率，其数值是不同的，但它们的比值却恰好是反应式中各相应物质分子式前面的系数比。因此，用任一物质在单位时间内的浓度变化来表示该反应的速率，其意义都一样，但要注意指明是以哪一种物质的浓度变化来表示的。

在化学反应中，反应开始后，各物质的浓度每时每刻都在变化着，也就是说反应速率是随时间不断变化的，上例中所求得的反应速率实际上是该段时间内的平均反应速率，时间变化量越小，则其间发生的浓度变化越能反映真实的反应速率，真实的反应速率应指在某一瞬间的反应速率——瞬时反应速率。瞬时反应速率 v 的表示式可写为：

$$v=\frac{1}{n_B}\times\frac{dc_B}{dt}$$

式中 n_B——反应中物质 B 的化学计量系数（反应物用负值，生成物用正值）；

$\frac{dc_B}{dt}$——表示由化学反应随时间（t）引起物质 B 的浓度（c_B）的变化速率。

如上例中：

$$N_2\text{ 的}\frac{dc_B}{dt}=\frac{-0.2\text{mol/L}}{2\text{s}}$$

$$H_2\text{ 的}\frac{dc_B}{dt}=\frac{-0.6\text{mol/L}}{2\text{s}}$$

$$NH_3 \text{ 的} \frac{dc_B}{dt}=\frac{+0.4mol/L}{2s}$$

所以上例反应的瞬时反应速率 v 是：

$$v=\frac{1}{n_B}\times\frac{dc_B}{dt}=(-1)\times\left(\frac{-0.2mol/L}{2s}\right)=\left(-\frac{1}{3}\right)\times\left(\frac{-0.6mol/L}{2s}\right)$$

$$=\left(+\frac{1}{2}\right)\times\left(\frac{+0.4mol/L}{2s}\right)=0.1mol/(L\cdot s)$$

知识二 影响化学反应速率的因素

化学反应速率的大小，首先取决于反应物的性质，如汽油的燃烧，粉尘的爆炸以及溶液中的酸碱反应，这些反应都很快，瞬间即能完成；大多数有机反应则较缓，常常需要数小时甚至更长一些时间。

对某一具体的化学反应来说，反应速率与反应的条件有关。这些条件主要是浓度、温度、压力以及催化剂等。

一、 浓度对化学反应速率的影响——质量作用定律

浓度对化学反应速率的影响

1. 基元反应和非基元反应

实验表明，绝大多数化学反应并不是简单地一步完成的，往往是分步进行的。一步就能完成的反应，称为基元反应。例如：

$$2NO_2(g) \rightleftharpoons 2NO(g)+O_2(g)$$

$$NO_2(g)+CO(g) \xrightleftharpoons{>327℃} NO(g)+CO_2(g)$$

分几步进行的反应，称为非基元反应。例如如下反应：

$$2NO(g)+2H_2(g) \xlongequal{800℃} N_2(g)+2H_2O(g)$$

第一步： $2NO+H_2 = N_2+H_2O_2$

第二步： $H_2O_2+H_2 = 2H_2O$

每一步为一个基元反应，总反应就是两步反应的加和。

2. 质量作用定律——经验速率方程

实验证明：当其他外界条件相同时，增大反应物的浓度，会使反应速率增大；减少反应物的浓度，会使反应速率减小。如稀硫酸和硫代硫酸钠的反应为：

$$Na_2S_2O_3+H_2SO_4(\text{稀}) = Na_2SO_4+S\downarrow+SO_2\uparrow+H_2O$$

反应生成的单质硫不溶于水，而使溶液浑浊，可以利用从溶液混合到出现浑浊所需要的时间，来比较该反应在不同浓度时的反应速率。

【演示实验】往试管（1）中加入2mL 0.1mol /L $Na_2S_2O_3$ 溶液和3mL水，往试管（2）中加入5mL 0.1mol/L $Na_2S_2O_3$ 溶液，再往两支试管内各加入5mL 0.1mol/LH_2SO_4。振荡试管，记录两支试管从加入硫酸至开始出现浑浊所需的时间，如表5-1所示。

表5-1 283K（10℃）不同浓度的硫代硫酸钠与稀硫酸反应的时间

试管编号	0.1mol/L H_2SO_4	0.1mol/L $Na_2S_2O_3$	H_2O/mL	反应时间/s
(1)	5	2	3	135
(2)	5	5		50

演示实验中2号试管比1号试管的反应时间短，说明反应物浓度大的反应速率快。又如，实验证明，下列反应是一步完成的简单反应。

$$NO_2 + CO \xlongequal{} NO + CO_2 \quad ①$$

$$2NO + O_2 \xlongequal{} 2NO_2 \quad ②$$

它们的反应速率（v）与其反应物浓度的乘积成正比，即

$$v \propto [NO_2][CO] \quad ①$$

$$v \propto [NO]^2[O_2] \quad ②$$

式②中［NO］的幂次方是反应方程式中NO分子式前面的系数，这说明反应②的反应速率不仅与反应物的浓度有关，还与反应物的分子数有关。

总之，对于 $aA + bB \xlongequal{} dD$ 这类一步完成的简单反应，其反应速率与浓度的关系为：

$$v \propto [A]^a[B]^b$$

即在给定温度条件下，对于基元反应（即一步完成的简单化学反应），化学反应速率与反应物浓度（以化学方程式中该物质的化学计量系数为指数）的乘积成正比。这个定量关系就是质量作用定律，其数学表达式为：

$$v = k[A]^a[B]^b$$

应用质量作用定律应注意以下几点：

① k 是一个比例常数，叫作该温度下反应的速率常数，简称速率常数，其大小首先取决于反应物的性质，不同的化学反应有其特定的速率常数，反应速率常数是温度的函数。一般是温度越高，k 值越大。

② 在一定温度下，反应物浓度均是1mol/L时，反应速率就等于该温度下的速率常数，即 $v=k$。所以反应速率常数的物理意义是：反应物浓度为单位浓度时反应速率的大小。如果在给定条件下 k 值大，则这个反应的速率 v 也大。

③ 质量作用定律的数学表达式中，反应物浓度的方次等于在化学方程式中该反应物分子式前面的系数，这种关系仅适用于基元反应。

④ 非基元反应（即化学反应是分几步进行的）质量作用定律的数学表达式中，反应物浓度的方次应由实验来确定。一般总反应的速率由反应最慢的一步基元反应来决定。

⑤ 液态和固态纯物质由于浓度不变，在定量关系式中通常不表达出来。

二、温度对化学反应速率的影响

温度对化学反应速率的影响

温度是影响反应速率的重要因素之一。因为温度升高会加速反应的进行，温度降低又会减慢反应的进行。例如食物在夏天腐败变质比在冬天快得多。高压锅煮饭要比在常压下快，是由于在高压锅内的温度比常压高出10℃左右。

温度对反应速率的影响，主要体现在对速率常数 k 的影响上。对某一反应来说，在一定温度下，有一定的 k 值，温度改变时，k 值也随之发生变化。温度升高时，k 值增大，反应速率相应加快，根据实验总结出一个近似规律：温度每升高10℃，反应速率一般将增大到原来的2～4倍，如表5-2所示。

表5-2　温度对反应速率的影响

t/℃	0	10	20	30	40	50
相对反应速率	1.00	2.08	4.32	8.38	16.19	39.95

当温度升高时，吸热反应速率增长的倍数大些，放热反应速率增长的倍数小些。但是，也有少数反应例外，如NO与O_2生成NO_2的反应，温度升高时，反应速率反而下降。

对于每升高10℃反应速率增大1倍的反应，100℃时的反应速率约为0℃时的2^{10}倍，即在0℃需要7天多才能完成的反应，在100℃只需10min左右即可完成。

三、压力对化学反应速率的影响

对于有气体物质参与的反应，压力才对反应速率有影响。增大反应物的压力，气态物质的浓度随之增大，反应速率加快。反之，降低反应物的压力，气态物质的浓度随之减小，反应速率减慢。总之，压力对反应速率的影响归根结底是浓度对反应速率的影响。

催化剂对化学反应速率的影响

四、 催化剂对化学反应速率的影响

催化剂是这样一种物质，它少量存在就能显著地增加反应速率，而在反应终了，其组成、质量和化学性质并不改变。现代化工生产中，催化剂担负着一个重要角色。据统计，在化工生产中80%以上的反应，都采用了催化技术。例如接触法生产硫酸的关键步骤是将 SO_2 转化为 SO_3，自从采用了 V_2O_5 作催化剂以后，反应速率竟增加了一亿六千万倍。甲苯为重要的化工原料，可从大量存在于石油中的甲基环己烷脱氢而制得，但因该反应速率极慢，以至于长时间不能用于工业生产，直到发现能显著加速反应的 Cu、Ni 催化剂后，该反应才有工业价值。

有催化剂参加的反应叫催化反应。催化反应不仅在工业生产上有实际意义，而且生命现象也与催化反应有着密切的关系。

催化反应具有下列特点：

① 催化剂只能对热力学上可能发生的反应起加速作用，热力学上不可能发生的反应，催化剂对它并不起作用。

② 反应前后催化剂的组成、质量和性质都不变。

③ 催化剂实际上参与了化学反应，改变了反应的历程，但不能改变反应的始态和终态。反应完成后又被“复原”了。它同时加快了正、逆反应速率，且增加的倍数相同，因此催化剂只能缩短达到平衡的时间，而不能改变平衡状态。

④ 催化剂有选择性，一种催化剂往往只对某些特定的反应有催化作用。例如 V_2O_5 适宜于 SO_2 的氧化，铁适宜于合成氨的反应等。某一类反应只能用某些催化剂进行催化作用。例如，对于不少有机物的去氢反应，往往用铂、钯、铱、铜或镍作催化剂。此外，相同的反应物如采用不同的催化剂，会得到不同的产物。例如，工业上用水煤气（主要成分为CO和 H_2）为原料，使用不同的催化剂可得到不同的产物，见表5-3。

表5-3 CO和 H_2 反应的不同催化剂和产物

反应物	催化剂	产物
$CO+H_2$	Cu,300℃,20～30MPa	CH_3OH
	活化 Fe-Co,170～300℃,1～2MPa	$C_nH_{2n+2}+H_2O$
	Ni,200℃	CH_4+H_2O
	Ru,150℃,15MPa	固态石蜡

这样，当某一反应物系统可能有一些平行反应时，就可以选用某种高选择性的催化剂，以选择某一反应过程，使所希望的化学反应速率加快，同时抑制某些副反应的发生，提高生产率，得到目标产物。

⑤ 每种催化剂只能在特定的条件下才能体现出它的活性，否则就失去活性。在采用催化剂的反应中，少量杂质往往使催化剂的催化作用降低，这种现象称为催化剂的中毒。因此在使用催化剂的反应中必须保持原料的纯净。

值得一提的是，在生命过程中生物体内的催化剂——酶，起着重要的作用。据研究，人体内的部分能量是由蔗糖氧化产生的，蔗糖在纯的水溶液中几年也不与氧发生反应，但在特殊酶的催化作用下，只需几个小时就能完成反应。人体内有许多种酶，它们不但选择性高，而且能在常温常压和近于中性的条件下加速某些反应的进行。而工业生产中不少催化剂往往需要高温、高压等比较苛刻的条件。因此，为了适应发展新技术的需要，模拟酶的催化作用已成为当今重要的研究课题，我国科学工作者在化学模拟生物固氮酶的研究方面已经处于世界前列。

五、影响化学反应速率的其他因素

非均匀系统中进行的反应，有固体和液体、固体和气体或液体和气体的反应等，除了上述几种影响因素外，还与反应物接触面的大小和接触机会有关。对固、液反应来说，如将大块固体破碎成小块或磨成粉末，反应速率必然增大。对于气、液反应，可将液态物质采用喷淋的方式以扩大与气态物质的接触面。当然，对反应物进行搅拌，同样可以增加反应物的接触机会。此外，让生成物及时离开反应界面，也能增大反应速率，超声波、紫外线、激光和高能射线等也会对某些反应速率产生影响。

项目二　化学平衡

学习目标

1. 掌握可逆反应和不可逆反应的概念和区别。
2. 掌握化学平衡的概念和特征。
3. 掌握化学平衡常数的概念、表达式和表示的意义。
4. 掌握转化率的概念和计算。

知识一　可逆反应

在各种化学反应中，反应物转化为生成物的程度各不相同，即化学反应进行的程度不同。有的化学反应几乎都进行到底，反应物全部转化为生成物。例如酸碱的中和反应，盐酸和氢氧化钠的反应生成氯化钠和水，而氯化钠和水不能反应。

$$HCl + NaOH = NaCl + H_2O$$

用 MnO_2 作催化剂时，$KClO_3$ 可受热分解为 KCl 和 O_2。

$$KClO_3 \xrightarrow[\triangle]{MnO_2} KCl + O_2\uparrow$$

而在相同的条件下，KCl 和 O_2 就不能化合成 $KClO_3$。

这种只能向一个方向进行的反应叫作不可逆反应（或单向反应）。在化学方程式中用等号“$=$”或右向箭号“$\longrightarrow$”表示。

但是，绝大多数化学反应与此不同，都是可逆的。例如，在密闭容器中，在一定条件下，H_2 和 I_2 的反应，生成气态的 HI。

$$H_2(g) + I_2(g) \longrightarrow 2HI(g)$$

在相同的条件下，气态的碘化氢也能分解生成 H_2 和碘蒸气。

$$2HI(g) \longrightarrow H_2(g) + I_2(g)$$

通过上面的反应可以看出，上述两个反应同时发生并且方向相反，可以写成下列形式：

$$H_2(g) + I_2(g) \rightleftharpoons 2HI(g)$$

这种在同一条件下，能同时向正、逆两个方向进行的反应，叫作可逆反应。可逆反应在化学方程式中用可逆号“$\rightleftharpoons$”表示。通常，把向右进行的反应叫作正反应，用“$\longrightarrow$”表示；把向左进行的反应叫作逆反应，用“$\longleftarrow$”表示。

知识二　化学平衡特点

事实上化学反应都具有不同程度的可逆性。由于正、逆反应共处于同一体系内，而且两个反应的方向相反，因此在密闭容器中可逆反应不能进行到底，即反应物不能全部转化为生成物。

以 $CO_2+H_2 \rightleftharpoons CO+H_2O$ 为例，来说明化学平衡的原理，将两种混合气 0.01mol CO_2 和 0.01mol H_2、0.01mol CO 和 0.01mol H_2O 各通入容积为 1L 的密闭容器里，然后在有催化剂存在的条件下加热至 1200℃。过一段时间后取样分析，发现两个容器里都是由 CO_2、H_2、CO 和 H_2O 四种物质组成的混合气。当恒温 1200℃达一定时间后，测得容器中 CO_2、H_2、CO 和 H_2O 四种气体的浓度分别保持在 0.004mol/L、0.004mol/L、0.006mol/L 和 0.006mol/L 不变。这表明，在此条件下，正、逆反应都没能进行到底。分析如图 5-1 所示。

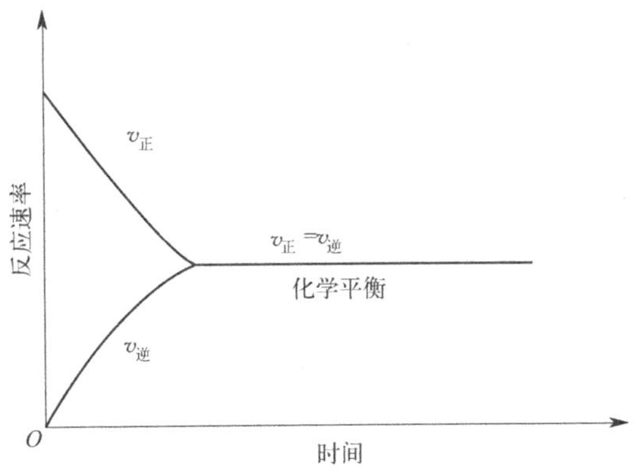

图 5-1　正、逆反应速率与化学平衡的关系

反应开始时，CO_2 和 H_2 的浓度最大，而 CO 和 H_2O 的浓度为零，所以正反应速率最大，逆反应速率为零。随着反应的进行，CO_2 和 H_2 的浓度逐渐降低，而 CO 和 H_2O 的浓度逐渐升高，故正反应速率随之减小，逆反应速率随之增大。当反应进行到一定程度时，正、逆反应速率相等但不等于零（即 $v_{正}=v_{逆}\neq 0$）（见图 5-1），此后，反应物和生成物的浓度不再随时间的变化而改变。

总之，在一定温度下，可逆反应经过一段时间后，正、逆反应速率相等，反应系统中的浓度不再随时间而改变的状态称为化学平衡。化学平衡是一种动态平衡，这种平衡是有条件的、暂时的平衡，当外界条件改变时，原来的平衡被打破，在新的条件下，经过一定时间建立起新的平衡。

化学平衡是可逆反应在一定条件下进行的最大限度。其特征是：正、逆反应速率相等，即单位时间内，正反应使反应物浓度的减少量等于逆反应使反应物浓度的增大量；在宏观上，各种物质的浓度保持一定；在微观上，反应并没有停止，正、逆反应仍在进行。

【想一想】“化学平衡时，反应物和生成物的浓度相等”这种说法正确吗？为什么？

知识三　平衡常数

一、平衡常数的概念

为了定量地研究化学平衡，需要找出平衡时，反应系统内各组分的量之间的关系，平衡常数就是衡量平衡状态的数量标志。

实验数据表明：在一定的温度下，任何可逆反应，达到化学平衡时，生成物浓度幂的乘积与反应物浓度幂的乘积之比是一个常数（浓度的指数为化学方程式中各相应物质的化学计量数），叫作化学平衡常数，简称平衡常数，用 K 表示。

二、 平衡常数表达式

对于任一可逆反应 $mA+nB \rightleftharpoons pC+qD$ 达到平衡时，

定义：

$$K_c=\frac{[C]^p[D]^q}{[A]^m[B]^n}$$ [1]

当反应为气相反应时

$$K_p=\frac{p(C)^p p(D)^q}{p(A)^m p(B)^n}$$

K_c 为浓度平衡常数，K_p 为压力平衡常数。

1. 热力学规定物质的标准条件

压力为标准压力 $p^{\ominus}$（在气体混合物中，系指各气态物质的分压均为标准压力）或溶液中溶质的浓度是标准浓度 $c^{\ominus}$。通常标准压力 $p^{\ominus}$ 取值 100kPa，标准浓度 $c^{\ominus}$ 取值 1mol/L。若某物质或溶质是在标准条件下，就称之为处于标准状态。

2. 对于反应标准平衡常数

$$mA(g)+nB(s) \rightleftharpoons pC(aq)+qD(g)$$ [2]

$$K^{\ominus}=\frac{\{[C]/c^{\ominus}\}^p[p(D)/p^{\ominus}]^q}{[p(A)/p^{\ominus}]^m}$$

$K^{\ominus}$ 即为标准平衡常数。

3. 书写平衡常数表达式应注意的几点

① [A]、[B]、[C] 和 [D] 是可逆反应在一定温度下各反应物和生成物的平衡浓度。如果已知各物质的物质的量，一定要换算成浓度。

② 反应式中若有固体或纯液体物质时，其浓度不必写入 K_c 表达式中。例如：

$$CaO(s)+CO_2(g) \rightleftharpoons CaCO_3(s)$$

$$K_c=\frac{1}{[CO_2]}$$

③ 稀溶液的溶剂参与反应时，溶剂的浓度也不写入 K_c 表达式中。例如：

$$Cr_2O_7^{2-}+H_2O \rightleftharpoons 2CrO_4^{2-}+2H^+$$

$$K_c=\frac{[CrO_4^{2-}]^2[H^+]^2}{[Cr_2O_7^{2-}]}$$

④ 化学方程式的书写形式不同，K_c 表达式也不同。例如：

$$2SO_2+O_2 \rightleftharpoons 2SO_3$$

$$K_{c1}=\frac{[SO_3]^2}{[SO_2]^2[O_2]}$$

$$SO_2+\frac{1}{2}O_2 \rightleftharpoons SO_3$$

$$K_{c2}=\frac{[SO_3]}{[SO_2][O_2]^{\frac{1}{2}}}$$

显然，$K_{c1}=K_{c2}^2$ 或 $K_{c2}=\sqrt{K_{c1}}$。在查阅、使用平衡常数的数据时，必须注意与该常

---

[1] 本书使用[X]表示 X 的浓度。

[2] 化学反应式中，aq 表示溶液，s 表示固态，l 表示液态，g 表示气态。

数对应的化学方程式。

4. 平衡常数的意义

（1）平衡常数为可逆反应的特征常数。对于同类反应而言，平衡常数的大小表示在一定条件下反应进行的程度。$K^{\ominus}$越大，表示反应正向进行的程度越大，达到平衡时，有更多的反应物转化成生成物。因此，通过比较$K^{\ominus}$值，可以估计反应进行的程度。但应注意，必须是在同一温度下且平衡常数表达式的形式(包括指数）相类似的反应才能用平衡常数的值来直接比较，否则需进行换算。

（2）由平衡常数可以判断反应是否处于平衡状态和处于非平衡状态时反应进行的方向。在一定温度下，对于任意一个可逆反应，$mA+nB \rightleftharpoons pC+qD$，(包括平衡状态和非平衡状态)，将其各物质的浓度按平衡常数的表达式列成分式，就是该化学反应的反应商Q。

$$Q=\frac{[C]^p[D]^q}{[A]^m[B]^n}$$

当$Q<K$时，生成物的浓度小于平衡浓度，反应处于非平衡状态，反应将正向进行。

当$Q>K$时，也处于非平衡状态，但是这时生成物将转化为反应物，即反应逆向进行。

当$Q=K$时，系统才处于平衡状态。

5. 影响平衡常数的因素

平衡常数与反应物的起始浓度无关，只是温度的函数，可逆放热反应（正反应）的平衡常数随温度的升高而减小；可逆吸热反应（正反应）的平衡常数随温度的升高而增大。

K_c的大小与反应物的起始浓度无关，在一定的温度下，可逆反应无论是从正反应开始，还是从逆反应开始，也无论反应的起始浓度有多大，最后都能达到同一化学平衡（即K_c值相同)。

平衡常数可以通过实验来确定。

三、有关平衡常数的计算

化学平衡的计算主要包括两方面内容，一是确定平衡常数，二是计算平衡组成和平衡转化率。

1. 平衡常数的计算

【例 5-1】 在400℃时，H_2和$I_2(g)$在2L的密闭容器中反应达平衡状态。实验测得，平衡体系中含4.53mol H_2、5.68mol $I_2(g)$和34.3mol HI。试求平衡常数。

解：

$$H_2(g)+I_2(g) \rightleftharpoons 2HI(g)$$

$$K_c=\frac{[HI]^2}{[H_2][I_2]}=\frac{\left[\frac{34.3}{2}\right]^2}{\left[\frac{4.53}{2}\right]\left[\frac{5.68}{2}\right]}=45.7$$

答：该反应在400℃时的平衡常数为45.7。

2. 平衡转化率的计算

模块二介绍了根据化学方程式的计算，这类计算只适于不可逆反应。但是，在可逆反应中，由于存在着化学平衡，反应物只能部分地转化为生成物，平衡体系中各物质浓度之间的数量关系由平衡常数所确定。因此从反应物的起始浓度和平衡常数入手，就能求出各物质的平衡浓度和平衡转化率。

若为气体恒容或溶液体积不变的反应：

$$某反应物的转化率=\frac{某反应物已经转化了的量}{某反应物的起始量}\times 100\%$$

用下列公式来表示为：

$$\alpha=\frac{\Delta c_i}{c_i}\times 100\%=\frac{c_i-[i]}{c_i}\times 100\%$$

式中　α——反应物 i 的平衡转化率；

Δc_i——反应物 i 的变化浓度，mol/L；

c_i——反应物 i 的起始浓度，mol/L；

$[i]$——反应物 i 的平衡浓度，mol/L。

平衡转化率定量地表示某反应物在给定条件下转化为生成物的最大限度。α 越大，正反应进行的程度越大。使用 α 时，要注明具体反应物。

【例 5-2】 已知 800℃时，合成氨工业制取原料 H_2 气体的反应 $CO(g)+H_2O(g)\rightleftharpoons CO_2(g)+H_2(g)$，$K_c=1.0$。若温度不变，以 2mol/L CO 和 3mol/L $H_2O(g)$ 为起始进行反应，试求各物质的平衡浓度和 CO 的平衡转化率。

解：　设反应达平衡时 CO 的变化浓度为 x

	$CO(g)$	$+\ H_2O(g)$	$\rightleftharpoons CO_2(g)$	$+\ H_2(g)$
起始浓度(mol/L)	2	3	0	0
变化浓度(mol/L)	x	x	x	x
平衡浓度(mol/L)	$2-x$	$3-x$	x	x

$$K_c=\frac{[CO_2][H_2]}{[CO][H_2O]}=\frac{x\cdot x}{(2-x)(3-x)}=1.0$$

$$x=1.2\text{mol/L}$$

各物质的平衡浓度为：

$$[H_2]=[CO_2]=1.2\text{mol/L}$$

$$[CO]=2\text{mol/L}-1.2\text{mol/L}=0.8\text{mol/L}$$

$$[H_2O]=3\text{mol/L}-1.2\text{mol/L}=1.8\text{mol/L}$$

则

$$\alpha_{CO}=\frac{\Delta c_{CO}}{c_{CO}}\times 100\%=\frac{c_{CO}-[CO]}{c_{CO}}\times 100\%=\frac{1.2\text{mol/L}}{2.0\text{mol/L}}\times 100\%=60\%$$

答：反应达平衡时，CO、H_2O、CO_2 和 H_2 的浓度分别为 0.8mol/L、1.8mol/L、1.2mol/L 和 1.2mol/L，CO 的转化率为 60%。

 项目三　化学平衡的移动

学习目标

1. 掌握化学平衡移动的概念和性质。
2. 掌握影响化学平衡移动的影响因素。
3. 掌握化学反应速率和化学平衡移动在化工生产中的应用。

知识一　化学平衡移动的原理

可逆反应在一定条件下达到平衡时，其特征是 $v_{正}=v_{逆}\neq 0$，反应系统中各组分的浓度不再随时间的改变而改变。化学平衡状态是在一定条件下建立的、相对的、暂时的动态平衡。当外界条件（如浓度、压力、温度等）的改变引起正、逆反应速率不相等时，平衡状态就被破坏，各物质的浓度随之发生变化，直至在新的条件下，正、逆反应速率再次相等，建立新的平衡状态。

这种因外界条件的改变，使可逆反应从一种平衡状态转变到另一种平衡状态的过程，叫作化学平衡的移动。

化学平衡移动的标志是，体系中各物质的浓度发生了变化。

知识二　浓度、压力和温度对化学平衡的影响

一、浓度对化学平衡的影响

浓度对化学平衡的影响

【演示实验】 在盛有 5mL 0.1mol/L 溶液的试管中，逐滴加入 1mol/L 溶液，至溶液略显橙色。将混合液分盛于两支试管中，在其中一支试管里先滴加 2 滴 1mol/L H_2SO_4 溶液，然后逐滴加入 2mol/L NaOH 溶液。观察溶液颜色的变化，并与另一支试管比较。

实验表明：滴加 H_2SO_4 溶液时，混合液橙色加深；再加入 NaOH 溶液，混合液变为黄色。实验现象见表 5-4。

表 5-4　改变反应物浓度对化学平衡的影响

实验序号	实验现象	实验结论
实验 1 加 H_2SO_4	溶液从黄色向橙色转变	增大反应物的浓度，平衡向正反应移动
实验 2 加 NaOH	溶液从橙色向黄色转变	减小反应物的浓度，平衡向逆反应移动

在混合溶液中存在着如下平衡：

$$2K_2CrO_4+H_2SO_4 \rightleftharpoons K_2Cr_2O_7+K_2SO_4+H_2O$$

其反应实质可用离子方程式表示：

$$\underset{(黄色)}{2CrO_4^{2-}}+2H^+ \rightleftharpoons \underset{(橙色)}{Cr_2O_7^{2-}}+H_2O$$

当向平衡体系中加入 H^+（H_2SO_4）后，反应物浓度增大，正反应速率增大，v'正>v'逆

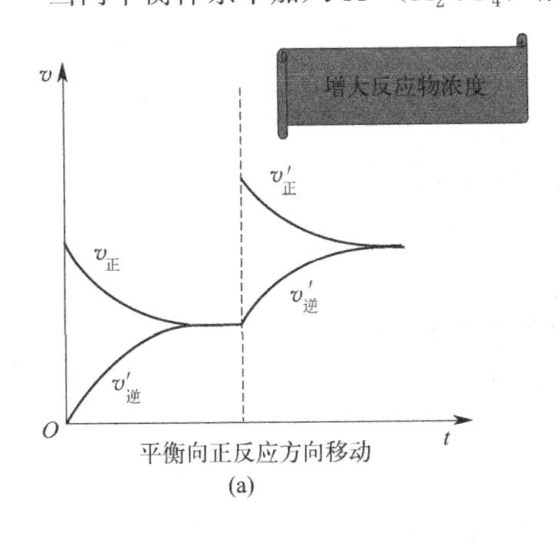

平衡向正反应方向移动

(a)

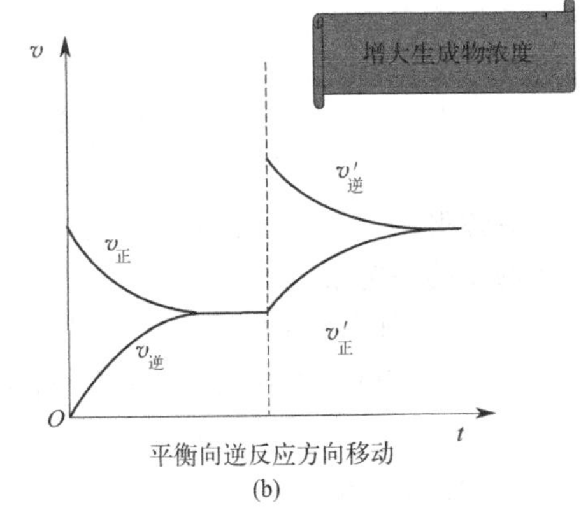

平衡向逆反应方向移动

(b)

图 5-2

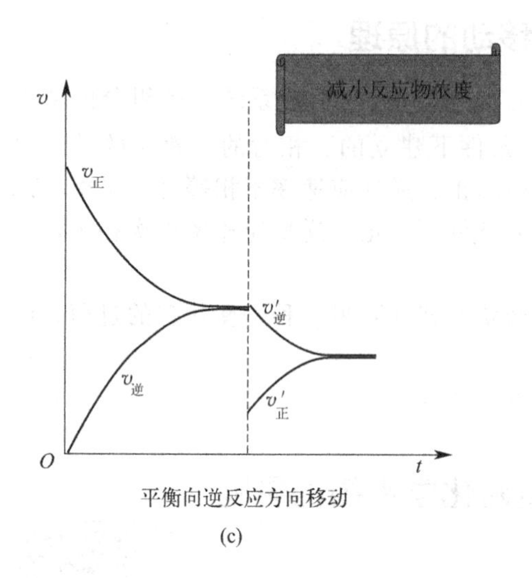

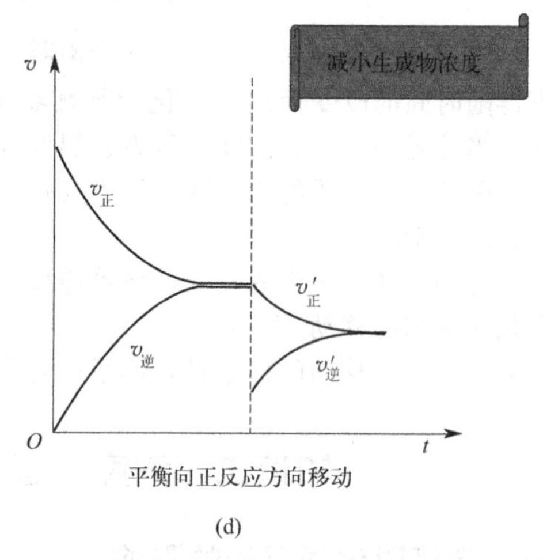

图 5-2　平衡移动示意图

[图 5-2(a)]，原平衡被破坏。随着反应的进行，反应物的浓度不断减少，生成物的浓度不断增大，因而正反应速率逐渐减小；逆反应速率逐渐增大。当正、逆反应速率又相等时，体系达新的平衡状态。这一过程中，正反应占主导地位，其结果是生成物浓度增大，溶液橙色加深，即平衡向正反应方向（向右）移动。同样地，当减小生成物浓度时，平衡也向右移动[图 5-2(d)]；当增大生成物浓度或减小反应物浓度时，平衡向左移动［图 5-2(b)、(c)］。

同样，也可通过比较反应商 Q 与平衡常数 K 的大小，判断平衡方向。

【例 5-3】 若温度不变，在［例 5-2］的平衡体系中加入 3mol/L $H_2O(g)$，试通过计算说明：(1) 平衡移动的方向；(2) 再达平衡时，各物质的浓度及 CO 的总转化率。

解： (1) 通入 3mol/L $H_2O(g)$ 时的浓度商为

$$Q_c=\frac{1.2\times1.2}{0.8\times(1.8+3)}=0.375<1$$

$$Q_c<K_c\text{，平衡向右移动}$$

(2) 设达新平衡时，CO 的变化浓度为 x

	$CO(g)$	$+\ H_2O(g) \rightleftharpoons$	$CO_2(g)$	$+\ H_2(g)$
起始浓度/(mol/L)	0.8	1.8+3	1.2	1.2
变化浓度/(mol/L)	x	x	x	x
平衡浓度/(mol/L)	$0.8-x$	$4.8-x$	$1.2+x$	$1.2+x$

$$K_c=\frac{[CO_2][H_2]}{[CO][H_2O]}=\frac{(1.2+x)(1.2+x)}{(0.8-x)(4.8-x)}=1.0$$

解方程得：$x=0.3$mol/L

各物质的平衡浓度为：

$$[H_2]=[CO_2]=1.2\text{mol/L}+0.3\text{mol/L}=1.5\text{mol/L}$$

$$[CO]=0.8\text{mol/L}-0.3\text{mol/L}=0.5\text{mol/L}$$

$$[H_2O]=4.8\text{mol/L}-0.3\text{mol/L}=4.5\text{mol/L}$$

CO 变化的总浓度为：

$$1.2\text{mol/L}+0.3\text{mol/L}=1.5\text{mol/L}$$

CO 的总转化率为：

$$\alpha_{CO}=\frac{1.5\text{mol/L}}{2.0\text{mol/L}}\times 100\%=75\%$$

答：通入 $H_2O(g)$ 后，平衡向右移动；达新平衡时，$[H_2]$、$[CO_2]$ 为 1.5mol/L，$[CO]$ 为 0.5mol/L，$[H_2O]$ 为 4.5mol/L，CO 的总转化率为 75%。

化工生产中，常用增加廉价反应物浓度的方法来提高贵重反应物的转化率。例如，在合成氨生产中采用加入过量水蒸气的办法提高 CO 的转化率，一般控制 $\frac{c_{H_2O}}{c_{CO}}=5\sim8$。

减小生成物的浓度，平衡向右移动，也能提高反应物的转化率。例如，煅烧石灰石制取生石灰时，若将生成的 CO_2 气体不断从窑炉中排出，平衡会逐渐向右移动，致使 $CaCO_3$ 完全转化为 CaO 和 CO_2。许多溶液中进行的可逆反应，生成了易挥发物或难溶物从溶液中逸出或析出，因而反应可趋于完全。

对于任意的可逆反应，增大反应物浓度或减小生成物浓度，平衡向增大生成物浓度的方向移动；增大生成物浓度或减小反应物浓度，平衡向增大反应物浓度的方向移动。

在实际生产中，利用这个原理，可以提高反应物的转化率，常采取的措施是：

① 增大反应物浓度：往往加入过量的廉价原料，而使贵重的原料得到充分利用。

② 减小生成物浓度：即不断地分离出生成物，这样平衡持续向着增加生成物的方向移动，能使可逆反应进行得更完全。

二、压力对化学平衡移动的影响

1. 压力对于只有固体或液体参与的可逆反应平衡的影响

压力对固体或液体物质的体积变化影响很小，所以，压力对此类反应的平衡无影响。

2. 压力对于有气体参与的可逆反应平衡的影响

一定温度下，对在密闭容器中进行的气体反应，改变压力就同倍数改变各种气体的浓度。因此压力对化学平衡的影响，就是浓度对化学平衡的影响。

例如，一定温度下气体可逆反应：

$$mA(g)+nB(g)\rightleftharpoons pC(g)+qD(g)$$

达到化学平衡时，各物质的压力分别为 $p(A)$、$p(B)$、$p(C)$、$p(D)$。若温度不变，增大平衡体系的压力至 x 倍（$x>1$），则各物质的压力分别为 $xp(A)$、$xp(B)$、$xp(C)$、$xp(D)$。此时反应商与平衡常数的关系为：

$$Q=\frac{[xp(C)]^p[xp(D)]^q}{[xp(A)]^m[xp(B)]^n}=\frac{[p(C)]^p[p(D)]^q}{[p(A)]^m[p(B)]^n}\times x^{(p+q)-(m+n)}=Kx^{(p+q)-(m+n)}=Kx^{\Delta n}$$

式中　$\Delta n=(p+q)-(m+n)$——生成物的化学计量数之和与反应物的化学计量数之和的差。

① 对 $\Delta n>0$，即气体分子数增加的反应，压力增加，$x^{\Delta n}>1$，此时 $Q>K$，反应将逆向进行，即平衡向分子数减小的方向移动（平衡向左移动）。

$$\underset{\text{(无色)}}{N_2O_4(g)}\rightleftharpoons\underset{\text{(棕红色)}}{2NO_2(g)}$$

增大压力，体系红棕色变浅。

② 对 $\Delta n<0$ 即气体分子数减小的反应，压力增加，$x^{\Delta n}<1$，此时 $Q<K$，反应将正向进行，即平衡向分子数增加的方向移动（平衡向右移动）。

$$N_2(g)+3H_2(g) \rightleftharpoons 2NH_3(g)$$

增大压力，有利于 NH_3 的生成。

③ 对 $\Delta n=0$，即气体分子数反应前后无变化的反应，$Q=K$，此时平衡不发生移动。如对于：

$$CO(g)+H_2O(g) \rightleftharpoons CO_2(g)+H_2(g)$$

$$H_2(g)+I_2(g) \rightleftharpoons 2HI(g)$$

无论压力是增大还是减小，平衡都不受影响。

综上所述，在其他条件不变时，增大压力，平衡向气体分子数减少（气体体积缩小）的方向移动；减小压力，平衡向气体分子数增多（气体体积增大）的方向移动；反应前后气体分子数相等的可逆反应，改变压力，平衡不发生移动。

三、温度对化学平衡移动的影响

化学反应总是伴随着热量的变化。如果可逆反应的正反应是吸热的（$\Delta H>0$），那么其逆反应必然是放热的（$\Delta H<0$）。例如：

$$\underset{\text{(无色)}}{N_2O_4(g)} \rightleftharpoons \underset{\text{(棕红色)}}{2NO_2(g)};\Delta H=+58.2kJ/mol$$

$$\underset{\text{(棕红色)}}{2NO_2(g)} \rightleftharpoons \underset{\text{(无色)}}{N_2O_4(g)};\ \Delta H=-58.2kJ/mol$$

【演示实验】将 NO_2 平衡仪的两端分别置于盛有冷水和热水的烧杯内（见图 5-3），观察气体颜色的变化。

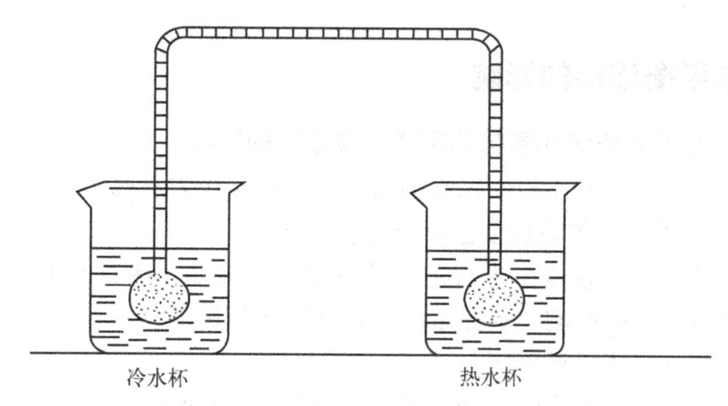

图 5-3　温度对 $2NO_2 \rightleftharpoons N_2O_4$ 平衡的影响

可以观察到，热水中球内气体的颜色变深，说明升高温度，平衡向 NO_2 浓度增大的方向（吸热反应方向）移动；冷水中球内气体的颜色变浅，说明降低温度，平衡向 N_2O_4 浓度增大的方向（放热反应方向）移动。

温度对化学平衡的影响，与浓度、压力有着本质的不同，浓度、压力的变化只改变平衡体系的组成，不改变平衡常数；而温度对化学平衡的影响主要改变平衡常数。在其他条件不变时，对正反应吸热的可逆反应，升高温度，K_c 增大，但 Q_c 不变，因而 $Q_c<K_c$，平衡向右（吸热反应方向）移动；反之降低温度，K_c 减小，则 $Q_c>K_c$，平衡向左（放热反应方向）移动。同样，对正反应放热的可逆反应，升高温度，K_c 减小，则 $Q_c>K_c$，平衡向左（吸热反应方向）移动；反之降低温度，K_c 增大，则 $Q_c<K_c$，平衡向右（放热反应方向）移动。

四、催化剂对化学平衡移动的影响

对于可逆反应，催化剂可同等程度提高正、逆反应速率。因此，在平衡体系中加入催化剂后，正、逆反应的速率仍然相等，不会引起平衡常数的变化，也不会使化学平衡发生移动，但在未达到平衡的反应中，加入催化剂后，由于反应速率的提高，可以大大缩短达到平衡的时间，加快平衡的建立。

催化剂能降低反应的活化能，加快反应速率，缩短达到平衡的时间。由于它以同样倍数加快正、逆反应速率，平衡常数并没有改变，因此不会使平衡发生移动。

综上所述，在其他条件不变时，升高温度，化学平衡向吸热反应方向移动；降低温度，化学平衡向放热反应方向移动。

知识三　化学反应速率和化学平衡移动原理在化工生产中的应用

一、化学平衡移动的原理

前面讨论了浓度、压力和温度对平衡的影响，如果在平衡体系内增加反应物的浓度，平衡就向减小反应物浓度的方向移动；如果增加平衡体系的压力，平衡就向减小压力的方向移动；如果升高温度，平衡就向吸热方向移动，也就是降低温度的方向移动。总之，平衡移动的规律可以总结如下：如果改变平衡体系的条件之一（如：浓度、压力、温度），平衡就向减弱这个改变的方向移动，这个规律叫作吕·查德里原理。

应当注意：平衡移动原理，只适用于原来处于平衡状态的体系，而不适用于非平衡体系。吕·查德里原理不仅适用于化学平衡体系，也适用于相平衡体系。例如，液体和它的蒸气之间所建立的平衡。化学平衡研究的是反应进行程度的问题，实际生产中必须同时兼顾反应程度和反应速率两方面的问题。例如，合成氨是放热反应，从化学平衡观点来看，温度越低，越有利于氨的合成，但是，从反应速率来看，温度越低反应越慢，即达到平衡所需要的时间越长，解决这一矛盾的方法是采用催化剂，但为了保证催化剂的活性，又必须处于一定的温度范围，总之，对某一化学反应来说，为了加快反应速率，提高转化率，增加产量，必须综合考虑化学平衡和反应速率，选择最佳的生产条件。还必须指出，催化剂能同等程度地改变正、逆反应的速率，使用催化剂不使平衡移动。

二、 化学反应速率和化学平衡移动原理在化工生产中的应用

合成氨工业对化学工业和国防工业具有重要的意义，对我国实现农业现代化起到很重要的作用。下面我们将应用化学反应速率和化学平衡原理的有关知识，共同来讨论关于合成氨条件的选择问题。

实际化工生产中，要综合考虑化学反应速率和化学平衡的影响因素：既要注意外界条件对反应速率和化学平衡影响的一致性，又要注意对二者影响的矛盾性，同时还要考虑催化剂活性和综合经济效益。选择适宜的生产条件能充分利用原料，降低成本，缩短生产周期。

在化工生产和科学实验中，常常需要综合考虑化学平衡和化学反应速率两方面因素（见表 5-5）来选择最适宜的反应条件。

表 5-5　外界条件对合成氨化学反应速率和化学平衡的影响

改变条件	反应速率	k	化学平衡	K_c
增大反应物的浓度	增大	不变	向正反应方向(向右)移动	不变
升高温度	增大	增大	向吸热反应方向移动	减小
增大气体压力	增大	不变	向气体分子数减少的方向移动	不变
加入催化剂(正)	增大	增大	不变	不变

NH_3 的合成是一个放热的、气体总体积缩小的可逆反应：

$$3H_2(g)+N_2(g)\rightleftharpoons 2NH_3(g)；\Delta H=-92.4kJ/mol（正反应为放热反应）$$

合成氨工业，选择适宜的生产条件是生产的关键。

研究在单位时间内提高合成氨的产量，这涉及化学反应速率的问题。

根据有关化学反应速率的知识，通过讨论我们可以得知：升高温度、增大压力以及使用催化剂等，都可以使合成氨的化学反应速率增大，如表 5-6 所示。

表 5-6　达到化学平衡时系统中 NH_3 的含量（体积分数）（$V_{N_2}:V_{H_2}=1:3$）

温度/℃	NH_3 含量(体积分数)/%					
	0.1MPa	10MPa	20MPa	30MPa	60MPa	100MPa
200	15.3	81.5	86.4	89.9	95.4	98.5
300	2.2	52.0	64.2	71.0	84.2	92.5
400	0.4	25.1	38.2	47.0	65.2	79.8
500	0.1	10.6	19.1	26.4	42.2	57.5
600	0.05	4.5	9.1	13.8	23.1	31.4

【讨论】 根据表 5-6 的实验数据，应用化学平衡原理的知识，说明要提高系统中 NH_3 的含量，应该采取哪些方法？

根据这个特点，在满足多（原料转化率高，产品产量高），快（生产周期短），好（产品质量好，生产安全可靠），省（成本低）的总体要求的前提下，选择适宜的反应条件如下：

（1）压力　增大压力，既有利于加快合成氨的反应速率，缩短反应时间，又能使化学平衡向着正反应方向移动，提高反应物的转化率，有利于 NH_3 的合成和产量提高。因此，从理论上讲，合成氨时，压强越大越好。例如，有研究表明，在 400℃。压强超过 200MPa 时，不使用催化剂，氨的合成反应就能顺利进行。但在实际生产中，增大压力，需要的动力越大，对设备材质的强度和设备的制造要求也越高，这将会大大增加生产的投资，使生产成本升高，降低综合经济效益。目前合成氨的生产中，耐高压合成塔的钢板厚度已达到 10cm 左右，如果再增加压力，H_2 就会穿透如此厚的钢板泄漏，而且即使使用特种钒合金钢，也难以承受如此巨大的压强。另外，过高的压力会给安全生产带来隐患。因此，受材料、设备、功耗等多因素的限制，目前我国合成氨生产中通常采用的压力是 20～50MPa。

（2）温度　当压强一定时，升高温度，虽然能加快合成氨的反应速率，缩短反应时间，但由于合成氨为放热反应，升高温度会降低平衡系统中 NH_3 的含量，使反应物的转化率降低，使 NH_3 的产量降低。因此，从反应的理想条件来看，氨的合成在较低温度下进行更有利，表 5-6 中的实验数据也说明了这一点。但是温度过低，反应速率很小，需要很长时间才能达到平衡状态，这在工业生产上是很不经济的。同时还要考虑满足催化剂所要求的催化活性温度范围。综合考虑各种因素，合成氨生产中温度一般控制在 500℃左右。

（3）催化剂　由于 N_2 分子非常稳定，N_2 与 H_2 的化合十分困难，即使采用了高温、高压的条件，合成氨的反应还是十分缓慢。通常，为了加快化合反应速率、降低反应所需要的能量、缩短反应时间，合成氨生产中采用加入催化剂的方法，以降低反应所需的能量，使反应物在较低温度时能较快地进行反应。

目前，工业上主要使用以铁为主体的多成分催化剂（含铝-钾氧化物），又称铁触媒。铁触媒在 500℃左右时活性最大，这也是合成氨反应一般选择在 500℃左右进行的重要原因之一。

（4）浓度　从表 5-6 也可以看出，即使在压力为 20～50MPa，温度控制在 500℃左右时，合成氨的平衡体系中 NH_3 的体积分数也只有 26.4%，反应物的转化率较低，NH_3 的产量不高。因此，在实际生产中还要考虑改变浓度提高产量的途径。通常采取迅速冷却的方法，使气态氨变成液氨后及时从平衡混合物中分离出去，以促使化学平衡不断地向着生成 NH_3 的方向移动。

此外，如果让 N_2 和 H_2 混合气体只一次通过合成塔起反应也是很不经济的，应将 NH_3 分离后的混合气体循环使用，提高原料利用率。同时要不断补充 N_2 与 H_2 的量，使反应物浓度保持一定，以有利于合成氨的反应。

【模块小结】

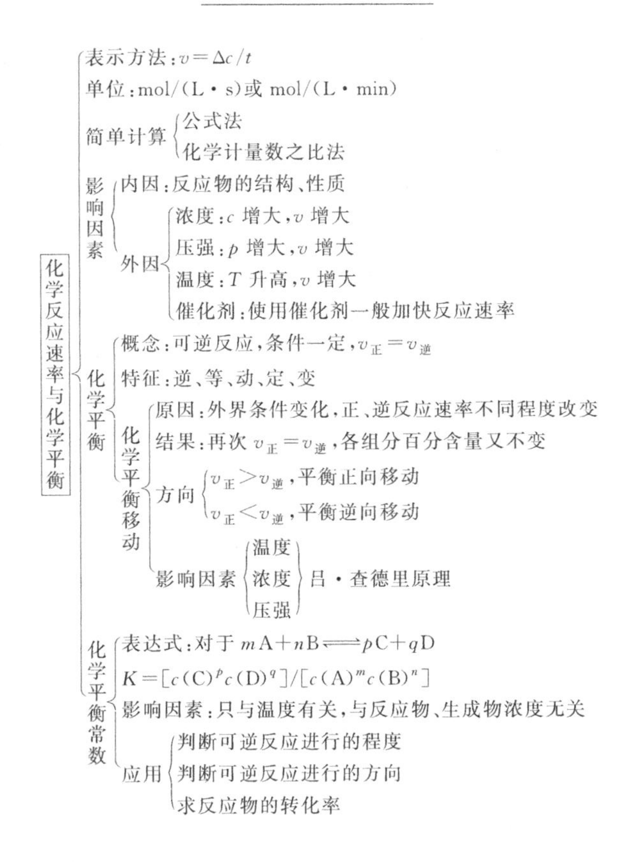

【思考与习题】

【思考题】

1. 什么叫化学反应速率？怎样表示？
2. 影响反应速率的外部因素有哪些？如何影响？
3. 催化剂有何特点？试说明催化剂在生产及生活中的用途。
4. 在煤粉厂或面粉厂为何要特别注意防火、防爆？
5. 可逆反应有何特征？方程式应如何表示？
6. 什么叫化学反应平衡常数？它有何实际意义？
7. 什么叫化学平衡移动？影响平衡移动的因素通常有哪些？怎样影响？
8. 试根据化学反应速率及化学平衡移动原理选择合成氨的适宜条件。

9. 工业上采用煅烧石灰石的方法生产石灰，为了提高生石灰的产率，应采取哪些措施？

$$CaCO_3 = CaO + CO_2 - Q$$

10. 用活化能和活化分子的观点解释加快反应速率的方法，这些方法有什么优缺点？

【习题】

一、填空题

1. 化学反应速率通常用________________来表示，其常用单位是________、________或________。

2. 为了加快反应速率，工业上一般可采用________反应物的浓度，________压力，________温度和使用________等措施。

3. 在一定条件下，合成氨的反应中，N_2 和 H_2 的起始浓度分别是 1mol/L 和 2mol/L，2 秒钟后测得 NH_3 的浓度为 0.2mol/L，此时，用 H_2 和 NH_3 表示的反应速率为：$v_{H_2}=$________，$v_{NH_3}=$________。

4. 在反应式 $2SO_2+O_2 \rightleftharpoons 2SO_3$ 中，假设 SO_2 的起始浓度为 2mol/L，2min 后，SO_2 的浓度为 1.6mol/L。则用 SO_2 浓度变化表示的反应速率是________。

5. 在一个密闭的玻璃容器中充满红棕色的 NO_2 和无色的 N_2O_4 混合气体，$2NO_2 \rightleftharpoons N_2O_4$ 处于平衡状态时：

① 当气体总压增大时，化学平衡向________，原因是________________。

② 当温度升高时，反应混合物的颜色____________（变深、变浅、不变），原因是________________。

6. 在 $CO+NO_2 \rightleftharpoons CO_2+NO$ 反应的平衡体系中，若升高温度，反应混合物的颜色加深，正反应是________（吸热或放热）；若改变压力，化学平衡________移动，原因是____________。

7. 在同一条件下，既能________向进行，同时又能________向进行的反应叫作可逆反应。

8. 对一定条件下密闭容器中的可逆反应，当__________相等，且__________不再随时间而变化，这时所建立的动态平衡称为化学平衡。

9. 在一定条件下，可逆反应达到平衡时的特点是：________________________。

10. 某一化学反应 $3A+2B \longrightarrow C$，A 的起始浓度为 3mol/L，B 的起始浓度为 4mol/L。1s 后，A 的浓度降到 1.5mol/L，该反应用 B 表示的反应速率为__________。

11. 反应 $2NO(g)+2H_2(g) \longrightarrow N_2(g)+2H_2O(g)$ 的速率方程为：

$$v=kp^2_{(NO)}p_{(H_2)}$$

（1）NO 的分压增加 1 倍，反应速率是原来的________倍；

（2）反应容器的体积增加 1 倍，反应速率是原来的________；

（3）氢气的分压减小 1 倍，反应速率是原来的________；

（4）降低温度，反应速率将________（减小、增大）。

12. 反应 $Al_2O_3(s)+3H_2(g) \rightleftharpoons 2Al(s)+3H_2O(g)$ 的平衡常数 $K^{\ominus}$ 的表达式为____________。

13. 对反应 $A(g)+B(g) \rightleftharpoons 3C(g)$，恒温下体积压缩为原来的 2/3，则平衡常数为原来的__________。

14. 350℃时反应 $I_2(g)+H_2(g) \rightleftharpoons 2HI(g)$；$K^{\ominus}=17.0$，若该温度下密闭容器中各气

体初始分压分别为100kPa、10kPa、100kPa，反应将向________向进行。

15. 已知反应 $CaCO_3(s) \rightleftharpoons CaO(s)+CO_2(g)$ 在700℃时 $K^{\ominus}=2.92\times10^{-2}$，在900℃时 $K^{\ominus}=1.05$，故此反应为____________（放热或吸热）反应。

16. 对于反应 $4HCl(g)+O_2(g) \rightleftharpoons 2Cl(g)+2H_2O(g)$　$\Delta H^{\ominus}<0$，达平衡。

（1）加入催化剂，$n(HCl)$ ________；

（2）升高温度，$K^{\ominus}$ ________；

（3）加入氩气（体积不变），$n(O_2)$ ________；

（4）加入氧气，$n(H_2O)$ ________，$n(HCl)$ ________；

（5）减小容器的体积，$n(Cl_2)$ ________，$p_{(O_2)}$ 移动后仍然增大，$K^{\ominus}$ ________。

17. 容器A保持恒压，容器B保持恒容。向容积相等的两个容器中分别充入等量的体积比为2∶1的 SO_2 和 O_2 的混合气体，容器中反应 $2SO_2+O_2 \rightleftharpoons 2SO_3$ 在一定温度下达平衡。若向两容器中通入等量的氦气，容器A中化学平衡________移动，容器B中化学平衡________移动。

二、选择题

1. 决定化学反应速率快慢的内在原因是（　　）。

A. 催化剂　　B. 浓度　　C. 温度　　D. 反应物的性质

2. 对于合成氨反应：$N_2+3H_2 \rightleftharpoons 2NH_3$，下列说法正确的是（　　）。

A. 使用催化剂不能加快反应速率　　B. 增加压力能加快反应速率

C. 升高温度能加快反应速率　　D. 改变温度能加快反应速率

3. 对于反应 $2A(g)+B(g) \rightleftharpoons 2C(g)+Q$（$Q$ 为正值），下列说法正确的是（　　）。

A. 由于 $K^{\ominus}=\dfrac{[C]^2}{[A]^2[B]}$，随着反应的进行，C的浓度不断增大，A、B的浓度不断减小，平衡常数不断增大

B. 升高温度使逆反应速率增大，正反应速率减小，故平衡向左移动

C. 加入催化剂，使正反应速率增加，故平衡向左移动

D. 增加压力，使A、B的浓度增加，正反应速率增加，故平衡向右移动

4. 当可逆反应处于平衡状态时，下列说法错误的是（　　）。

A. 正反应与逆反应已经终止　　B. 正反应速率和逆反应速率相等

C. 反应物和生成物浓度不再随时间而变化　　D. 反应物的耗量和生成物总量相等

5. 反应 $4A(s)+3B(g) \rightleftharpoons 2C(g)$，反应开始2min后，B的浓度减少了0.6mol/L。此反应的反应速率叙述正确的是（　　）。

A. 在2min内用A表示的反应速率是0.4mol/(L·min)

B. 在2min内用C表示的反应速率是0.2mol/(L·min)

C. 在2min内用B表示的平均反应速率是0.3mol/(L·min)

D. 在2min内用B和C表示的反应速率的值都是逐渐减少的

6. 某一基元反应 $aA+bB \longrightarrow cC+dD$，其反应速率 $v=$（　　）。

A. $kc^a(A)$　　B. $kc^b(B)$

C. $kc^a(A)\cdot c^b(B)$　　D. $kc^a(A)+kc^b(B)$

7. 对于一定温度下的反应 $3A(s)+2B(g) \rightleftharpoons 4C(g)$，随着反应的进行，下列叙述正确的是（　　）。

A. 正反应速率常数 k 变小　　B. 逆反应速率常数 k 变大

C. 正、逆反应速率常数 k 相等　　D. 正、逆反应速率常数 k 均不变

8. 活化能与反应速率的关系为（　　）。

A. 活化能 E_a 越大，反应进行越快　　B. 活化能 E_a 越小，反应进行越慢

C. 活化能 E_a 越小，反应进行越快　　D. 活化能与反应快慢无关

9. 反应 $N_2O_4(g) \rightleftharpoons 2N_2O_2(g)$，下列一定是平衡状态的是（　　）。

A. N_2O_4 和 NO_2 的分子数比为 1∶2　　B. N_2O_4 和 NO_2 的浓度相等

C. 平衡体系的颜色不再改变　　D. N_2O_4 和 NO_2 的分子数比为 1∶1

10. 900℃时反应 $CaCO_3(s) \rightleftharpoons CaO(s)+CO_2(g)$ 的 $K^\ominus=1.05$，下列各组物质不能达平衡的是（　　）。

A. CaO(s) 和 $CO_2(g)$，$p(CO_2)=100kPa$

B. $CaCO_3(s)$ 和 CaO(s)

C. $CaCO_3(s)$ 和 $CO_2(g)$，$p(CO_2)=10kPa$

D. CaO(s) 和 $CO_2(g)$，$p(CO_2)=150kPa$

11. 反应 $A(s)+B(g) \rightleftharpoons 3C(g)$，$\Delta H^\ominus<0$，下列说法正确的是（　　）。

A. 随着反应的进行，A 和 B 的分压逐渐减少，C 的分压逐渐增大，故平衡常数逐渐增大

B. 平衡后总压增大，A、B 分压增大，正反应速率增大，故平衡向正反应方向移动

C. 平衡后降低温度，正反应速率降低，故平衡向逆反应方向移动

D. 平衡后体积压缩，正反应速率增大，逆反应速率也增大，但增加的程度不同，逆反应速率增加得多，故平衡向左移动

12. 密闭容器中的反应：$aA(s)+bB(g) \rightleftharpoons cC(g)$，达到平衡后，测得 A 的浓度为 0.5mol/L，恒温下将容器的容积扩大为原来的两倍，测得 A 的浓度为 0.3mol/L，则下列判断正确的是（　　）。

A. $a+b<c$　　B. C 的体积分数下降

C. B 的浓度增大　　D. A 的转化率增大

13. 对反应 $2NO(g)+2CO(g) \rightleftharpoons N_2(g)+2CO_2(g)$，$\Delta H^\ominus<0$，使 NO 转化率提高的方法是（　　）。

A. 高温高压　　B. 低温低压

C. 增加 NO 和 CO 的量　　D. 低温高压

14. 合成氨反应 $3H_2(g)+N_2(g) \rightleftharpoons 2NH_3(g)$，$\Delta H^\ominus<0$，下列过程不利于氨的合成的是（　　）。

A. 不断分离出 NH_3　　B. 将分离出 NH_3 的混合气体循环使用

C. 采用大于 500℃的高温　　D. 采用 20～50MPa 的高压

15. 反应 $2SO_2(g)+O_2(g) \rightleftharpoons 2SO_3(g)$ 达到平衡时，保持体积不变，加入惰性气体 He，使总压力增加一倍，则（　　）。

A. 平衡向右移动　　B. 平衡向左移动

C. 平衡不发生移动　　D. 无法判断

三、判断题

1. 催化剂能降低反应的活化能，从而增大了反应速率。（　　）

2. 反应级数等于反应方程式中反应物的化学计量数之和。（　　）

3. 反应 $A(g)+B(g) \rightleftharpoons C(g)+D(g)$ 达平衡时，四种气体的体积分数一定相等。（　　）

4. 反应 $A(g)+B(g) \rightleftharpoons C(g)$，从正向建立的平衡和从逆向建立的平衡，平衡常数互为倒数。（　　）

5. 一定温度下，SO_2（g）与 O_2（g）反应的平衡常数一定。（　）

6. 铁与盐酸的反应是放热反应，故铁块溶解在过量的盐酸中反应逐渐加快。（　）

7. 对达平衡的放热反应，升高温度，生成物的浓度减少，逆反应速率增大，正反应速率减小。（　）

8. 反应 $3H_2(g)+N_2(g) \rightleftharpoons 2NH_3(g)$，使用催化剂提高了转化率。（　）

9. 放热反应的 $K^{\ominus}$ 随温度的升高而增大。（　）

10. 转化率越大，反应进行的程度越大，平衡常数就越大。（　）

11. 平衡常数大的反应，平衡转化率必定大。（　）

12. 可逆反应达到平衡时，各反应物与生成物的浓度或分压不随时间而改变。（　）

13. 在敞口容器中进行的可逆反应不可能达到平衡状态。（　）

14. 在一定温度下，某化学反应的平衡常数的数值与反应方程式相对应。（　）

15. 某化学反应各物质起始浓度改变，平衡浓度改变，因此平衡常数也改变。（　）

16. 对任何气相反应，若缩小体积，平衡一定向气体分子数减小的方向移动。（　）

17. 升高温度，使吸热反应的反应速率加快，放热反应的反应速率减慢，所以使化学平衡向吸热方向移动。（　）

模块六　电解质溶液中的平衡

许多化学反应在溶液中进行，电解质溶于水时，在极性水分子的作用下发生解离，本模块将讨论强电解质与弱电解质的解离平衡等基本概念；学习解离平衡常数、解离度的计算和离子方程式的书写。应用解离平衡的知识，讨论盐类的水解和同离子效应。

水是一种重要的溶剂，一般讨论的电解液溶液以水为溶剂，而电解质溶液的酸碱性又与水的解离有着直接关系，为了从本质上认识溶液的酸碱性，要研究水的解离。

难溶电解质在水中存在溶解——沉淀平衡，本章将学习难溶电解质的溶度积常数及溶度积规则的应用。

项目一　电解质

学习目标

1. 理解电解质及其解离的有关概念。
2. 掌握一元弱酸、一元弱碱溶液的解离平衡程度表示方法。
3. 掌握溶液酸碱性的表示方法，会计算溶液的 pH，了解常用的酸碱指示。
4. 能正确书写解离方程式。
5. 会计算一元弱酸、一元弱碱溶液解离度、$[H^+]$ 和 $[OH^-]$。

知识一　强电解质与弱电解质

一、电解质和非电解质

在水溶液中或熔融状态下，能部分或全部形成离子而导电的化合物，叫作电解质。如 H_2SO_4、NaOH、NaCl、NH_4Cl 等酸、碱、盐都是电解质。

在水溶液中和熔化状态时都不能形成离子的化合物，叫作非电解质。如乙醇、蔗糖、甘油等绝大多数有机化合物都是非电解质。

二、电解质的解离

导电现象是由于带电粒子做定向运动所引起的。电解质在水溶液中或熔化状态之所以能导电，是因为在此状态下存在着可以自由移动的离子。

大多数盐类和强碱都是离子化合物。在干燥的晶体中，阴、阳离子只在晶格结点上振动，不能自由移动，因而晶体不导电。当晶体受热熔化时，离子吸收的能量足以克服阴、阳离子间的相互吸引，而离解为自由移动的离子（简称自由离子）。例如：

$$NaCl = Na^{+} + Cl^{-}$$

$$NaOH = Na^{+} + OH^{-}$$

如果将它们放入水中，受极性水分子的吸引和碰撞，阴、阳离子间的吸引也会减弱，并逐渐脱离晶体表面进入溶液，成为能够自由移动的水合离子（见图 6-1）。

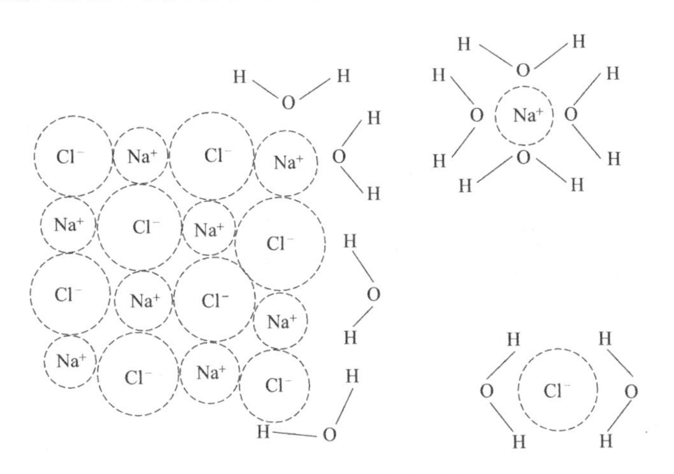

图 6-1 NaCl 的溶解与水合离子

具有强极性键的共价化合物是以分子状态存在的。例如，液态的 HCl 中，只有分子而没有离子。HCl 溶于水时，在水分子的作用下，HCl 分子首先被极化，继而极性键断裂，形成可自由移动的水合 Cl^{-} 和水合 H^{+}。

$$HCl = H^{+} + Cl^{-}$$

这种电解质在水溶液中或熔化状态时，离解为自由移动离子的过程叫作解离。

当电解质的熔融液或水溶液接通电源时，离子就会做定向运动。阳离子向负极移动，阴离子向正极移动（见图 6-2），于是就产生了导电现象。

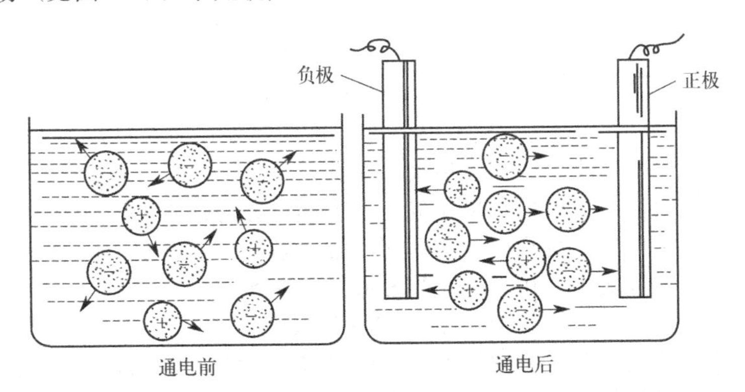

图 6-2 电解质溶液导电示意图

综上所述，电解质的解离是在极性溶剂或热的作用下发生的。解离是导电的前提，而不是通电的结果。

非电解质一般是由弱极性键形成的化合物，本身不具有离子。在水溶液中，与水分子间的作用力较弱，不能发生解离。所以熔化状态和水溶液中都不导电。

某些化合物（如 SO_2、CO_2 等）本身并不能解离，其溶液的导电性是由它们与水反应生成的电解质（如 H_2SO_3、H_2CO_3 等）所引起的。因此，不能称其是电解质。

【思考】 HCl 分子溶解在非极性溶剂苯（C_6H_6）中，能否导电？为什么？

通过上面的知识，我们已经初步了解了有关电解质的基本概念和酸、碱、盐溶液的知识。电解质溶于水或受热熔化时，能离解出可以自由移动的离子，在外电场的作用下产生定向移动，因而都能够导电，而非电解质溶于水或受热熔化时，不能离解，都不具导电性。

【演示实验】 按图 6-3 连接烧杯中的电极和灯泡。在五个烧杯中分别倒入体积相同，浓度均为 0.1mol/L 的 HCl、NaOH、NaCl、CH_3COOH（可简写为 HAc）和 $NH_3 \cdot H_2O$ 溶液。接通电源，观察各灯泡的亮度。

图 6-3 连接烧杯中的电极和灯泡

实验结果显示：连接 HCl、NaOH、NaCl 溶液的三个灯泡较亮，连接 HAc 和 $NH_3 \cdot H_2O$ 溶液的灯泡较暗，可见，电解质溶液虽然都能导电。但体积和浓度相同而种类不同的电解质溶液在相同条件下的导电能力并不相同。溶液导电能力的强弱，与溶液中能够自由移动的离子多少有关。自由移动的离子数目越多，导电能力越强；反之，则导电能力越弱。

电解质溶液导电能力不同的原因在于不同的电解质在水中的离解程度不同。上述实验中，HCl、NaOH、NaCl 在水中完全离解，同体积、同浓度溶液中可以自由移动的离子较多，导电能力强。而 HAc 和 $NH_3 \cdot H_2O$ 在水溶液中主要以分子状态存在，只有一部分离解，溶液中离子浓度相对较小，因而导电能力也弱。

根据电解质在水溶液中离解的程度不同，把电解质分为强电解质和弱电解质。

通常，将在水溶液中完全解离的电解质叫作强电解质。强电解质的解离是不可逆的，不存在解离平衡。解离方程式中，用“$=\!=\!=$”表示完全解离。

$$NaCl = Na^+ + Cl^-$$

强电解质包括具有强极性键的强酸（如 $HClO_4$、HNO_3、H_2SO_4、HI、HBr、HCl 等），有典型离子键的强碱（如 KOH、NaOH、$Ca(OH)_2$、$Ba(OH)_2$ 等）及绝大多数的盐（如 NaCl、NaAc、NH_4Cl、NH_4Ac、Na_2CO_3 等）。从结构上看，强电解质都是强极性共价型或离子型化合物。

在水溶液中只有部分解离的电解质，叫作弱电解质。弱电解质的解离是可逆的，解离方程式中，用“$\rightleftharpoons$”表示部分解离。例如：

$$HF \rightleftharpoons H^+ + F^-$$

$$NH_3 \cdot H_2O \rightleftharpoons NH_4^+ + OH^-$$

在溶液中，弱电解质以分子和水合离子两种形式存在，一定的条件下，可以建立解离平衡。常见的弱极性键的弱酸（如 HAc、HF、HClO、H_2S、HCN、H_2CO_3 等）、弱碱（如 $NH_3 \cdot H_2O$）和极个别的盐（如 $HgCl_2$、Hg_2Cl_2、$Hg(CN)_2$ 等）。从结构上看，它们多为弱极性共价型化合物（HF 除外）。

有些难溶的碱和盐，它们的溶解度虽然很小，但已经溶解的部分是完全离解的，这种电解质一般为强电解质，如 $BaSO_4$。

知识二　弱电解质的电解平衡

一、弱电解质的解离平衡

弱电解质在水溶液中大部分以分子状态存在，只有少部分分子解离成离子。在弱电解质的解离过程中，一方面分子不断地解离成阳离子和阴离子；另一方面，阴、阳离子又可能相互碰撞、相互吸引而又重新结合成分子。因此，弱电解质的解离是一个可逆的过程。

在一定条件（温度、浓度）下，当解离过程进行到一定程度时，电解质分子解离成离子的速率等于离子结合成分子的速率，达到了动态平衡，这种平衡称作解离平衡。解离平衡是化学平衡的一种，达到平衡时，溶液中各离子的浓度和分子的浓度不再随时间改变而改变。当外界条件改变时，弱电解质解离平衡也会发生移动，在新的条件下建立起新的动态平衡。

二、弱电解质的解离平衡常数

当弱电解质达到解离平衡时，已经解离的各离子浓度的乘积与未解离的分子浓度之比为一个常数，称为解离平衡常数，简称解离常数，用 K_i 表示。通常又用 K_a 表示弱酸的解离常数，用 K_b 表示弱碱的解离常数，对于某一指定的弱电解质用分子式代替下角标 i。

例如：醋酸溶液的解离平衡为

$$HAc \rightleftharpoons H^+ + Ac^-$$

其解离平衡常数表示为：

$$K_{HAc}=\frac{[H^+][Ac^-]}{[HAc]}$$

氨水溶液的解离平衡：

$$NH_3 \cdot H_2O \rightleftharpoons NH_4^+ + OH^-$$

其解离平衡常数表示为：

$$K_{NH_3 \cdot H_2O}=\frac{[NH_4^+][OH^-]}{[NH_3 \cdot H_2O]}$$

在一定温度下，每一种弱电解质都有其确定的解离常数值，常见的弱电解质在 298K 时的解离常数见附表 1。

解离常数是表示弱解解质解离程度的特征常数。解离常数 K_i 的大小，反映了弱电解质的相对强弱。对于同类型、同浓度的弱电解质而言，K_i 值越大，则达到解离平衡时离子的浓度越大，弱电解质的解离能力越强。

例如 298K 时：

$$K_{HClO}=3.2\times10^{-8}$$

$$K_{HAc}=1.8\times10^{-5}$$

说明 HClO 是比 HAc 更弱的酸。

通常认为，$K_i \leqslant 10^{-4}$ 的电解质是弱电解质；$K_i < 10^{-7}$ 的为极弱电解质；K_i 在 $10^{-2} \sim 10^{-3}$ 之间的为中强电解质。

与平衡常数一样，解离常数也只与温度有关，而与浓度无关。但是温度对解离常数的影响也不大，一般在常温下研究解离平衡可以不考虑温度对解离常数的影响。

知识三　解离度

解离常数 K_i 只反映电解质解离能力的大小，没有反映解离程度的大小，即有多少电解质分子发生解离。因为不同的弱电解质在水溶液中的解离程度不同，有的解离程度大，有的解离程度小。为了定量表示电解质在溶液中解离程度的大小，引入解离度的概念。所谓电解质的解离度，是指当弱电解质在溶液中达到解离平衡时，已解离的电解质分子数与原有电解质分子总数之比；或者说已解离的电解质浓度与电解质原始浓度之比。解离度常用百分数表示，符号为“α”。

$$\text{解离度}(\alpha)=\frac{\text{已经解离的电解质分子数}}{\text{溶液中原有的电解质分子总数}}\times 100\%$$

$$=\frac{\text{电解质已经解离部分的浓度}(\text{mol/L})}{\text{电解质的原始浓度}(\text{mol/L})}\times 100\%$$

【例 6-1】 298K 时，0.1mol/L HAc 溶液中有 1.34×10^{-3}mol/L HAc 解离成离子，求其解离度。

解：

$$\alpha_{\text{HAc}}=\frac{1.34\times 10^{-3}\text{mol/L}}{0.1\text{mol/L}}\times 100\%=1.34\%$$

答：HAc 的解离度为 1.34%。

这表明，298K 时，0.1mol/L HAc 溶液中，每 10000 个 HAc 分子中只有 134 个分子解离成 H^+ 和 Ac^-。

弱电解质解离度 α 的大小，也反映电解质的相对强弱。在浓度、温度相同的条件下，解离度大的电解质较强，解离度小的电解质较弱。一些常见弱电解质的解离度见表 6-1。

表 6-1　一些常见的弱电解质的离解度

电解质	分子式	解离度/%	电解质	分子式	解离度/%
氢氟酸	HF	7.44	次氯酸	HClO	0.0548
甲酸	HCOOH	4.21	氢氰酸	HCN	0.007
醋酸	CH_3COOH	1.34	氨水	$NH_3\cdot H_2O$	1.34

解离度首先取决于电解质的本身特性，其次还与溶液的浓度、温度等有关。同一弱电解质，当温度一定时，溶液浓度越小，阴、阳离子之间相互碰撞结合成分子的机会越少，解离度越大。如表 6-2 所示，不同浓度的醋酸，解离度不同。解离度还与温度有关，解离过程一般需要吸热，温度升高使平衡向解离的方向移动，从而使电解质的解离度增大。因此，表示一种弱电解质的解离度时，应注明溶液的浓度和温度。如不注明温度通常指 298K（25℃）。

表 6-2　不同浓度 HAc 溶液的解离度

$c(\text{HAc})/(\text{mol/L})$	0.2	0.1	0.01	0.005	0.001
$\alpha/\%$	0.934	1.34	4.19	5.85	12.4

知识四　解离度与解离常数的关系——稀释定律

解离度和解离常数都可以表示弱电解质的相对强弱，但二者也有区别。解离常数是化学平衡常数的一种，不随浓度变化；解离度是转化率的一种，随浓度的变化而变化。表 6-3 为不同浓度醋酸溶液的解离常数、解离度及 H^+ 浓度。

表 6-3 不同浓度醋酸溶液的解离常数、解离度及 H^+ 浓度 (298K)

溶液浓度/(mol/L)	0.2	0.1	0.01	0.005	0.001
解离常数	1.74×10^{-5}	1.74×10^{-5}	1.74×10^{-5}	1.74×10^{-5}	1.74×10^{-5}
解离度/%	0.943	1.34	4.24	5.85	12.4
$[H^+]$/(mol/L)	1.868×10^{-3}	1.34×10^{-3}	4.24×10^{-4}	2.94×10^{-4}	1.24×10^{-4}

将解离度 α 引入解离平衡式中，可以导出 K_i 与 α 的关系：

$$K_i=c\alpha^2 \quad 或 \quad \alpha=\sqrt{\frac{K_i}{c}}$$

上式表示了弱电解质的起始浓度 (c)、解离度 (α)、解离常数 (K_i) 三者之间的关系，称为稀释定律。它的意义是，弱电解质的解离度与其浓度的平方根成反比，溶液被稀释时，解离度 α 值增大，K_i 值却保持不变。因此，解离常数比解离度能更好地表示弱电解质的相对强弱。而对相同浓度的不同电解质，由于 α 与 K_i 的平方根成正比，因此，K_i 越大，α 也越大。

【想一想】“稀释一元弱酸 HAc 溶液时，其解离度和 H^+ 浓度均会增大”这种说法正确吗？为什么？

1. 一元弱酸溶液中 $[H^+]$ 的计算

根据 K_i、α 关系式，在一定的温度下，对于任何一元弱酸，当$\frac{c}{K_a}\geqslant500$ 时：

$$[H^+]=c\alpha=\sqrt{K_a c_{酸}}$$

【例 6-2】 已知醋酸在 298K 时的解离常数 $K_{HAc}=1.8\times10^{-5}$，醋酸的起始浓度为 $0.1\text{mol}\cdot\text{L}^{-1}$，试计算该溶液中的氢离子浓度 $[H^+]$。

解：由稀释定律：$\alpha=\sqrt{\frac{K_{HAc}}{c}}=\sqrt{\frac{1.8\times10^{-5}}{0.1}}=1.34\times10^{-2}=1.34\%$

$$[H^+]=c\alpha=0.1\times1.34\%=1.34\times10^{-3}(\text{mol/L})$$

答：醋酸溶液中氢离子浓度为 1.34×10^{-3} mol/L

2. 一元弱酸溶液中 $[OH^-]$ 的计算

根据 K_i、α 关系式，在一定的温度下，对于任何一元弱酸，当$\frac{c}{K_b}\geqslant500$ 时：

$$[OH^-]=c\alpha=\sqrt{K_b c_{碱}}$$

【例 6-3】 已知氨水浓度为 0.1mol/L，298K 时其解离度为 1.34%，试计算该溶液中的氢氧根离子浓度 $[OH^-]$。

解：溶液中的 OH^- 浓度即为电解质已解离部分的浓度，由解离度的定义：

$$\alpha=\frac{[OH^-]}{c}\times100\%$$

$$[OH^-]=c\alpha=0.1\times1.34\%=1.34\times10^{-3}(\text{mol/L})$$

答：该氨水溶液中 OH^- 的浓度为 1.34×10^{-3} mol/L。

3. 解离度的计算

【例 6-4】试计算 25℃时，$0.02mol \cdot L^{-1} NH_3 \cdot H_2O$ 的解离度和 OH^- 的浓度。

解：

$$NH_3 \cdot H_2O \rightleftharpoons NH_4^+ + OH^-$$

由附表 1 查得

$$K_b = 1.8 \times 10^{-5}$$

因为

$$\frac{c_{NH_3 \cdot H_2O}}{K_b} = \frac{0.02}{1.8 \times 10^{-5}} > 500$$

所以

$$\alpha = \sqrt{\frac{K_b}{c_{NH_3 \cdot H_2O}}} = \sqrt{\frac{1.8 \times 10^{-5}}{0.02}} = 3\%$$

$$[OH^-] = c_{NH_3 \cdot H_2O}\alpha = 0.02mol/L \times 3\% = 6 \times 10^{-4}(mol/L)$$

答：在 25℃时，该 $NH_3 \cdot H_2O$ 溶液的解离度为 3%，OH^- 浓度为 $6 \times 10^{-4} mol/L$。

项目二　水的解离和溶液的酸碱性

学习目标

1. 掌握水的解离平衡。
2. 掌握溶液酸碱性的表示方法。
3. 了解常用酸碱指示剂和溶液 pH 的关系。

知识一　水的解离和水的离子积常数

研究电解质溶液时常常要控制溶液的酸碱性，电解质溶液的酸碱性与水的解离有着密切的关系，要从本质上研究溶液的酸碱性，首先应研究水的解离。实验证明，水是一种极弱的电解质，用灵敏电流计检验，指针也能发生偏转。水能微弱地解离出等量的 H^+ 和 OH^-，其解离方程式为：

$$H_2O \rightleftharpoons H^+ + OH^-$$

在一定温度下，达到解离平衡时，其解离平衡常数为：

$$K_i = \frac{[H^+][OH^-]}{[H_2O]}$$

$$[H^+] = \frac{K_W}{[OH^-]} \qquad [OH^-] = \frac{K_W}{[H^+]}$$

在 298K 时，纯水的 H^+ 和 OH^- 浓度均为 1×10^{-7} mol/L，因而解离的水分子可以忽略不计，未解离的 $[H_2O]$ 可视为常数，则纯水中的 $[H^+]$ 和 $[OH^-]$ 的乘积为一个常数，称为水的离子积常数，简称水的离子积，用 K_w 表示，298K 时水的离子积常数为：

$$K_w = [H^+][OH^-] = 1 \times 10^{-7} \times 1 \times 10^{-7} = 1 \times 10^{-14}$$

由于水解离时吸热，所以 K_w 随温度的升高而增大（见表 6-4），在常温下，一般都以

$K_w=1\times10^{-14}$ 进行计算。

表 6-4　不同温度下水的离子积

t/℃	K_w	t/℃	K_w
0	1.138×10^{-15}	40	2.917×10^{-14}
10	2.917×10^{-15}	50	5.470×10^{-14}
20	6.808×10^{-15}	90	3.802×10^{-13}
25	1.009×10^{-14}	100	5.495×10^{-13}

【思考】

1. 在水中加入强酸（HCl）后，水的离子积是否发生改变？
2. 在水中加入强碱（NaOH）后，水的离子积是否发生改变？
3. 在酸碱溶液中，水电离出来的 $[H^+]$ 和 $[OH^-]$ 是否相等？
4. 100℃时，水的离子积为 10^{-12}，求 $[H^+]$。

知识二　溶液的酸碱性、pH 值及 pOH 值

一、溶液的酸碱性

任何水溶液中，都存在着水的解离平衡，水的离子积不仅适用于纯水，同样适用于其他较稀的电解质溶液。若在纯水中加入酸，则 $[H^+]$ 增大，使水的解离平衡向左移动，$[OH^-]$ 减小，溶液呈酸性；同理，若加入碱，则 $[OH^-]$ 增大，$[H^+]$ 减小，溶液呈碱性。显然，酸性溶液中不仅有 H^+，也存在 OH^-，只是 OH^- 浓度比 H^+ 浓度小；碱性溶液中也同时存在 OH^- 和 H^+，只是 H^+ 浓度比 OH^- 浓度小，溶液中 $[H^+]$ 与 $[OH^-]$ 的乘积总是 1×10^{-14}。溶液的酸碱性取决于 $[H^+]$ 与 $[OH^-]$ 的相对大小，在常温下：

酸性溶液：$[H^+]>[OH^-]$　　$[H^+]>1\times10^{-7}$ mol/L

碱性溶液：$[H^+]<[OH^-]$　　$[H^+]<1\times10^{-7}$ mol/L

中性溶液：$[H^+]=[OH^-]$　　$[H^+]=1\times10^{-7}$ mol/L

因此，可用 H^+ 浓度表示溶液的酸碱性，$[H^+]$ 就称为溶液的酸度。

在酸性溶液中，$[H^+]$ 越大，溶液的酸性越强，反之，酸性越弱；碱性溶液中，$[H^+]$ 越小，碱性越强，反之，则碱性越弱。

二、溶液的 pH 值

对于 H^+ 浓度很小的溶液，为了使用和计算方便起见，在化学上常用 $[H^+]$ 的负对数来表示溶液的酸碱性，称为溶液的 pH 值。

$$pH=-\lg[H^+]$$

如：中性溶液 $[H^+]=1\times10^{-7}$，其 pH 值为 $pH=-\lg(1\times10^{-7})\doteq7$

若某酸性溶液 $[H^+]=1\times10^{-3}$，其 pH 值为 $pH=-\lg(1\times10^{-3})=3$

若某碱性溶液 $[H^+]=1\times10^{-12}$，其 pH 值为 $pH=-\lg(1\times10^{-12})=12$

所以，用溶液的 pH 值表示溶液的酸碱性则为：

$pH<7$　　酸性溶液

$pH>7$　　碱性溶液

$pH=7$　　中性溶液

pH 值越小，溶液中 $[H^+]$ 越大，酸性越强；pH 值越大，$[H^+]$ 越小，溶液碱性

越强。

一般pH值的常用范围是1～14。当溶液中［H^+］或［OH^-］大于1mol/L时，pH值为负值或大于14，此时一般不用pH值而直接用离子浓度表示更为方便。

三、溶液的pOH值

在化学上也可以用［OH^-］或pOH表示溶液的酸碱性。在化学上采用［OH^-］的负对数所得的值来表示溶液的酸碱性，这个值称为pOH值：

$$pOH=-\lg[OH^-]$$

$$pOH+pH=14$$

四、有关pH的计算

1. 强酸（或）强碱溶液的pH值

【例6-5】 计算0.01mol/L HCl溶液的pH值。

解： HCl为强电解质，在水溶液中完全解离为H^+和Cl^-，而水解离出的H^+浓度很小，可以忽略不计，根据HCl解离方程式可知：溶液中$[H^+]=[HCl]=0.001mol/L$，其pH值为：

$$pH=-\lg[H^+]=-\lg0.01=-\lg10^{-2}=2$$

答：0.01mol/L HCl溶液的pH值为2。

【例6-6】 计算0.1 mol/L NaOH溶液的pH?

解： NaOH是强电解质，在溶液中完全解离。

$$NaOH = Na^+ + OH^-$$

$$pOH=-\lg[OH^-]=-\lg[NaOH]=-\lg0.1=1$$

$$pH=14-pOH=14-1=13$$

2. 弱酸（或弱碱）溶液pH值

【例6-7】 计算0.02mol/L $NH_3 \cdot H_2O$溶液的pH值，已知$K_b=1.8\times10^{-5}$。

解： $NH_3 \cdot H_2O$为弱电解质，在溶液中部分解离，根据$NH_3 \cdot H_2O$解离方程式，溶液中［OH^-］即为已解离部分的浓度。

$$[OH^-]=\sqrt{K_b c_{碱}}=\sqrt{1.8\times10^{-5}\times0.02}=6\times10^{-4}(mol/L)$$

$$[H^+]=\frac{K_w}{[OH^-]}=\frac{1\times10^{-14}}{6\times10^{-4}}=1.67\times10^{-11}(mol/L)$$

$$pH=-\lg[H^+]=-\lg(1.67\times10^{-11})=10.78$$

答：0.02mol/L $NH_3 \cdot H_2O$溶液的pH值为10.78。

五、测定pH的意义

人体体液和代谢产物也都有正常的pH范围，测定人体体液和代谢产物的pH，可以帮助了解人的健康状况。例如，人体血液的pH正常范围是7.35～7.45，当pH<7.35时，人

体会出现酸中毒；而 pH＞7.45 时，人体又表现为碱中毒；如果血液 pH 偏离正常范围 0.4 个单位时就会危及人的生命。人体内各部位的 pH 值范围见表 6-5。

表 6-5 人体内各部位的 pH 值范围（参考值）

体液	pH	体液	pH
血清	7.35～7.45	泪水	7.4
唾液	6.35～6.85	成人胃液	0.9～1.5
大肠液	8.3～8.4	婴儿胃液	5.0
小肠液	7.6	尿液	4.8～7.5

雨水的 pH 小于 5.6 时，就成为酸雨，它将对生态环境造成危害。

在化工生产中，许多化学反应必须在一定 pH 的溶液中进行，因此维持溶液相对稳定的 pH 是保证产品质量和数量的重要条件。

在水泥熟料全分析中：CaO 的测定 pH＞13；MgO 的测定 pH＝9.8～10；Fe_2O_3 的测定 pH 在 1.2～2.0；Al_2O_3 的测定 pH 在 4.1～4.4。

一些氧化还原反应，在酸性介质中进行或在碱性介质中进行，其产物往往不同。

$$MnO_4^- + 8H^+ + 5e = Mn^{2+} + 4H_2O \text{（在酸性溶液中）}$$

$$MnO_4^- + e = MnO_4^{2-} \text{（在碱性溶液中）}$$

身边的化学

一些重要农作物最适宜生长的土壤 pH 范围见表 6-6。

表 6-6 一些重要农作物最适宜生长的土壤的 pH 值

作物	pH	作物	pH
水稻	6～7	生菜	6～7
小麦	6.3～7.5	薄荷	7～8
玉米	6～7	苹果	5～6.5
大豆	6～7	香蕉	5.5～7
油菜	6～7	草莓	5～7.5
棉花	6～8	水仙花	6～6.5
马铃薯	4.8～5.5	玫瑰	6～7
洋葱	6～7	烟草	5～6

六、 pH 的应用

（1）人体健康调节　如洗发时人们用的护发素主要功能是调节头发的 pH 使之达到适宜的酸碱度。

（2）环保治理污水　酸性废水可投加碱性物质使之中和，碱性废水可投加酸性废水或利用烟道气中和。

（3）农业生产调节　控制作物适宜生长的土壤的 pH，提高产品的质量、产量。

知识三　酸碱指示剂

一、酸碱指示剂

酸碱指示剂是在不同 pH 的溶液中能显示出不同颜色的化合物，多为有机弱酸或有机弱碱；在不同 pH 的溶液中，由于结构的改变能显示不同的颜色。酸碱指示剂通过颜色变化来指示溶液的酸碱性。

指示剂由一种颜色过渡到另一种颜色时溶液的 pH 变化范围叫指示剂的变色范围（见图 6-4、表 6-7）。

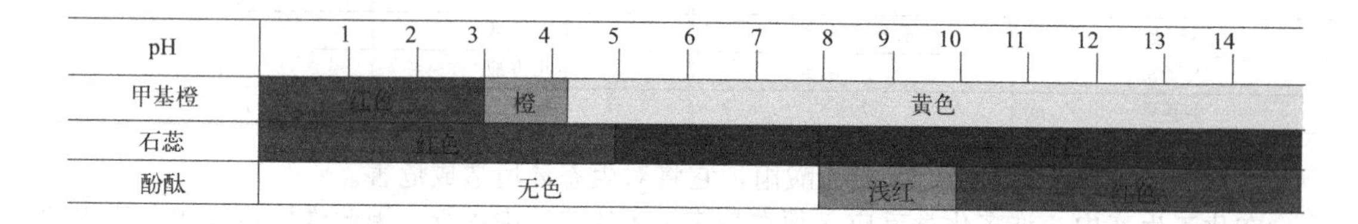

图 6-4　几种常见指示剂变色范围

表 6-7　指示剂变色范围

指示剂	变色范围	酸色	中间色	碱色
甲基橙	3.1～4.4	红	橙	黄
酚酞	8.0～10.0	无	粉红	红
石蕊	3.0～8.0	红	紫	蓝

二、 pH 的测定

在生产和科研中，经常需要测定和控制溶液的 pH，如无机盐的生产、农作物的生长、金属的腐蚀与防腐、离子的分离和鉴定、酸雨的监测等。测定 pH 的方法有很多，一般常用酸碱指示剂、pH 试纸和 pH 计（酸度计）。

（1）酸碱指示剂法　单一指示剂只能粗略指示溶液的 pH 范围，例如，使甲基橙显黄色的溶液，pH 大于 4.4。

（2）pH 试纸　pH 试纸是用多种指示剂混合液浸制而成的，遇不同 pH 的溶液显不同颜色。使用时，将少量待测液滴在试纸上，再与标准比色卡对照即可。这种方法简便、快捷，经常使用。pH 试纸一般有两类：广范 pH 试纸，变色范围为 1～14，可以识别的 pH 差值为 1；精密 pH 试纸，可以识别的 pH 差值为 0.2 或 0.3。

若定性测定溶液的酸碱性，则可用石蕊试纸。石蕊试纸有红、蓝两种，碱性溶液使红色石蕊试纸变蓝；酸性溶液使蓝色石蕊试纸变红。

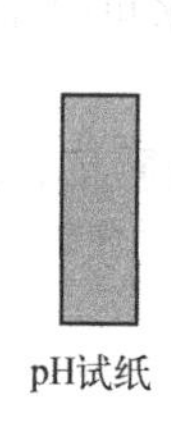

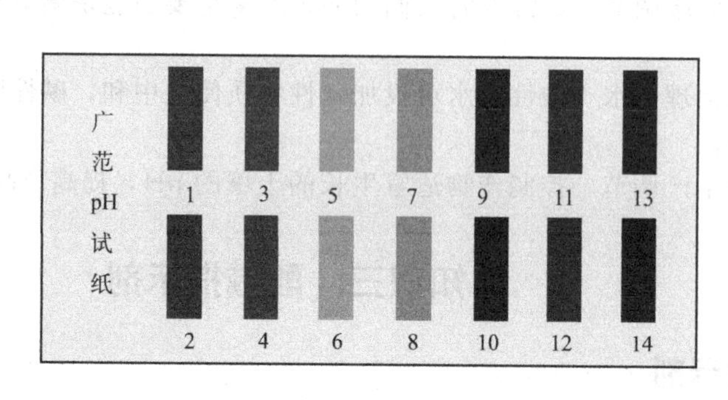

（3）pH 计（酸度计）　pH 计是准确测定溶液 pH 的精密仪器。它快速、准确，应用广泛。

项目三　离子反应和离子方程式的书写

学习目标

1. 了解离子反应的概念、离子反应发生的条件，了解常见离子的检验方法。
2. 能正确书写化学方程式和离子方程式，能判断某些离子在溶液中是否能够大量共存。

知识一　离子反应与离子方程式

一、了解离子反应与离子方程式

电解质在溶液中全部或部分地解离成离子，因此，电解质在溶液中发生的反应实质是离子之间的反应，这类反应称为离子反应。离子反应大体可分为两大类：一类是元素氧化数无变化的离子互换反应，即复分解反应。另一类是氧化还原反应。绝大部分离子反应是离子间的复分解反应，如硝酸银溶液与氯化钠溶液的反应：

$$AgNO_3 + NaCl = AgCl\downarrow + NaNO_3$$

氯化钠、硝酸银、硝酸钠都是易溶强电解质，在溶液中都以离子形式存在，氯化银是难溶电解质，在溶液中绝大部分以分子状态存在，上面的反应式可写成：

$$Ag^+ + NO_3^- + Na^+ + Cl^- = AgCl\downarrow + Na^+ + NO_3^-$$

显然，Na^+ 和 NO_3^- 反应前后没有变化，可以从方程式中消去，写成下式：

$$Ag^+ + Cl^- = AgCl\downarrow$$

这种用实际参加反应的离子的符号来表示化学反应的式子叫离子方程式。

又如，氟化银溶液与氯化钾溶液的反应：

$$AgF + KCl = AgCl\downarrow + KF$$

将 AgF、KCl 和 KF 写成离子形式，并消去未参加反应的离子：

$$Ag^+ + F^- + K^+ + Cl^- = AgCl\downarrow + K^+ + F^-$$

$$Ag^+ + Cl^- = AgCl\downarrow$$

得到的离子方程式与上一反应相同，显然，任何可溶性的银盐和氯化物在溶液中反应，实际上都是 Ag^+ 和 Cl^- 结合为 AgCl 沉淀，因此离子方程式与一般化学方程式不同，不仅表示一定物质间的某个反应，而且表示了同一类型物质间的离子反应，更能说明离子反应的本质。

二、离子方程式的书写

下面以 Na_2CO_3 和 $CaCl_2$ 反应为例，说明书写离子方程式的步骤。

第一步，写出化学反应方程式：

$$Na_2CO_3 + CaCl_2 = CaCO_3\downarrow + 2NaCl$$

第二步，把易溶强电解质都写成离子形式；弱电解质（包括弱酸、弱碱和水等）、难溶物质以及气体仍保留分子形式。

$$2Na^+ + CO_3^{2-} + Ca^{2+} + 2Cl^- = CaCO_3\downarrow + 2Na^+ + 2Cl^-$$

第三步，消去未参加反应的相同离子，即等式两边相同数量的同种离子。

$$CO_3^{2-} + Ca^{2+} = CaCO_3\downarrow$$

第四步，检查离子方程式两边各元素的原子个数和电荷数是否相等。

书写离子方程式时，必须熟知电解质的溶解性和它们的强弱，只有易溶的强电解质才能写成离子形式。属于氧化还原反应的离子反应的离子方程式的书写也遵循上述规律，但要注意的是，原子的化合价一旦发生改变，它们就是不同的离子。

知识二　离子反应进行的条件

溶液中离子间的反应是有条件的，如 $NaCl$ 溶液与 KNO_3 溶液相混合。

$$NaCl + KNO_3 = NaNO_3 + KCl$$

$$Na^+ + Cl^- + K^+ + NO_3^- = Na^+ + NO_3^- + K^+ + Cl^-$$

实际上 Na^+、Cl^-、K^+、NO_3^- 四种离子都没有参加反应，可见，如果反应物和生成物都是易溶强电解质，在溶液中均以离子形式存在，不可能生成新物质，故没有发生离子反应。发生离子反应必须具备下列条件之一：

① 生成难溶物质。

如：$$Na_2CO_3 + CaCl_2 = CaCO_3\downarrow + 2NaCl$$

离子方程式为：$$CO_3^{2-} + Ca^{2+} = CaCO_3\downarrow$$

由于溶液中 Ca^{2+} 和 CO_3^{2-} 绝大部分生成了 $CaCO_3$ 沉淀，所以反应能够进行。

② 生成易挥发物质（气体）。

如：$$Na_2CO_3 + 2HCl = 2NaCl + H_2O + CO_2\uparrow$$

离子方程式为：$$CO_3^{2-} + 2H^+ = H_2O + CO_2\uparrow$$

由于生成的 CO_2 气体不断从溶液中逸出，所以反应能够进行。

③ 生成水或其他弱电解质。

如：$$NaOH + NH_4Cl = NaCl + NH_3 \cdot H_2O$$

离子方程式为：$$NH_4^+ + OH^- = NH_3 \cdot H_2O$$

由于生成了弱电解质 $NH_3 \cdot H_2O$，所以反应能够进行。

当反应物中有弱电解质（或难溶物质）时，生成物中必须有一种比其更弱的电解质（或更难溶的物质），离子反应才能进行。

项目四　盐类的水解和应用

学习目标

1. 掌握盐类的水解。
2. 掌握影响盐类水解的因素。
3. 了解盐类水解在生产中的应用。

知识一　盐类的水解

盐类是酸碱中和的产物，但是不同盐类的水溶液往往呈现出不同的酸碱性，这是由于盐在水中发生了水解。

【演示实验】 将少量 $NaAc$、NH_4Cl、$NaCl$ 晶体分别投入盛有蒸馏水的试管中溶解，用 pH 试纸检验各溶液的酸碱性。

实验结果表明，NaAc 溶液呈碱性，NH_4Cl 溶液呈酸性，NaCl 溶液为中性，这是由于盐在水溶液中解离出的离子与水解离产生的 H^+ 或 OH^- 发生反应，生成弱电解质，破坏了水的解离平衡，改变了溶液中 H^+ 与 OH^- 的浓度，便呈现出一定的酸碱性，这种盐的离子与水解离出的 H^+ 或 OH^- 作用生成弱电解质的反应，称为盐类的水解，盐类的水解反应实际上是中和反应的逆过程。

1. 弱酸强碱盐的水解

以醋酸钠（NaAc）为例，在其水溶液中并存着下列几种解离平衡：

$$\begin{array}{c} NaAC = Ac^- + Na^+ \\ + \\ H_2O \rightleftharpoons H^+ + OH^- \\ \updownarrow \\ HAc \end{array}$$

可见，NaAc 在水中完全解离成 Na^+ 和 Ac^-。一部分 Ac^- 与水解离出的 H^+ 结合生成弱电解质 HAc 分子，促使水的解离平衡向右移动，$[OH^-]$ 随之增大，直到建立新的平衡，结果溶液中 $[OH^-]>[H^+]$，溶液呈碱性。故弱酸强碱盐水解呈碱性。

NaAc 的水解离子方程式为：

$$Ac^- + H_2O \rightleftharpoons HAc + OH^-$$

盐类的水解是酸碱中和反应的逆反应：

$$酸 + 碱 \underset{水解}{\overset{中和}{\rightleftharpoons}} 盐 + 水$$

由于中和反应生成了难解离的水，反应几乎进行完全，所以水解反应的程度是很小的。通常，水解方程式要用“$\rightleftharpoons$”表示，水解生成物后不标注“↑”“↓”。

强碱弱酸盐水解的实质是阴离子（弱酸根离子）发生水解，水溶液呈碱性。

2. 强酸弱碱盐的水解

以 NH_4Cl 为例，水解过程如下：

$$\begin{array}{c} NH_4Cl = NH_4^+ + Cl^+ \\ + \\ H_2O \rightleftharpoons OH^- + H^+ \\ \updownarrow \\ NH_3 \cdot H_2O \end{array}$$

NH_4Cl 在水溶液中完全解离成 NH_4^+ 和 OH^-，一部分 NH_4Cl 离解出的 NH_4^+ 与水离解出的 OH^- 结合生成弱电解质 $NH_3 \cdot H_2O$，促使水的解离平衡向右移动。$[H^+]$ 随之增大，直到建立新的平衡，结果溶液中 $[H^+]>[OH^-]$，溶液呈酸性，故强酸弱碱盐水解呈酸性。

NH_4Cl 的水解离子方程式为：

$$NH_4^+ + H_2O \rightleftharpoons NH_3 \cdot H_2O + H^+$$

强酸弱碱盐水解的实质是阳离子（不活泼金属的离子或 NH_4^+）发生水解，水溶液均显酸性。

3. 弱酸弱碱盐的水解

以醋酸铵（NH_4Ac）为例，水解过程如下：

$$NH_4Ac \rightleftharpoons NH_4^+ + Ac^-$$
$$+ \qquad + $$
$$H_2O \rightleftharpoons OH^- + H^+$$
$$\Updownarrow \qquad \Updownarrow$$
$$NH_3 \cdot H_2O \qquad HAc$$

$K_{NH_3 \cdot H_2O}=1.8\times10^{-5}$

$K_{HAc}=1.8\times10^{-5}$

$K_{NH_3 \cdot H_2O}=K_{HAc}$

所以，NH_4Ac 的水解呈中性

NH_4F 的水解：

$$NH_4F \rightleftharpoons NH_4^+ + F^-$$
$$+ \qquad + $$
$$H_2O \rightleftharpoons OH^- + H^+$$
$$\Updownarrow \qquad \Updownarrow$$
$$NH_3 \cdot H_2O \qquad HF$$

$K_{NH_3 \cdot H_2O}=1.8\times10^{-5}$

$K_{HF}=6.6\times10^{-4}$

$K_{NH_3 \cdot H_2O}<K_{HF}$

所以 NH_4F 的水解呈酸性

NH_4CN 的水解：

$$NH_4CN \rightleftharpoons NH_4^+ + CN^-$$
$$+ \qquad + $$
$$H_2O \rightleftharpoons OH^- + H^+$$
$$\Updownarrow \qquad \Updownarrow$$
$$NH_3 \cdot H_2O \qquad HCN$$

$K_{NH_3 \cdot H_2O}=1.8\times10^{-5}$

$K_{HCN}=6.2\times10^{-10}$

$K_{NH_3 \cdot H_2O}>K_{HCN}$

所以，NH_4HCN 的水解呈碱性

由于生成两种弱电解质 HAc 和 $NH_3 \cdot H_2O$，使水的解离平衡强烈地向右移动，这类盐的水解程度较大，溶液的酸碱性取决于水解生成的弱酸与弱碱的相对强弱，也就是它们的解离常数 K_a 和 K_b 的相对大小，存在下列三种情况：

$K_a=K_b$ 时，溶液呈中性，如 NH_4Ac；

$K_a>K_b$ 时，溶液呈酸性，如 NH_4F；

$K_a<K_b$ 时，溶液呈碱性，如 NH_4CN。

4. 强酸强碱盐不水解

对于强酸强碱盐，由于解离出的酸根离子和阳离子都不会与水解离出的 H^+ 或 OH^- 结合，因此，由强酸强碱所生成的盐不发生水解，溶液呈中性。

知识二　水解度和水解常数

一、了解水解度和水解常数

盐类水解进行程度的大小，用水解度表示，水解度是指水解达到平衡时已水解的盐浓度占原始浓度的比例，用 h 表示。

$$h=\frac{\text{已经水解的盐的浓度}}{\text{盐的原始浓度}}\times100\%$$

一般而言，溶液的浓度越小，水解度越大，因而稀释有利于盐类的水解；温度升高，盐的水解度也增大。

盐类的水解是一个可逆过程，在一定条件下达到水解平衡时，溶液中离子与分子的浓度不再随时间而改变，它们之间的关系可用水解平衡常数表示，简称水解常数，用 K_h 表示，盐的水解常数 K_h 可由水的离子积常数 K_w 与弱酸、弱碱的解离平衡常数 K_a、K_b 求得：

一元弱酸强碱盐：
$$K_h=\frac{K_w}{K_a}$$

一元强酸弱碱盐：　　　　　　$K_h=\frac{K_w}{K_b}$

一元弱酸弱碱盐：　　　　　　$K_h=\frac{K_w}{K_aK_b}$

盐的水解常数 K_h 的大小，反映水解程度的大小，K_b 越大，盐的水解程度越大。

二、影响盐类水解的因素

盐的水解首先取决于盐的性质。其次还受浓度、温度和酸度等外界因素的影响。

1. 盐的性质

盐类水解时，生成的弱酸、弱碱的解离常数越小，水解程度越大；水解产物的溶解度越小，水解程度也越大。

如果水解产生的弱电解质是难溶或易挥发性物质，不断离开平衡体系，则会促进水解反应完全。这时，水解方程式要用"═══"表示，水解产物后可标注"↑""↓"。例如 Al_2S_3 的水解：

$$2Al^{3+}+3S^{2-}+6H_2O \longrightarrow 2Al(OH)_3\downarrow+3H_2S\uparrow$$

显然，Al_2S_3 不能存在于水溶液中。Cr_2S_3 也与其类似，这类化合物只能用"干法"制备。

2. 浓度

实验证明，盐的浓度越小，水解程度越大。例如，常温下 0.001mol/L KCN 的水解程度为 12%，约是 0.01mol/L 时的三倍。即稀释盐溶液会促进水解。但是，弱酸弱碱盐例外，其水解程度只与水解产物的解离常数大小有关，而与盐的浓度无关。

3. 温度

盐的水解是中和反应的逆反应。中和反应是放热反应，所以水解反应必然是吸热反应。根据平衡移动原理，升高温度会促进盐的水解。当温度升高时，平衡常数 K_h 增大，水解程度增大，这是由于水解反应伴随着吸热反应所致。例如，用纯碱溶液洗涤油污物品时，热溶液去污效果好。$FeCl_3$ 的水解，常温下反应并不明显，加热后反应进行得较彻底，颜色逐渐加深，生成红棕色沉淀。

4. 酸度

盐类水解能引起水中的 OH^- 和 H^+ 浓度的变化，使溶液具有一定的酸碱性。根据平衡移动原理，调节酸度，可以抑制或促进盐的水解。

如实验室配制 $SnCl_2$ 溶液时，$SnCl_2$ 容易水解生成 Sn(OH)Cl 沉淀，使溶液浑浊，得不到澄清的 $SnCl_2$ 溶液。

$$SnCl_2+H_2O \longrightarrow Sn(OH)Cl\downarrow+HCl$$

所以在配制 $SnCl_2$ 溶液时，为了防止水解，通常先把它溶解在较浓的盐酸中，再稀释到所需浓度，反之，如果要把 $SnCl_2$ 作为杂质从溶液中除去，可以加碱中和水解所产生的盐酸，提高 $SnCl_2$ 水解程度，使它形成沉淀而除去。

例如，盛有 $FeCl_3$ 溶液的容器内壁常积有棕黄色的斑迹，这是 Fe^{3+} 水解引起的。

$$Fe^{3+}+3H_2O \rightleftharpoons Fe(OH)_3+3H^+$$

如果用冷的盐酸溶液代替蒸馏水，配制 $FeCl_3$ 溶液，就可避免这种现象。

在化工生产和科学实验中，凡是有弱酸盐或弱碱盐参加的反应，都应当考虑水解的问题。

知识三　盐类水解的应用

在生产、生活及实验中，常利用及控制盐的水解来解决实际问题。

许多金属氢氧化物的溶解度都很小，当相应的金属离子溶于水时，常因水解生成氢氧化物而使溶液浑浊。例如，Al^{3+}、Fe^{3+}、Zn^{2+}等水解可生成胶状氢氧化物。胶状氢氧化物具有吸附作用，利用这一性质，造纸工业常用$KAl(SO_4)_2 \cdot 12H_2O$、$Al_2(SO_4)_3$作上浆剂；印染工业常用$KAl(SO_4)_2 \cdot 12H_2O$、$Al_2(SO_4)_3$、$ZnCl_2$等作媒染剂；而生产和生活中，常用$KAl(SO_4)_2 \cdot 12H_2O$、$FeCl_3$、$Al_2(SO_4)_3$等作净水剂，其胶状水解产物能吸附水中悬浮的杂质并形成沉淀，从而使水变为清澈。

在实验室配制某些强酸弱碱盐溶液时，有时因水解生成沉淀而得不到所需的溶液。例如$SnCl_2$在水中能强烈水解，生成碱式氯化亚锡沉淀。

$$SnCl_2 + H_2O \rightleftharpoons Sn(OH)Cl\downarrow + HCl$$

为了抑制金属离子（如Fe^{2+}、Sn^{2+}、Al^{3+}、Hg^{2+}、Bi^{3+}等）的水解，要在相应的强酸溶液中配制溶液。同样，某些强碱弱酸盐能水解产生易挥发酸。例如，KCN水解时，可挥发出剧毒的HCN。

$$CN^- + H_2O \rightleftharpoons HCN + OH^-$$

配制这类盐（如KCN、NaCN、Na_2S等）溶液时，需用相应的强碱溶液代替蒸馏水。

加热盐溶液，会促进某些金属离子（如Fe^{3+}、Al^{3+}、Ti^{4+}等）的水解而产生沉淀。分析化学和无机制备中，常用这种方法鉴定或分离金属离子。例如，利用Fe^{3+}的水解性可以除去粗$CuSO_4$中的杂质铁。先在酸性条件下用H_2O_2将Fe^{2+}氧化成Fe^{3+}。

$$2FeSO_4 + H_2SO_4 + H_2O_2 \rightleftharpoons Fe_2(SO_4)_3 + 2H_2O$$

加入NaOH溶液，调节pH=3～4，中和剩余H_2SO_4。然后加热，即可除去Fe^{3+}。

$$Fe^{3+} + 3H_2O \rightleftharpoons Fe(OH)_3\downarrow + 3H^+$$

泡沫灭火器是内部分别装有$NaHCO_3$和$Al_2(SO_4)_3$两种溶液的容器。由于两种盐水解后分别产生大量的OH^-和H^+，因此一经混合则相互促进水解，使反应进行完全（这类反应称双水解反应）。产生的大量CO_2气体和$Al(OH)_3$胶体混合物从灭火器中喷射在燃烧物体的表面上，能隔绝空气，从而达到灭火的目的。

$$Al_2(SO_4)_3 + 6NaHCO_3 + 6H_2O \rightleftharpoons 2Al(OH)_3\downarrow + 6H_2CO_3 + 3Na_2SO_4$$

$$H_2CO_3 \rightleftharpoons CO_2 + H_2O$$

【想一想】下列说法正确吗？为什么？

(1) 在溶液中，$AlCl_3$与Na_2S发生离子互换反应可制得Al_2S_3。

(2) 实验室配制$FeCl_3$、KCN溶液时，都需要在强酸溶液中进行。

项目五　沉淀溶解平衡

学习目标

1. 了解沉淀溶解平衡的概念和原理。
2. 掌握溶解度、溶度积常数的概念及其相互关系。
3. 了解溶度积规定及其应用。

知识一　难溶电解质的溶度积

难溶电解质的溶解和沉淀是一个可逆过程。如把固体 $CaCO_3$，放入水中溶解时，$CaCO_3$ 固体表面的 Ca^{2+} 和 CO_3^{2-} 在极性水分子的作用下扩散到水中，成为能自由移动的离子，称为溶解过程；另一方面，已经溶解在水中的 Ca^{2+} 和 CO_3^{2-} 碰到未溶解的晶体时，又可能被吸引到晶体表面重新析出，称为沉淀过程。任何难溶电解质的溶解和沉淀过程都是可逆的，开始时溶解速率较大，沉淀速率较小。在一定条件下，当溶解和沉淀速率相等时，便建立了一种动态的多相离子平衡。在一定条件下，当溶解和沉淀速率相等时，溶液成为饱和溶液，固体与溶液中相应离子之间建立起动态平衡，称为沉淀溶解平衡。如 $CaCO_3$ 沉淀与溶液中 Ca^{2+} 和 CO_3^{2-} 之间的沉淀溶解平衡可表示为：

$$CaCO_3 \underset{沉淀}{\overset{溶解}{\rightleftharpoons}} Ca^{+} + CO_3^{2-}$$

（未溶解的固体）（溶液中的离子）

达到沉淀溶解平衡时，溶液中各离子浓度幂的乘积为常数，可写出沉淀溶解平衡常数。与其他平衡常数类似，表达式中不列入固态物质，上述沉淀溶解平衡常数表示为：

$$K_{sp}=[Ca^{2+}][CO_3^{2-}]$$

对于一般的难溶电解质，其沉淀溶解平衡可表示为：

$$A_mB_n \rightleftharpoons mA^{n+} + nB^{m-}$$

其平衡常数表示为：

$$K_{sp}=[A^{n+}]^m[B^{m-}]^n$$

上式表明，一定温度下，在难溶电解质饱和溶液中，各离子浓度幂的乘积是一个常数，称为溶度积常数，简称溶度积，用 K_{sp} 表示。

与其他平衡常数一样，溶度积常数只与难溶电解质本身特性和温度有关。一般随温度升高，K_{sp} 增大。常见难溶电解质在常温下的溶度积常数见附表 2。

知识二　电解质的溶解度

在科学实验和化工生产中，经常利用沉淀的生成和溶解进行物质的制备、分离、提纯及鉴定。如何判断沉淀反应是否发生，沉淀能否溶解、怎样使沉淀更加完全，以及使溶液中指定离子沉淀等，都是实际工作中常常遇到的问题。

溶质的分子或离子与溶剂分子相互作用形成松散键合集合体的过程称为溶剂化（或合）过程，如果溶剂是水，这个过程就叫水合。若溶质与溶剂的分子结构比较相似的话，则该溶质比较容易溶解在此溶剂中，也即常说的相似相溶规则。

在一定温度下，将固体溶质放到一种溶剂中时，固体表面的分子或离子，由于与溶剂的相互作用（溶剂化作用）脱离固体表面，均匀地分布在溶剂的各个部分，这个过程就是溶解；溶质颗粒在溶剂中不停地运动，其中有些溶质颗粒在运动中碰到固体表面时，会被吸引而重新回到固体表面上来，这个过程就是沉淀。如果溶解的速率大于沉淀的速率，溶质就会继续溶解；如果溶解的速率小于沉淀的速率，溶质就会沉淀。当溶解的速率等于沉淀的速率，溶液中的离子的浓度不再随时间而变化时，就达到沉淀溶解平衡。此时的溶液为饱和溶液。在给定条件下，把饱和溶液的浓度称为溶质在溶剂中的溶解度。表示溶液浓度的方法都可以用于表示溶解度，一般以一定温度下，某物质在 100 克溶剂中达到饱和状态时所溶解的克数来表示电解质的溶解度。本节只讨论溶剂为水的情况。

电解质的溶解度只有大小之分，没有在水中绝对不溶解的物质。易溶电解质与难溶电解质之间也没有严格的界限，通常把溶解度小于 0.01g/100g H_2O 的电解质称为难溶电解质，溶解度在（0.01～0.1)g/100g H_2O 的电解质称为微溶电解质。

溶解度有多种表示方法，除 $m_B/100gH_2O$ 这种常见的表示方法外，还常用物质的量浓度、质量浓度、体积分数等形式，当然都必须注明溶解时的温度，对气体溶质还应注明溶解时的压力。

知识三 溶度积与溶解度的换算

溶度积是难溶电解质溶解性的特征常数，其大小可反映电解质的溶解能力。对于同类型的难溶电解质，在一定温度下，溶度积越大，则溶解度越大。但对于不同类型的难溶电解质，如 AgCl（AB 型）和 Ag_2CrO_4（A_2B 型），298K 时它们的溶度积分别为 1.56×10^{-10} 和 9.0×10^{-12}，而溶解度却分别是 1.34×10^{-5}mol/L 和 6.5×10^{-5}mol/L。因此，不能从溶度积的大小立即判断和比较物质的溶解度，必须将溶度积换算为溶解度 S 后再进行比较。不同类型的难溶电解质，溶解度与溶度积的换算关系不同。

【例 6-8】 已知 298K 时 AgCl 的溶度积为 1.8×10^{-10}，试求该温度下 AgCl 的溶解度。

解： 设 AgCl 的溶解度为 Smol/L，根据 AgCl 在水中的沉淀溶解平衡，则饱和溶液中 $[Ag^+]=[Cl^-]=S$mol/L，

$$AgCl \rightleftharpoons Ag^+ + Cl^-$$

平衡时浓度： $S \quad S$

溶度积 $K_{sp}=[Ag^+][Cl^-]=S\times S=S^2$

则溶解度 $S=\sqrt{K_{sp}}=\sqrt{1.8\times10^{-10}}=1.34\times10^{-5}$ (mol/L)

反之，也可由溶解度换算为溶度积。对于 AB 型的难溶电解质，溶度积 $K_{sp(AB)}$ 与溶解度 $S_{(AB)}$ 间可用如下公式进行换算。

$$S_{(AB)}=\sqrt{K_{sp(AB)}}$$

对其他 A_2B（或 AB_2）型则用下式进行换算。

$$S_{A_2B(或AB_2)}=\sqrt[3]{\frac{K_{sp(A_2B或AB_2)}}{4}}$$

知识四 溶度积规则及应用

难溶电解质的沉淀溶解平衡是有条件的、暂时的动态平衡。如果外界条件发生变化，平衡就会发生移动。平衡可能向产生沉淀的方向移动而使溶液中的离子转化为固体，或者平衡向溶解的方向移动而使固体转化为溶液中的离子，在新的条件下建立起新的平衡。

【演示实验】 在 $CaCO_3$ 的饱和溶液中滴加 $CaCl_2$ 溶液时，溶液中有新的沉淀产生。若向含有 $CaCO_3$ 沉淀的饱和溶液中滴加 HCl，则沉淀逐渐溶解，并有气泡产生。

反应过程如下：

$$CaCO_3(s) \underset{沉淀}{\overset{溶解}{\rightleftharpoons}} Ca^{2+} + CO_3^{2-}$$

$$+$$

$$2HCl = 2Cl^- + 2H^+$$

$$\Updownarrow$$

$$H_2CO_3 \rightleftharpoons H_2O + CO_2\uparrow$$

我们将任意浓度下，难溶电解质溶液中各离子浓度幂的乘积称为离子积，用 Q_i 表示。当在 $CaCO_3$ 饱和溶液中滴加 $CaCl_2$ 溶液时，溶液中 Ca^{2+} 浓度增大，此时 $Q_i > K_{sp}$，平衡向产生沉淀的方向移动，溶液中析出新的沉淀，直至溶液中 Q_i 再次等于 K_{sp} 时，达到新的沉淀溶解平衡。

若向含有沉淀的 $CaCO_3$ 饱和溶液中滴加 HCl，由于 HCl 解离出的 H^+ 与溶液中的 CO_3^{2-} 生成弱电解质 H_2CO_3，并分解为 H_2O 和 CO_2，使溶液中 CO_3^{2-} 浓度降低，$Q_i < K_{sp}$，$CaCO_3$ 的沉淀溶解平衡向右移动，$CaCO_3$ 沉淀逐渐溶解，直至在新的条件下建立新的沉淀溶解平衡。若不断滴入 HCl，使溶液中 CO_3^{2-} 浓度不断降低，则 Q_i 总小于 K_{sp}，可使 $CaCO_3$ 沉淀完全溶解。

综上所述，根据平衡移动的原理，在一定的难溶电解质溶液中，溶度积常数 K_{sp} 与离子积 Q 间存在下列关系：

当 $Q_i > K_{sp}$ 时，溶液过饱和，有沉淀生成，直至 $Q_i = K_{sp}$；

当 $Q_i = K_{sp}$ 时，溶液达到饱和，处于沉淀溶解平衡状态；

当 $Q_i < K_{sp}$ 时，溶液未饱和，无沉淀生成；若原来有沉淀，则沉淀溶解，直至 $Q_i = K_{sp}$。

上述关系称为溶度积规则，根据溶度积规则可以判断溶液中有无沉淀生成或沉淀能否溶解。

【例 6-9】 在 298K 时，将浓度各为 4×10^{-5} mol/L 的 $AgNO_3$ 和 K_2CrO_4 溶液等体积混合，是否有 Ag_2CrO_4 沉淀析出？若改用 0.1mol/L K_2CrO_4 和 $AgNO_3$ 溶液等体积混合，是否有 Ag_2CrO_4 沉淀析出？

解：两种溶液等体积混合，浓度减小为原来的一半，故：

$$[Ag^+] = [CrO_4^{2-}] = \frac{4 \times 10^{-5}}{2} = 2 \times 10^{-5} (mol/L)$$

反应的离子方程式为：

$$2Ag^+ + CrO_4^{2-} \rightleftharpoons Ag_2CrO_4 \downarrow$$

溶液中 Ag_2CrO_4 的离子积为

$$Q_i = [Ag^+]^2[CrO_4^{2-}] = (2 \times 10^{-5})^2 \times 2 \times 10^{-5} = 8 \times 10^{-15}$$

查得 Ag_2CrO_4 的溶度积 $K_{sp} = 9.0 \times 10^{-12}$，

可知：$Q_i < K_{sp}$，无 Ag_2CrO_4 沉淀析出。

若改用 0.1mol/L K_2CrO_4 与 $AgNO_3$ 溶液等体积混合，则

$$[Ag^+] = \frac{4 \times 10^{-5}}{2} = 2 \times 10^{-5} (mol/L)$$

$$[CrO_4^{2-}] = \frac{0.1}{2} = 5 \times 10^{-2} (mol/L)$$

$$Q_i = [Ag^+]^2[CrO_4^{2-}] = (2 \times 10^{-5})^2 \times 5 \times 10^{-2} = 2 \times 10^{-11}$$

可得到：$Q_i > K_{sp}$

故：有 Ag_2CrO_4 沉淀生成。

利用溶度积规则，可以通过控制离子浓度来控制沉淀的生成或溶解。要使某物质析出沉淀，可加入沉淀剂，增大离子浓度，使离子积大于溶度积，平衡向生成沉淀的方向移动；若要使某沉淀溶解，可采用使某离子形成弱电解质［如 $Mg(OH)_2$ 中加入铵盐］或使某离子发生氧化还原反应（如 CuS 中加入 HNO_3）等方法，减小相关离子浓度，使离子积小于溶度积，平衡向溶解的方向移动。

【模块小结】

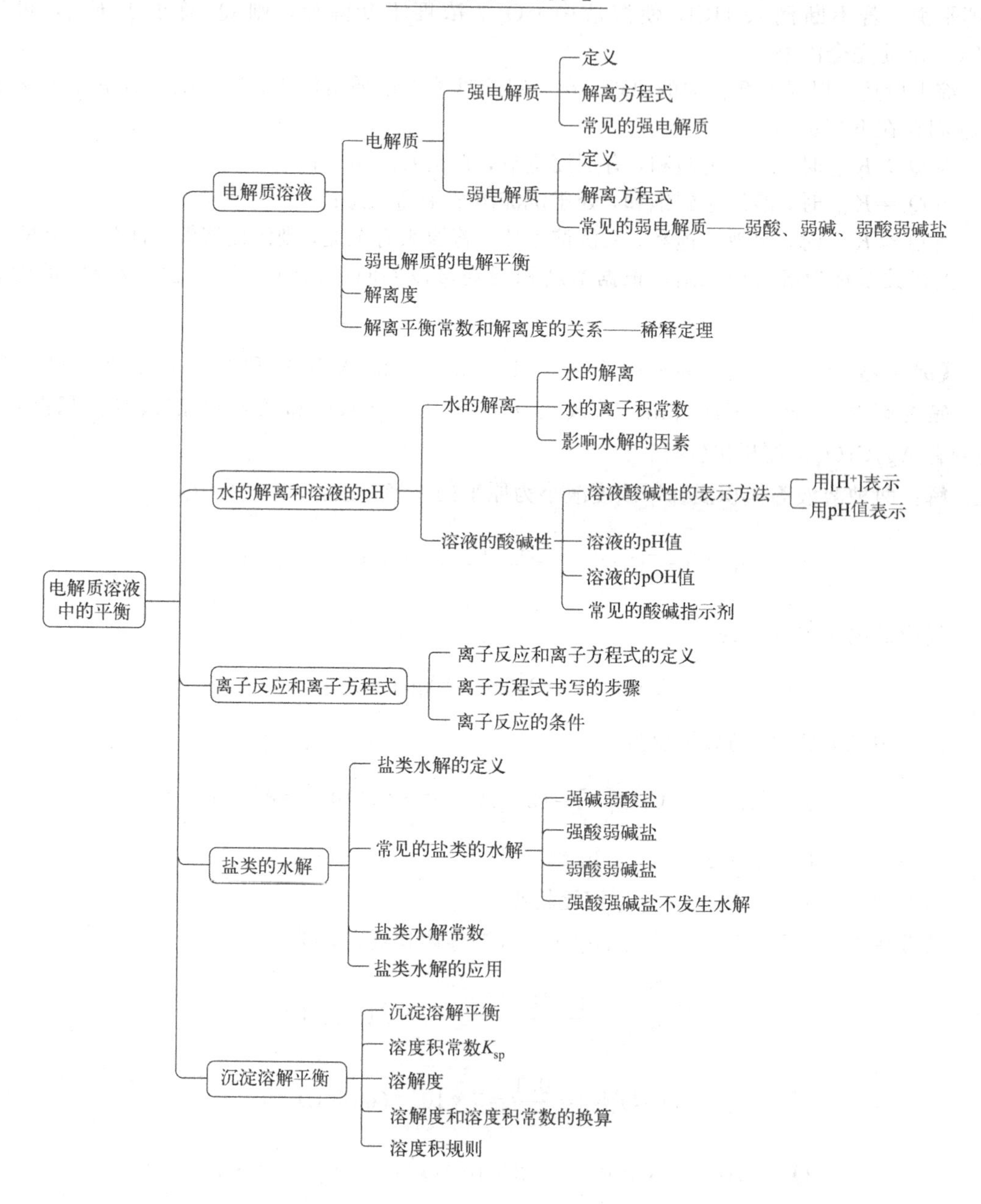

【思考与习题】

【思考题】

1. 在电解质溶液导电能力比较实验装置中，注入稀 H_2SO_4 溶液，通电后，灯光很亮，逐渐滴加 $BaCl_2$ 溶液，灯光逐渐变弱直至熄灭。若再继续滴加 $BaCl_2$ 溶液，灯光又逐新变亮。为什么？

2. 根据稀释定律，溶液越稀，弱电解质解离度越大，是否在越稀的 HAc 中 H^+ 浓度越大？

3. 下列情况下，哪些不能发生反应？为什么？哪些能发生反应，写出离子方程式。

① $BaCl_2$ 溶液与 Na_2CO_3，溶液混合；

② HCl 溶液与 Na_2CO_3 溶液混合；

③ H_2SO_4 溶液与 KOH 溶液混合；

④ NH_4Cl 溶液与 KOH 溶液混合；

⑤ $BaCl_2$ 溶液与 Na_2SO_4 溶液混合。

4. 下列盐类哪些能够发生水解？哪些不能水解？溶液的酸碱性如何？写出水解反应式。

NH_4HCl；NaCl；Na_2CO_3；$Al_2(SO_4)_3$；NH_4CN；KNO_3。

5. HCN 有剧毒，在配制 KCN 溶液时，通常先在水中加入适量碱。为什么？

6. 醋酸和氨水的导电能力都比较弱，但二者混合后导电能力大为增强，为什么？

7. 在电解 $CuCl_2$ 溶液的实验中，如将电极换成铜电极，实验现象有什么不同？分别写出有关的电极反应式。

【习题】

一、填空题

1. 解离平衡常数只与__________有关，而与________无关。

2. pH 值减小 2，则溶液中 H^+ 浓度为原浓度的________倍。

3. 发生离子反应必须满足下列条件之一：____________________。

4. 盐类的水解是由于溶液中盐解离出的离子与水解离出的______或__________结合成__________。

5. __________________________________称为溶度积。

6. 稀氨水中加入酚酞，溶液呈红色，若加入固体 NH_4Cl，溶液的红色将__________，这是因为 pH 值__________的结果。

7. $[H^+]=10^{-2}$ mol/L 的溶液，pH＝__________，溶液呈__________性。

8. pH 值为 11 的溶液，则$[OH^-]$＝__________ $mol \cdot L^{-1}$，溶液呈__________性。

9. 在一定温度下，在难溶电解质的饱和溶液中，各离子浓度幂之乘积为一常数，称为__________，简称__________。如：M_mA_n 的 K_{sp}＝__________。

10. 溶度积规则：当 $Q_i>K_{sp}$ 时，溶液处于__________，生成沉淀；当 $Q_i=K_{sp}$ 时，沉淀和溶解达到平衡，溶液为__________溶液；当 $Q_i<K_{sp}$ 时，溶液未达饱和，沉淀__________。

二、选择题

1. 划分强弱电解质的依据是（　　）。

A. 溶液导电能力的强弱　　B. 化学键的类型

C. 解离程度的大小　　D. 溶解度的大小

2. 下列物质属于强电解质的是（　　）。

A. HAc　　B. HCN　　C. H_2CO_3　　D. $CaCO_3$

3. 弱电解质溶液被稀释时，则解离度（　　），解离常数（　　）。

A. 增大　　B. 减小　　C. 不变　　D. 不一定

4. pH=0 的水溶液，下列说法正确的是（　　）。

A. $[H^+]=1mol/L$　　B. $[H^+]=0$

C. $[H^+]=10^{-14}mol/L$　　D. $[H^+]=10^{-7}mol/L$

5. 弱酸弱碱盐水解，溶液的酸碱性为（　　）。

A. 酸性　　B. 碱性　　C. 中性　　D. 不一定

6. HAc 溶液中加入少量 NaAc，则 HAc 的解离度（　　）。

A. 增大　　B. 减小　　C. 不变　　D. 可能增大也可能减小

7. 硝酸银溶液与氯化钠溶液混合时（　　）。

A. 不会发生离子反应　　B. 一定会产生沉淀

C. 一定不会产生沉淀　　D. 不一定会产生沉淀

8. 在 HAc-NaAc 缓冲溶液中，若$[HAc]>[Ac^-]$，则该缓冲溶液抵抗酸或抵抗碱的能力为（　　）。

A. 抗酸能力>抗碱能力　　B. 抗酸能力<抗碱能力

C. 抗酸碱能力相同　　D. 无法判断

9. 下列溶液中，具有明显缓冲作用的是（　　）。

A. Na_2CO_3　　B. $NaHCO_3$　　C. $NaHSO_4$　　D. Na_3PO_4

10. 下列溶液中，pH 值约等于 7.0 的是（　　）。

A. HCOONa　　B. NaAc　　C. NH_4Ac　　D. $(NH_4)_2SO_4$

11. 下列溶液中，pH 值最小的是（　　）。

A. 0.010mol/L HCl　　B. 0.010mol/L H_2SO_4

C. 0.010mol/L HAc　　D. 0.010mol/L $H_2C_2O_4$

12. 下列溶液的浓度均为 0.100mol/L，其中 $c(OH^-)$ 最大的是（　　）。

A. NaAc　　B. Na_2CO_3　　C. Na_2S　　D. Na_3PO_4

13. 向 1.0L 0.10mol/L HAc 溶液中加入 1.0mL 0.010mol/L HCl 溶液，下列叙述正确的是（　　）。

A. HAc 解离度减小　　B. 溶液的 pH 值为 3.02

C. $K_a^{\ominus}(HAc)$ 减小　　D. 溶液的 pH 值为 2.30

14. 下列溶液中，pH 最大的是（　　）。

A. 0.10mol/L NaH_2PO_4　　B. 0.10mol/L Na_2HPO_4

C. 0.10mol/L $NaHCO_3$　　D. 0.10mol/L NaAc

15. 欲配制 pH=9.00 的缓冲溶液，最好应选用（　　）。

A. $NaHCO_3$-Na_2CO_3　　B. NaH_2PO_4-Na_2HPO_4

C. HAc-NaAc　　D. $NH_3 \cdot H_2O$-NH_4Cl

三、判断题

1. 强电解质的水溶液导电能力一定强。（　　）

2. 强电解质在水溶液中只有离子没有分子。（　　）

3. 所有电解质溶液中都存在解离平衡。（　　）

4. 酸性溶液中也有 OH^-。 (   )

5. NH_4Cl 溶液呈酸性，是由于水解产生的 HCl 为强酸。 (   )

6. 当难溶电解质停止溶解，溶液中离子浓度不再变化时，便达到沉淀溶解平衡。 (   )

7. 难溶电解质的溶度积大，其溶解度不一定大。 (   )

8. 根据酸碱质子理论，溶剂既能给出质子，又能接受质子，是两性物质。 (   )

9. 弱酸的解离常数越大，其解离度也越大。 (   )

10. 将 HAc 溶液稀释时，其解离度 α 增大，则 $c(H^+)$ 浓度增大，pH 值变小。(   )

11. 根据酸碱电子理论，提供电对的分子或离子是酸，接受电对的分子或离子是碱。 (   )

12. 缓冲溶液是能消除外来少量酸碱影响的一种溶液。 (   )

13. 某一元弱酸，溶液浓度越小，解离度越小，氢离子浓度越小。 (   )

模块七　氧化还原反应和电化学

所有的化学反应可被划分为两类：一类是氧化还原反应，另一类是非氧化还原反应。前面所讨论的酸碱反应和沉淀反应都是非氧化还原反应。氧化还原反应中，电子从一种物质转移到另一种物质，相应某些元素的氧化值发生了改变。这是一类非常重要的反应。人体内氧气的输送和消耗过程也是氧化还原反应过程。在现代社会中，金属冶炼、高能燃料和众多化工产品的合成都涉及氧化还原反应。在电池中，自发的氧化还原反应将化学能转变为电能。相反，在电解池中，电能迫使非自发的氧化还原反应进行，并将电能转化为化学能，电能与化学能之间的转化是电化学研究的重要内容。电化学是化学科学的分支科学之一。

本模块将以原电池作为讨论氧化还原反应的物理模型，重点讨论标准电极电势的概念以及影响电极电势的因素。同时将氧化还原反应与原电池电动势联系起来，判断反应进行的方向和限度，为今后深入地学习电化学打下基础。

项目一　氧化还原反应

学习目标

1. 化还原反应的概念，确定氧化数的一般规律，熟悉配平氧化还原方程式的方法。
2. 掌握原电池、电极电势的概念，原电池和标准氢电极的组成、意义及原理，电极反应方程式的书写，原电池的表示方法，原电池电动势的计算。
3. 熟悉影响电极电势的因素，了解电极电势的应用。
4. 了解电解的原理及其应用、电化学腐蚀、化学电源的组成原理。

知识一　氧化还原反应的基本概念

一、氧化还原反应

我们在初中化学里已经学习过氧化还原反应，已经知道物质得氧的反应是氧化反应，物质失氧的反应是还原反应，事实上氧化还原反应并非限定于得氧和失氧的反应，许多没有氧参加的反应也是氧化还原反应。随着对化学反应的进一步研究，认识到氧化反应实质上是失去电子的过程，还原反应是得到电子的过程，氧化和还原必然同时发生。因此，把在化学反应中有电子转移（或得失）的反应叫作氧化还原反应。

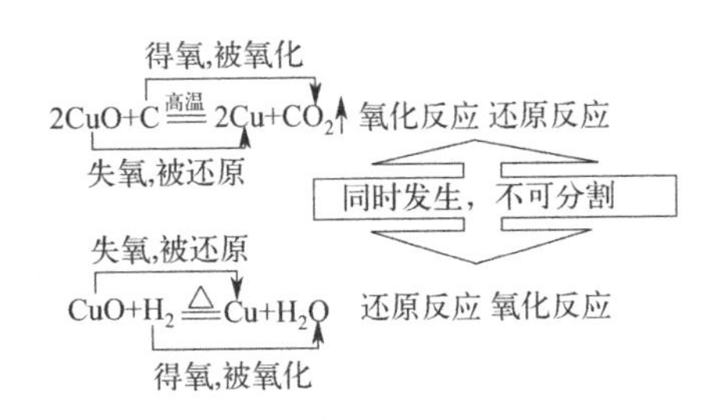

二、 氧化数

氧化数（氧化值）是化合物中某元素一个原子所带的电荷数。该电荷数是假定把每一个化学键中的电子指定给电负性较大的原子而求得。例如，在离子化合物 NaCl 中，Cl 原子夺取了 Na 原子的一个电子，与氧化数概念中的规定一致，故 Cl 的氧化数为－1，Na 的氧化数为＋1；在共价化合物 HCl 中，成键的共用电子对指定给电负性大的 Cl 原子，故 Cl 的氧化数为－1，H 的氧化数为＋1。因此，氧化数是表示化合物中各原子所带电荷数或形式电荷数。确定氧化数的一般原则是：

① 单质中元素的氧化数为零。

② 在单原子离子中，元素的氧化数等于简单的阴、阳离子的电荷数。

③ 通常情况下，氢在化合物中的氧化数为＋1。但在 NaH、CaH_2 中，氢的氧化数为－1。

④ 通常情况下，氧在化合物中的氧化数为－2。但在过氧化物 H_2O_2、Na_2O_2 中，氧的氧化数为－1；在氟化氧 O_2F_2、OF_2 中，氧的氧化数分别为＋1、＋2。

⑤ 在中性分子中，各元素氧化数的代数和等于零。

⑥ 在多原子离子中，各元素氧化数的代数和等于离子所带的电荷数。

【例 7-1】 计算 K_2MnO_4、MnO_4^-、MnO_2中 Mn 的氧化数。

解： 已知 K 的氧化数为＋1，O 的氧化数为－2。设 K_2MnO_4 中 Mn 的氧化数为 x，MnO_4^- 中 Mn 的氧化数为 y，MnO_2中 Mn 的氧化数为 z，则

$$(+1)\times2+x+(-2)\times4=0,\ x=+6$$

$$y+(-2)\times4=-1,\ y=+7$$

$$z+(-2)\times2=0,\ z=+4$$

即 K_2MnO_4中 Mn 的氧化数为＋6，MnO_4^- 中 Mn 的氧化数为＋7，MnO_2中 Mn 的氧化数为＋4。

【例 7-2】 计算 Fe_3O_4 中 Fe 的氧化数。

解： 设 Fe_3O_4 中 Fe 的氧化数为 x，则

$$x\times3+(-2)\times4=0,\ x=+8/3$$

可见，氧化数可以是分数。

元素的氧化数与化合价不同，氧化数与物质的结构无关，是人为指定的，所以可以是整数也可以是分数。而化合价是指元素在化合时的原子个数比，故只能是整数。

在表示元素的氧化数时，通常用罗马数字加上括号放在元素符号后面，如 Cu_2O 中的 Cu(Ⅰ)，CuO 中的 Cu(Ⅱ)。

同一种元素氧化数不同，表示其氧化还原性不同。把同一元素不同氧化数称作不同的氧化态。

三、氧化剂和还原剂

在氧化还原反应中，元素氧化数的变化是得失电子的结果。失去电子，氧化数升高的反应物称为还原剂。获得电子，氧化数降低的反应物称为氧化剂。还原剂被氧化，氧化后的产物称氧化产物，所对应的反应称氧化反应。氧化剂被还原，还原后的产物称还原产物，所对应的反应称还原反应。例如：

$$CuSO_4 + Zn \xlongequal{} ZnSO_4 + Cu$$

反应中 Zn 失去电子，氧化数从 0 增加到 +2，Zn 是还原剂，被氧化，生成的 Zn(Ⅱ) 是氧化产物，此为氧化反应。$CuSO_4$ 中 Cu(Ⅱ) 获得电子，氧化数从 +2 降到 0，$CuSO_4$ 是氧化剂，Cu(Ⅱ) 被还原，生成的单质 Cu 是还原产物，此为还原反应。

同一种物质在反应中既是氧化剂又是还原剂，这种氧化还原反应叫歧化反应。例如反应：

$$Cl_2 + H_2O \xlongequal{} HClO + HCl$$

常见的氧化剂：活泼的非金属单质（如 F_2、Cl_2、Br_2、O_3、O_2 等）和高价氧化性含氧酸，如 HNO_3、浓 H_2SO_4、HClO 等；高氧化数的化合物（如 $KMnO_4$、MnO_2、$Na_2S_2O_8$、PbO_2、$K_2Cr_2O_7$、$FeCl_3$ 等）。

常见的还原剂：活泼的金属，如 Na、Mg、Al、Zn、Fe 等；某些非金属单质，如 C、H_2 等；某些低价态化合物，如 CO、SO_2、H_2S、HI、HBr、H_2SO_3、Na_2SO_3 等；低氧化数的化合物（如 Na_2S、KI、$SnCl_2$、$FeSO_4$ 等）。

有些活泼的金属单质（如 K、Na、Zn、Mg、Al、Fe 等）和处于中间氧化数的化合物（如 H_2O_2、H_2SO_3、HNO_2）既可作氧化剂，又可作还原剂。如 H_2O_2 与 Fe^{2+} 作用时，H_2O_2 是氧化剂；H_2O_2 与 Cl_2 作用时，H_2O_2 是还原剂。

$$2Fe^{2+} + H_2O_2 + 2H^+ \xlongequal{} 2Fe^{3+} + 2H_2O$$

$$Cl_2 + H_2O_2 \xlongequal{} 2HCl + O_2\uparrow$$

四、氧化还原电对

任何一个氧化还原反应至少由一个氧化反应和一个还原反应组成，如反应

$$CuSO_4 + Zn \xlongequal{} ZnSO_4 + Cu$$

任何氧化还原反应都是由两个“半反应”组成。可表示为一个氧化反应和一个还原反应。

氧化反应：　$Zn \xlongequal{} Zn^{2+} + 2e$

还原反应：　$Cu^{2+} + 2e \xlongequal{} Cu$

在半反应式中，同一元素的两种不同氧化数物种组成了氧化还原电对。用符号表示为：氧化型/还原型，如 Cu^{2+}/Cu、Fe^{2+}/Fe。

可见，每一个半反应均由同一种元素的两种氧化态组成，高氧化数物种为氧化型，低氧化数物种为还原型。一种元素的两种不同氧化态物种就组成一个氧化还原电对，表示为“氧化型/还原型”，简称电对。一个氧化还原反应至少包含两个电对。如上例中有两个电对，氧化反应电对为 Zn^{2+}/Zn，还原反应电对为 Cu^{2+}/Cu。无论是氧化反应还是还原反应，表示电对时一定是氧化型在上，还原型在下。

金属性指还原性，金属性强，还原性就强；非金属性指氧化性，非金属性强，氧化性就强。

知识二　氧化还原反应的特征

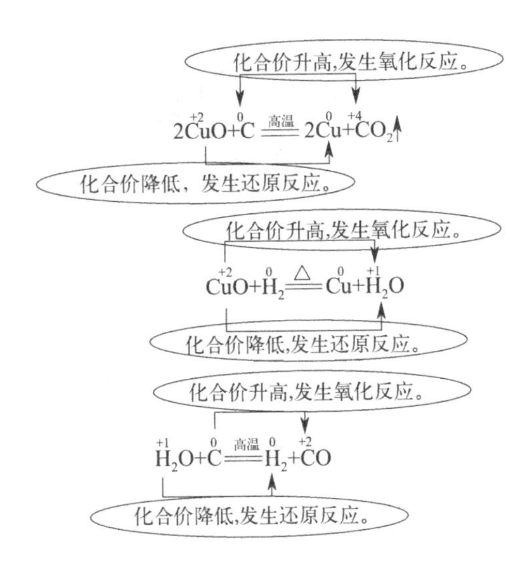

在这几个氧化还原反应中，都有化合价的升降。分析：下列反应的元素化合价变化与氧化反应、还原反应的关系。

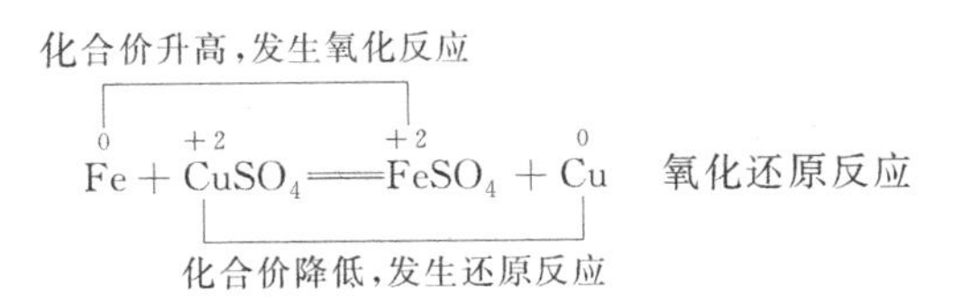

通过大量的氧化还原反应实例的分析发现，**氧化还原反应都伴随着化合价的变化**，所以氧化还原反应的特征就是：某些元素的化合价的升高或降低，因此，我们可以说，凡是含有元素化合价升降的化学反应就是氧化还原反应，其中，所含元素化合价升高的反应是氧化反应，所含元素化合价降低的反应是还原反应。那么，在化学反应前后没有元素化合价变化的反应就是非氧化还原反应，在上述反应中，化合价升降是氧化还原反应的特征，那么氧化还原反应中元素的化合价为什么会发生变化呢，它的本质原因是什么？

知识三　氧化还原反应的实质

在学习化学键时，我们知道，钠原子失去一个电子，成为＋1 价钠离子，氯原子得到 1 个电子，成为－1 价氯离子。阴阳离子通过静电引力形成氯化钠。

一、以 NaCl 为例来说明电子的得失

从原子结构来看，钠原子的最外电子层上有 1 个电子，氯原子的最外电子层上有 7 个电子，当钠与氯气反应时，钠原子失去最外层上的 1 个电子成为钠离子，氯原子得到 1 个电子成为氯离子，这样双方最外层电子层都达到了 8 个电子的稳定结构。

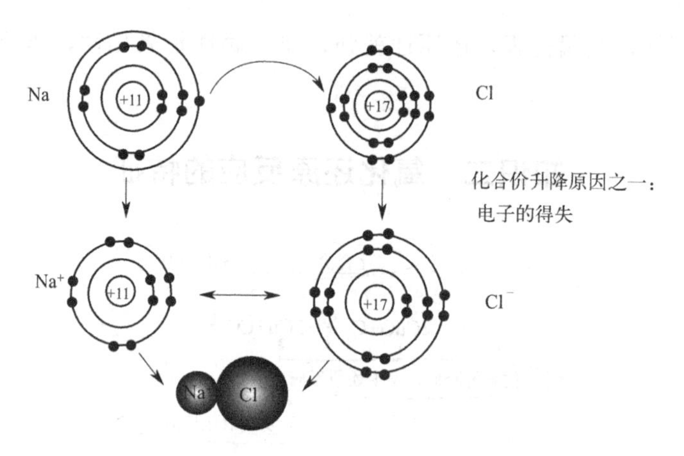

由此看出，一个钠原子失去一个电子，化合价从 0 价变到了＋1 价，化合价升高了，被氧化；一个氯原子得到一个电子，化合价从 0 价变到了－1 价，化合价降低了，被还原。在这个反应中，发生了电子的得失，因此我们可以说物质失去电子的反应为氧化反应，物质得到电子的反应为还原反应。

元素化合价的升降是由电子的得失引起的，化合价升高的价数就是失去的电子数，化合价降低的价数就是得到的电子数。

失去 2e，化合价升高，被氧化

$$2\overset{0}{Na} + \overset{0}{Cl_2} = 2\overset{+1}{Na}\overset{-1}{Cl}$$

得 2e，化合价降低，被还原

二、以 HCl 来说明共用电子对的偏移

从原子结构来看，氢原子的最外电子层上有 1 个电子，可获得 1 个电子而形成最外层 2 个电子的稳定结构，氯原子的最外层电子层上有 7 个电子，也可获得 1 个电子而形成最外层 8 个电子的稳定结构，这两种元素获得电子的能力相差不大，因此在反应时，都未能把对方的电子夺取过来，而是双方各以最外层的 1 个电子组成共用电子对，这个电子对受两个原子的共同吸引，使双方最外层都达到稳定结构。在氯化氢分子里，由于氯原子对共用电子对的吸引力比氢原子的大，因而共用电子对偏向氯原子而偏离氢原子，使氢元素的化合价从 0 价到＋1 价，被氧化，氯元素的化合价从 0 价到－1 价，被还原。在这个反应中，没有电子的得失，只是发生了共用电子对的偏移，氢气发生了氧化反应，氯气发生了还原反应。

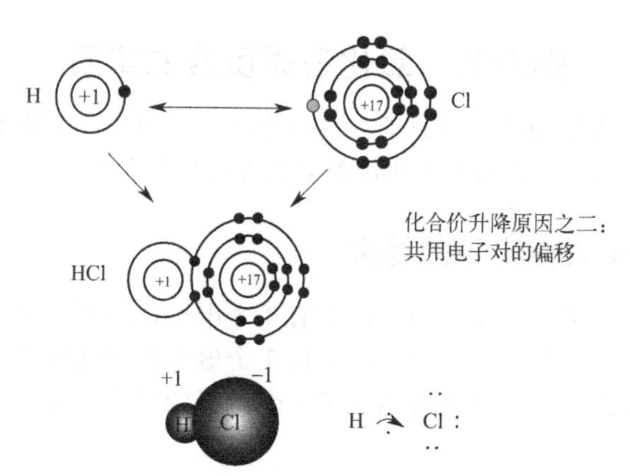

元素化合价升降的原因就是它们的原子失去或得到电子，但在 H_2 和 Cl_2 化合生成 HCl 的反应中，不是由于得失电子，而是由于共用电子对的偏移，共用电子对偏向氯原子，氯由 0 价降低到了－1 价，共用电子对偏离氢原子，氢由 0 价升高到了＋1 价。

电子对偏离，化合价升高，被氧化

$$\overset{0}{H_2} + \overset{0}{Cl_2} = 2\overset{+1}{H}\overset{-1}{Cl}$$

电子对偏向，化合价降低，被还原

综合上述分析，元素的原子得失电子或发生共用电子对的偏移是元素化合价升降的根本原因，因此，电子的得失或共用电子对的偏移即电子的转移是氧化还原反应的实质，由此我们可以说，凡是有电子得失或共用电子对偏移的化学反应是氧化还原反应，其中，物质失去电子的反应（化合价升高）是氧化反应；物质得到电子的反应（化合价降低）是还原反应。事实上，氧化反应和还原反应是同时发生的，一种物质被氧化，必然同时有另一种物质被还原，即一种物质失去电子，必然同时有另一种物质得到电子，且得失电子总数必定相等。

在氧化还原反应中，电子转移和化合价升降的关系可表示如下：

化合价升高，失去电子，被氧化

化合价降低，得到电子，被还原

项目二　原电池

学习目标

1. 掌握原电池概念、组成、工作原理等知识。
2. 形成原电池的概念，探究构成原电池的条件。

知识一　原电池组成与工作原理

一、原电池及工作原理

【演示实验】将一锌片和一铜片插入盛有稀硫酸溶液的烧杯中，观察现象。见图 7-1。

结果表明，锌片逐渐溶解，表面有气体逸出，铜片上无反应。这是由于锌是金属活动顺序表中氢前面的金属，可以置换出酸中的氢，产生氢气，而铜与硫酸不发生反应。

$$Zn + H_2SO_4 = ZnSO_4 + H_2\uparrow$$

【演示实验】锌和硫酸铜溶液反应。将锌片插入硫酸铜溶液中，观察现象。

实验现象：实验中锌片缓慢溶解，红色的铜在锌片上不断析出，蓝色的硫酸铜溶液的颜色逐渐变浅。锌和硫酸铜之间发生了氧化还原反应，其离子方程式及电子的转移方向表示为：

$$Zn + Cu^{2+} \rightleftharpoons Zn^{2+} + Cu$$

此反应发生了电子的转移，但由于 Zn 和 $CuSO_4$ 溶液直接接触，电子从 Zn 原子直接转移给了 Cu^{2+}，此时电子的流动是无序的，无法直接观察这一现象的发生。但从溶液温度升高的宏观现象可知，反应过程中的化学能转变成了热能。

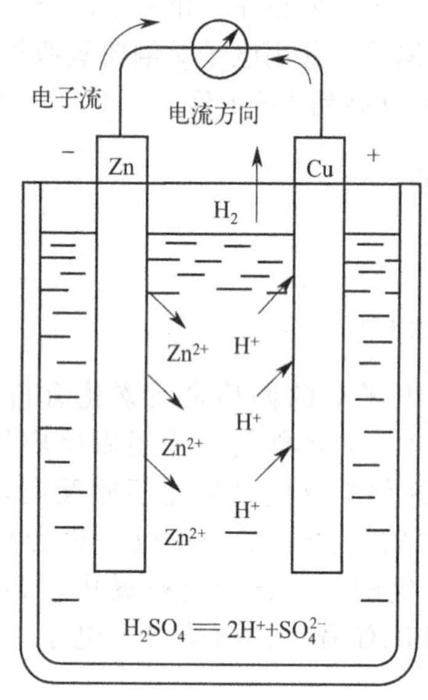

图 7-1　伏特电池示意图

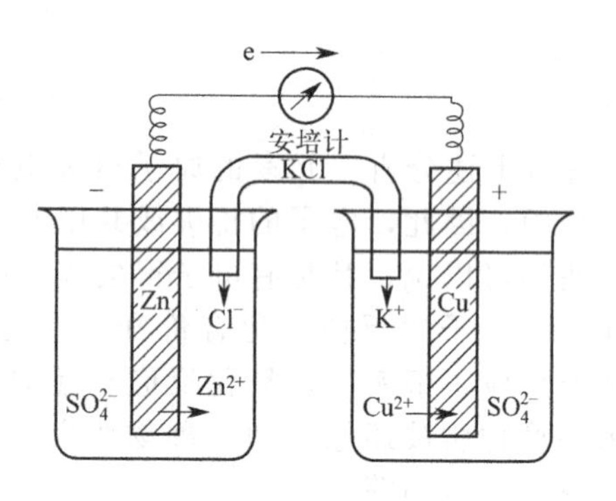

图 7-2　铜、锌原电池示意图

【演示实验】 实验装置如图 7-2 所示，在盛有 1mol/L $ZnSO_4$ 溶液的烧杯中插入锌片，在盛有 1mol/L $CuSO_4$ 溶液的烧杯中插入铜片。用盐桥把两个烧杯中的溶液连通，将锌片和铜片用导线连接起来，并在导线中串接一个安培计，再观察所发生的现象。

当用导线将两片金属连接后，锌片逐渐溶解，铜片上有铜沉积，安培计指针偏转，说明导线中有电流通过。根据指针偏转方向可判定，电子由锌片流向铜片。

这是由于锌比铜活泼，更容易失去电子，被氧化成 Zn^{2+} 而进入溶液，锌片逐渐溶解。锌片附近 Zn^{2+} 浓度增大，阻止溶液中 Cu^{2+} 向锌片移动，锌片的电子无法被 Cu^{2+} 夺去。电子由锌片沿导线流向铜片，溶液中的 Cu^{2+} 被吸引到铜片，在铜片上获得电子还原成铜原子，因此铜片上有铜沉积。由于锌原子失去的电子不断通过导线流向铜片，电子的定向移动便产生了电流，使安培计指针偏转。上述过程可表示如下：

锌片：　$Zn - 2e = Zn^{2+}$（氧化反应）

铜片：　$Cu^{2+} + 2e = Cu\downarrow$（还原反应）

总反应式：　$Zn + Cu^{2+} = Zn^{2+} + Cu\downarrow$

该电池为铜-锌原电池。上述氧化还原反应因电子的定向转移而产生电流，化学能转变为电能。这种借助氧化还原反应，将化学能转变为电能的装置称为原电池。在原电池反应中化学能转变为电能。

上述装置称为锌-铜原电池。锌-铜原电池是由两个半电池（电极）组成的，一个半电池为 Zn 片和 $ZnSO_4$ 溶液，另一个半电池为 Cu 片和 $CuSO_4$ 溶液，两溶液间用盐桥相连。盐桥是一支装满饱和 KCl 或 $NH_4NO_3^+$ 琼脂的 U 管。盐桥的作用是沟通两个半电池、使两个“半电池”的溶液都保持电中性、组成环路，本身并不起变化。原电池中与电解质溶液相连的导体称为电极。在电极上发生的氧化或还原反应则称为电极反应或半电池反应。两个半电池反应合并构成原电池总反应称为电池反应。

二、原电池的几个基本概念

1. 半电池

除内、外电路（盐桥、导线）外，每个原电池都可看作由两个“半电池”组成。例如铜一锌原电池中，锌片与 $ZnSO_4$ 溶液构成锌半电池，铜片与 $CuSO_4$ 溶液构成铜半电池。

2. 电极

构成原电池的导体称为原电池的电极。上述原电池中的铜片、锌片均是电极。对电极的极性规定如下。

① 正极：流出电流（流入电子）的电极，符号“+”，如铜-锌原电池中铜片为正极。

② 负极：流入电流（流出电子）的电极，符号“－”。如铜-锌原电池中锌片为负极。

有些电极材料本身是参与得失电子的，如上述原电池中的铜片与锌片。有些电极只传递电子而不参与得失电子，这样的电极称作惰性电极。铂（Pt）、石墨是常用的惰性电极。

3. 电极反应和电池反应

在电极上发生的氧化反应或还原反应称为电极反应，或称原电池的半反应。两个电极反应合并起来即为原电池的总反应，或称电池反应。根据原电池的正、负极的定义可知，正极反应是还原反应，负极反应是氧化反应。

4. 电对

在原电池中，每个半电池都含有同一种元素的不同氧化数的两种物质，其中一种是处于较低氧化数的可作还原剂的物质，称为还原型物质，如上述锌半电池中的锌和铜半电池中的铜；另一种是处于较高氧化数的可作氧化剂的物质，称为氧化型物质，如锌半电池中的 Zn^{2+} 及铜半电池中的 Cu^{2+}。通常把由同一种元素的氧化型物质和相应的还原型物质构成的整体称作一个氧化还原电对，简称电对，以“氧化型/还原型”形式表示。如 Cu^{2+}/Cu、Zn^{2+}/Zn、H^{+}/H_2、O^{2}/OH^{-}。

5. 原电池符号

为了科学方便地表示原电池的结构和组成，原电池装置可用符号表示，这个符号称为电池符号（电池图示）。如铜-锌原电池可表示为：

$$(-)Zn|Zn^{2+}(1mol/L)\ \|\ Cu^{+}(1mol/L)|Cu(+)$$

其中，“|”表示锌片（或铜片）与电解质溶液之间的界面；“‖”表示盐桥，习惯上把负极写在左边，正极写在右边。通常还需注明电极中离子的浓度，若溶液中含有两种离子参与电极反应，可用逗号把它们分开。有气体参与电极反应，需注明气体的压力。若外加惰性电极也需注明。例如，由 H^{+}/H_2 电对和 Fe^{3+}/Fe^{2+} 电对组成的原电池，其电池符号为：

$$(-)Pt|H_2(p)|H^{+}(c_1)\ \|\ Fe^{3+}(c_2),Fe^{2+}(c_3)|Pt(+)$$

负极反应：　$H_2-2e=\!=\!=2H^{+}$

正极反应：　$Fe^{3+}+e=\!=\!=Fe^{2+}$

电池反应：　$2Fe^{3+}+H_2=\!=\!=2Fe^{2+}+2H^{+}$

氧化还原反应是基于电子转移的反应，电子的定向转移便产生电流，从理论上讲，任何一个氧化还原反应都能组成一个原电池。

【例 7-3】 根据下列电池反应写出相应的电池符号。

① $H_2+Cu^{2+}=\!=\!=2H^{+}+Cu$

② $Cu^{2+}+Fe=\!=\!=Cu+Fe^{2+}$

解：

① $(-)Pt|H_2(p^{\ominus})|H^{+}(c_1)\ \|\ Cu^{2+}(c_2)|Cu(+)$

② $(-)Cu|Cu^{2+}(c_1)\ \|\ Fe^{2+}(c_2)|Fe(+)$

知识二　氧化还原反应与电极电势

一、电极电势（用 *E* 表示）

【思考与讨论】在 Cu-Zn 原电池中，为何电子从 Zn 转移给 Cu 而并非相反的情况呢？这是由于 Zn 极的电势比 Cu 极的电势更负，二者存在一个电势差。那么这个电势差如何产生的呢？为何 Zn、Cu 电极的电势会有不同呢？如何测得该电极电势差呢？

已经知道，金属晶体是靠金属键结合的，是靠金属的阳离子和自由电子之间的吸引力结合的。把金属放入其盐溶液中，会有两种倾向存在：一方面金属表面的阳离子会与极性很强的 H_2O 分子发生溶剂化作用，以水合离子的形式进入溶液中，把电子留在金属的表面上，这是金属溶解的过程，见图 7-3(a)，金属越活泼，盐溶液浓度越稀，此倾向越大；另一方面，溶液的水合阳离子又会从金属表面获得电子，沉积在金属表面上，这是金属的沉积过程，见图 7-3(b)，金属越不活泼，盐溶液的浓度越大，这种倾向越大，当金属的溶解和沉积达到动态平衡时，即

$$M \underset{\text{沉积}}{\overset{\text{溶解}}{\rightleftharpoons}} M^{n+} + ne^-$$

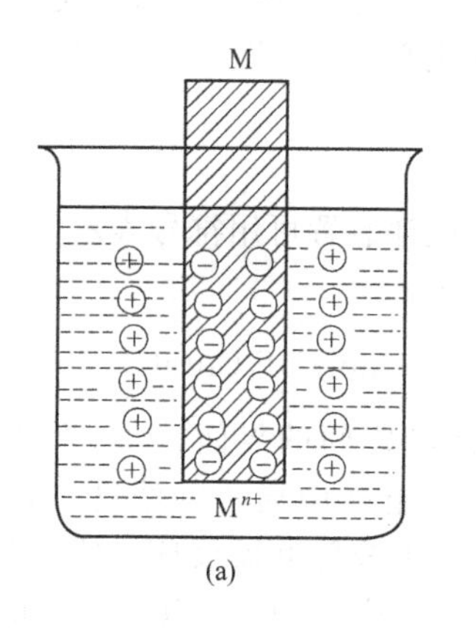

(a)

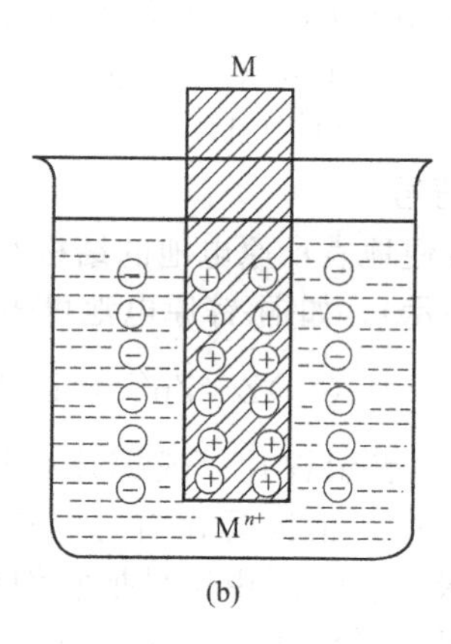

(b)

图 7-3　M 电极的双电层

必然在金属和盐溶液之间会产生电势差，这就是金属电极电势产生的原因。在某给定浓度的溶液中，若失去电子的倾向大于获得电子的倾向，平衡时最终的结果是 M^{n+} 进入溶液，金属棒带负电，靠近金属棒附近的溶液带正电，从而产生了电极电势差。

影响电极电势大小的因素：金属的本性、溶液的浓度、温度、介质条件等。在其他条件一定时，电极电势的大小取决于电极的本性，对于金属电极则完全取决于金属离子化倾向的大小，金属越活泼，溶解为离子的倾向越小，平衡时电极电势的值越小，反之电极的电极电势越高。有了电极电势的数值，就可以比较氧化剂、还原剂的相对强弱，并判断一个氧化还原反应进行的程度。那么，如何获得电极电势的数值呢？

二、原电池的电动势

将原电池两个电极连接起来就有电流通过，说明两极间存在电位差，即每个电对都具有各自一定的电位，称为电极电位，用符号 φ 表示，单位为伏特（V）。

电极电位反映了物质得失电子的难易程度，即反映氧化或还原能力的强弱。电极电位越

小，表明该电对的还原态物质越易失去电子，还原能力越强；电极电位越大，该电对的氧化态物质越易获得电子，氧化能力越强。由电极电位可以判断氧化还原反应进行的次序和方向。

原电池的电动势是两个电极（电对）之间的电位差，用符号 E 表示，单位为 V。如果已知各电极的电位值，即可方便地计算出原电池的电动势。

$$E_{电池}=E_{正}-E_{负}$$

但是到目前为止，电极电位的绝对值尚无法测定。通常选定一个电极作为参比标准（就如测定海拔高度用海平面作基准一样），人为地规定该电极的电位数值，然后与其他电极进行比较，得出各种电极的电位值。目前采用的参比电极是标准氢电极。

三、标准氢电极

测定电对的电极电位时，以标准氢电极为一个半电池，被测电对的电极为另一个半电池组成原电池，该原电池两极间的电位差即为被测电对的电极电位（准确地说是相对电极电位）。

标准氢电极的构成如图 7-4 所示。将一片由铂丝连接的镀有蓬松铂黑的铂片浸入 H^+ 浓度为 1mol/L 的 H_2SO_4 溶液中，在 25℃时，从玻璃管上部侧口不断通入压力为 100kPa 的纯 H_2，H_2 即被铂黑吸附并达到饱和，铂片就像是用 H_2 制成的电极一样。在铂黑上达到了饱和的 H_2 与溶液中的 H^+ 之间建立起如下动态平衡：

$$2H^+ + 2e \rightleftharpoons H_2$$

100kPa 的 H_2、饱和的铂片与 H^+ 浓度为 1mol/L 的酸溶液构成的电极称为标准氢电极。并规定标准氢电极的电位为零，表示为：

$$\varphi^{\ominus}_{(H^+/H_2)}=0V$$

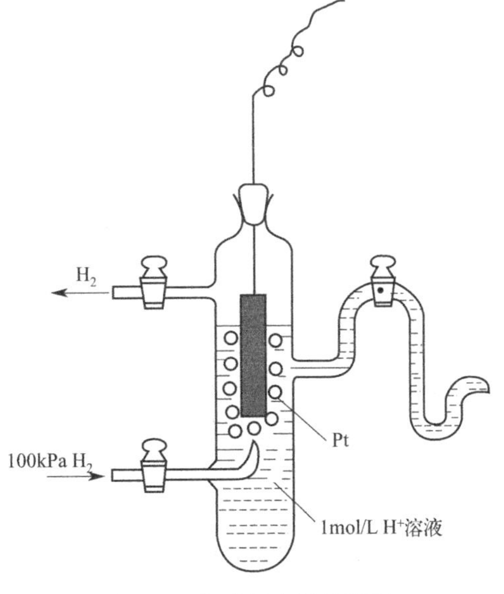

图 7-4　标准氢电极示意图

【想一想】“25℃时，测得标准氢电极的电极电势为零”这种说法对吗？为什么？

四、标准电极电位

1. 标准电极电位的概念

测定电对的电极电位时，以标准氢电极为一个半电池，被测电对的电极为另一个半电池组成原电池，该原电池两极间的电位差即为被测电对的电极电位（准确地说是相对电极电位）。

电对的电极电位主要取决于电对本身的性质，但也受温度、浓度和压力等的影响。为便于比较，规定温度为 298K，与电极有关的离子浓度为 1mol/L，有关气体压力为 100kPa 为标准状态。标准状态下测得的电极电位称为某电对的标准电极电位。用 $\varphi^{\ominus}$ 表示。

2. 标准电极电势的测定

测定标准电极电势的方法及步骤如下：

① 将待测电极与标准氢电极组成原电池；

② 测出该原电池的标准电动势 E。

E 是组成原电池的两电极均处于标准态时测得的电动势。E 与该原电池中两个电极的标准电极电势之间的关系为：

$$E^{\ominus}=\varphi_{+}^{\ominus}-\varphi_{-}^{\ominus} \tag{7-1}$$

③ 由电流流动方向确定原电池的正、负极，根据 $\varphi_{(H^+/H_2)}^{\ominus}=0V$ 求出待测电极的标准电极电势。

例如，要测定标准锌电极（$Zn^{2+}+2e \rightleftharpoons Zn$）的电极电势，可将其与标准氢电极组成原电池。由电位计读数得知，该原电池的标准电动势 $E^{\ominus}=0.763V$，由电位计的指针偏转方向可知锌电极为负极，氢电极为正极。电池符号为：

$$(-)Zn|Zn^{2+}(1mol/L)\parallel H^{+}(1mol/L)|H_2(100kPa),Pt(+)$$

锌电极标准电极电势计算过程如下：

$$E^{\ominus}=\varphi_{+}^{\ominus}-\varphi_{-}^{\ominus}=\varphi_{(H^+/H_2)}^{\ominus}-\varphi_{(Zn^{2+}/Zn)}^{\ominus}=0.763V$$

$$\varphi_{(Zn^{2+}/Zn)}^{\ominus}=\varphi_{(H^+/H_2)}^{\ominus}-E^{\ominus}=0-0.763V=-0.763V$$

负值表示标准锌电极在上述原电池中作负极，或者说，Zn 比 H_2 更易失去电子，该原电池的电池反应为：

$$Zn+2H^{+}=\!=\!=Zn^{2+}+H_2\uparrow$$

同样可以测出，$\varphi_{(Cu^{2+}/Cu)}^{\ominus}=0.34V$。正值表示标准铜电极在它与标准氢电极组成的原电池中作正极，也就是说 Cu^{2+} 得电子能力比 H^{+} 强。

测出各电对的标准电极电势后，将它们按代数值由小到大的顺序排列，得到标准电极电势表。使用标准电极电势表时应注意以下几点。

① 电极反应及电极电势值往往与溶液的酸碱性有关。例如 Fe(Ⅲ) 被还原时：

酸性介质

$$Fe^{3+}+e \rightleftharpoons Fe^{2+} \qquad \varphi_{(Fe^{3+}/Fe^{2+})}^{\ominus}=0.771V$$

碱性介质

$$Fe(OH)_3+e \rightleftharpoons Fe(OH)_2+OH^{-} \qquad \varphi_{[Fe(OH)_3/Fe(OH)_2]}^{\ominus}=-0.56V$$

因此，标准电极电势表通常又分为“酸表”（$\varphi_{A}^{\ominus}$）和“碱表”（$\varphi_{B}^{\ominus}$）两部分。当电极反应中出现 OH^{-} 时（如 $SO_3^{2-}+2OH^{-}-2e \rightleftharpoons SO_4^{2-}+H_2O$）或在碱性溶液中进行的反应，电对的标准电极电势从“碱表”中查得；其余电对的标准电极电势均列于“酸表”中。

② 使用电极电势时，应注明相应的电对。例如：

$$Fe^{2+}+2e \rightleftharpoons Fe \qquad \varphi_{(Fe^{2+}/Fe)}^{\ominus}=-0.440V$$

$$Fe^{3+}+e \rightleftharpoons Fe^{2+} \qquad \varphi_{(Fe^{3+}/Fe^{2+})}^{\ominus}=0.771V$$

二者相差很大，如不注明电对则容易出现混淆。

③ 标准电极电势只与电极反应的电对有关，而与其书写方向无关，因为标准电极电势是电极反应达到动态平衡时的电势。此外，改变电极反应的化学计量数时，标准电极电势值也不变。例如：

$$Zn^{2+} + 2e \rightleftharpoons Zn \qquad \varphi^{\ominus}_{(Zn^{2+}/Zn)} = -0.763V$$

$$Zn \rightleftharpoons Zn^{2+} + 2e \qquad \varphi^{\ominus}_{(Zn^{2+}/Zn)} = -0.763V$$

$$2Zn^{2+} + 4e \rightleftharpoons 2Zn \qquad \varphi^{\ominus}_{(Zn^{2+}/Zn)} = -0.763V$$

【想一想】 下列说法正确吗？

(1) 在原电池组成中，标准电极电势大的电极作正极，标准电极电势小的电极作负极。

(2) 查取标准电极电势时，通常电极反应中出现 OH^- 或在碱性溶液中进行的反应需查取"碱表"，否则应查"酸表"。

五、标准电极电势的意义

标准电极电势值的大小，定量反映了标准状态下不同电对中氧化型物质和还原型物质得失电子的能力，即氧化型物质的氧化能力和还原型物质的还原能力的相对强弱。例如：

电对	K^+/K	Na^+/Na	Mg^{2+}/Mg	H^+/H_2	Cu^{2+}/Cu
$\varphi^{\ominus}/V$	−2.925	−2.714	−2.37	0	0.34

$\varphi^{\ominus}$逐渐升高

氧化型物质氧化能力逐渐增强

还原型物质还原能力逐渐减弱

因此，根据标准电极电势的大小，就能比较出标准状态金属单质在水溶液中失电子能力（还原能力）的相对强弱，此即金属活动顺序表的由来。

总之，标准电极电势值越大，表明标准状态下电对中氧化型物质的氧化能力越强，对应的还原型物质的还原能力越弱；反之，值越小，表明电对中氧化型物质的氧化能力越弱，对应的还原型物质的还原能力越强。

应当注意，如果电极反应不是标准状态或不在水溶液中进行，则不能用标准电极电势直接比较物质的氧化能力或还原能力的相对强弱。

六、标准电极电势的应用

1. 比较氧化剂、还原剂的相对强弱

【例 7-4】 在 Cl_2/Cl^- 和 O_2/H_2O 两个电对中，哪个是较强的氧化剂？哪个是较强的还原剂？

解： 查得：$\varphi^{\ominus}_{(Cl_2/Cl^-)} = 1.36V$，$\varphi^{\ominus}_{(O_2/H_2O)} = 1.229V$

因为 $\varphi^{\ominus}_{(Cl_2/Cl^-)} > \varphi^{\ominus}_{(O_2/H_2O)}$

所以氧化能力 $Cl_2 > O_2$，即 Cl_2 是较强的氧化剂；还原能力 $H_2O > Cl^-$，即 H_2O 是较强的还原剂。

【例 7-5】 比较 Fe^{3+}、Ag^+、Au^{3+} 的氧化能力。

解： 上述物质作氧化剂时，分别被还原为 Fe^{2+}、Ag、Au^+。

电对	Fe^{3+}/Fe^{2+}	Ag^+/Ag	Au^{3+}/Au^+
$\varphi^{\ominus}/V$	0.771	0.799	1.41

因为 $\varphi^{\ominus}_{(Au^{3+}/Au^+)} > \varphi^{\ominus}_{(Ag^+/Ag)} > \varphi^{\ominus}_{(Fe^{3+}/Fe^{2+})}$

所以氧化能力：$Au^{3+} > Ag^+ > Fe^{3+}$。

2. 判断氧化还原反应的方向

当两个电对中的物质进行反应时，反应的自发方向是由较强的氧化剂与较强的还原剂作用，生成较弱的还原剂与较弱的氧化剂，即：

$$\text{氧化型 1}+\text{还原型 2} = \text{还原型 1}+\text{氧化型 2}$$

电对的标准电极电势 $\varphi^{\ominus}_{(\text{氧化型1/还原型1})} > \varphi^{\ominus}_{(\text{氧化型2/还原型2})}$。当把上述两个电对组成原电池时，电对氧化型 1/还原型 1 处于正极，这样原电池的电动势大于零。因此可以下个结论：要判断一个给定的氧化还原反应自发进行的方向，可以通过相应的原电池的电动势来判断。一般步骤是：

① 按给定的反应方向找出氧化剂、还原剂；

② 以氧化剂电对作正极，还原剂电对作负极，组成原电池；

③ 由式(7-1) 求出给定原电池的标准电动势 $E^{\ominus}$。

若 $E^{\ominus}>0$，则在标准状态下反应自发正向（向右）进行；

若 $E^{\ominus}<0$，则在标准状态下反应自发逆向（向左）进行；

若 $E^{\ominus}=0$，则在标准状态下体系处于平衡状。

【例 7-6】 判断反应 $Fe+Cu^{2+} \rightleftharpoons Cu+Fe^{2+}$ 在标准状态下自发进行的方向。

解： 从给定的反应方向（从左到右）看，Cu^{2+} 是氧化剂，Fe 是还原剂。当组成原电池时，电对 Cu^{2+}/Cu 在正极，Fe^{2+}/Fe 在负极。查得：

$$\varphi^{\ominus}_{(Cu^{2+}/Cu)}=+0.34V, \varphi^{\ominus}_{(Fe^{2+}/Fe)}=-0.44V$$

$$E^{\ominus}=\varphi^{\ominus}_{+}-\varphi^{\ominus}_{-}=\varphi^{\ominus}_{(Cu^{2+}/Cu)}-\varphi_{(Fe^{2+}/Fe)}=0.34V-(-0.44V)=0.78V$$

因为 $E^{\ominus}>0$，所以在标准状态下所给反应自发正向进行。

【例 7-7】 判断在标准状态下，MnO_2 能否与盐酸反应。

解： 要判断 MnO_2 能否与盐酸反应，实际上是要判断反应 $MnO_2+4HCl \rightleftharpoons MnCl_2+Cl_2+2H_2O$ 在标准状态下能否正向进行。按所给反应方向，MnO_2 作氧化剂，HCl 作还原剂，组成原电池时：

负极 $\quad 2Cl^{-}-2e \rightleftharpoons Cl_2 \qquad \varphi^{\ominus}_{(Cl_2/Cl^{-})}=1.36V$

正极 $\quad MnO_2+4H^{+}+2e \rightleftharpoons Mn^{2+}+2H_2O \qquad \varphi^{\ominus}_{(MnO_2/Mn^{2+})}=1.23V$

$$E^{\ominus}=\varphi^{\ominus}_{+}-\varphi^{\ominus}_{-}=\varphi^{\ominus}_{(MnO_2/Mn^{2+})}-\varphi_{(Cl_2/Cl^{-})}=1.23V-1.36V=-0.13V$$

因为 $E^{\ominus}<0$，所以在标准状态下，所给反应不能自发正向进行。

如果反应不在标准状态下进行，则一般不能用 $E^{\ominus}$ 直接判断反应方向。但当 $E^{\ominus}>0.2V$ 时，反应正向或逆向进行得比较完全，可以认为是不可逆反应，即使改变浓度也不会改变其反应方向，此时可用 $E^{\ominus}$ 判断；而当 $0<E^{\ominus}<0.2V$ 时，应该用非标准电动势 E 判断反应方向，因为此时反应方向可能因浓度变化而逆转。例如在【例 7-7】中，增大 HCl 浓度，会增大 H^{+} 浓度及 Cl^{-} 浓度，根据平衡移动原理，在电极反应中，MnO_2 的氧化（得电子）能力增强，$\varphi^{\ominus}_{(MnO_2/Mn^{2+})}$ 升高；而 Cl^{-} 的还原（失电子）能力增强，$\varphi^{\ominus}_{(Cl_2/Cl^{-})}$ 下降，因此可以使 $E>0$，即反应方向发生逆转。实验室中就是用 MnO_2 与浓盐酸反应来制备 Cl_2。

【查一查】 反应 $I_2+Sn^{2+} \rightleftharpoons 2I^{-}+Sn^{4+}$ 中相关电对的标准电极电势，并判断在标准状态下反应自发进行的方向。

3. 判断氧化还原反应进行的次序

【演示实验】 在一支大试管中加入 1mL 0.1mol/L KI 溶液、1mL 饱和 H_2S 溶液和适量

的 CCl_4，再逐滴加入 0.1mol/L $FeCl_3$ 溶液，并不断振荡，观察现象。

可以发现水层首先出现浑浊，随着 $FeCl_3$ 溶液不断加入，CCl_4 层逐渐由无色变为紫红色。

这说明 Fe^{3+} 与 H_2S 及 I^- 的反应不是同时进行的。

查出：　　$\varphi^{\ominus}_{(I_2/I^-)}=0.535V$，$\varphi^{\ominus}_{(Fe^{3+}/Fe^{2+})}=0.771V$

由于 $\varphi^{\ominus}_{(Fe^{3+}/Fe^{2+})}$ 与 $\varphi^{\ominus}_{(S/H_2O)}$ 之间的差值较大，因此，当加入 $FeCl_3$ 时，首先发生的反应是：

$$H_2S+2Fe^{3+} \rightleftharpoons 2Fe^{2+}+S\downarrow+2H^+$$

S 不溶于水而使水层出现浑浊。当 H_2S 几乎被全部氧化时，继续加入 $FeCl_3$，则发生下列反应：

$$2Fe^{3+}+2I^- \rightleftharpoons 2Fe^{2+}+I_2$$

I_2 溶于 CCl_4 而使 CCl_4 层显紫红色。

由此可见，当一种氧化剂与几种还原剂作用时，氧化剂首先氧化最强的还原剂；当一种还原剂与几种氧化剂作用时，还原剂首先还原最强的氧化剂。概括起来，电极电势差值最大的两个电对之间首先发生氧化还原反应。

在化工生产中常利用上述原理来达到生产目的。例如从卤水中提取 Br_2 和 I_2 时，将氧化剂 Cl_2 通入卤水中，Cl_2 首先将 I^- 氧化为 I_2。控制 Cl_2 流量，可使 I^- 几乎全部被氧化后，Br^- 才被氧化，从而达到了分离 Br_2 和 I_2 的目的。

项目三　电解

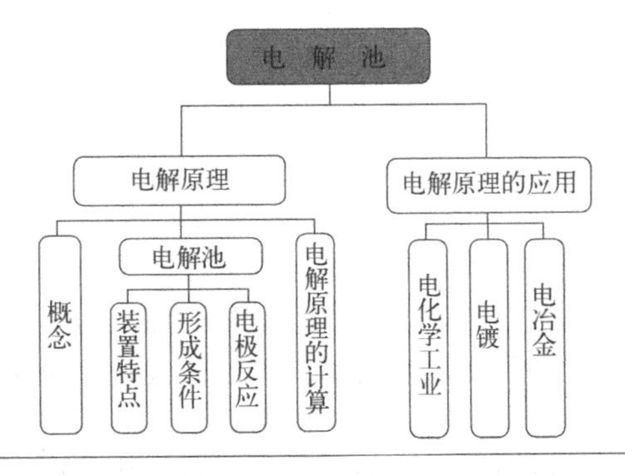

学习目标

1. 理解电解池的构成、工作原理及应用，能书写电极反应式和总反应方程式。

2. 了解电解原理在氯碱工业、精炼铜、电镀、电冶金等方面的应用；认识电解在实现物质转化和储存能量中的具体应用。

3. 了解金属发生电化学腐蚀的原因、金属腐蚀的危害以及防止金属腐蚀的措施。

知识一　电解的原理

电流通过电解质溶液或熔化的电解质引起氧化还原反应的过程称为电解。与原电池相反，电解是将电能转变为化学能的过程。

一、电解原理

进行电解的装置称电解池或电解槽。在电解池里，与直流电源正极相连的电极称阳极，发生氧化反应；与负极相连的电极称阴极，发生还原反应。

【演示实验】 如图7-5所示，在U形管中注入$CuCl_2$溶液，插入两根石墨棒作电极，接通直流电源，观察发生的现象。

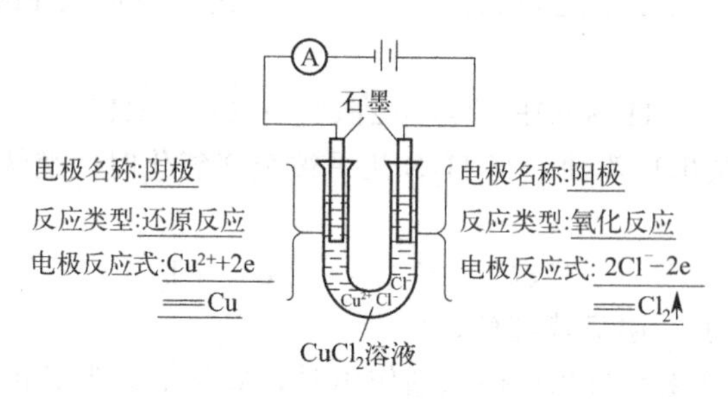

图7-5 电解$CuCl_2$溶液

实验表明，阳极上有气体逸出，将湿润的淀粉碘化钾试纸放在阳极管口，试纸变蓝，可判定逸出的气体是氯气；阴极上则有红色的铜析出。可见，在电流的作用下，氯化铜分解为铜和氯气。

$CuCl_2$是强电解质，通电前，$CuCl_2$解离出的Cu^{2+}、Cl^-和水解离出的H^+、OH^-在溶液中做不规则运动。

$$CuCl_2 = Cu^{2+} + 2Cl^-$$

$$H_2O \rightleftharpoons H^+ + OH^-$$

通电后，在电场作用下，Cl^-和OH^-移向阳极，Cu^{2+}和H^+移向阴极。在阳极，Cl^-比OH^-更容易失去电子，Cl^-失去电子被氧化成氯原子并结合为Cl_2分子逸出；在阴极，Cu^{2+}比H^+易得电子，Cu^{2+}获得电子还原为铜原子沉积在阴极上。两电极发生的反应为：

阳极：　$2Cl^- - 2e = Cl_2$（氧化反应）

阴极：　$Cu^{2+} + 2e = Cu$（还原反应）

电解的总反应式为　$CuCl_2 = Cu$（阴极）$+ Cl_2\uparrow$（阳极）

在电解池的两极反应中，阳离子得到电子和阴离子失去电子，通常都叫放电。电解过程的实质是在直流电的作用下，使电解质溶液发生氧化还原反应。通电时，电子从电源的负极沿导线流入阴极，另一方面，电子又从阳极离开，沿导线流回电源的正极。因此，阴极上有过剩的电子，阳极上缺少电子。电解质溶液中的阳离子移向阴极，在阴极上获得电子，发生还原反应；阴离子移向阳极，在阳极上失去电子，发生氧化反应，在两极上产生相应的电解产物。

二、放电次序

影响电解产物的因素很复杂，判断电解产物是一个重要的问题。电解时，在阳极或阴极附近往往有两种或两种以上的离子存在，哪种离子先放电，产生何种电解产物，一般有下列规律。

通常，阴、阳两极的放电次序主要由离子的氧化能力或还原能力所决定。在阴极，氧化能力最强的离子首先放电；在阳极，还原能力最强的物质首先放电。离子或单质得失电子的能力既与有关的标准电极电势有关，也与溶液中离子浓度以及电极材料有关，特别是当放电产物为气体时，电极材料的影响更加显著。

阴极发生还原反应，在阴极附近有电解质解离出的金属阳离子（若是水溶液还有 H^+）。影响阳离子放电顺序的因素很多，一般阳离子在阴极放电的先后顺序与金属的活泼性有关，越不活泼的阳离子越易得电子还原为金属。电解金属活动顺序表中铝及铝以前的活泼金属盐溶液时，H^+ 先放电，产生 H_2；电解铝以后的其他金属盐溶液时，相应的金属先放电，析出金属。

阳极发生氧化反应，阳极附近有电解质解离出的阴离子（若是水溶液还有 OH^-）。阴离子在阳极的放电顺序比较复杂，一般放电顺序是简单离子→OH^-→含氧酸根离子。常见阴离子放电顺序一般为：

$$S^{2-} > I^- > Br^- > Cl^- > OH^- > SO_4^{2-} > NO_3^- > CO_3^{2-}$$

当电解池的电极用惰性电极（如石墨、铂）时，电解含氧酸盐水溶液，OH^- 先放电，阳极产物为 O_2。电极反应为：

$$4OH^- - 4e \longequal 2H_2O + O_2\uparrow$$

如电解 Na_2SO_4 或 H_2SO_4 水溶液，阳极都得到 O_2，阴极产物为 H_2。

电解卤化物水溶液，则阳极产物为卤素单质。如电解食盐水时，阳极反应为：

$$2Cl^- - 2e \longequal Cl_2\uparrow$$

若电极为非惰性材料（如锌、铜等金属），金属阳极本身也可能参与电解反应，阳极被氧化为金属阳离子而逐渐溶解。其电解的类型见表 7-1。

表 7-1　以惰性电极电解电解质溶液的四种类型

类型	电极反应特点	电解质溶液	电解对象	电解质浓度	pH	电解质溶液复原
电解水型	阴极：$4H^+ + 4e \longequal 2H_2\uparrow$ 阳极：$4OH^- - 4e \longequal 2H_2O + O_2\uparrow$	强碱（NaOH）	水	增大	增大	加水
		含氧酸（H_2SO_4）	水	增大	减小	加水
		活泼金属的含氧酸盐（Na_2SO_4）	水	增大	不变	加水
电解电解质型	电解质解离出的阴、阳离子分别在两极放电	无氧酸（HCl）	电解质	减小	增大	通入氯化氢气体
		不活泼金属的无氧酸盐（$CuCl_2$）	电解质	减小		加氯化铜
放 H_2 生碱型	阴极：H_2O 放 H_2 生成碱 阳极：电解质阴离子放电	活泼金属的无氧酸盐（NaCl）	电解质和水	生成新电解质	增大	通入氯化氢气体
放 O_2 生酸型	阴极：电解质阳离子放电 阳极：H_2O 放 O_2 生成酸	不活泼金属的含氧酸盐（$CuSO_4$）	电解质和水	生成新电解质	减小	加氧化铜

知识二　电解的应用

电解在工业上有极其重要的意义，主要应用于以下领域。

1. 电化学工业

以电解方法制取化工产品的工业称为电化学工业。如工业上常用电解饱和食盐水制取烧碱，电解水制取 H_2 和 O_2。电解饱和食盐水时，Na^+、H^+ 移向阴极，在阴极上 H^+ 先放电，产生 H_2；Cl^-、OH^- 移向阳极，在阳极上 Cl^- 先放电，产生 Cl_2。反应为：

阳极：　$2Cl^- - 2e \longequal Cl_2\uparrow$（氧化反应）

阴极：　$2H^+ + 2e \longequal H_2$（还原反应）

电解总反应：　$2NaCl + 2H_2O \longequal 2NaOH + H_2\uparrow$（阴极）$+ Cl_2\uparrow$（阳极）

电解饱和食盐水时 NaCl 浓度不小于 5.381mol/L，溶液 pH 值为 8 左右。用石墨作阳极，铁丝网作阴极。如图 7-6 所示。

F_2 的制取也采用电解法［电解 3 份氟氢化钾（KHF_2）与 2 份无水 HF 的熔融混合物］。

$$2KHF_2(\text{熔融态}) \xlongequal{\text{电解}} 2KF + H_2\uparrow + F_2\uparrow$$

用电解法还可制取一些无机盐（如 $KMnO_4$）和有机物。

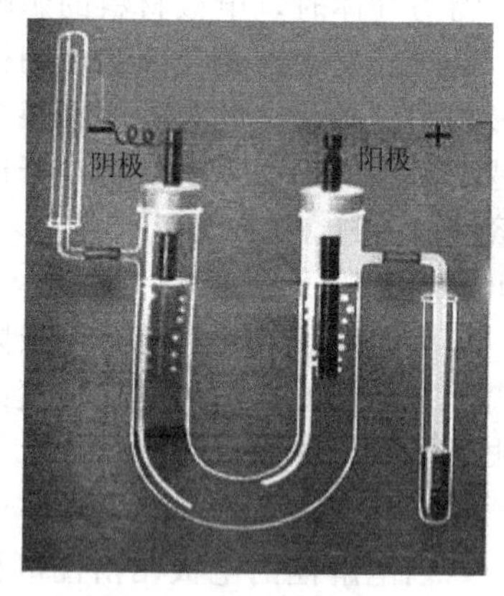

图 7-6　电解饱和食盐水

2. 电冶金工业

利用电解方法，从金属化合物中制取或提纯金属，称为电冶。它既可制取不活泼金属，也可制取活泼金属。

电解位于金属活动顺序中铝以前的金属盐溶液时，阴极上总是 H^+ 先放电，产生 H_2，得不到相应的金属。因此，制取 K、Na、Ca、Mg、Al 等这类活泼金属，只能电解它们的熔融态化合物。如电解熔融态 NaCl 制取金属钠，其反应为：

阳极：　$2Cl^- - 2e \xlongequal{} Cl_2\uparrow$（氧化反应）

阴极：　$2Na^+ + 2e \xlongequal{} 2Na$（还原反应）

电解总反应：　$2NaCl \xlongequal{\text{电解}} 2Na(\text{阴极}) + Cl_2\uparrow(\text{阳极})$

工业上还常用电解的方法精炼或提纯金属。如图 7-7 所示，用粗铜作阳极，纯铜作阴极，$CuSO_4$ 溶液为电解液，用电解法可将粗铜提炼为含铜达 99.99%的精铜。电解反应为：

阳极（粗铜）：　$Cu - 2e \xlongequal{} Cu^{2+}$（氧化反应）

阴极（纯铜）：　$Cu^{2+} + 2e \xlongequal{} Cu$（还原反应）

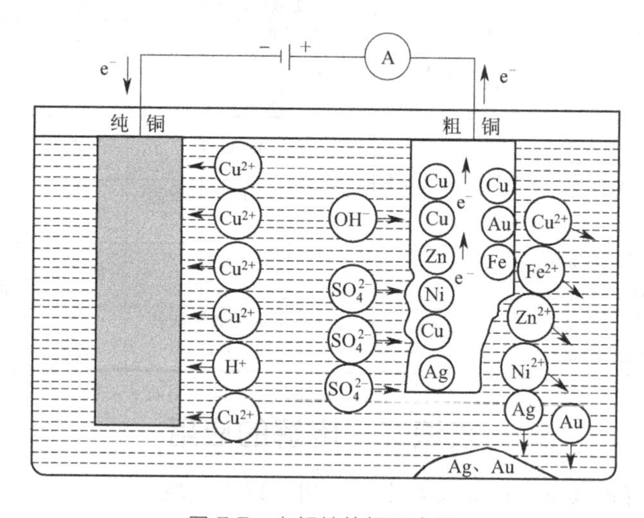

图 7-7　电解精炼铜示意图

粗铜中含有镍、铁、锌等比铜活泼的金属，电解时也被氧化成离子进入溶液，但这些离子都比铜离子难还原而保留在溶液中，不能在阴极析出。粗铜中的金、银、铂等金属不能溶解而沉积在阳极下面，称为阳极泥，从阳极泥中可提取金、银、铂等贵金属。而在阴极只有 Cu^{2+} 放电：

$$Cu^{2+} + 2e \xlongequal{} Cu$$

这样可将含 Cu 98.5%的粗铜精炼为含 Cu 99.9%的精铜，所以，这种方法又称电精炼。

3. 电镀

利用电解的方法，在一种金属表面镀上一层其他金属或合金的过程称为电镀。电镀的目的是增强金属的抗腐蚀能力，增加表面硬度和表面美观。因此，镀层通常是一些在空气或溶液中比较稳定的金属。如铬、锌、镍、金、银、铜锌合金等。如在铁制品上镀锌，装置如图 7-8 所示，铁制品（镀件）作阴极，被镀金属锌作阳极，$ZnCl_2$ 溶液作电镀液。电镀反应为：

阳极： $Zn - 2e \xlongequal{} Zn^{2+}$

阴极： $Zn^{2+} + 2e \xlongequal{} Zn$

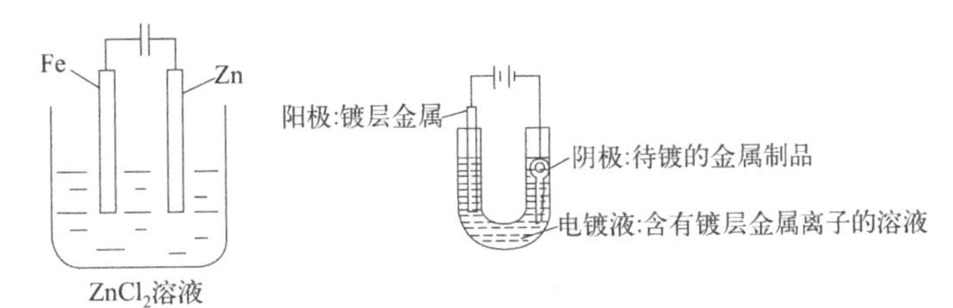

图 7-8 铁镀锌装置

电镀过程实质上也就是一个电解过程，其特点是阳极本身也参加电极反应，失去电子而溶解。

现以在铁制品上镀镍为例说明电镀过程。将铁制品（待镀金属或镀件）作阴极，Ni（镀层金属）作阳极，$NiSO_4$（镀层金属盐）溶液作电镀液。电极反应为：

阳极： $Ni - 2e \xlongequal{} Ni^{2+}$

阴极： $Ni^{2+} + 2e \xlongequal{} Ni$

这样，阳极 Ni 不断溶解，阴极铁制品上镀上了一层镍，溶液中 $NiSO_4$ 浓度保持不变。

必须指出，在实际生产中电镀液的配方是比较复杂的。通常既要加入一定量的表面活性剂等辅助试剂，又要加入合适的配合剂，以控制金属离子的浓度，从而使镀层均匀、光滑、牢固。

除金属电镀外，还可对塑料进行电镀。但由于塑料本身不能导电，不能像金属一样直接进行电镀，在电镀前要先对塑料进行表面预处理，除去塑料表面的油污和杂质，使塑料表面洁净，再涂上一层能导电的金属膜，将其作为阴极进行沥青密封电镀。塑料制品经过电镀后，具有质量轻、能导电、外表美观等优点。广泛应用于电子、光学仪器、机床按钮、轻工业产品等领域。

【想一想】 电解法精炼金属，作阳极的物质是________；电镀时，作阳极的物质是________。

项目四 化学电源

学习目标

1. 了解几种电池的结构和组成。
2. 了解几种电池的应用和发展前景。

借助氧化还原反应，将化学能直接转化为电能的装置称为化学电源，又称化学电池。如干电池、蓄电池、燃料电池等。

从理论上来说，任何一个能自发进行的氧化还原反应都可组成电池而产生电流，但从实用的角度考虑，化学电源应具备以下特点：供电方便，电压稳定，设备简单，使用寿命较长，造价较便宜，应用广泛等。目前常用的化学电源有干电池、蓄电池、微型电池。此外，对燃料电池的研究也不断取得进展。

知识一 锌-锰干电池

干电池的构造如图 7-9 所示。它以锌片制成的圆筒为负极，以插在中间的碳棒为正极，以 NH_4Cl、$ZnCl_2$、淀粉、MnO_2 及石墨粉等调制的糊状物作电解质，然后加以密封制成。其电池符号为：

$$(-)Zn|NH_4Cl,ZnCl_2|MnO_2,C(+)$$

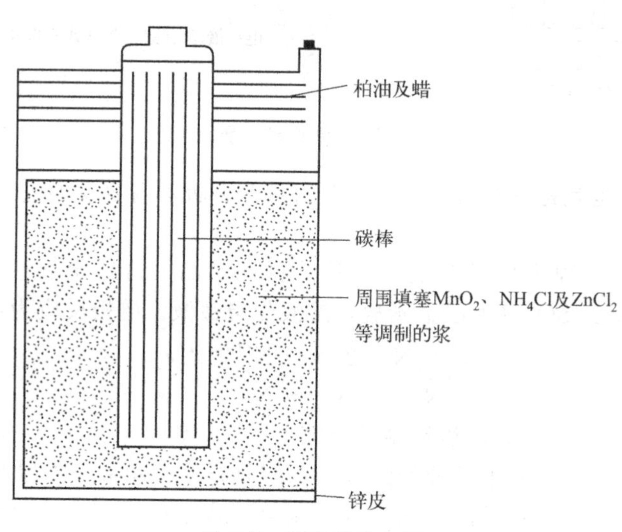

图 7-9 干电池的构造

当接通线路后，干电池中发生的反应是：

负极（锌筒）： $Zn-2e \longrightarrow Zn^{2+}$ 氧化反应

正极［MnO_2(C)］：$2NH_4^+ + 2e \longrightarrow 2NH_3 + H_2$ 还原反应

正极上生成的 H_2 和 NH_3 都会阻止 NH_4^+ 的继续放电。电池中加入 MnO_2 可将 H_2 氧化成 H_2O 而消除 H_2 对 NH_4^+ 放电的阻碍作用。

$$2MnO_2 + H_2 \longrightarrow Mn_2O_3 + H_2O$$

而 NH_3 可与 Zn^{2+} 反应生成配离子$[Zn(NH_3)_2]^{2+}$，抑制 Zn^{2+} 浓度的增大，使负极电极电势保持相对稳定，同时也消除 NH_3 对 NH_4^+ 放电的阻碍作用。

$$Zn^{2+} + 2NH_3 \longrightarrow [Zn(NH_3)_2]^{2+}$$

因此电池反应为：

$$Zn + 2MnO_2 + 2NH_4^+ \longrightarrow [Zn(NH_3)_2]^{2+} + Mn_2O_3 + H_2O$$

干电池的电动势约为 1.5V。当它使用一段时间后，电阻逐渐增大，电动势逐渐下降，因此它不宜长时间连续使用。它主要应用于使用电池的时间较短的器件（如电铃、手电筒）中，当电动势降到 0.75V 左右时就不能继续使用了。这样的电池称一次性电池或不可逆电池。

知识二　铅蓄电池

蓄电池是一种能贮存电能的装置。充电时将电能变成化学能贮存起来，充电后的蓄电池便可作原电池使用，此时化学能又转变为电能。蓄电池可以多次充电放电反复使用，称为二次电池。最常用的蓄电池是铅蓄电池。

根据电解质溶液的不同，蓄电池分为酸性蓄电池和碱性蓄电池两类。铅蓄电池是其中最常用的一种酸性蓄电池。

铅蓄电池的电极是两组栅状的Pb-Sb合金板，负极填有海绵状的Pb，正极填有疏松型的PbO_2，采用密度为1.24～1.28g/cm^3的H_2SO_4溶液（质量分数为30%左右）作电解质溶液。

放电时，它相当于原电池，有关反应为：

负极：　$Pb-2e+SO_4^{2-}$ ══ $PbSO_4$

正极：　$PbO_2+4H^++SO_4^{2-}+2e$ ══ $PbSO_4+2H_2O$

电池反应：　$Pb+PbO_2+4H^++2SO_4^{2-}$ ══ $2PbSO_4+2H_2O$

在进行上述反应时，化学能转变成了电能，产生的电流可供外电路使用，因此上述过程叫铅蓄电池的放电。

铅蓄电池的放电初始电压在2.2V以上。当放电至电压为1.9V（硫酸密度降到1.05g/cm^3）时，不宜再继续放电，此时应给它充电。充电时，将原正极接外电源正极，原负极接外电源负极，使两极上的$PbSO_4$分别转化为PbO_2、Pb。

原负极（阴极）：　$PbSO_4+2e$ ══ $Pb+SO_4^{2-}$

原正极（阳极）：　$PbSO_4+2H_2O-2e$ ══ $PbO_2+4H^++SO_4^{2-}$

总反应：　$2PbSO_4+2H_2O$ ══ $Pb+PbO_2+4H^++2SO_4^{2-}$

进行上述反应时，外电源提供的电能被蓄电池转变为化学能而储蓄起来，这一过程叫铅蓄电池的充电。如图7-10所示。

当充电到电压增至2.5V时，阴极上开始析出H_2，阳极上开始析出O_2，此时应停止充电，否则会损坏极板。另外，充电时必须通风良好，并禁止明火，以防止析出的H_2-O_2混合气体爆炸。

从以上分析可以看出，蓄电池的两极发生的反应是可逆的，因此它可反复充电、放电。可以用一个反应方程式来表示其反应：

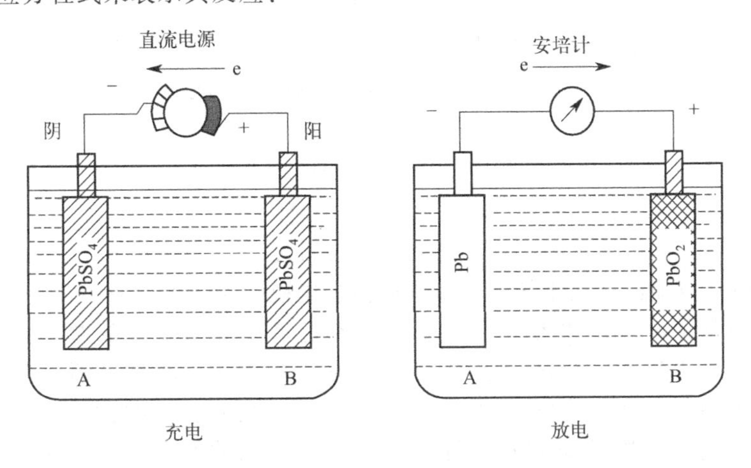

图7-10　铅蓄电池充电、放电示意图

$$2PbSO_4 + 2H_2O \underset{放电}{\overset{充电}{\rightleftharpoons}} Pb + PbO_2 + 2H_2SO_4$$

两个电极都由栅状铅板制成，负极填有海绵状的 Pb，正极填有疏松 PbO_2。以 30%的 H_2SO_4 为电解液，因此这类电池也称酸性蓄电池。

铅蓄电池具有电压高、放电稳定、输出功率高、价格便宜等优点，因此得到广泛的应用。但它体积笨重，不便携带，抗震性差，只适用于相对固定的设备（如汽车、轮船、火车）上。

知识三　银-锌电池

微型电池也是一种蓄电池，因其体积很小，形状像纽扣，又称为纽扣电池。它由正极壳、负极盖、绝缘密封圈、隔离膜、负极活性材料和正极活性材料共六部分组成。例如电子手表中使用的银-锌电池，其正极壳和负极盖都是由不锈钢制成；正极活性材料是 Ag_2O 和少量石墨的混合物（石墨的作用是导电剂）；负极活性材料是锌-汞齐；电解质溶液采用氢氧化钾浓溶液；绝缘密封圈系由尼龙注塑成型并涂上密封剂；隔离膜是一种有机高分子材料（如羧甲基纤维素等）。银-锌微型电池的电压可达 1.56V，其有关反应为：

负极：　$Zn + 2OH^- - 2e = Zn(OH)_2$　$\varphi^{\ominus}_{(ZnO_2^{2-}/Zn)} = -1.216V$

正极：　$Ag_2O + H_2O + 2e = 2Ag + 2OH^-$　$\varphi^{\ominus}_{(Ag_2O/Ag)} = 0.34V$

总反应：　$Zn + Ag_2O + H_2O = Zn(OH)_2 + 2Ag$

常用的微型电池还有 Zn-MnO_2 电池、Li-MnO_2 电池等。它们具有电压平稳、使用寿命长及贮存性好等优点，因此广泛应用在电子手表、液晶显示的计算器、小型助听器上。大型纽扣电池昂贵，但高能，用于人造卫星、宇宙火箭、空间电视转播站等。锂-碘电池寿命达十年，可应用在心脏起搏器中。

知识四　燃料电池

燃料电池是利用催化剂的作用，以燃料（如 H_2、CH_4 等）为负极，氧化剂（如 O_2、Cl_2、空气等）为正极，使其分别在两极发生氧化还原反应而产生电流。电解质通常是碱性、酸性物质或熔融盐等。

以碱性氢氧燃料电池为例，它的燃料极常用多孔性金属镍，用它来吸附氢气。空气极常用多孔性金属银，用它吸附空气。电解质则由浸有 KOH 溶液的多孔性塑料制成，其电池符号表示为：

负极反应：　$2H_2 + 4OH^- = 4H_2O + 4e$

正极反应：　$O_2 + 2H_2O + 4e = 4OH^-$

总反应：　$2H_2 + O_2 = 2H_2O$

氢氧燃料电池目前已应用于航天、军事通信、电视中继站等领域。

燃料电池与其他电池的主要区别在于，它不是将反应物质全部储存在电池内，而是在工作时不断从外界输入氧化剂和还原剂，同时将电极反应产物不断排出电池。从理论上讲，可作为电池燃料和氧化剂的化学物质很多，但目前得到实际应用的主要是氢-氧燃料电池。如碱性电解质的氢-氧燃料电池已成功应用于阿波罗登月飞船和航天飞机的动力电源。

【模块小结】

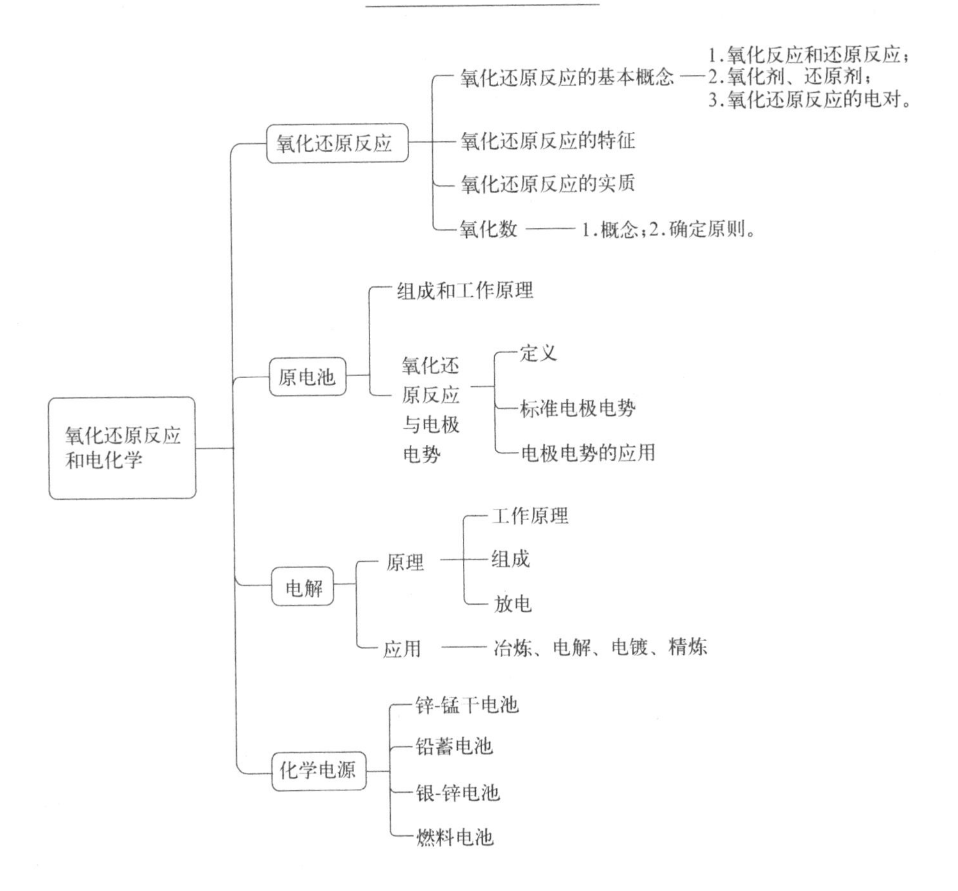

【思考与习题】

【思考题】

1. 什么是氧化数？如何计算分子或离子中元素的氧化数？

2. 如何用标准电极电势来判断氧化还原反应进行的方向？

3. 举例说明下列概念的区别和联系

(1) 氧化和氧化产物；　　(2) 还原和还原产物；

(3) 电极反应和原电池反应；　　(4) 电极电势和电动势

4. 在 Sn^{2+} 和 Fe^{2+} 的酸性混合溶液中，加入 $K_2Cr_2O_7$ 溶液，其氧化顺序如何？为什么？试写出有关化学反应方程式。

5. 在酸性溶液中含有 Fe^{3+}、$Cr_2O_7^{2-}$ 和 MnO_4^-，通入 H_2S 时，还原的顺序如何？试写出有关化学反应方程式。

6. $FeCl_2$、$SnCl_2$、H_2、KI、Li、Al 在酸性介质中能作为还原剂，试将这些物质按照还原能力的大小排序，并注明它们的还原产物。

7. 将铁片和锌片分别浸入稀硫酸中，他们都被溶解，并放出氢气。如果将两种金属同时浸入稀硫酸中，两端用导线连接，这时有什么现象发生？是否两种金属都溶解了？氢气在哪一片金属上析出？试说明理由。

8. 有人说“氯化铜溶液通电后，在电流的作用下，氯化铜分子解离成铜离子和氯离子，在阳极上生成金属铜，在阴极上产生氯气。”指出错误，并加以正确叙述。

9. 电冶一般用来冶炼哪些金属？试举例说明冶炼时的原理。

10. 利用电镀的方法如何使铁钥匙圈上镀上镍层。

【习题】

一、填空题

1. 在化学反应中，若反应前后元素化合价发生变化，一定有__________转移，这类反应就属于__________反应。元素的化合价升高，表明这种物质__________电子，发生了__________反应，这种物质是__________剂；元素的化合价降低，表明这种物质__________电子，发生了__________反应，这种物质是__________剂。

2. 在氧化还原反应中，氧化剂__________电子，发生__________反应，所含元素化合价__________；还原剂__________电子，发生__________反应，所含元素化合价__________。

3. 铁与氯气反应的产物中铁的氧化数是__________，铁与盐酸的反应产物中铁的氧化数是__________，说明氯气的氧化性比盐酸的氧化性__________。

4. 在 Fe、Fe^{2+}、Fe^{3+}、Cl_2、Cl^-、Na^+ 几种粒子中，只有氧化性的是__________，只有还原性的是__________，既有氧化性又有还原性的是__________。

5. 在 H_2SO_4、$Na_2S_2O_3$、$Na_2S_4O_6$ 中 S 的氧化值分别为__________。

6. 在原电池中，流出电子的电极为__________，负极发生的是__________；接受电子的电极为__________，在正极发生的是__________。原电池可将__________能转化为__________能。

7. 在原电池中，E 值大的电对为______极，E 值小的电对为______极；电对的 E 值越大，其氧化型__________越强；电对的 E 值越小，其还原型__________越强。

8. 温度为__________，与电极有关的离子浓度为__________，有关气体压力为__________时相对于标准氢电极的电极电位称为某电对的标准电极电位。

9. 电极电位越小，则该电对的还原态物质还原能力__________，氧化态物质氧化能力__________。

10. 已知 $\varphi^{\ominus}_{(Cl_2/Cl^-)} > \varphi^{\ominus}_{(Fe^{3+}/Fe^{2+})} > \varphi^{\ominus}_{(I_2/I^-)}$，标准状况下，最强的氧化剂是______，最强的还原剂是______。氧化性由强到弱排序__________，还原性由强到弱排序__________。

11. $FeCl_3$ 和 $SnCl_2$ 溶液间可发生如下反应：$2FeCl_3 + SnCl_2 \rightleftharpoons 2FeCl_2 + SnCl_4$，则氧化反应为__________，还原反应为：__________，原电池符号为：__________。

12. 氧化还原反应：$H_2O_2 + Cl_2 = 2HCl + O_2$ 中__________为氧化剂，__________为还原剂。

13. 在 $NaBH_4$ 中，B 的氧化数为__________，H 的氧化数为__________。

14. 标准氢电极的电极电势为__________V。

15. 在标准状态下可通过直接比较__________大小而判断氧化剂和还原剂的相对强弱。

16. 在标准状态下，电对的标准电极电势值愈大，表明其__________越强，是越强的__________，而对应的还原型__________越弱，是越弱的__________。

17. 原电池中，正极的电极电势值比负极的电极电势值__________，发生__________反应。

18. Cu-Fe 原电池的电池符号是______________，如向 Cu^{2+}/Cu 电极中加入氨水，则原电池电动势__________。

19. 将标准状态下的原电池反应 $2Fe^{2+} + Cl_2(g) \rightleftharpoons 2Fe^{3+} + 2Cl^-$，正极反应为__________，负极反应为__________，原电池符号是________________________________。

20. 已知 $\varphi^\ominus_{(Cu^{2+}/Cu)} = 0.337V$，$\varphi^\ominus_{(Sn^{2+}/Sn)} = -0.136V$，由其组成的原电池反应是__________，原电池符号为________________________________。

21. 在电极反应 $Zn^{2+} + 2e \longrightarrow Zn$ 中，增大 Zn^{2+} 的浓度，Zn 的还原性__________。

22. 标准状态下，电对 Cl_2/Cl^-，Br_2/Br^-，I_2/I^- 中各物质氧化性由强到弱的顺序为__________，还原性由强到弱的顺序是__________。

23. 已知 $\varphi^\ominus_{(Cu^{2+}/Cu)} = 0.337V$，$\varphi^\ominus_{(Fe^{3+}/Fe^{2+})} = 0.771V$，$\varphi^\ominus_{(Sn^{4+}/Sn^{2+})} = 0.154V$，$\varphi^\ominus_{(Fe^{2+}/Fe)} = -0.44V$。其中氧化能力最强的物质是__________，还原能力最强的物质是__________。

二、选择题

1. 在氧化还原反应中，氧化剂中（　　）。

A. 元素的原子失去电子　　B. 元素的原子得到电子

C. 元素化合价升高　　D. 元素化合价既不升高也不降低

2. 下列有关 Cu-Zn 原电池的叙述中错误的是（　　）。

A. 盐桥中的电解质可保持两个半电池中的电荷平衡

B. 盐桥用于维持氧化还原反应的进行

C. 盐桥中的电解质不能参与电池反应

D. 电子通过盐桥流动

3. 电解纯水制取 O_2 和 H_2 时，为提高导电能力，可加入（　　）。

A. Na_2SO_4　　B. NaCl　　C. $CuSO_4$　　D. H_2S

4. 电镀银时，应用（　　）作阳极。

A. Ag　　B. Cu　　C. Zn　　D. 石墨

5. 黑火药的爆炸反应为：$2KNO_3 + S + 3C \longrightarrow K_2S + N_2\uparrow + 3CO_2\uparrow$，其中被还原的物质是（　　）。

A. N　　B. C　　C. N 和 S　　D. N 和 C

6. 氧化还原反应 $KClO_3 + 6HCl \longrightarrow KCl + 3Cl_2 + 3H_2O$，当生成 0.5mol Cl_2 时，氧化产物和还原产物的物质的量之比为（　　）。

A. 5∶1　　B. 3∶1　　C. 1∶3　　D. 1∶5

7. 原电池反应式 $2MnO_4^- + 10Fe^{2+} + 16H^+ \longrightarrow 2Mn^{2+} + 10Fe^{3+} + 8H_2O$，则此原电池的正确表示是（　　）。

A. $(-)Fe \mid Fe^{2+}(c_1), Fe^{3+}(c_2) \parallel MnO_4^-(c_3), Mn^{2+}(c_4), H^+(c_5) \mid Mn(+)$

B. $(-)Pt \mid MnO_4^-(c_1), Mn^{2+}(c_2), \parallel Fe^{3+}(c_4), Fe^{2+}(c_5) \mid Pt(+)$

C. $(-)Pt \mid Fe^{2+}(c_1), Fe^{3+}(c_2) \parallel MnO_4^-(c_3), Mn^{2+}(c_4), H^+(c_5) \mid Pt(+)$

D. $(+)Mn \mid MnO_4^-(c_1), Mn^{2+}(c_2), H^+(c_3) \parallel Fe^{3+}(c_4), Fe^{2+}(c_5) \mid Fe(-)$

8. 已知 $\varphi^\ominus_{(Fe^{3+}/Fe^{2+})} = 0.771V$，$\varphi^\ominus_{(Fe^{2+}/Fe)} = -0.44V$，$\varphi^\ominus_{(Cu^{2+}/Cu)} = 0.337V$，则下列各组物质可以共存的是（　　）。

A. Fe^{3+}，Fe　　B. Fe^{2+}，Cu^{2+}　　C. Cu^{2+}，Fe　　D. Fe^{3+}，Cu

9. 下列离子能与 I^- 发生氧化还原反应的是（　　）。

A. Hg^{2+}　　B. Zn^{2+}　　C. Ag^+　　D. Fe^{3+}

10. 已知 $\varphi^\ominus_{(MnO_2/Mn^{2+})} = 1.224V$，$\varphi^\ominus_{(Cr_2O_7^{2-}/Cr^{3+})} = 1.33V$，$\varphi^\ominus_{(Fe^{3+}/Fe^{2+})} = 0.771V$，

$\varphi^{\ominus}_{(Cl_2/Cl^-)}=1.36V$，$\varphi^{\ominus}_{(I_2/I^-)}=0.5355V$，$\varphi^{\ominus}_{(Br_2/Br^-)}=1.087V$。欲氧化 I^-，而 Cl^-、Br^- 不被氧化，应选择（　　）。

A. MnO_2　　B. $K_2Cr_2O_7$　　C. $FeCl_3$　　D. $CrCl_3$

11. 标准状态下，反应 $Fe+Ag^+ = Fe^{2+}+Ag$ 能自发进行，则（　　）。

A. $\varphi^{\ominus}_{(Fe^{2+}/Fe)}>\varphi^{\ominus}_{(Ag^+/Ag)}$

B. $\varphi^{\ominus}_{(Fe^{2+}/Fe)}<\varphi^{\ominus}_{(Ag^+/Ag)}$

C. $\varphi^{\ominus}_{(Fe^{2+}/Fe)}=\varphi^{\ominus}_{(Ag^+/Ag)}$

D. 无法判断

三、判断题

1. 在氧化还原反应中，氧化剂得电子，还原剂失电子。（　　）
2. 在 $3Ca+N_2 \longrightarrow Ca_3N_2$ 反应中，N_2 是氧化剂。（　　）
3. 电极的电极电势一定随 pH 值的改变而改变。（　　）
4. 铜锌原电池中，向锌电极中加入少量氨水，则电池电动势变大。（　　）
5. 标准氢电极的电极电势为零，是实际测定的结果。（　　）
6. 歧化反应是同种分子中同种原子之间发生的氧化还原反应。（　　）
7. 元素氧化数升高的过程称为氧化，而氧化数升高的物质称为还原剂。（　　）
8. 电极反应 $Zn^{2+}+2e \longrightarrow Zn$，其 $\varphi^{\ominus}_{(Zn^{2+}/Zn)}=-0.7618V$，则 $1/2Zn^{2+}+e \longrightarrow 1/2Zn$，$\varphi^{\ominus}_{(Zn^{2+}/Zn)}=-0.3809V$。（　　）
9. 溶液酸度越大，φ 越大，$Cr_2O_2^{-7}$ 离子的氧化能力越强。（　　）
10. 在氧化还原反应中，反应总是向着生成较弱的氧化剂和较弱的还原剂的方向进行。（　　）
11. 原电池中电子总是由负极流向正极。（　　）
12. 在 298.15K 及标准状态下，测定电对 H^+/H_2 的电极电势为零。（　　）
13. 任一温度下均可用标准氢电极测定标准状态下的任一电对的标准电极电势值。（　　）
14. 电极反应：氧化型$+ne \rightleftharpoons$ 还原型，n 越大，标准电极电势越大。（　　）
15. 电对的电极电势值越大，则其氧化型的氧化能力越强，还原型的还原能力越弱。（　　）
16. 利用标准电极电势可判断物质在任何状态时的氧化还原性。（　　）
17. $\varphi^{\ominus}_{(Cl_2/Cl^-)}=1.36V$，$\varphi^{\ominus}_{(MnO_2/Mn^{2+})}=1.224V$，因此不能用 MnO_2 和 HCl 反应制备 Cl_2。（　　）
18. 氧化还原反应的平衡常数越大，反应程度越大，反应进行得越快。（　　）
19. 元素电势图中某物质前后的电极电势值均为负数，则该物质在溶液中一定稳定。（　　）
20. 当原电池反应达到平衡时，原电池电动势等于零，则正、负两极的标准电极电势相等。（　　）
21. 在有机化合物中碳的氧化数都是 4。（　　）
22. 铬酸根中铬的氧化数为+6，砷酸根中砷的氧化数为+5。（　　）
23. 由电极反应中的 Nernst 方程可知，温度升高电极电势变小。（　　）
24. 由铜、锌和稀硫酸构成的原电池中，电子由锌片经硫酸溶液流向铜片。（　　）

四、名词解释

1. 原电池　2. 氧化还原反应　3. 标准氢电极　4. 电极电位　5. 氧化数

五、计算题

1. 298K 时，$\varphi^{\ominus}_{(KMnO_4/Mn^{2+})}=1.507V$，$\varphi^{\ominus}_{(Cl_2/Cl^-)}=1.358V$，在 298K 标准状态下将电对 $KMnO_4/Mn^{2+}$ 和 Cl_2/Cl^- 组成原电池，用原电池符号表示该电池的组成，并计算原电池的电动势。

2. 已知甘汞电极反应为：$Hg_2Cl_2+2e \longrightarrow 2Hg+2Cl^-$，$\varphi^{\ominus}=0.2681V$，计算$[Cl^-]=0.16mol/L$ 时的电极电势。

3. 298K 时，有原电池如下：$(-)Pt \mid Cl_2(p^{\ominus}) \mid Cl^-(c^{\ominus}) \parallel H^+(c^{\ominus})$，$Mn^{2+}(c^{\ominus})$，$MnO_4^-(c^{\ominus}) \mid Pt(+)$。(1) 写出电池反应式。(2) 计算反应的平衡常数。(3) 若原电池中其他条件不变，使$[Cl^-]=[H^+]=1.0\times10^{-3}mol/L$，求原电池的电动势，说明此时电池反应进行的方向。[$\varphi^{\ominus}_{(Cl_2/Cl^-)}=1.358V$，$\varphi^{\ominus}_{(MnO_4^-/Mn^{2+})}=1.51V$]

模块八　配位平衡

通过配位化合物的学习，掌握配位化合物的基本概念、组成、命名；理解和掌握配合物的价键理论，掌握配位化合物稳定常数、逐级稳定常数、不稳定常数等基本概念和配位平衡的移动。

项目一　配合物

学习目标

1. 了解配合物的定义，配离子的含义以及在水溶液中的存在形式。
2. 掌握配合物的组成、内界、外界、中心离子、配位体、配位数、配离子的电荷数等概念。
3. 掌握配合物的命名（关键是配离子的命名）。
4. 掌握螯合物和 EDTA 的概念和性质、特点。

知识一　配位键和配合物

一、配位键

前面介绍的共价键中，共用电子对都是由成键的两个原子提供的，即每个原子提供一个电子，但是还有一类特殊的共价键，共用电子对是由一个原子单方面提供而与另一个原子（不需要提供电子）共用，这种共价键叫作配位共价键，简称配位键。

下面以 NH_4^+ 为例，说明配位键的形成。

NH_4^+ 由 NH_3 分子与 H^+ 离子结合而成，NH_3 分子中的 N 有一对没有与其他原子共用的孤对电子，而 H^+ 具有一个 1s 空轨道，NH_3 分子与 H^+ 相遇时，NH_3 提供孤对电子，H^+ 提供容纳电子的空轨道，通过配位键形成 $NH_4{}^+$，配位键通常用箭头符号“→”表示，箭头由提供孤对电子的原子指向接受电子的离子或原子，$NH_4{}^+$ 形成过程可用电子式表示如下：

$$\mathrm{H:\underset{\cdot\cdot\ H}{\overset{H}{N}}:}\ +\mathrm{H^+}\longrightarrow\left[\mathrm{H:\underset{\cdot\cdot\ H}{\overset{H}{N}}:H}\right]^+$$

配位键

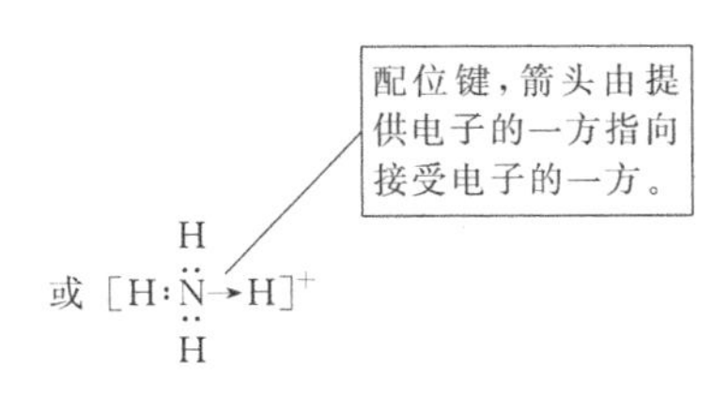

可见形成配位键必须具备两个条件：

① 电子对给予体必须具有孤对电子。

② 电子对接受体必须具有空的价电子轨道。

配位键是一种常见的化学键，可以存在于简单分子中，也可以在离子与离子、离子与分子，甚至原子与分子之间形成，凡电子接受体有空轨道，电子给予体有孤对电子时，两者就可能形成配位键，例如，HNO_3、H_2SO_4 及其盐中均存在着配位键。

二、配离子和配合物

【演示实验】① 取两份 $CuSO_4$ 溶液，第一份加入少量 NaOH，有浅蓝色沉淀生成；第二份加入少量 $BaCl_2$，有白色沉淀生成。说明 $CuSO_4$ 溶液中有 Cu^{2+} 和 SO_4^{2-} 。

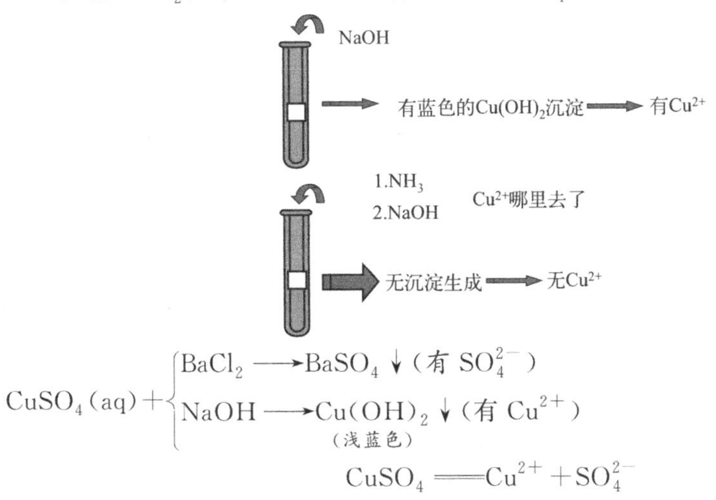

$$CuSO_4(aq)+\begin{cases}BaCl_2 \longrightarrow BaSO_4\downarrow(\text{有 }SO_4^{2-})\\ NaOH \longrightarrow \underset{(\text{浅蓝色})}{Cu(OH)_2}\downarrow(\text{有 }Cu^{2+})\end{cases}$$

$$CuSO_4 = Cu^{2+} + SO_4^{2-}$$

② 另取一份 $CuSO_4$ 溶液逐滴加氨水，开始有浅蓝色沉淀生成，继续加入氨水则沉淀消失，变成深蓝色溶液，反应如下：

$$2CuSO_4+2NH_3+2H_2O \rightleftharpoons Cu_2(OH)_2SO_4(\text{浅蓝色})+(NH_4)_2SO_4$$

$$Cu_2(OH)_2SO_4+(NH_4)_2SO_4+6NH_3 \rightleftharpoons 2[Cu(NH_3)_4]SO_4(\text{深蓝色})+2H_2O$$

合并二反应式得：

$$CuSO_4+4NH_3 \rightleftharpoons [Cu(NH_3)_4]SO_4 \quad \text{硫酸四氨合铜}$$

将实验②所得的深蓝色溶液分为两份，一份加入少量 $BaCl_2$ 溶液，仍有白色 $BaSO_4$ 沉淀生成，说明溶液中仍含有 SO_4^{2-}，另一份加入少量 NaOH 溶液，并无浅蓝色沉淀生成，也无 NH_3 气体产生，说明在 $[Cu(NH_3)_4]SO_4$ 溶液中几乎检查不出 Cu^{2+} 和 NH_3 分子的存在。

$[Cu(NH_3)_4]^{2+}$ 的结构式为：

$$\left[\begin{array}{c} NH_3 \\ \downarrow \\ H_3N \rightarrow Cu \leftarrow NH_3 \\ \uparrow \\ NH_3 \end{array}\right]^{2+}$$

由此可见 $[Cu(NH_3)_4]SO_4$ 在水溶液中的离解方程式为：

$$[Cu(NH_3)_4]SO_4 \rightleftharpoons [Cu(NH_3)_4]^{2+} + SO_4^{2-}$$

因此 $CuSO_4$ 与过量氨水的反应离子方程式为：

$$Cu^{2+} + 4NH_3 \rightleftharpoons [Cu(NH_3)_4]^{2+}$$

由以上实验可知 $[Cu(NH_3)_4]^{2+}$ 不再有 Cu^{2+} 的性质，而有它自己的特性，这个复杂离子叫配离子，$[Cu(NH_3)_4]^{2+}$ 叫铜氨配离子，它是由金属离子 Cu^{2+} 与一定数目的中性分子（氨分子）结合而成的。

由于 $[Cu(NH_3)_4]^{2+}$ 配离子在水中很难解离，使溶液中 Cu^{2+} 浓度降低，破坏了 $Cu_2(OH)_2SO_4$ 的沉淀溶解平衡，促使平衡向右移动，浅蓝色的 $Cu_2(OH)_2SO_4$ 沉淀逐渐溶解，生成深蓝色的 $[Cu(NH_3)_4]^{2+}$。

$[Cu(NH_3)_4]^{2+}$ 配离子中，Cu^{2+} 和 NH_3 分子之间是以配位键的形式结合。类似的离子有很多，这种由一个阳离子和一定数目的中性分子或阴离子以配位键结合形成的复杂离子称为配离子。配离子与其他离子所形成的化合物称为配位化合物，简称配合物。如硫酸四氨合铜 $[Cu(NH_3)_4]SO_4$（$[Cu(NH_3)_4]^{2+}$，配位阳离子）；$K_2[HgI_4]$（$[HgI_4]^{2-}$，配阴离子）。

三、配合物的组成和结构

1. 配合物的组成——内界和外界、中心离子

配合物的组成很复杂，如图 8-1 所示，一般把配合物分为内界和外界两个部分。配离子称为内界，是配合物的特征部分。除配离子外的其他离子称为配合物的外界。书写配合物化学式时，内界用方括号“[]”括起来，外界写在方括号外。界含有一个中心离子，是配合物的核心，也称配合物的形成体。如 $[Cu(NH_3)_4]^{2+}$ 中的 Cu^{2+}。

2. 中心离子（或中心原子）

位于配合物中心的阳离子（或原子），是配合物的形成体，称为中心离子（或中心原子）。

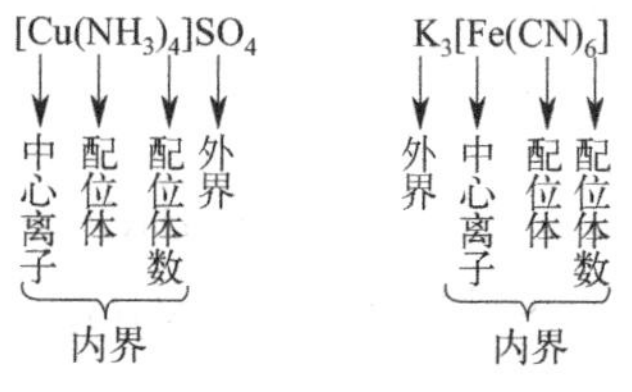

图 8-1 配合物组成示意图

常见中心离子（或原子）大多是过渡元素的金属离子，如 Fe^{3+}、Fe^{2+}、Cu^{2+}、Cu^{+}、Co^{3+}、Cr^{3+}、Zn^{2+}、Pt^{4+}、Ag^{+}、Au^{3+}、Hg^{2+}、Ni^{2+} 等；少数为非金属离子、副族元素金属原子和主族元素金属离子，如 $[SiF_6]^{2-}$、$[BF_4]^{-}$、$[Fe(CO)_5]$、$[Ni(CO)_4]$、$[AlF_6]^{3-}$ 中的 Si^{4+}、B^{3+}、Fe、Ni、Al^{3+} 等。在形成配合物的过程中，中心离子的作用是提供空轨道，接受配位原子提供的孤对电子形成配位键。

3. 配位体和配位剂

在中心离子周围以配位键结合的中性分子或阴离子，称为配位体。凡是可作配位体或含有可作配位体的离子的物质叫作配合剂。F^{-}、Cl^{-}、CN^{-}、SCN^{-} 及一些有机酸根等阴离子或 H_2O、NH_3 等分子都有孤对电子，都可以成为配位体。

配位体与配位原子：提供孤对电子，与中心离子配位成键。

单基配位体：只含有一个配位原子的配位体。如：NH_3、CN^{-}、NO_2^{-}（硝基）、SCN^{-}（硫氰根）。

多基配位体：含有两个或两个以上配位原子的配位体。如：乙二胺（简写 en）、草酸根（$^{-}O-\overset{\overset{O}{\|}}{C}-\overset{\overset{O}{\|}}{C}-O^{-}$）。

4. 配位原子和配位数

配位体中直接与中心离子结合的原子称配位原子。如 $[Cu(NH_3)_4]^{2+}$ 中的 N 原子，

$[CrCl_2(NH_3)_4]Cl$ 中的配位体是 NH_3 和 Cl^-，配位原子是 N 和 Cl。

常见的配位原子均为非金属原子，如 N、C、S、O 及卤素原子。

配位体所含配位原子的个数不同。只含有一个配位原子的配位体，称为单齿配位体（或单基配位体）。如配位体 H_2O、NH_3、X^-、OH^-、CN^-、CO 等均为单齿配位体。常见单齿配位体及配位后的名称见表 8-1。

表 8-1 常见单齿配位体及其名称

配位体	配位原子	配位体名称	配位体	配位原子	配位体名称
H_2O	O	水	SCN^-	S	硫氰酸根
NH_3	N	氨气	NCS^-	N	异硫氰酸根
F^-	F	氟	CN^-	C	氰
Cl^-	Cl	氯	$S_2O_3^{2-}$	S	硫代硫酸根
Br^-	Br	溴	CO	C	羰基
I^-	I	碘	NO_2^-	N	硝基
OH^-	O	羟	ONO^-	O	亚硝基

有的配位体虽含有两个配位原子，但形成配合物时只有一个配位原子参与成键，也属于单齿配位体。例如配位体 SCN^- 以 S 为配位原子时，称为硫氰酸根，写作 SCN^-；以 N 为配位原子时，称为异硫氰酸根，写作 NCS^-，习惯写作 SCN^-。配位体 NO_2^- 以 N 为配位原子时，称为硝基，写作 NO_2^-。配位体 $S_2O_3^{2-}$ 中的配位原子为一个硫原子。

含有两个或两个以上配位原子的配位体，称为多齿配位体（或多基配位体）。例如乙二胺分子中两个 N 原子都是配位原子；乙二胺四乙酸根中两个 N 原子和四个羧基上 O 原子都是配位原子；草酸根 $C_2O_4^{2-}$ 中的两个羧基上 O 原子都是配位原子。三种多齿配位体结构简式如图 8-2 所示。

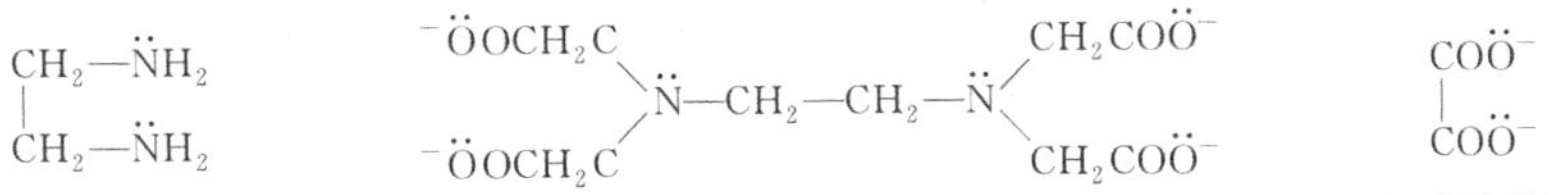

$CH_2—\ddot{N}H_2$ | $CH_2—\ddot{N}H_2$

（a）乙二胺

$^-\ddot{O}OCH_2C$, $^-\ddot{O}OCH_2C$ $\rangle\ddot{N}—CH_2—CH_2—\ddot{N}\langle$ $CH_2CO\ddot{O}^-$, $CH_2CO\ddot{O}^-$

（b）乙二胺四乙酸根

$CO\ddot{O}^-$ | $CO\ddot{O}^-$

（c）草酸根

图 8-2 三种多齿配位体结构简式

含有配位体的物质称为配合剂，如 H_2O、NH_3、CO、KI、KSCN、KOH、$H_2C_2O_4$、$Na_2S_2O_3$ 等。

配位原子的数目称为中心离子的配位数。如 $[Cu(NH_3)_4]^{2+}$ 中 Cu^{2+} 的配位数是 4。影响中心离子配位数的因素很多，它与中心离子和配位体的电荷、半径和核外电子层排布等都有密切关系。

常见的配位数是 2、4、6，每种金属阳离子都有其特征配位数，一些金属阳离子的常见配位数见表 8-2。

表 8-2 金属阳离子的常见配位数

配位数	金属阳离子
2	Ag^+、Cu^+、Au^+
4	Cu^{2+}、Co^{2+}、Hg^{2+}、Ni^{2+}、Pt^{2+}、Zn^{2+}
6	Al^{3+}、Ca^{2+}、Co^{2+}、Co^{3+}、Cr^{3+}、Fe^{2+}、Fe^{3+}

单基配体中配位数等于配体的总数。多基配体中配位数等于中心离子或原子与配体之间形成的 δ 键总数。

5. 配离子的电荷数

配离子的电荷数是中心离子和配位体两者电荷的代数和。配离子带有电荷，分为配阳离子和配阴离子。如 $[Cu(NH_3)_4]^{2+}$ 为配阳离子，$[Fe(CN)_6]^{3-}$ 为配阴离子。如：

$[Cu(NH_3)_4]^{2+}$ 配离子的电荷为：$(+2)+4\times0=+2$

$[Fe(CN)_6]^{3-}$ 配离子的电荷数为：$(+3)+(-1)\times 6=-3$

$[Fe(CN)_6]^{4-}$ 配离子的电荷为：$(+2)+6\times(-1)=-4$

$[PtCl_6]^{2-}$ 的电荷数是：$(+4)+6\times(-1)=-2$

$[PtCl_2(NH_3)_2]$ 配合单元的电荷：$(+2)+2\times0+2\times(-1)=0$

$[Co(NH_3)_3(H_2O)Cl_2]^+$ 的电荷数是：$1\times(+3)+3\times0+1\times0+2\times(-1)=+1$

$[PtCl_2(NH_3)_2]$ 是一个内界不带电荷的配合物。一般内界均带电荷，由于整个配合物是电中性，外界离子与配离子电荷的代数和为零。因此，也可从配合物外界离子的电荷来推算配离子的电荷。这对于确定具有不同化合价的中心离子所形成的配离子的电荷更为方便。如在 $K_3[Fe(CN)_6]$ 中配离子的电荷为－3，从而推知中心离子是 Fe^{3+}。

知识二　配位化合物的类型和命名

一、配合物的命名

配合物组成比较复杂，有必要进行系统命名，下面就简单的配合物命名原则予以介绍：

(1) 内界与外界命名同一般简单无机化合物。例如配合物的外界酸根是一个简单的阴离子如 Cl^-，则称“某化某”。例如 $[Ag(NH_3)_2]Cl$，称为氯化二氨合银（Ⅰ）。若外界酸根是复杂阴离子如 SO_4^{2-}，则称“某酸某”，例如 $[Cu(NH_3)_4]SO_4$，称为硫酸四氨合铜（Ⅱ）。

(2) 配合物的命名关键是内界配离子的命名，配离子通常按以下顺序命名：

配位数一配位体-“合”-中心离子名称-中心离子化合价-“离子”。其中，配位数用中文数字（一、二、三……）表示，中心离子的化合价用罗马数字（Ⅰ、Ⅱ、Ⅲ…）表示。一些常见的配离子，还通常有习惯上的简单叫法。如：

$[Fe(CN)_6]^{3-}$ 六氰合铁(Ⅲ)离子（或铁氰根配离子）

$[Ag(NH_3)_2]^+$ 二氨合银(Ⅰ)离子（或银氨配离子）

注意：不同配位名称之间用圆点“·”分开；配体为多种时，一般先阴离子后分子；阴离子次序为：简单离子-复杂离子-有机酸根离子，中性分子则按配位原子元素符号的拉丁字母顺序。如：

$H_2[PtCl_6]$	六氯合铂(Ⅳ)酸
$Na_2[Zn(OH)_4]$	四羟基合锌(Ⅱ)酸钠
$[CrCl_2(H_2O)_4]Cl$	一氯化二氯·四水合铬(Ⅲ)
$[PtCl(NO_2)(NH_3)_4]SO_4$	硫酸一氯·一硝基·四氨合铂(Ⅳ)
$[Fe(CO)_5]$	五羰基合铁(0)
$[PtCl_4(NH_3)_2]$	四氯·二氨合铂(Ⅳ)

配合物的命名遵循简单无机物的命名原则，按配合物组成特征不同，也有酸、碱、盐之分，举例如下：

配位酸：内界为配阴离子，外界为氢离子，称“某酸”。

$H_2[CuCl_4]$　　四氯合铜(Ⅱ)酸

配位碱：内界为配阳离子，外界为氢氧根离子，称“氢氧化某”。如

$[Zn(NH_3)_4](OH)_2$　　氢氧化四氨合锌

配位盐：类似于简单无机盐的命名方法，阴离子在前，阳离子在后，称为“某酸某”或

“某化某”，一些常见的配合物也通常有习惯上的简单叫法。如：

$K_3[Fe(CN)_6]$	六氰合铁(Ⅲ)酸钾(或称铁氰化钾、赤血盐)
$[Ag(NH_3)_2]Cl$	氯化二氨合银(Ⅰ)
$[Cr(H_2O)_4Cl_2]Cl$	氯化二氯四水合铬(Ⅲ)
$K_3[Co(NO_2)_6]$	六硝基合钴(Ⅲ)酸钾

有些常见的配合物，仍沿用一些习惯叫法，如 $[Cu(NH_3)_4]^{2+}$ 称为铜氨配离子，$[Ag(NH_3)_2]^+$ 称为银氨配离子，$K_3[Fe(CN)_6]$ 称铁氰化钾（赤血盐），$K_4[Fe(CN)_6]$ 称亚铁氰化钾（黄血盐）等。

二、配位化合物的类型

配合物中的配位体根据含有配位原子个数的不同，可分为单基配位体和多基配位体两类。

（一）简单配合物

由单基配位体与中心离子所形成的配合物称为简单配合物。一般由一个中心离子与几个单基配位体形成配合物。本模块前面所提到的那些配合物如 $[Cu(NH_3)_4]SO_4$、$K_2[HgI_4]$、$K_2[PtCl_4]$、$[Ag(NH_3)_2]^+$、$[ZnCl_4]^{2-}$、$[Ni(CN)_4]^{2-}$ 等均属于这种类型。这类配合物中一般没有环状结构，在溶液中常发生逐级生成和逐级解离，如 $[Ag(NH_3)_2]^+$ 的形成：

$$Ag^+ + 2NH_3 \rightleftharpoons [Ag(NH_3)_2]^+$$

$$[Ag(NH_3)_2]^+ \rightleftharpoons Ag^+ + 2NH_3$$

简单配合物的特点：①配位反应是分级配位；②逐级稳定常数间比较接近；③稳定常数比较小，形成的配合物不太稳定。所以，简单配合物一般不能用于配位滴定。

（二）螯合物、氨羧配位剂

1. 螯合物

多基配位体与同一中心离子形成的具有稳定环状结构的配合物，称为螯合物，又叫内配合物。螯合物中的配位体称为螯合剂或配位剂。例如 Cu^{2+} 与乙二胺（en）结合时，由于乙二胺中的两个氮配位原子可以同时和 Cu^{2+} 配合形成环状结构的配合物。

$$Cu^{2+} + 2\begin{matrix} CH_2—NH_2 \\ | \\ CH_2—NH_2 \end{matrix} \longrightarrow \left[\begin{matrix} H_2C—NH_2 & & H_2N—CH_2 \\ | & \searrow Cu \swarrow & | \\ H_2C—NH_2 & \nearrow \quad \nwarrow & H_2N—CH_2 \end{matrix}\right]^{2+}$$

螯合物的中心离子和配位体数目之比称配合比。螯合物中的环称为螯环。例：$[Cu(en)_2]^{2+}$ 中，配合比=1∶2；$[Zn(EDTA)]^{2-}$ 中，配合比=1∶1。螯合物的环上有几个原子，称为几原子环。由于螯合物具有环状结构，其稳定性比简单配合物高得多，同一配位体形成的螯合环数目越多，螯合物越稳定，其中又以五元环、六元环最稳定。螯合物中常见的配位原子为N、O、S。

形成螯合物的配体称螯合剂。作为螯合剂一般必须具备下列两个条件：①配体必须含有两个或两个以上能同时给出电子对的原子，主要是O、N、S、P等配位原子；②这种含两个或两个以上能给出孤对电子的配位原子应该间隔两个或三个其他原子，因为只有这样才能形成稳定的五原子或六原子环，获得稳定的环状结构。例如联氨 $H_2N—NH_2$，虽有两个配位原子氮，但中间没有间隔其他原子，与金属配合后形成一个三原子环，成环张力太大，这是一种不稳定的结构，故不能形成螯合物。应用最广的一类螯合剂是乙二胺四乙酸，简称EDTA。其分子结构式如图8-3所示。

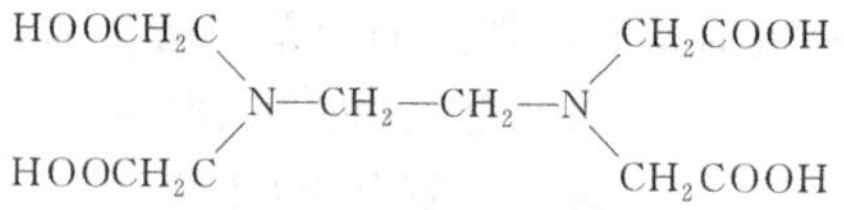

$$
\begin{array}{ccc}
HOOCH_2C & & CH_2COOH \\
 & N-CH_2-CH_2-N & \\
HOOCH_2C & & CH_2COOH
\end{array}
$$

图 8-3　乙二胺四乙酸（EDTA）的结构式

2. 氨羧配位剂

氨羧配位剂是以氨基乙酸为基体的有机配位剂。氨基乙酸分子中氨基的 N 原子和羧基的 O 原子都可提供一对孤对电子，能和许多金属形成稳定的环状螯合物。如与 Cu^{2+} 形成的氨基乙酸铜中性配合分子。氨羧配位剂与许多金属形成的复杂多环螯合物结构稳定，广泛用于金属离子的滴定。在配合物滴定中常遇到的氨羧配位剂有以下几种：

氨三乙酸

乙二胺四乙酸（EDTA）

环己烷二胺四乙酸（CDTA 或 DCTA）

二胺四丙酸

乙二醇二乙醚二胺四乙酸（EGTA）

三乙四胺六乙酸

目前应用最为广泛的氨羧配位剂是乙二胺四乙酸（ethytlene diamine tetraacetic acid，简称 EDTA）。它是一个四元酸，可表示为 H_4Y，因其在水中溶解度不大，常用其二钠盐 Na_2H_2Y，它的分子中有六个配位原子，两个是 N，四个是 O。它可与绝大多数金属离子形成螯合物，其中心离子的配位数为 6，它包括五个五原子环，具有特殊的稳定性。EDTA 具有广泛的应用，是最常用的配合滴定剂、掩蔽剂和水的软化剂，在医药上也有多种用途，如可用于医治重金属和放射性元素的中毒。

三、乙二胺四乙酸（EDTA）及其钠盐的性质

乙二胺四乙酸是含有羧基和氨基的螯合剂，能与许多金属离子形成稳定的螯合物。在化学分析中，它除了用于配位滴定以外，在各种分离、测定方法中，还广泛地用作掩蔽剂。

EDTA 二钠盐（$Na_2H_2Y \cdot 2H_2O$）（简写 Na_2H_2Y），白色结晶，无臭，无味，无毒，易精制，吸湿性小。它在 22℃时，每 100mL 水中溶解 11.1g，浓度约为 0.3mol/L，其水溶液的 pH 值为 4.8 左右，常作配位滴定剂，习惯上也称为 EDTA。当 EDTA 溶于水时，如果溶液的酸度很高，它的两个羧酸根可以接受 H^+ 形成 H_6Y^{2+}，这样 EDTA 就相当于六元酸，在水溶液中分六级解离。

$$H_6Y^{2+} = H^+ + H_5Y^+ \qquad K_{a1} = \frac{[H^+][H_5Y^+]}{[H_6Y^{2+}]} = 10^{-0.90}$$

$$H_5Y^+ = H^+ + H_4Y \qquad K_{a2} = \frac{[H^+][H_4Y]}{[H_5Y^+]} = 10^{-1.60}$$

$$H_4Y = H^+ + H_3Y^- \qquad K_{a3} = \frac{[H^+][H_3Y^-]}{[H_4Y]} = 10^{-2.00}$$

$$H_3Y^- = H^+ + H_2Y^{2-} \qquad K_{a4} = \frac{[H^+][H_2Y^{2-}]}{[H_3Y^-]} = 10^{-2.67}$$

$$H_2Y^{2-} = H^+ + HY^{3-} \qquad K_{a5} = \frac{[H^+][HY^{3-}]}{[H_2Y^{2-}]} = 10^{-6.16}$$

$$HY^{3-} = H^+ + Y^{4-} \qquad K_{a6} = \frac{[H^+][Y^{4-}]}{[HY^{3-}]} = 10^{-10.26}$$

表 8-3 不同 pH 时，EDTA 的主要存在形式

pH 值	<0.90	0.90～1.60	1.60～2.0	2.0～2.67	2.75～6.16	6.16～10.26	>10.26
主要形式	H_6Y^{2+}	H_5Y^{+}	H_4Y	H_3Y^{-}	H_2Y^{2-}	HY^{3-}	Y^{4-}

从表 8-3 可以看出，在任何水溶液中，EDTA 总是以 H_6Y^{2+}、H_5Y^{+}、H_4Y、H_3Y^{-}、H_2Y^{2-}、HY^{3-}、Y^{4-} 等七种形式存在，在酸度一定时各种形式有一定的分配比例（为书写简便起见，EDTA 的各种存在形式均略去其电荷，用 H_6Y^{2+}、H_5Y^{+}、…、Y^{4-} 等表示）。在 pH<1 的强酸性溶液中，EDTA 主要以 H_6Y^{2+} 形式存在；在 pH 为 2.75～6.24 的溶液中主要以 H_2Y^{2-} 形式存在；在 pH>10.26 的溶液中主要以 Y^{4-} 形式存在。这些形式中，只有 Y^{4-} 能与金属离子（用 M 表示）直接配位。$[Y^{4-}]$ 就称为 EDTA 的有效浓度。

四、EDTA 与金属离子配位的特点

① EDTA 具有广泛的配位性能。EDTA 可与大多数金属离子形成稳定的配合物；EDTA 是六齿配体，有很强的配位能力；EDTA 分子中含有胺氮和羧氧配位原子，前者易与 Co、Ni、Zn、Cu、Hg 等金属离子配位，后者几乎可以与所有的高价金属配位，因此选择性很差；如何提高滴定的选择性便成为配位滴定中的一个重要问题。

② EDTA 与金属离子的配合物相当稳定，能与金属离子形成具有多个五元环结构的螯合物。

③ EDTA 配合物的配位比简单，EDTA 与绝大多数金属离子形成 1∶1 的配合物，个别离子如 Mo(Ⅴ) 与 EDTA 配合物 $[(MoO_2)_2Y]^{2-}$ 的配位比为 2∶1；无分步配位现象，这为配位滴定结果的计算提供了方便。

$$M^{n+} + H_2Y^{2-} \rightleftharpoons MY^{(n-4)} + 2H^+$$

如 Ca^{2+} 不易形成稳定配合物，但能与 H_2Y^{2-} 形成稳定的螯合物 $[CaY]^{2-}$，此反应用于测定水中 Ca^{2+} 的含量，反应如下：

$$Ca^{2+} + H_2Y^{2-} \rightleftharpoons [CaY]^{2-} + 2H^+$$

螯合物 $[CaY]^{2-}$ 具有 5 个五原子环，中心离子 Ca^{2+} 的配位数是 6。其结构如下：

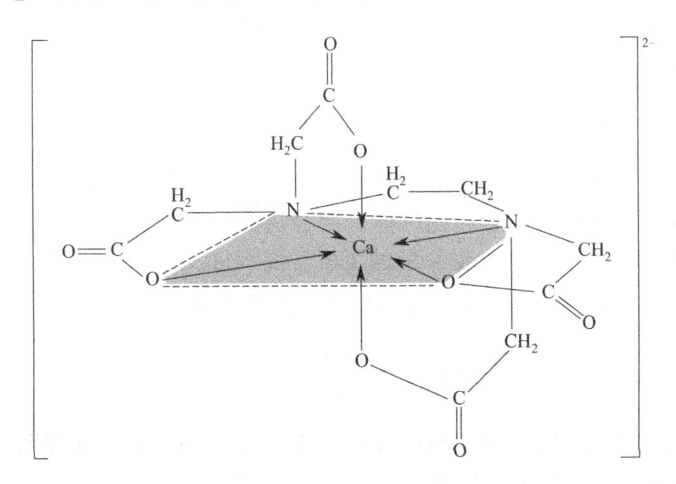

④ EDTA 与金属离子形成易溶于水的配合物，使配位滴定可以在水溶液中进行，并且反应速度也较快。

⑤ 大多数金属与 EDTA 的配合物无色，这有利于指示剂确定终点。但是 EDTA 与有色金属离子配位生成的螯合物颜色则加深。配合物的颜色主要取决于金属离子的颜色。即无色

的金属离子与 EDTA 配位，则形成无色的螯合物，有色的金属离子与 EDTA 配位时，一般则形成颜色更深的螯合物。如：

NiY^{2-}	CuY^{2-}	CoY^{2-}	MnY^{2-}	CrY^{-}	FeY^{-}
蓝色	深蓝	紫红	紫红	深紫	黄

EDTA 与无色金属离子形成无色配合物，与有色金属离子形成颜色更深的配合物，对前者，有利于有指示剂滴定终点，对后者，浓度勿大，否则使用指示剂目测终点时有困难。

例：Cu^{2+} 显浅蓝色，而 CuY^{2-} 为蓝色；Ni^{2+} 显浅绿色，而 NiY^{2-} 为蓝绿色。

项目二　配合物的配位平衡及应用

学习目标

1. 掌握配位平衡及其稳定常数的含义。
2. 了解各种副反应对主反应的影响及其各种副反应的反应系数。
3. 掌握条件稳定常数的含义及物质条件稳定常数的计算。

知识一　配位平衡及其平衡常数

【演示实验】 向 $CuSO_4$ 溶液中逐滴加入氨水，得到深蓝色的 $[Cu(NH_3)_4]SO_4$ 溶液。将深蓝色溶液分成三份：一份滴加 $BaCl_2$ 溶液，发现有白色的 $BaSO_4$ 沉淀生成，说明 $[Cu(NH_3)_4]SO_4$ 溶液中有游离的 SO_4^{2-} 存在；另一份滴加 NaOH 溶液，无 $Cu(OH)_2$ 沉淀生成；第三份中加入 Na_2S 溶液，则有黑色的 CuS 沉淀生成，说明 $[Cu(NH_3)_4]SO_4$ 溶液中有游离的 Cu^{2+}。

在配合物中，配离子与外界离子之间以离子键相结合，在溶液中能完全解离成配离子和外界离子。外界离子很容易被检出。而配离子中的中心离子与配体之间是以配位键结合，配离子在水溶液中能解离出极少量的金属离子。如硫酸四氨合铜(Ⅱ）的解离：

$$[Cu(NH_3)_4]SO_4 = [Cu(NH_3)_4]^{2+} + SO_4^{2-}$$

配离子由中心离子和配位体以配位键结合，比较稳定。与弱电解质类似，配离子在溶液中可部分解离成组成它的中心离子和配位体。配合物的稳定性是指配离子在溶液中是否容易解离。如 $[Cu(NH_3)_4]^{2+}$ 可解离出少量的 Cu^{2+} 和 NH_3，同时，Cu^{2+} 和 NH_3 又结合成 $[Cu(NH_3)\ ]^{2+}$。溶液中存在类似弱电解质解离的解离平衡：

$$[Cu(NH_3)_4]^{2+} \underset{配合}{\overset{解离}{\rightleftharpoons}} Cu^{2+} + 4NH_3$$

配离子的解离反应与金属离子的配位反应是互为可逆的，在一定条件下达到平衡状态，称为配离子的解离平衡，也称配位平衡。

达平衡时，配离子的解离程度可由解离平衡常数，即不稳定常数 $K_{不稳}$ 表示。

$$K_{不稳} = \frac{[Cu^{2+}][NH_3]^4}{[Cu(NH_3)_4]}$$

$K_{不稳}$数值越大，表示配离子解离程度越大，金属离子浓度越大，配离子越不稳定。

知识二　配离子的稳定性和稳定常数

一、配离子的稳定常数

实际应用中，配离子的稳定性常用生成配离子的平衡常数来表示，称为稳定常数，又称为形成常数，可用 $K_{稳}$ 表示。如 $[Cu(NH_3)_4]^{2+}$ 配离子的稳定常数为：

$$Cu^{2+}+4NH_3 \underset{配合}{\overset{解离}{\rightleftharpoons}} [Cu(NH_3)_4]^{2+}$$

$$K_{[Cu(NH_3)_4]^{2+}}=\frac{[[Cu(NH_3)_4]^{2+}]}{[Cu^{2+}][NH_3]^4}$$

很明显，$K_{不稳}$ 与 $K_{稳}$ 之间存在如下关系：$K_{稳}=\frac{1}{K_{不稳}}$，使用时必须注意，不要混淆 $K_{不稳}$ 与 $K_{稳}$。

稳定常数与不稳定常数互为倒数，稳定常数越大，说明生成配离子的倾向越大，解离程度越小，配离子越稳定，配位反应越完全。

二、配离子稳定常数的应用

1. 比较同类型配离子的稳定性

对配位原子数目相同的配离子，$K_{稳}$ 越大，配离子稳定性越强。例如：

$[Ag(NH_3)_2]^+$　　$K_{稳}=1.7\times10^7$

$[Ag(CN)_2]^-$　　$K_{稳}=5.6\times10^{18}$

对配位原子数目不相同的配离子，不能根据 $K_{稳}$ 的大小直接比较其稳定性，必须通过计算，求出中心离子的浓度从而比较其稳定性。

2. 计算配合物溶液中各组分浓度

【例 8-1】 室温下，将 0.02mol/L 的 $CuSO_4$ 溶液与 0.28mol/L 的氨水等体积混合，求达配位平衡后，溶液中 Cu^{2+}、NH_3 和 $[Cu(NH_3)_4]^{2+}$ 的浓度。已知 $K_{稳}([Cu(NH_3)_4]^{2+})=4.3\times10^{13}$。

分析：两种溶液等体积混合后，浓度均为原来的 1/2，即 $c_{(Cu^{2+})}=0.01$mol/L，$c_{(NH_3)}=0.14$mol/L。由于 β 较大，且 NH_3 过量较多，可认为 Cu^{2+} 全部生成 $[Cu(NH_3)_4]^{2+}$，即 $c_{[Cu(NH_3)_4]^{2+}}=0.01$mol/L，$NH_3$ 剩余的 $c_{(NH_3)}=0.14-4\times0.01=0.10$mol/L。而后再考虑 $[Cu(NH_3)_4]^{2+}$ 的解离。

解：设达配位平衡后，Cu^{2+} 的浓度为 x，则

由于 β 较大，且 NH_3 过量较多，所以 $[Cu(NH_3)_4]^{2+}$ 解离很少，可作近似处理，即 $0.01-x\approx0.01$，$0.10+4x\approx0.10$。则

$$[Cu(NH_3)_4]^{2+} \underset{配合}{\overset{解离}{\rightleftharpoons}} Cu^{2+}+4NH_3$$

	$[Cu(NH_3)_4]^{2+}$	Cu^{2+}	NH_3
起始浓度（mol/L）：	0.01	0	0.10
平衡浓度（mol/L）：	$0.01-x$	x	$0.10+4x$

$$K_{稳}=\frac{c_{[Cu(NH_3)_4]^{2+}}}{c_{(Cu^{2+})}\cdot c_{(NH_3)_4}}=\frac{0.01-x}{x(0.10+4x)^4}$$

解得 $x=2.33\times10^{-12}$

即达配位平衡后：$c_{(Cu^{2+})}=2.33\times10^{-12}\text{mol/L}$

$$c_{(NH_3)}=0.10\text{mol/L}$$

$$c_{[Cu(NH_3)_4]^{2+}}=0.01\text{mol/L}$$

三、配合物的绝对稳定常数

金属离子（M）与 EDTA(Y) 在溶液中形成配合物（MY）的平衡如下：

$$M+Y \rightleftharpoons MY$$

$$K_{MY}=\frac{[MY]}{[M][Y]}$$

通常配合物的稳定常数 K_{MY} 都比较大，为了书写方便，常用对数形式表示。如，Ca^{2+} 与 EDTA 的配位反应：

$$Ca^{2+}+Y^{4-} \rightleftharpoons CaY^{2-}$$

$$K_{CaY}=\frac{[CaY^{2-}]}{[Ca^{2+}][Y^{4-}]}=5\times10^{10}$$

$$\lg K_{CaY}=\lg 5\times10^{10}=10.70$$

表 8-4 列出了几种常见 EDTA 配合物的稳定常数。

表 8-4　部分金属-EDTA 配位化合物 $\lg K_{稳}$

阳离子	$\lg K_{MY}$	阳离子	$\lg K_{MY}$	阳离子	$\lg K_{MY}$
Na^+	1.66	Ce^{4+}	15.98	Cu^{2+}	18.80
Li^+	2.79	Al^{3+}	16.3	Ga^{2+}	20.3
Ag^+	7.32	Co^{2+}	16.31	Ti^{3+}	21.3
Ba^{2+}	7.86	Pt^{2+}	16.31	Hg^{2+}	21.8
Mg^{2+}	8.69	Cd^{2+}	16.49	Sn^{2+}	22.1
Sr^{2+}	8.73	Zn^{2+}	16.50	Th^{4+}	23.2
Be^{2+}	9.20	Pb^{2+}	18.04	Cr^{3+}	23.4
Ca^{2+}	10.69	Y^{3+}	18.09	Fe^{3+}	25.1
Mn^{2+}	13.87	VO^-	18.1	U^{4+}	25.8
Fe^{2+}	14.33	Ni^{2+}	18.60	Bi^{3+}	27.94

稳定常数具有以下规律：

a. 碱金属离子的配合物最不稳定，$\lg K_{MY}<3$；

b. 碱土金属离子的 $\lg K_{MY}=8\sim11$；

c. 过渡金属、稀土金属离子和 Al^{3+} 的 $\lg K_{MY}=15\sim19$；

d. 三价，四价金属离子及 Hg^{2+} 的 $\lg K_{MY}>20$，表 8-4 中数据是指无副反应的情况下的数据，不能反映实际滴定过程中的真实状况。

配合物的稳定性受两方面的影响：金属离子自身性质和外界条件。需要引入：条件稳定常数。

知识三　配位反应的副反应和条件稳定常数

一、酸效应系数

金属离子与 EDTA 生成配合物的同时，由于配合物在水中存在解离平衡。因而溶液的酸度、溶液中共存的金属干扰离子及辅助配位剂等，都可能对配合物的解离平衡产生影响。

在金属离子与 EDTA 发生主反应生成配合物的同时，溶液中还可能存在如图 8-4 所示的各种副反应。图中，N 为共存的金属干扰离子，L 为作为掩蔽剂、缓冲剂等加入的辅助配位。

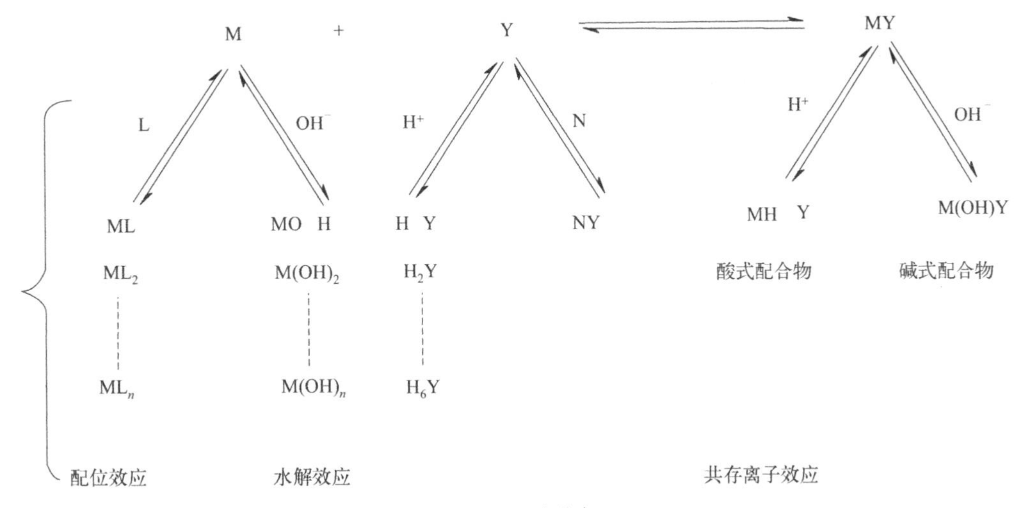

图 8-4　副反应

从上述反应可以看出，反应物 M 和 Y 的各种副反应不利于主反应的进行，而生成物 MY 的各种副反应促使平衡向右移动，有利于主反应的进行。在众多的副反应中，对主反应影响最大的是溶液的酸度。

滴定分析中酸度是一个重要条件，直接影响 EDTA 的有效浓度。在一定酸度下，EDTA 以七种形式按一定比例同时存在，溶液中未与金属离子配位的 EDTA 浓度为各种形式的总浓度，用 [Y] 表示：

$$[Y]=[H_6Y^{2+}]+[H_5Y^{+}]+[H_4Y]+[H_3Y^{-}]+[H_2Y^{2-}]+[HY^{3-}]+[Y^{4-}]$$

在这七种形态中，只有 Y^{4-} 才能与金属离子直接配位。溶液的酸度升高，即 $[H^+]$ 增大时，Y 与 H^+ 间的反应逐级进行，促使 MY 发生离解，配合物 MY 的稳定性降低，溶液中 [Y] 减小，EDTA 参加主反应的能力下降。这种由于 H^+ 与 Y 之间的副反应，使 EDTA 主反应能力下降的现象，称为酸效应。

酸效应影响程度的大小可用酸效应系数 $\alpha_{Y(H)}$ 来衡量。

$$\alpha_{Y(H)}=\frac{[Y']}{[Y]}$$

式中，[Y′] 是未与 M 配位的 EDTA 各种形式的总浓度；[Y] 是未与 M 配位的游离 EDTA 浓度。

可见 $\alpha_{Y(H)}$ 取决于溶液的酸度。溶液酸度越大（pH 越小），$\alpha_{Y(H)}$ 越大，酸效应影响越大；pH>12 时，以 $\alpha_{Y(H)}=1$，$[Y']=[Y]$，Y 与 M 的配位能力最强，生成的配合物最稳定。因此，酸效应系数是判断 EDTA 能否准确滴定某种金属离子的重要参数。酸效应系数 $\alpha_{Y(H)}$ 常用对数形式表示，不同 pH 下 EDTA 的酸效应系数 $[\lg\alpha_{Y(H)}]$ 见表 8-5。

表 8-5　不同 pH 下 EDTA 的酸效应系数 [$\lg\alpha_{Y(H)}$]

pH	$\lg\alpha_{Y(H)}$	pH	$\lg\alpha_{Y(H)}$	pH	$\lg\alpha_{Y(H)}$	pH	$\lg\alpha_{Y(H)}$	pH	$\lg\alpha_{Y(H)}$
0.0	23.64	2.4	12.10	4.8	6.84	7.2	3.10	9.6	0.75
0.2	22.47	2.6	11.62	5.0	6.45	7.4	2.88	9.8	0.59
0.4	21.32	2.8	11.09	5.2	6.07	7.6	2.68	10.0	0.45
0.6	20.18	3.0	10.60	5.4	5.69	7.8	2.47	10.2	0.33
0.8	19.07	3.2	10.14	5.6	5.33	8.0	2.27	10.4	0.24
1.0	18.01	3.4	9.70	5.8	4.98	8.2	2.07	10.6	0.16
1.2	16.98	3.6	9.27	6.0	4.65	8.4	1.87	10.8	0.11
1.4	16.02	3.8	8.85	6.2	4.34	8.6	1.67	11.0	0.07
1.6	15.11	4.0	8.44	6.4	4.06	8.8	1.48	11.6	0.02
1.8	14.21	4.2	8.04	6.6	3.80	9.0	1.28	12.0	0.01
2.0	13.51	4.4	7.64	6.8	3.55	9.2	1.10	13.0	0.00
2.2	12.82	4.6	7.24	7.0	3.32	9.4	0.92	14.0	0.00

【讨论】 由上式和表中数据可见

a. 酸效应系数随溶液酸度增加而增大，随溶液 pH 增大而减小。

b. $\alpha_{Y(H)}$ 的数值越大，表示酸效应引起的副反应越严重。

c. 通常 $\alpha_{Y(H)}>1, c(Y')>c(Y)$。当 $\alpha_{Y(H)}=1$ 时，表示总浓度 $c(Y')=c(Y)$ 。

d. 酸效应系数与分布系数为倒数关系。$\alpha_{Y(H)}=1/x$。

由于酸效应的影响，EDTA 与金属离子形成配合物的稳定常数不能反映不同 pH 条件下的实际情况，因而需要引入条件稳定常数。

酸效应曲线：在实际工作中，将部分金属的最高允许酸度（最低允许的 pH 值）直接标在酸效应曲线上，形成以 pH-$\lg K'_{MY}$ 的曲线，是 Ringbom 曲线的一部分。如图 8-5 所示。

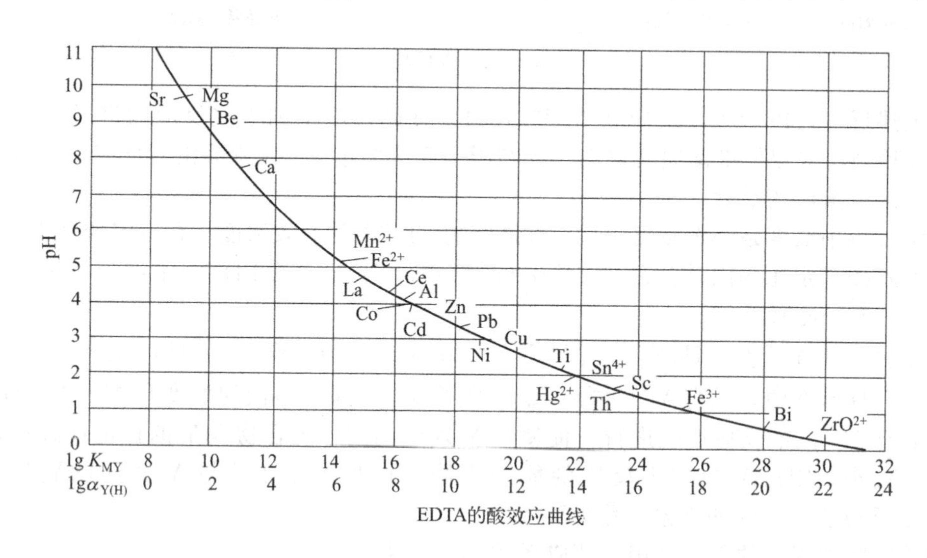

图 8-5　酸效应曲线图

酸效应曲线的用途如下。

(1) 可以选择滴定的酸度（也就是各种金属离子能定量进行滴定的最高允许酸度，最小的 pH 值）。

① 要使金属离子能准确被滴定，则要求 $\lg K'_{MY}\geqslant 8$；

② $\lg K'_{MY}$ 主要取决于溶液的酸度；

③ 当酸度高于某一限度时，就不能准确滴定，这一限度就是配位滴定所允许的最高酸度（最小 pH 值）；

④ $|\lg\alpha_{Y(H)}|_{max}=\lg K_{MY}-pc-2pT$，求出$|\lg\alpha_{Y(H)}|_{max}$后，得出$pH_{min}$。

（2）从曲线上可以看出，比较稳定的配合物，可以在较高酸度下滴定。

① 对于稳定性较差些的配合物，需在较弱的酸性溶液中滴定；

② 稳定性更差的配合物，就要在碱性溶液中进行滴定；

③ 对 FeY^- 这样稳定的配合物来说，可以在较高的酸度下进行滴定；对 MgY^{2-} 这样不太稳定的配合物来说，则必须在较低的酸度下才能滴定。

（3）可以初步判断某一酸度下，共存离子相互之间的干扰情况。

① 一般而言，酸效应曲线上被测金属离子 M 以下的离子 N 都干扰测定；

② 酸效应曲线上被测金属离子 M 以上的离子 N，在两者浓度相近时，若 $\lg K_{MY}-\lg K_{MN}>5$，则 N 不干扰 M 的测定。

（4）可以确定 M 离子与 N 离子不干扰的最低酸度（pH_{max}）。

（5）兼作 pH-$\lg\alpha_{Y(H)}$表用。

二、配位效应及配位效应系数

溶液中有其他也能与金属离子 M 配位的辅助配位剂存在时，可发生配位副反应，使溶液中［M］降低，金属离子参加主反应的能力降低，称为配位效应，也称掩蔽效应。

如 F 离子能与 Al^{3+} 逐级形成 AlF^{2+}、AlF_2^+、…、AlF_6^{3-} 等稳定的配合物。实验证明，在 pH＝4.0 时，用 $CuSO_4$ 标准滴定溶液返滴定法测定水泥中的铝，溶液中 F^- 大于 2mg 时，测定结果明显偏低，且终点变化不敏锐。这是由于 Al^{3+} 与 F^- 间产生的副反应影响 Al^{3+} 与 Y^{4-} 之间主反应的进行。

$$\alpha_{M(L)}=\frac{c(M')}{c(M)}$$

一些易水解的金属离子，在酸度很低时，可与 OH^- 发生副反应，生成不同羟基化合物，使［M］降低。称为金属离子的水解效应。

配位效应和水解效应都使溶液中游离金属离子浓度降低，影响主反应的进行。其影响程度用金属离子的总配位效应系数（或称总掩蔽效应系数）α_M 来衡量。

$$\alpha_M=\frac{[M']}{[M]}$$

式中，［M′］为未与 EDTA 配位的游离金属离子及其与辅助配位剂 L 的配合物的总浓度，［M］为游离金属离子浓度。

金属离子与 EDTA 形成的配合物一般为 MY，称为正配合物。但在酸度高时，有些金属离子配合物进一步形成 MHY 酸式配合物；酸度低时，又可能形成 M(OH)Y、M(OH)Y 等碱式配合物，这些混合型配合物的生成，使正配合物 MY 的浓度降低，生成 EDTA 配合物的平衡向右移动，使配合物的形成能力有所增加，有利于主反应的进行，这种现象称为混合配位效应。如 Al^{3+} 在溶液 pH 值大于 6 时，能显著地形成碱式配合物，但在实际测定 Al^{3+} 时，pH 值都较低，MY 与 OH^- 间的副反应可不考虑，另外有些金属离子的碱式配合物很不稳定，测定时也可以不考虑。因此混合配位效应的影响一般较小，通常不予考虑。

三、表观稳定常数

在没有任何副反应存在时，配合物 MY 的稳定程度用（绝对）稳定常数 K_{MY} 表示。当有副反应时，配合物的稳定性将发生变化，K_{MY} 已不能反映配合物的实际稳定程度，此时应用表观稳定常数表示。配合物的表观稳定常数是指考虑各种副反应的影响后，所得到的实际稳定常数，用 K'_{MY} 表示。K_{MY} 与 K'_{MY} 的关系为：

$$K'_{MY}=K_{MY}\frac{1}{\alpha_{Y(H)}\alpha_M}$$

两边取对数：

$$\lg K'_{MY}=\lg K_{MY}\frac{1}{\alpha_M\alpha_{Y(H)}}$$

$$\lg K'_{MY}=\lg K_{MY}-\lg\alpha_{Y(H)}-\lg\alpha_M$$

此式为计算配合物表观形成常数的重要公式。其中

K'_{MY}——称为表观形成常数或条件稳定常数。

K_{MY}——表示有副反应的情况下，配位反应进行的程度。

【讨论】

① 当溶液中无其他配离子存在时。

$$\lg K'_{MY}=\lg K_{MY}-\lg\alpha_{Y(H)}$$

② 若 pH>12.0，$\lg\alpha_{Y(H)}=0$。

$$\lg K'_{MY}=\lg K_{MY}-\lg\alpha_M$$

③ 若无配位离子干扰且 pH>12.0。

$$\lg K'_{MY}=\lg K_{MY}\quad 即\ K'_{MY}=K_{MY}$$

由上式知，表观形成常数总是比原来的绝对形成常数小，只有当 pH>12，$\alpha_{Y(H)}=1$ 又无其他干扰时，表观形成常数等于绝对形成常数。

表观形成常数的大小，说明配合物 MY 在一定条件下的实际稳定程度。

表观形成常数愈大，配合物 MY 愈稳定。

【例 8-2】 计算 pH=2 和 pH=5 时，ZnY 的条件稳定常数。

解：

查表可知：pH=2 时，$\lg\alpha_{Y(H)}=13.51$

pH=5 时，$\lg\alpha_{Y(H)}=6.45$

查表⇒$\lg K_{ZnY}=16.50$

$\lg K'_{ZnY}=\lg K_{ZnY}-\lg\alpha_{Y(H)}$

pH=2 时，$\lg K'_{ZnY}=16.50-13.51=2.99$

pH=5 时，$\lg K'_{ZnY}=16.50-6.45=10.05$

计算结果表明，在 pH=2 时，ZnY 配合物不稳定，不能滴定；但是在 pH=5 时，配合物很稳定，可以直接滴定。

pH 值↑，$\lg\alpha_{Y(H)}$↓，$\lg K'_{MY}$↑，配位反应越完全；但是 pH 过大，金属易水解沉淀。

pH 值↓，$\lg\alpha_{Y(H)}$↑，$\lg K'_{MY}$↓，配合物不稳定。

故在进行配位滴定的时候要严格控制溶液的酸度。

项目三　配位平衡移动

学习目标

1. 了解影响配位平衡因素（酸碱反应、沉淀反应、氧化还原反应）。
2. 了解配位平衡移动在生产或生活中的应用。

配位平衡是在一定条件下建立的动态平衡。当条件改变时，平衡将发生移动。配位平衡

的移动同样遵循化学平衡移动原理。

一、配位平衡与酸碱平衡

当配离子中的配位体为弱酸根，如 F^-、CN^-、SCN^- 等，加入强酸，生成弱酸，配离子解离程度增大，此变化称为酸效应。例如，向 $[FeF_6]^{3-}$ 溶液中加入盐酸，H^+ 与 F^- 生成弱酸 HF，降低了 F^- 的浓度，使配位平衡向解离方向移动，$[FeF_6]^{3-}$ 的稳定性降低。

$$[FeF_6]^{3-} \rightleftharpoons Fe^{3+} + 6F^-$$

$$+$$

$$HCl \rightleftharpoons Cl^- + H^+$$

$$\updownarrow$$

$$HF$$

$$[FeF_6]^{3-} + 6H^+ \rightleftharpoons Fe^{3+} + 6HF$$

在金属离子与乙二胺四乙酸盐的配合反应

$$M^{n+} + H_2Y^{2-} \rightleftharpoons [MY]^{n-4} + 2H^+$$

加酸，平衡向左移动，促进配合物的解离；加碱，平衡向右移动，抑制配合物的解离，配合物稳定性增强。此过程是中心离子与 H^+ 对配位体的争夺。

增大溶液酸度，使配离子稳定性降低；降低溶液酸度，使配合物的稳定性增强。此原理在分析化学的配位滴定中有重要应用。

二、配位平衡与沉淀溶解平衡

配位平衡与沉淀溶解平衡的关系，实际上是沉淀剂和配合剂对金属离子的争夺关系。例如，向含有白色 AgCl 沉淀的溶液中逐滴加入氨水，发现沉淀溶解。其反应为

$$AgCl(s) \rightleftharpoons Cl^- + Ag^+$$

$$+$$

平衡移动方向

$$2NH_3$$

$$\updownarrow$$

$$[Ag(NH_3)_2]^+$$

$$AgCl(s) + 2NH_3 \rightleftharpoons [Ag(NH_3)_2]^+ + Cl^-$$

再向溶液中逐滴加入 KI 溶液，则又有黄色沉淀 AgI 生成。

$$[Ag(NH_3)_2]^+ + I^- \rightleftharpoons 2NH_3 + AgI\downarrow$$

因此，转化反应进行程度的大小可用反应的平衡常数来表示。由沉淀转化为配合物，沉淀的溶解度越大（K_{SP} 越大），生成的配合物的稳定性越大（$K_{稳}$ 越大），转化趋势越大；由配合物转化为沉淀，配合物的稳定性越小（$K_{稳}$ 越小），生成的沉淀的溶解度越小（K_{SP} 越小），转化趋势越大。

三、配离子之间的配位平衡

配离子之间的配位平衡实际上是比较配离子稳定性的大小。例如，向血红色的 $[Fe(SCN)_6]^{3-}$ 溶液中逐滴加入 NaF 溶液，发现血红色褪去，溶液变为无色。其反应为：

$$[Fe(SCN)_6]^{3-} \rightleftharpoons 6SCN + Fe^{3+}$$

$$+$$

平衡移动方向

$$6F^-$$

$$\updownarrow$$

$$[FeF_6]^{3-}$$

由此可见，F^- 夺取了 $[Fe(SCN)_6]^{3-}$ 中 Fe^{3+} 生成了更稳定的 $[FeF_6]^{3-}$。转化反应进行程度的大小可用反应的平衡常数来表示：

$$[Fe(SCN)_6]^{3-}+6F^- \rightleftharpoons 6SCN^- +[FeF_6]^{3-}$$

查得
$$[Fe(SCN)_6]^{3-}: K_{稳}=1.3\times10^9$$
$$[FeF_6]^{3-}: K_{稳}=1.0\times10^{16}$$

说明转化反应进行很完全。

因此，配离子之间的平衡转化总是向着生成更稳定配离子的方向进行。转化程度取决于两种配离子 $K_{稳}$ 的大小，$K_{稳}$ 相差越大，转化得越完全。

四、配位平衡与氧化还原平衡

配位平衡与氧化还原平衡之间的关系，实际上是配离子的生成使金属离子的浓度减小，降低了电对“金属阳离子/金属”的电极电势。

【例 8-3】 已知 $\varphi^{\ominus}_{(Cu^{2+}/Cu)}=0.337V$，$K^{\ominus}_{稳([Cu(NH_3)_4]^{2+})}=4.3\times10^{13}$。向标准态的 Cu^{2+}-Cu 系统中加入适量 NH_3，使溶液中的 $c_{([Cu(NH_3)_4]^{2+})}=c_{(NH_3)}=1.0mol/L$，求此状态下的 $\varphi_{([Cu(NH_3)_4]^{2+}/Cu)}$ 值。

分析：向标准态的 Cu^{2+}-Cu 系统中加入 NH_3，会生成 $[Cu(NH_3)_4]^{2+}$，使 $c_{(Cu^{2+})}$ 减小。当溶液中的 $c_{([Cu(NH_3)_4]^{2+})}=c_{(NH_3)}=1.0mol/L$，可由 $K^{\ominus}_{稳([Cu(NH_3)_4]^{2+})}=4.3\times10^{13}$ 求出 $c_{(Cu^{2+})}$，从而求出此状态时的 $\varphi_{(Cu^{2+}/Cu)}$ 值，即为 $\varphi_{([Cu(NH_3)_4]^{2+}/Cu)}$。

解：
$$Cu^{2+}+4NH_3 \rightleftharpoons [Cu(NH_3)_4]^{2+}$$

$$K^{\ominus}_{稳}=\frac{c_{[Cu(NH_3)_4]^{2+}}}{c_{(Cu^{2+})}\cdot[c_{(NH_3)}]^4}$$

当此反应处于标准态，即 $c_{([Cu(NH_3)_4]^{2+})}=c_{(NH_3)}=1.0mol/L$ 时

$$c_{(Cu^{2+})}=\frac{1}{K^{\ominus}_{稳}}$$

根据 $Cu^{2+}+2e \rightleftharpoons Cu$

$$\begin{aligned}\varphi_{(Cu^{2+}/Cu)}&=\varphi^{\ominus}_{(Cu^{2+}/Cu)}+\frac{0.0592}{2}\lg\frac{1}{K^{\ominus}_{稳}}\\&=0.337+\frac{0.0592}{2}\lg\frac{1}{4.3\times10^{13}}\\&=-0.067(V)\end{aligned}$$

得电极反应

$$[Cu(NH_3)_4]^{2+}+2e \rightleftharpoons Cu+4NH_3$$

的标准电极电势为：

$$\varphi_{([Cu(NH_3)_4]^{2+}/Cu)}=\varphi_{(Cu^{2+}/Cu)}=-0.067(V)$$

可见，$\varphi_{([Cu(NH_3)_4]^{2+}/Cu)}$ 明显比 $\varphi^{\ominus}_{(Cu^{2+}/Cu)}$ 低。

因此，同一金属的 $\varphi^{\ominus}$（配离子/金属）比 $\varphi^{\ominus}$（金属阳离子/金属）低得多。配离子越

稳定，金属离子浓度降得越低，$\varphi^{\ominus}_{(配离子/金属)}$ 越小。从而降低了金属阳离子的氧化性，增强了金属的还原性。所以，配位平衡对氧化还原平衡的影响实际就是金属离子浓度降低对电对“金属阳离子/金属”的电极电势的影响。

【模块小结】

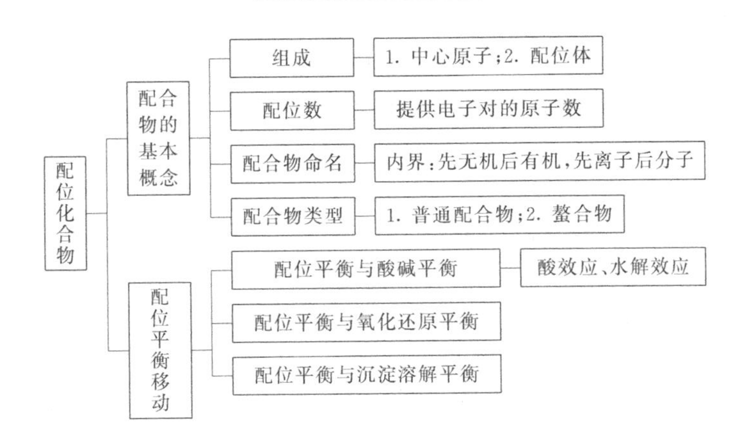

【思考与习题】

【思考题】

试用配合物的化学知识来解释下列事实。

1. AgI 为什么不能溶于过量氨水，而能溶于 KCN 溶液？

2. 为什么 AgBr 沉淀可以溶于 KCN 溶液中，但 Ag_2S 不溶？

3. 将 NaSCN 加入 $FeCl_3$ 溶液中，呈现血红色，写出化学反应方程式，并解释现象发生的原因。

4. 在 $Fe(SCN)_3$（血红色）溶液中加入 NH_4F 或者 EDTA 后，颜色显著发生变化。

5. AgCl 能溶于氨水，而 AgBr 沉淀仅微溶于氨水，AgCl 和 AgBr 沉淀均能溶于 $Na_2S_2O_3$。

6. KI 能使 $[Ag(NH_3)_2NO_3]$ 溶液中的 Ag^+ 生成 AgI 沉淀，但不能使 Ag^+ 从 $K[Ag(CN)_2]$ 溶液中沉淀下来。

7. 配位滴定中为什么要控制溶液的酸度？

【习题】

一、填空题

1. 配合物 $K_3[Fe(CN)_5(CO)]$ 中配离子的电荷数应为________，配位原子为________，中心离子的配位数为________。

2. 配合物（离子）的 $K_{稳}$________，则稳定性________。

3. 以配位键形成的化合物称____________。

4. 乙二胺四乙酸简称________，它与金属离子在一般情况下都是以________的比例配合。

5. 化学分析中，常用的EDTA其化学名称是____________。

6. ____________________称为配离子。

7. 由于 H^+ 与 Y 之间的副反应，使EDTA主反应能力下降的现象，称为________。

二、选择题

1. 下列物质中，不能稳定存在的是（　　）。

A. $[Ni(NH_3)_6]^{2+}$　　B. $[Ni(H_2O)_6]^{2-}$

C. $[Ni(CN)_6]^{4-}$　　D. $[Ni(en)_3]^{2+}$

2. 下列配合反应中，平衡常数 $K^{\ominus}>1$ 的是（　　）。

A. $Ag(CN)_2^- + 2NH_3 \rightleftharpoons Ag(NH_3)_2^+ + 2CN^-$

B. $FeF_6^{3-} + 6SCN^- \rightleftharpoons Fe(SCN)_6^{3-} + 6F^-$

C. $Cu(NH_3)_4^{2+} + Zn^{2+} \rightleftharpoons Zn(NH_3)_4^{2+} + Cu^{2+}$

D. $HgCl_4^{2-} + 4I^- \rightleftharpoons HgI_4^{2-} + 4Cl^-$

3. 在配离子 $[Co(en)(C_2O_4)_2]^-$ 中，中心原子的配位数为（　　）。

A. 3　　B. 4　　C. 5　　D. 6

4. 血红蛋白中，血元素是一种卟啉环配合物，其中心离子是（　　）。

A. Fe(Ⅱ)　　B. Fe(Ⅲ)　　C. Mg(Ⅱ)　　D. Co(Ⅱ)

5. 对于配合物中心体的配位数，说法不正确的是（　　）。

A. 直接与中心体键合的配位体的数目　　B. 直接与中心体键合的配位原子的数目

C. 中心体接受配位体的孤对电子的对数　　D. 中心体与配位体所形成的配价键数

6. （　　）是配合物的形成体，是配合物的核心，一般是带正电荷的阳离子。

A. 金属离子　　B. 配位数　　C. 配位体　　D. 中心离子

7. 在EDTA配位滴定中，下列有关酸效应系数的叙述正确的是（　　）。

A. 酸效应系数越大，配合物稳定性越大

B. 酸效应系数越小，配合物稳定性越大

C. pH值越大，酸效应系数越大

D. pH值越小，酸效应系数越小

8. 在EDTA配位滴定中，下列有关酸效应的叙述正确的是（　　）。

A. 酸效应系数越大，配合物的稳定性越高

B. 反应的pH越大，EDTA的酸效应系数越大

C. 酸效应系数越小，配合物的稳定性越高

D. EDTA的酸效应系数越大，滴定曲线的突跃范围越大

9. 溶液中的 H^+ 与碱配位反应从而使主反应降低，这种现象称为（　　）。

A. 稳定常数　　B. 碱效应　　C. 副反应　　D. 酸效应

10. 配合物 $[Zn(NH_3)_4](OH)_2$ 中 Zn^{2+} 的配位数为（　　）。

A. 1　　B. 2　　C. 3　　D. 4

三、判断题

1. 螯合物的稳定常数比简单配合物的稳定常数大。（　　）

2. 当 $Ag(NH_3)_2^+$ 的解离反应 $Ag(NH_3)_2^+ \rightleftharpoons Ag^+ + 2NH_3$ 达到平衡时，$c_{(NH_3)} = 2c_{(Ag^+)}$。（　　）

3. 在 $Pt(NH_3)_2Cl_2$ 中，铂为+2价，配位数为4。（　　）

4. 水合 Sc^{3+}、Zn^{2+} 均无颜色。（　　）

5. 含两个配位原子的配体称螯合剂。 ( )

6. Fe^{3+} 和 X^- 配合物的稳定性随 X^- 半径的增加而降低。 ( )

7. EDTA 与金属化合物配合时，一般情况下都是以 1∶1 关系配合。 ( )

8. 配合物 $[Zn(NH_3)_4]Cl_2$ 中 Zn^{2+} 的配位数为 4。 ( )

9. 配合物的稳定常数为一不变常数，它与溶液的酸度大小无关。 ( )

10. 金属离子与 EDTA 配合物的稳定常数越大，配合物越稳定。 ( )

11. 表观稳定常数是判断配合滴定可能性的重要依据之一。 ( )

12. 酸效应曲线的作用就是查找各种金属离子所需的滴定最低酸度。 ( )

13. EDTA 酸效应系数 $\alpha_{Y(H)}$ 随溶液中 pH 值变化而变化；pH 值低，则 $\alpha_{Y(H)}$ 值高，对配位滴定有利。 ( )

四、计算题

试计算在 pH=2 和 pH=5 时，锌与 EDTA 所形成的配合物的表观稳定常数。

附　录

附表一　弱酸、弱碱在水中的解离常数（25℃）

弱酸在水中的解离常数(25℃)				
序号	名称	化学式	K_a	pK_a
1	偏铝酸	$HAlO_2$	6.3×10^{-13}	12.2
2	硼酸	H_3BO_3	$5.8\times10^{-10}(K_1)$	9.24
			$1.8\times10^{-13}(K_2)$	12.74
			$1.6\times10^{-14}(K_3)$	13.8
3	次溴酸	$HBrO$	2.4×10^{-9}	8.62
4	氢氰酸	HCN	6.2×10^{-10}	9.21
5	碳酸	H_2CO_3	$4.2\times10^{-7}(K_1)$	6.38
			$5.6\times10^{-11}(K_2)$	10.25
6	次氯酸	$HClO$	3.2×10^{-8}	7.5
7	氢氟酸	HF	6.61×10^{-4}	3.18
8	高碘酸	HIO_4	2.8×10^{-2}	1.56
9	亚硝酸	HNO_2	5.1×10^{-4}	3.29
10	次磷酸	H_3PO_2	5.9×10^{-2}	1.23
11	亚磷酸	H_3PO_3	$5.0\times10^{-2}(K_1)$	1.3
			$2.5\times10^{-7}(K_2)$	6.6
12	磷酸	H_3PO_4	$7.52\times10^{-3}(K_1)$	2.12
			$6.31\times10^{-8}(K_2)$	7.2
			$4.4\times10^{-13}(K_3)$	12.36
13	焦磷酸	$H_4P_2O_7$	$3.0\times10^{-2}(K_1)$	1.52
			$4.4\times10^{-3}(K_2)$	2.36
			$2.5\times10^{-7}(K_3)$	6.6
			$5.6\times10^{-10}(K_4)$	9.25
14	氢硫酸	H_2S	$1.3\times10^{-7}(K_1)$	6.88
			$7.1\times10^{-15}(K_2)$	14.15
15	亚硫酸	H_2SO_3	$1.23\times10^{-2}(K_1)$	1.91
			$6.6\times10^{-8}(K_2)$	7.18
16	硫酸	H_2SO_4	$1.0\times10^{3}(K_1)$	−3
			$1.02\times10^{-2}(K_2)$	1.99
17	硫代硫酸	$H_2S_2O_3$	$2.52\times10^{-1}(K_1)$	0.6
			$1.9\times10^{-2}(K_2)$	1.72
18	亚硒酸	H_2SeO_3	$2.7\times10^{-3}(K_1)$	2.57
			$2.5\times10^{-7}(K_2)$	6.6

弱酸在水中的解离常数(25℃)				
序号	名称	化学式	K_a	pK_a
19	硅酸	H_2SiO_3	$1.7\times10^{-10}(K_1)$	9.77
			$1.6\times10^{-12}(K_2)$	11.8
20	甲酸	HCOOH	1.8×10^{-4}	3.75
21	乙酸	CH_3COOH	1.74×10^{-5}	4.76
22	草酸	$(COOH)_2$	$5.4\times10^{-2}(K_1)$	1.27
			$5.4\times10^{-5}(K_2)$	4.27
23	一氯乙酸	$CH_2ClCOOH$	1.4×10^{-3}	2.86
24	二氯乙酸	$CHCl_2COOH$	5.0×10^{-2}	1.3
25	三氯乙酸	CCl_3COOH	2.0×10^{-1}	0.7
26	丙酸	CH_3CH_2COOH	1.35×10^{-5}	4.87
27	丙烯酸	$CH_2=CHCOOH$	5.5×10^{-5}	4.26
28	酒石酸	HOCOCH(OH)CH(OH)COOH	$1.04\times10^{-3}(K_1)$	2.98
			$4.55\times10^{-5}(K_2)$	4.34
			$5.5\times10^{-11}(K_4)$	10.26

弱碱在水中的解离常数(25℃)				
序号	名称	化学式	K_b	pK_b
1	氢氧化铝	$Al(OH)_3$	$1.38\times10^{-9}(K_3)$	8.86
2	氢氧化银	AgOH	1.10×10^{-4}	3.96
3	氢氧化钙	$Ca(OH)_2$	3.72×10^{-3}	2.43
			3.98×10^{-2}	1.4
4	氨水	$NH_3\cdot H_2O$	1.78×10^{-5}	4.75
5	羟氨	NH_2OH	9.12×10^{-9}	8.04
6	氢氧化铅	$Pb(OH)_2$	$9.55\times10^{-4}(K_1)$	3.02
			$3.0\times10^{-8}(K_2)$	7.52
7	氢氧化锌	$Zn(OH)_2$	9.55×10^{-4}	3.02

附表二　难溶电解质的溶度积（25℃）

常见难溶电解质的溶度积 (298K)

电解质	溶度积常数	电解质	溶度积常数	电解质	溶度积常数
AgCl	1.56×10^{-10}	CdS	3.6×10^{-29}	HgS	1.6×10^{-52}
AgBr	7.7×10^{-13}	CuS	8.5×10^{-45}	$MgCO_3$	2.6×10^{-5}
AgI	1.5×10^{-16}	Cu_2S	2×10^{-47}	$Mg(OH)_2$	1.2×10^{-11}
Ag_2CrO_4	9.0×10^{-12}	CuCl	1.02×10^{-6}	$Mn(OH)_2$	4×10^{-4}
$BaCO_3$	8.1×10^{-9}	CuBr	4.15×10^{-8}	MnS	1.4×10^{-15}
$BaCrO_4$	1.6×10^{-10}	CuI	5.06×10^{-12}	$PbCO_3$	3.3×10^{-14}
$BaSO_4$	1.08×10^{-10}	$Fe(OH)_3$	1.1×10^{-36}	$PbCrO_4$	1.77×10^{-14}
$CaCO_3$	8.7×10^{-9}	$Fe(OH)_2$	1.64×10^{-14}	$PbSO_4$	1.06×10^{-8}
CaC_2O_4	2.57×10^{-9}	FeS	3.7×10^{-19}	PbS	3.4×10^{-28}
CaF	3.95×10^{-11}	Hg_2Cl_2	2×10^{-28}	$Zn(OH)_2$	1.8×10^{-14}
$CuSO_4$	1.96×10^{-4}	Hg_2Br_2	1.3×10^{-21}	ZnS	1.2×10^{-23}

习题答案

模块一　物质结构和元素周期律

一、填空题

1. $^{6}_{3}Li$，$^{7}_{3}Li$，$^{14}_{6}C$，$^{14}_{7}N$，$^{23}_{11}Na$，$^{24}_{12}Mg$。

2. ①Mg，(+12) 2 8 2。②最外层，电子层数，电子层数，核电荷数，最外层电子数，8，稀有气体，比较稳定。

3. 2个氢原子，氢气，2个氢离子，氢的一个同位素，$^{3}_{1}H$，$^{2}_{1}H$，$^{2}_{1}H$，$^{3}_{1}H$。

4. 金属，非金属，离子，非金属元素，共价。

5. 7，7，电子层，1、2、3，4、5、6，7。金属，非金属，稀有气体。

6. 增大，减小，减小，减弱，增强，增强。

7. 增大，增大，增强，减小，减小。

8. 族序数。最外层电子数。

9. (+18) 2 8 8，(+19) 2 8 8，(+17) 2 8 8。最外层电子数为8，氩是原子、钾和氯是离子。

10. 核外电子，核电荷数，化学键，新的。

11. 吸收，释放，吸收释放出的能量差。

12. K^{+}，SO_4^{2-}，S，O，共价键，阴。

13. HCl，H原子和Cl原子的电负性差值较大，Cl_2。

14. CaS，NH_3、H_2O，$Ca(OH)_2$。

15. 32，第三，第六，硫。

16. Be、Na、Al、Ca，$Be(OH)_2$、NaOH、$Al(OH)_3$、$Ca(OH)_2$，Na、Ca，Be、Al。

17. 第二，第五，N，HNO_3，酸，NH_3，碱。

18. 大，非金属元素得到电子，小，金属元素失去电子。

19. 铯，氟，容易，离子，CsF。

20. 原子半径，化学，原子序数的递增。

21. X_2Y_3。

22. Al，Cl，Al_2O_3，$Al(OH)_3$。

二、选择题

DDDDD　CBBCD　CCCCD　C

三、判断题

√√×√√　××√×√　×√√√√　×√√×√　√

四、计算题

1. 15.9949×99.76%+16.9991×0.037%+17.9991×0.204%=15.9995。

2. 略。

3. 该元素为Si。

4. (1) H_2CO_3和H_3BO_3（H_2CO_3酸性强，同周期元素，从左到右非金属性增强，酸性增强）

(2) H_3PO_4和H_2SO_4（H_2SO_4酸性强，同周期元素，从左到右非金属性增强，酸性增强）

(3) $Ca(OH)_2$和$Mg(OH)_2$（同主族元素从上到下，金属性逐渐增强，碱性逐渐增强）

(4) KOH和RbOH（同主族元素从上到下，金属性逐渐增强，碱性逐渐增强）

5. (1) 12。

(2) 第2周期，第四主族。

6. A为铝元素，在元素周期表中第3周期，第三主族。

模块二　化学的基本概念和基本计算

一、填空题

1. 3，117，5，0.5。

2. 2，1，4。

3. H_2，316。

4. 22.998。

5. 220g，112L，10，3.01×10^{24}。

6. 3∶2。

7. N_2，H_2，H_2，CO_2，H_2，CO_2。

8. 0.16mol/L，0.16mol/L，0.0008，0.0008mol/L，0.032。

9. 11.96。

10. ①98。②250。

11. 0.05。

12. $N_2>O_2>CO_2$。

13. 1，6.02×10^{23}，22.4。

14. 31.25mL。

15. 0.01mol/L。

二、选择题

CCBAC　BBBDD　CAABB　ABCD

三、计算题

1.

解：设总体积为100L，N_2的质量分数为ω_{N_2}；O_2的质量分数为ω_{O_2}，则

$$\omega_{N_2}=\frac{28\times\frac{78}{22.4}}{29\times\frac{100}{22.4}}\times100\%=75.31\%$$

$$\omega_{O_2}=\frac{32\times\frac{21}{22.4}}{29\times\frac{100}{22.4}}\times100\%=23.17\%$$

2.

解：$V_{H_2}=n_{H_2}V_0=\frac{m_{H_2}}{M_{H_2}}V_0=\frac{0.5\times1000}{2}\times22.4=5600(L)$

3.

解：$n=\frac{390}{0.04}=9750$ 倍

4.

解：$Al_2(SO_4)_2$ 所含的原子数目为：

$$0.5\times12\times N_A=6N_A$$

Na_2CO_3 所含的原子数目为：

$$0.5\times6\times N_A=3N_A$$

两种物质所含的原子数不相等

5.

解：$V_{CO_2}=n_{CO_2}V_0=\frac{m_{CO_2}}{M_{CO_2}}V_0=\frac{1300}{44}\times22.4=661.8(L)$

6.

解：$m_{NO}=n_{NO}M_{NO}=\frac{V_{NO}}{V_0}M_{NO}=\frac{16.8}{22.4}\times30=22.5(g)$

7.

解：$M_B=\frac{m_B}{n_B}=\frac{m_B}{\frac{V_B}{V_0}}=m_B\times\frac{V_0}{V_B}=0.304\times\frac{22.4}{0.2}=34.048(g/mol)$

8.

解：$m_{NaHCO_3}=\rho_{NaHCO_3}V_{NaHCO_3}\times10^{-3}=40\times2000\times10^{-3}=80(g)$

9.

解：$V_{乙醇}=V_B\varphi=500\times50\%=250(mL)$

10.

解：设 CO 的质量为 xg，CO_2 的质量为 yg，则

$$x+y=61$$

$$\frac{x}{28}\times N_0+\frac{y}{44}\times N_0=39.2$$

解方程组：$x=28g$，$y=33g$

$$V_{CO}=22.4L，V_{CO_2}=16.8L$$

11.

解：

$$c_2=\frac{1000\times\rho\times\omega_{HCl}}{M_{HCl}}=\frac{1000\times1.18\times36\%}{36.5}=11.638(mol/L)$$

$$c_1V_1=c_2V_2\Rightarrow0.5\times250=11.638\times V_2\Rightarrow V_2=10.7(mL)$$

12.

解：

$$m_{NH_3}=\frac{V_{NH_3}}{V_0}\times M_{NH_3}=\frac{560}{22.4}\times17=425(g)$$

$$\omega_{NH_3}=\frac{m_{NH_3}}{m_{H_2O}+m_{NH_3}}\times100\%=\frac{425}{1000+425}\times100\%=29.82\%$$

$$c_{NH_3}=\frac{1000\times\rho\times\omega_{NH_3}}{M_{NH_3}}=\frac{1000\times0.91\times29.82\%}{17}=15.96(mol/L)$$

13.

解：
$$\omega_{HCl}=\frac{c_{HCl}M_{HCl}}{1000\times\rho}\times100\%=\frac{6.078\times36.5}{1000\times1.096}\times100\%=20.24\%$$

14.

解：
$$2KClO_3 = 2KCl+3O_2\uparrow$$

2　　　　3

x　　　　0.6

$$\frac{2}{x}=\frac{3}{0.6}\Rightarrow x=0.4mol\Rightarrow m_{KClO_3}=n_{KClO_3}\times M_{KClO_3}=0.4\times122.5=49(g)$$

$$0.4\times3=4x\Rightarrow x=0.3mol\Rightarrow m_{H_2SO_4}=n_{H_2SO_4}\times M_{H_2SO_4}=0.3\times98=29.4(g)$$

模块三　常见金属元素及其化合物

一、填空题

1. 银白，空气，水和二氧化碳，氢氧化钠。
2. 水，氢氧化钠。
3. 氧化钠，氢氧化钠，煤油。
4. 氧化钠，过氧化钠，过氧化钠，氢氧化钠，氧化钾，过氧化钾。
5. 过氧化钠，CO_2，O_2。
6. $NaHCO_3$，Na_2CO_3，$NaHCO_3$。
7. 锂，钠，钾，铷，铯，钫，铯，锂。
8. 活泼，多，失去。
9. 黄，紫，蓝，钴。
10. 化合态，因为钠、钾的单质很容易被空气氧化。
11. $Al_2(SO_4)_3+6NH_3\cdot H_2O \longrightarrow 2Al(OH)_3\downarrow+3(NH_4)_2SO_4$，$Al_2(SO_4)_3+6NaOH \longrightarrow 2Al(OH)_3\downarrow+3Na_2SO_4$，$Al(SO_4)_3+4NaOH \longrightarrow NaAlO_2+3NaSO_4+2H_2O$。
12. 铝，铁的氧化物。
13. 一。
14. 铝，Al_2O_3。

二、选择题

AAADD　CCCDA　CDBBB

三、判断题

√√√×√　×√√√√

四、计算题

1.

解：
$$Na+H_2O \longrightarrow NaOH+H_2\uparrow$$

1　　　　22.4

23/23=1　　　　x

$$\frac{1}{1}=\frac{22.4}{x}\Rightarrow x=22.4$$

2.

解：剩余的物质是 Na_2CO_3，

$$2NaHCO_3 \longrightarrow Na_2CO_3 + H_2O + CO_2\uparrow$$

168　　　106

410　　　x

$$\frac{168}{410}=\frac{106}{x}\Rightarrow x=258.69$$

3.

解：

$$2Na_2O_2 + 2CO_2 \longrightarrow 2Na_2CO_3 + O_2\uparrow$$

156　　　22.4

1000　　　x

$$\frac{156}{1000}=\frac{22.4}{x}\Rightarrow x=143.6$$

模块四　常见非金属元素及其重要的化合物

一、填空题

1. 淀粉变蓝，氯水和 KI 反应置换出 I_2。
2. 氧化，催化。
3. 布条褪色，氯水具有漂白作用，溶液出现浑浊，$Cl^- + Ag^+ \xlongequal{} AgCl\downarrow$。
4. 得到，还原，氧化。
5. 无，刺激性，500 体积，盐酸。
6. 二氧化锰和浓盐酸，氢氧化钠，$Cl_2 + 2NaOH \longrightarrow NaClO + NaCl + H_2O$，电解饱和食盐水，$2NaCl + 2H_2O \xrightarrow{电解} 2NaOH + Cl_2\uparrow + H_2\uparrow$。
7. ⅤA，氮，磷，砷，锑，铋。
8. N_2O，NO，N_2O_3，NO_2，N_2O_5，NO，NO_2。
9. 石墨，金刚石，球碳。
10. $Si + 2NaOH + H_2O \longrightarrow Na_2SiO_3 + 2H_2\uparrow$。
11. 二，游离态的硅，二氧化硅，各种硅酸盐。
12. 二氧化硅。
13. 氧化，硫酸亚铁，H_2，具有酸的通性，硫酸表现出来的化学性质不同。
14. 有吸水性，强氧化性。
15. 黄色，$4HNO_3 \xlongequal[或光照]{\triangle} 2H_2O + 4NO_2\uparrow + O_2\uparrow$，棕色瓶，钝化，在冷的浓硝酸中表面形成致密的氧化膜而钝化。

二、选择题

CBABCC　BABBD　BA

三、计算题

1.

解：

$$2NH_4Cl + Ca(OH)_2 \xrightarrow{\triangle} 2NH_3\uparrow + 2H_2O + CaCl_2$$

107　　　2×22.4

42.8　　　x

$$\frac{107}{42.8}=\frac{2\times22.4}{x}\Rightarrow x=17.92L$$

2.

解： $3Cu + 8HNO_3(稀) = 3Cu(NO_3)_2 + 2NO \uparrow + 4H_2O$

192　　　　　　　　2×22.4

64　　　　　　　　　x

$$\frac{192}{64} = \frac{2 \times 22.4}{x} \Rightarrow x = 14.9\text{L}$$

模块五　化学反应速率和化学平衡

一、填空题

1. 反应物浓度的减少量或者生成物浓度的增加量，mol/(L・h)，mol/(L/min)，mol/(L/s)。

2. 增加，增大，升高，催化剂。

3. 0.3mol/(L・s)，0.1mol/(L・s)。

4. 0.2mol/L・min。

5. ①正向移动，增加压力，平衡向着气体体积减小的方向移动。②变深，升高温度，平衡向着吸热方向移动。

6. 放热，不，正逆反应体积相等 。

7. 正，逆。

8. 正逆反应速率，正逆反应的浓度。

9. 正逆反应速率相等且不等于零，体系的浓度不再发生变化。

10. 1mol/(L・s)。

11. 4，1/8，1/2，减小。

12. $K^{\ominus} = \dfrac{\left[\dfrac{p_{H_2O}}{p^{\ominus}}\right]^3}{\left[\dfrac{p_{H_2}}{p^{\ominus}}\right]^3}$。

13. 3/2。

14. 正。

15. 吸热。

16. (1) 不变；(2) 减小；(3) 不变；(4) 增大，减小；(5) 增大，不变。

17. 向左，不。

二、选择题

DBDAC　CDCCA　DBDCC

三、判断题

√××××　√××××　×√√√×　××

模块六　电解质溶液中的平衡

一、填空题

1. 温度，浓度。

2. 100。

3. 有难溶电解质、气体、水生成。

4. H^+，OH^-，H_2O。

5. 一定温度下，在难溶电解质饱和溶液中，各离子浓度幂的乘积。

6. 变浅，减小。

7. 2，酸。

8. 0.001，碱。

9. 溶度积常数，溶度积，$[M^{n+}]^m\ [A^{m-}]^n$。

10. 过饱和状态，饱和，溶解。

二、选择题

ADACAD　DBBBC　BCABD

三、判断题

××××× ×√√×× ×√×

模块七　氧化还原反应和电化学

一、填空题

1. 电子，氧化还原，失去，氧化，还原，得到，还原，氧化。

2. 得到，还原，降低，失去，氧化，升高。

3. +3，+2，强。

4. Fe^{3+}、Na^+，Fe、Cl^-，Fe^{2+}、Cl_2。

5. +6、+2、+2.5。

6. 负极，氧化反应，正极，还原反应，化学，电。

7. 正，负，得电子能力，失电子能力。

8. 298K，1mol/L，100.0kPa。

9. 越强，越弱。

10. Cl_2，I^-，$Cl_2>Fe^{3+}>I_2$，$I^->Fe^{2+}>Cl^-$。

11. $Sn^{2-}-2e\longrightarrow Sn^{4+}$，$Fe^{3+}+e\longrightarrow Fe^{2+}$，$(-)Sn^{2+}\mid Sn^{4+}(c_1)\parallel Fe^{3+}(c_2)\mid Fe^{2+}(+)$。

12. Cl_2，H_2O_2。

13. −5，+1。

14. 0。

15. 电极电位。

16. 氧化能力，氧化剂，还原能力，还原剂。

17. 大，还原。

18. $(-)Fe\mid Fe^{2+}(c_1)\parallel Cu^{2+}(c_2)\mid Cu(+)$，减小。

19. $Cl_2+2e\longrightarrow 2Cl^-$，$2Fe^{2+}-2e\longrightarrow 2Fe^{3+}$，$(-)Pt\mid Fe^{2+}(c_1),Fe^{3+}(c_2)\parallel Cl_2(p)\mid Cl^-(c_3)\mid Pt(+)$。

20. $Cu^{2+}+Sn\longrightarrow Cu+Sn^{2+}$，$(-)Sn\mid Sn^{2+}(c_1)\parallel Cu^{2+}(c_2)\mid Cu(+)$。

21. 降低。

22. $Cl_2>Br_2>I_2$，$I^->Br^->Cl^-$。

23. Fe^{3+}，Fe。

二、选择题

BDCAC　ACBDC　B

三、判断题

√√××× ×××√√ √×××√ ×√××× ×√×√

四、名词解释

1. 将化学能转变为电能的装置。

2. 凡是有电子得失或共用电子对偏移的化学反应。

3. 被 100kPa 的 H_2，饱和的铂片与 H^+ 浓度为 1mol/L 的酸溶液构成的电极称为标准氢电极。

4. 将原电池两个电极连接起来就有电流通过，说明两极间存在电位差，即每个电对都具有各自一定的电位，称为电极电位，用符号 φ 表示，单位为伏特（V）。

5. 化合物中某元素一个原子所带的电荷数。

五、计算题

1.

解：$(-)Pt \mid Cl_2(p^{\ominus}) \mid Cl^-(c^{\ominus}) \parallel H^+(c^{\ominus}), Mn^{2+}(c^{\ominus}), MnO_4^-(c^{\ominus}) \mid Pt(+)$

$E=E_{(+)}-E_{(-)}=E^{\ominus}_{MnO_4/Mn^{2+}}-E_{Cl_2/Cl^-}=1.507-1.358=0.149(V)$

2.

解：
$$E_{Hg_2Cl_2/Hg,Cl^-}=\varphi^{\ominus}+\frac{0.0592}{2}\lg\frac{1}{[c_{Cl^-}]^2}$$
$$=0.2681V+\frac{0.0592V}{2}\lg\frac{1}{(0.16)^2}$$
$$=0.315V$$

3.

解：(1) 正极反应：　$MnO_4^- + 8H^+ + 5e \rightleftharpoons Mn^{2+} + 4H_2O$

负极反应：　$2Cl^- - 2e \longrightarrow Cl_2$

电池反应为：　$2MnO_4^{2-} + 16H^+ + 10Cl^- \rightleftharpoons 2Mn^{2+} + 5Cl_2 + 8H_2O$

(2)
$$\lg K=\frac{nE^{\ominus}}{0.0592}=\frac{5\times(\varphi_{MnO_4^-/Mn^{2+}}-\varphi^{\ominus}_{Cl_2/Cl^-})}{0.0592}=\frac{5\times[1.51-1.358]}{0.0592}=12.8$$
$$K=10^{-12.8}$$

(3)
$$E=E_{(+)}-E_{(-)}=E_{MnO_4^-/Mn^{2+}}-E_{Cl_2/Cl^-}$$
$$=E^{\ominus}_{MnO_4^-/Mn^{2+}}+\frac{0.0592}{5}\lg\frac{c_{MNO_4^-/Mn^{2+}}\times c^8_{H^+}}{c_{Mn^{2+}}}-\left(E^{\ominus}_{Cl_2/Cl^-}+\frac{0.0592}{2}\lg\frac{c_{Cl_2}}{c^2_{Cl^-}}\right)$$
$$=1.51+\frac{0.0592}{5}\lg\frac{0.1\times(0.001)^8}{0.1}-\left[1.358+\frac{0.0592}{2}\lg\frac{1}{(0.001)^2}\right]$$
$$=1.79416-1.3629=0.43(V)$$

电池反应自发正向进行。

模块八　配位平衡

一、填空题

1. −3，N、C，6。

2. 越大，越强。

3. 配位化合物。

4. EDTA，1∶1。

5. 乙二胺四乙酸的二钠盐。

6. 这种由一个阳离子和一定数目的中性分子或阴离子以配位键结合形成的复杂离子。

7. 酸效应。

二、选择题

DDDAB DBCDD

三、判断题

××√√× √×√√√ √××

四、计算题

解：已知 $\lg K^{\ominus}(ZnY)=16.5$

查表可知 pH=2.0 时，$\lg\alpha_{Y(H)}=13.8$，$\lg\alpha_{Zn(OH)}=0$

∴ $\lg K^{\ominus\prime}(ZnY)=\lg K^{\ominus}(ZnY)-\lg\alpha_{Y(H)}-\lg\alpha_{Zn(OH)}$

$=16.5-13.8-0$

$=2.7$

$K^{\ominus\prime}(ZnY)=10^{2.7}$

pH=5.0 时，$\lg\alpha_{Y(H)}=6.6$，$\lg\alpha_{Zn(OH)}=0$

所以 $\lg K^{\ominus\prime}(ZnY)=\lg K^{\ominus}(ZnY)-\lg\alpha_{Y(H)}-\lg\alpha_{Zn(OH)}$

$=16.5-6.6-0$

$=9.9$

$K^{\ominus\prime}(ZnY)=10^{9.9}$

参 考 文 献

[1] 石建平．应用化学［M］．武汉：武汉理工大学出版社，2003．
[2] 王建梅，旷英姿．无机化学［M］．2版．北京：化学工业出版社，2012．
[3] 高职高专化学教材编写组．无机化学［M］．3版．北京：高等教育出版社，2012．
[4] 旷英姿．化学基础［M］．2版．北京：化学工业出版社，2016．
[5] 王青歌，王秉程．化学基础［M］．2版．北京：化学工业出版社，2020．
[6] 陈东旭，吴卫东．普通化学［M］．3版．北京：化学工业出版社，2019．
[7] 张改清，翟言强．无机化学［M］．北京：化学工业出版社，2018．
[8] 王艳玲，孟祥福，于翠艳．无机化学［M］．2版．北京：石油工业出版社，2008．
[9] 王宝仁．无机化学［M］．3版．北京：化学工业出版社，2018．
[10] 王一凡，刘绍乾，基础化学［M］．2版．北京：化学工业出版社，2019．
[11] 李素婷，陈怡．化学基础［M］．2版．北京：化学工业出版社，2017．
[12] 王月霞．化学知识篇（上）［M］．呼和浩特：远方出版社，2006．
[13] 冯志远．化学故事与趣味［M］．沈阳：辽海出版社，2009．
[14] 周公度．元素周期表和元素知识集萃［M］．北京：化学工业出版社，2016．
[15] 梁立东，陶子文．化学的故事［M］．北京：化学工业出版社，2016．
[16] 李强林，黄方千，肖秀婵．化学与人生哲理［M］．重庆：重庆大学出版社，2020．
[17] 赵晓波．基础化学实验技术［M］．北京：化学工业出版社，2019．
[18] 阎宋，马宏飞，陈微．基础化学实验［M］．北京：化学工业出版社，2016．
[19] 梁慧锋，王秀玲，董丽丽．化学基础实验操作规范［M］．北京：化学工业出版社，2018．
[20] 方绍燕，卢宝文．油田基础化学［M］．2版．北京：石油工业出版社，2015．
[21] 李瑞祥，曾红梅，周向葛．无机化学［M］．2版．北京：化学工业出版社，2019．
[22] 徐琰．无机化学［M］．郑州：河南科学技术出版社，2009．
[23] 铁步荣，杨怀霞．无机化学习题集［M］．4版．北京：中国中医药出版社，2016．
[24] 叶国华．无机化学（高职）［M］．2版．北京：中国中医药出版社，2018．
[25] 吴昌富．无机化学（中职）［M］．北京：中国中医药出版社，2018．
[26] 吴巧凤，张师愚．无机化学学习精要［M］．3版．北京：中国中医药出版社，2018．
[27] 严宣生，王长富．普通无机化学［M］．第2版．北京：北京大学出版社，2018．

元素周期表

IUPAC 2013

图例：95 Am 镅▲ $5f^77s^2$ 243.06138(2)✦，左侧氧化态 +2 +3 +4 +5 +6

- 氧化态(单质的氧化态为0，未列入；常见的为红色)
- 原子序数
- 元素符号(红色的为放射性元素)
- 元素名称(注▲的为人造元素)
- 价层电子构型
- 以 $^{12}C=12$ 为基准的原子量(注✦的是半衰期最长同位素的原子量)

s区元素　p区元素　d区元素　ds区元素　f区元素　稀有气体

族 周期	1 ⅠA	2 ⅡA	3 ⅢB	4 ⅣB	5 ⅤB	6 ⅥB	7 ⅦB	8 Ⅷ B(Ⅷ)	9 Ⅷ B(Ⅷ)	10 Ⅷ B(Ⅷ)	11 ⅠB	12 ⅡB	13 ⅢA	14 ⅣA	15 ⅤA	16 ⅥA	17 ⅦA	18 ⅧA(0)	电子层
1	−1 +1 1 H 氢 $1s^1$ 1.008																	2 He 氦 $1s^2$ 4.002602(2)	K
2	+1 3 Li 锂 $2s^1$ 6.94	+2 4 Be 铍 $2s^2$ 9.0121831(5)											+3 5 B 硼 $2s^22p^1$ 10.81	−4 +2 +4 6 C 碳 $2s^22p^2$ 12.011	−3 −2 −1 +1 +2 +3 +4 +5 7 N 氮 $2s^22p^3$ 14.007	−2 −1 8 O 氧 $2s^22p^4$ 15.999	−1 9 F 氟 $2s^22p^5$ 18.998403163(6)	10 Ne 氖 $2s^22p^6$ 20.1797(6)	L K
3	−1 +1 11 Na 钠 $3s^1$ 22.98976928(2)	+2 12 Mg 镁 $3s^2$ 24.305											+3 13 Al 铝 $3s^23p^1$ 26.9815385(7)	−4 +2 +4 14 Si 硅 $3s^23p^2$ 28.085	−3 +1 +3 +5 15 P 磷 $3s^23p^3$ 30.973761998(5)	−2 +2 +4 +6 16 S 硫 $3s^23p^4$ 32.06	−1 +1 +3 +5 +7 17 Cl 氯 $3s^23p^5$ 35.45	18 Ar 氩 $3s^23p^6$ 39.948(1)	M L K
4	−1 +1 19 K 钾 $4s^1$ 39.0983(1)	+2 20 Ca 钙 $4s^2$ 40.078(4)	+3 21 Sc 钪 $3d^14s^2$ 44.955908(5)	−1 0 +2 +3 +4 22 Ti 钛 $3d^24s^2$ 47.867(1)	0 ±1 +2 +3 +4 +5 23 V 钒 $3d^34s^2$ 50.9415(1)	−3 0 ±1 ±2 +3 +4 +5 +6 24 Cr 铬 $3d^54s^1$ 51.9961(6)	−2 0 ±1 +2 +3 +4 +5 +6 +7 25 Mn 锰 $3d^54s^2$ 54.938044(3)	−2 0 ±1 +2 +3 +4 +5 +6 26 Fe 铁 $3d^64s^2$ 55.845(2)	0 ±1 +2 +3 +4 +5 27 Co 钴 $3d^74s^2$ 58.933194(4)	0 ±1 +2 +3 +4 28 Ni 镍 $3d^84s^2$ 58.6934(4)	+1 +2 +3 +4 29 Cu 铜 $3d^{10}4s^1$ 63.546(3)	+1 +2 30 Zn 锌 $3d^{10}4s^2$ 65.38(2)	+1 +3 31 Ga 镓 $4s^24p^1$ 69.723(1)	+2 +4 32 Ge 锗 $4s^24p^2$ 72.630(8)	−3 +3 +5 33 As 砷 $4s^24p^3$ 74.921595(6)	−2 +2 +4 +6 34 Se 硒 $4s^24p^4$ 78.971(8)	−1 +1 +3 +5 +7 35 Br 溴 $4s^24p^5$ 79.904	+2 +4 36 Kr 氪 $4s^24p^6$ 83.798(2)	N M L K
5	−1 +1 37 Rb 铷 $5s^1$ 85.4678(3)	+2 38 Sr 锶 $5s^2$ 87.62(1)	+3 39 Y 钇 $4d^15s^2$ 88.90584(2)	+1 +2 +3 +4 40 Zr 锆 $4d^25s^2$ 91.224(2)	0 ±1 +2 +3 +4 +5 41 Nb 铌 $4d^45s^1$ 92.90637(2)	0 ±1 ±2 +3 +4 +5 +6 42 Mo 钼 $4d^55s^1$ 95.95(1)	0 ±1 +2 +3 +4 +5 +6 +7 43 Tc 锝▲ $4d^55s^2$ 97.90721(3)✦	0 +1 +2 +3 +4 +5 +6 +7 +8 44 Ru 钌 $4d^75s^1$ 101.07(2)	0 +1 +2 +3 +4 +5 +6 45 Rh 铑 $4d^85s^1$ 102.90550(2)	0 +1 +2 +3 +4 46 Pd 钯 $4d^{10}$ 106.42(1)	+1 +2 +3 47 Ag 银 $4d^{10}5s^1$ 107.8682(2)	+1 +2 48 Cd 镉 $4d^{10}5s^2$ 112.414(4)	+1 +3 49 In 铟 $5s^25p^1$ 114.818(1)	+2 +4 50 Sn 锡 $5s^25p^2$ 118.710(7)	−3 +3 +5 51 Sb 锑 $5s^25p^3$ 121.760(1)	−2 +2 +4 +6 52 Te 碲 $5s^25p^4$ 127.60(3)	−1 +1 +3 +5 +7 53 I 碘 $5s^25p^5$ 126.90447(3)	+2 +4 +6 +8 54 Xe 氙 $5s^25p^6$ 131.293(6)	O N M L K
6	−1 +1 55 Cs 铯 $6s^1$ 132.90545196(6)	+2 56 Ba 钡 $6s^2$ 137.327(7)	57~71 La~Lu 镧系	+1 +2 +3 +4 72 Hf 铪 $5d^26s^2$ 178.49(2)	0 ±1 +2 +3 +4 +5 73 Ta 钽 $5d^36s^2$ 180.94788(2)	0 ±1 ±2 +3 +4 +5 +6 74 W 钨 $5d^46s^2$ 183.84(1)	0 ±1 +2 +3 +4 +5 +6 +7 75 Re 铼 $5d^56s^2$ 186.207(1)	0 +1 +2 +3 +4 +5 +6 +7 +8 76 Os 锇 $5d^66s^2$ 190.23(3)	0 +1 +2 +3 +4 +5 +6 77 Ir 铱 $5d^76s^2$ 192.217(3)	0 +2 +3 +4 +5 +6 78 Pt 铂 $5d^96s^1$ 195.084(9)	+1 +2 +3 +5 79 Au 金 $5d^{10}6s^1$ 196.966569(5)	+1 +2 +3 80 Hg 汞 $5d^{10}6s^2$ 200.592(3)	+1 +3 81 Tl 铊 $6s^26p^1$ 204.38	+2 +4 82 Pb 铅 $6s^26p^2$ 207.2(1)	−3 +3 +5 83 Bi 铋 $6s^26p^3$ 208.98040(1)	−2 +2 +4 +6 84 Po 钋 $6s^26p^4$ 208.98243(2)✦	±1 +5 +7 85 At 砹 $6s^26p^5$ 209.98715(5)✦	+2 86 Rn 氡 $6s^26p^6$ 222.01758(2)✦	P O N M L K
7	+1 87 Fr 钫▲ $7s^1$ 223.01974(2)✦	+2 88 Ra 镭 $7s^2$ 226.02541(2)✦	89~103 Ac~Lr 锕系	104 Rf 𬬻▲ $6d^27s^2$ 267.122(4)✦	105 Db 𬭊▲ $6d^37s^2$ 270.131(4)✦	106 Sg 𬭳▲ $6d^47s^2$ 269.129(3)✦	107 Bh 𬭛▲ $6d^57s^2$ 270.133(2)✦	108 Hs 𬭶▲ $6d^67s^2$ 270.134(2)✦	109 Mt 鿏▲ $6d^77s^2$ 278.156(5)✦	110 Ds 𫟼▲ 281.165(4)✦	111 Rg 𬬭▲ 281.166(6)✦	112 Cn 鿔▲ 285.177(4)✦	113 Nh 鿭▲ 286.182(5)✦	114 Fl 𫓧▲ 289.190(4)✦	115 Mc 镆▲ 289.194(6)✦	116 Lv 𫟷▲ 293.204(4)✦	117 Ts 鿬▲ 293.208(6)✦	118 Og 鿫▲ 294.214(5)✦	Q P O N M L K

★ 镧系	+3 57 La★ 镧 $5d^16s^2$ 138.90547(7)	+2 +3 +4 58 Ce 铈 $4f^15d^16s^2$ 140.116(1)	+3 +4 59 Pr 镨 $4f^36s^2$ 140.90766(2)	+2 +3 +4 60 Nd 钕 $4f^46s^2$ 144.242(3)	+3 61 Pm 钷▲ $4f^56s^2$ 144.91276(2)✦	+2 +3 62 Sm 钐 $4f^66s^2$ 150.36(2)	+2 +3 63 Eu 铕 $4f^76s^2$ 151.964(1)	+3 64 Gd 钆 $4f^75d^16s^2$ 157.25(3)	+3 +4 65 Tb 铽 $4f^96s^2$ 158.92535(2)	+3 +4 66 Dy 镝 $4f^{10}6s^2$ 162.500(1)	+3 67 Ho 钬 $4f^{11}6s^2$ 164.93033(2)	+3 68 Er 铒 $4f^{12}6s^2$ 167.259(3)	+2 +3 69 Tm 铥 $4f^{13}6s^2$ 168.93422(2)	+2 +3 70 Yb 镱 $4f^{14}6s^2$ 173.045(10)	+3 71 Lu 镥 $4f^{14}5d^16s^2$ 174.9668(1)
★ 锕系	+3 89 Ac★ 锕 $6d^17s^2$ 227.02775(2)✦	+3 +4 90 Th 钍 $6d^27s^2$ 232.0377(4)	+3 +4 +5 91 Pa 镤 $5f^26d^17s^2$ 231.03588(2)	+3 +4 +5 +6 92 U 铀 $5f^36d^17s^2$ 238.02891(3)	+3 +4 +5 +6 +7 93 Np 镎 $5f^46d^17s^2$ 237.04817(2)✦	+3 +4 +5 +6 +7 94 Pu 钚 $5f^67s^2$ 244.06421(4)✦	+2 +3 +4 +5 +6 95 Am 镅▲ $5f^77s^2$ 243.06138(2)✦	+3 +4 96 Cm 锔▲ $5f^76d^17s^2$ 247.07035(3)✦	+3 +4 97 Bk 锫▲ $5f^97s^2$ 247.07031(4)✦	+2 +3 +4 98 Cf 锎▲ $5f^{10}7s^2$ 251.07959(3)✦	+2 +3 99 Es 锿▲ $5f^{11}7s^2$ 252.0830(3)✦	+2 +3 100 Fm 镄▲ $5f^{12}7s^2$ 257.09511(5)✦	+2 +3 101 Md 钔▲ $5f^{13}7s^2$ 258.09843(3)✦	+2 +3 102 No 锘▲ $5f^{14}7s^2$ 259.1010(7)✦	+3 103 Lr 铹▲ $5f^{14}6d^17s^2$ 262.110(2)✦